JN436873

한국의 현대적 연구체제의 형성

KIST의 설립과 변천, 1966~1980

한국의 현대적 연구체제의 형성

초판 1쇄 발행 2010년 5월 28일
초판 2쇄 발행 2011년 10월 10일

지은이 문만용
펴낸이 윤관백
펴낸곳 선인

제 작 김지학
편 집 이경남 · 장인자 · 김민희 · 하초롱 · 소성순
표 지 김지학 · 김현진
영 업 이주하

등록 제5-77호(1998.11.4)
주소 서울시 마포구 마포동 324-1 곶마루빌딩 1층
전화 02)718-6252 / 6257
팩스 02)718-6253
E-mail sunin72@chol.com

정가 · 25,000원
ISBN 978-89-5933-335-6 93300

· 잘못된 책은 바꾸어 드립니다.

한국의 현대적 연구체제의 형성

KIST의 설립과 변천, 1966~1980

문 만 용

서 문

2009년 말 한국이 총 400억 달러 규모의 아랍에미리트연합(UAE) 원자력 발전 사업을 따냈다는 소식이 떠들썩하게 보도되었다. 이는 1,400MW급 한국형 원전 4기를 설계하여 건설한 다음 운영 지원까지 포함하는 원전 플랜트 일괄수출 계약으로, 한국의 플랜트 수출 사상 최대규모이다. 뒤이어 핵심기술은 미국 업체가 담당하며 알려진 수주비용도 상당히 부풀어진 수치라는 보도가 이어지며 열기가 조금 가라앉았지만, 1978년 상업형 원전을 처음 가동한 이후 30여 년 만에 한국형 원전을 처음으로 수출하게 된 의미 있는 성취임에는 분명하다. 원전 수출을 둘러싸고 다양한 논의가 이루어지는 속에서 단기간에 압축적인 성장을 거둔 한국의 과학기술 역시 주목을 받고 있다. 실제로 최근 몇몇 개발도상국가들이 한국의 과학기술 개발 경험을 배우고자 자문을 요청했으며, 이를 위한 국제협력사업이 준비 중이라고 알려졌다. 이 사업은 한국 과학기술의 발전과정에 대한 연구 및 정리에서부터 시작하게 될 것이다.

물론 한국의 사례가 다른 역사적 조건에 놓인 국가들에게 성공적으로 이식되기 위해서는 어느 정도 변용이 불가피할 것이다. 왜냐하면 과학기술은 보편타당한 것으로 간주되는 지식에 기반을 두고 있지만 활발한 국가 간 교류와 상호경쟁 속에서 이루어지기에 그것이 전개되는 과정이나 현재의 특징적 모습은 국가마다 상당한 차이를 보이기 때문이다. 한국의 과학기술 역시 한국 특유의 시대적, 사회적 환경 속에서 형성되어 왔으며, 그러한 과학기술은 한국의 근현대 사회 형성의 중요한 요소로 작용했다. 따라서 한국의 근현대 과학사 연구는 현재 한국사회의 뿌리를 이해하기 위한 노력의 일환이라는 더 큰 가치를 지니고 있다.

한국 과학기술의 역사적 전개를 파악하는 것은 중장기적인 과학기술정책을 수립하는 데 기초 자료로 활용된다는 의미도 지닌다. 최근 과학기술정책에 대한 토론회에서 한 참가자는 국민들의 주 연료가 구공탄이었던 시절에 연구용 원자로를 들여온 다음 50년 동안 장기적인 비전을 갖고 연구할 수 있게 한 환경이 없었다면 원전 수출도 불가능했다면서 중장기적인 시각에서 과학기술정책을 펼칠 것을 주문했다. 처음 원자로를 도입하게 된 결정에는 좀 더 다양한 배경이 존재하지만 정부의 꾸준한 원자력 정책이 현재의 성과가 있기까지 크게 작용한 것은 사실이며, 이처럼 그간의 과학기술정책 궤적을 추적하여 앞으로의 정책 방향 설정에 필요한 참고정보를 얻을 수 있다. 물론 그러한 성공의 역사뿐 아니라 실패의 경험 속에서도 우리에게 필요한 유용한 시사점을 얻어낼 수 있을 것이다.

또한 한국의 근현대 과학사 연구는 현재 우리사회에서 진행되는 과학기술과 관련된 논란을 이해하고 해결하는 데도 필요하다. 몇 년 전 한국사회를 떠들썩하게 만들었던 '황우석 사태'를 둘러싼 논란 속에서 근본적 원인의 하나로 '박정희 시대의 과학기술정책'이 지목되었다. 아직 박정희 시대의 과학기술의 제반 면모나 그것과 황우석 사태와의 관련에 대해 충분한 실증적 연구가 이루어지지 못했으나 그러한 논란을 통해 한국의 과학기술의 역사와 경험에 대한 이해의 필요성이 적지 않음을 확인할 수 있다.

경제개발이 그러했던 것처럼 1960, 1970년대는 한국의 과학기술도 본격적인 성장을 시작한 의미 있는 시기이며, 그 당시 만들어졌던 여러 제도들이 이후 변화를 겪었지만 현재까지 상당한 영향력을 발휘하고 있다. 새로운 정권이 들어설 때마다 통폐합 등 구조조정 논란이 끊이지 않는 정부출연연구소도 그중의 하나이다.

1966년 설립된 한국과학기술연구소(KIST)에서 시작된 정부출연연구소라는 제도는 1970년대를 거치며 연이어 설립된 산업분야별 전문 연구소에 그대로 이식되었으며, 경제나 교육 등 인문사회 분야의 연구소에도 채택됨으로써 한국의 대표적인 연구소 시스템으로 자리 잡았다. 또한 KIST 설립을 계기로 1960년대 후반 과학기술정책을 전담하는 독립적 행정기구와 과학기술 지원을 위한 여러 제도들이 갖추어지기 시작했으며, 이에 따라 이 시기는 한국에서 현대적인 과학기술체제가 형성된 시기로 평가받고 있다. 즉, KIST는 한국의 현대적인 연구체제, 그리고 과학기술체제 형성의 출발점이자 촉매라는 의미를 지니고 있는 것이다.

이 책은 필자의 박사학위논문 「KIST의 설립과 변천, 1966~1980」을 일부 수정한 것으로, 설립에서 1980년 한국과학원과 통합되어 한국과학기술원(KAIST)이 되는 시기까지 KIST의 초기 역사를 통해 한국에서 현대적인 연구체제가 형성되는 과정을 살펴보고 있다. KIST라는 창을 통해 당시의 과학기술정책, 연구활동, 연구자의 형성 등을 추적해보고자 하는 것이 기본 목표이다. 논문 발표 이후 지난 시간만큼 더욱 숙성된 연구결과를 내어놓지 못한 아쉬움을 지울 수 없지만, 이 책이 한국의 현대과학사 연구에서 작으나마 한 디딤돌이 되길 기대하면서 출판을 추진하게 되었다. 처음 이 연구를 시작했을 때에 비하면 한국 현대과학사에 대한 연구성과가 많이 늘었지만 아직 다루어야 할 주제가 많이 남아있다. 이 책을 바탕으로 박정희 시대의 과학기술 정책이나 연구활동 등 한국 현대사회의 과학기술의 여러 주제들에 대한 더욱 구체적인 분석이 이루어지길 기대해 본다.

과학사라는 학문에 발을 들여놓은 햇수를 헤아리기 위해 손가락, 발가락을 모두 동원해야 할 정도로 시간이 흘렀지만 학계의 많은 선생님들을 보면서 아직도 갈 길이 멀었음을 절감하게 된다. 우선 필자를 과학사의 길로 이끌어 주신 김영식 선생님은 변함없이 연구자와 교육자로서 큰 가르침을 직접 보여주고 계시다. 이 자리를 빌려 고개 숙여 깊은 감사를 드린다. 필자가 한국 근현대과학사를 세부전공으로 선택하는 데 큰 영향을 미쳤으며, 이 책의 연구를 위해 어렵게 구한 자료를 제공하고 세부적인 부분까지 꼼꼼한 지적을 아끼지 않은 김근배 교수님께도 큰 감사를 표한다. 그리고 이 책의 논의들이 넓은 시각에서 제자리를 찾을 수 있도록 날카로운 조언을 제공해주신 정용욱 교수님, 홍성욱 교수님, 송위진 박사님께도 감사의 말씀을 드린다. 연구과정에서 인터뷰를 통해 귀중한 정보와 자료를 제공해주신 원로과학자 등 KIST 관계자분들에 대한 감사도 빼놓을 수 없다. 그리고 일일이 이름을 밝히지는 못하지만 대학원에서 가르침을 주신 여러 선생님들과 선후배들께도 감사의 인사를 드린다. 마지막으로 옆에서 묵묵히 지켜보고 응원해주는 가족들, 특히 아내 경아와 아들 하진에게 무한한 고마움을 전하고 싶다.

2010년 4월

문만용

차 례

■ 제3부 KIST의 연구활동 ■

머리말

1. 문제의 제기

1960년대부터 압축적인 산업화 과정을 통하여 지속적인 고도성장을 경험한 한국에서 산업화의 기반이 되는 과학기술은 현대 사회를 이해하는 중요한 키워드가 된다. 과학기술은 한국 근현대사에서 국가 존립의 필수요소로서, 때로는 주요 정책목표로 때로는 지배이데올로기로 존재했던 것이다.[1] 그동안 우리 학계에서는 오늘날 한국 사회의 뿌리로서 근현대 한국 사회의 여러 방면에 대한 학문적 성찰이 활발히 이루어져 왔음에도 현대한국의 과학기술에 대한 관심과 연구는 그다지 활발하지 못했다. 한국의 과학기술에 대한 역사적 이해를 추구하는 한국과학사 연구는 대체로 근대 이전의 전통사회에 집중되어 있었던 것이 사실이었다.[2] 그러나 최근 들어 구한말과 일제강점기를 비롯한 근현대 한국 사회의 과학에 대한 연구 성과가 지속적으로 나오고 있다.[3]

아직 충분한 논의가 이루어지지는 않았지만 지금까지의 근현대 한국과학사 연구를 통해 한국의 현대과학이 시작된 시기로 1960년대가 가장 주목을 받고 있다. 일차적으로 한국사회에서 현대과학은 1945년 해방에서부터

---

1) 김영식 · 김근배 엮음, 『근현대 한국사회의 과학』(창작과비평사, 1998), 3쪽.

2) 한국과학사의 연구 동향에 대해서는, Yung Sik Kim, "Problems and Possibilities in the Study of the History of Korean Science", *Osiris* 13(1998), pp.48~79 참고.

3) 김영식 · 김근배 엮음, 『근현대 한국사회의 과학』을 비롯하여, 신동원, 『한국근대보건의료사』(한울, 1997) ; 김영우 · 최영락 · 이달환 · 이영희 · 하헌표 · 오동훈, 『한국 과학기술정책 50년의 발자취』(과학기술정책관리연구소, 1997) ; 박성래 외, 『우리 과학 100년』(현암사, 2001) ; 김근배, 『한국 근대 과학기술인력의 출현』(문학과지성사, 2005) ; 국사편찬위원회 편집부 엮음, 『근현대 과학 기술과 삶의 변화』(두산동아, 2005) ; 강호제, 『북한 과학기술 형성사 I』(선인, 2007) ; 과학기술40년사편찬위원회 편, 『과학기술 40년사』(과학기술부, 2008) ; 현원복, 『우리과학, 그 백년을 빛낸 사람들 I~IV』(과학사랑, 2009) 등이 최근 출판된 주요 성과물이며, 송성수, 「한국 철강산업의 기술능력 발전과정: 1960~1990년대의 포항제철」(서울대학교 박사학위논문, 2002) ; 정인경, 「한국 근현대 과학기술문화의 식민지성-국립과학관사(國立科學館史)를 중심으로-」(고려대학교 박사학위논문, 2004) ; 김연희, 「고종 시대 근대 통신망 구축 사업: 전신사업을 중심으로」(서울대학교 박사학위논문, 2006) ; 김태호, 「'통일벼'와 1970년대 쌀 증산체제의 형성」(서울대학교 박사학위논문, 2009) 등의 학위논문도 발표되었다.

비롯됐다고 생각할 수 있다. 해방 이후 서울대학교를 필두로 대학의 설립이 이어지면서 이공계 학과들이 설치되어 과학기술 분야의 고등교육이 시작되었고, 전문 분야별로 학회가 조직되었다.[4] 그러나 당시 교육을 받은 과학기술자의 수 자체가 많지 않았고 그나마 상당수가 월북을 했으며,[5] 한국전쟁을 거치면서 심각한 물적자원의 파괴를 경험해야 했기 때문에 해방 직후를 한국사회에서 본격적인 현대과학이 형성된 시점으로 보기는 어렵다. 이와 관련하여 박성래는 한국과학사의 시대구분에 대한 논의에서 근대과학의 시점을 잡기가 어려움을 토로하면서 한국에서 현대과학의 학습은 1959년 과학기술 행정을 실질적으로 주도했던 원자력원의 창설과 함께 본격적으로 시작되었다고 볼 수 있을지 모른다고 밝혔다.[6] 또한 김근배는 1960년대에 들어서야 한국의 과학기술계는 현대적 활동 모습을 갖추게 되었다고 평가했다.[7] 그는 그 근거로 독립적인 과학기술 부처가 등장하여 과학기술에 대한 국가적 지원 체계가 형성되었고, 정부출연연구소의 설립과 전문학회들의 본격적 활동으로 과학기술 연구가 체계적이고 조직적으로 추구되면서 과학기술의 제도화와 전문화가 이루어졌다는 점을 들었다. 한국의 과학기술정책 변천에 대해 논의한 연구자들도 1960년대 이후부터 현대적인 의미의 과학기술정책이 본격적으로 추진되었으며, 특히 한국과학기술연구소(이하 KIST, Korea Institute of Science and Technology)[8] 설립과 과학기술처의 발족을 현대적 과학기술정책을 체계적으로 추진하기 시작한 출발점으로 평가했다.[9]

---

4) 해방 이후 1950년대까지 과학 분야 대학과 학회의 상황에 대해서는, 문만용 · 김영식, 『한국 근대과학 형성과정 자료』(서울대학교출판부, 2004) 참고.

5) 월북 과학기술자에 대해서는, 김근배, 「월북 과학기술자와 흥남공업대학의 설립」, 『아세아연구』 98호(1997), 95~130쪽 참고.

6) 박성래, 「한국과학사의 시대구분」, 『한국학연구』 1(1994), 277~302쪽.

7) 김근배, 「해방 이후의 과학 기술계」, 박성래 외, 『우리 과학 100년』(현암사, 2001), 144~159쪽.

8) 한국과학기술연구소는 1981년 한국과학원과 통합되어 한국과학기술원(KAIST)이 되었다가 1989년 다시 분리되면서 그 명칭이 한국과학기술연구원(KIST)으로 바뀌었다.

9) 최영락, 「과학과 정부」, 이인식 외, 『현대과학의 쟁점』(김영사, 2001), 313~328쪽. 특히

1960년대부터 본격화된 과학기술 연구 및 정책은 역시 이 시기부터 활발해진 경제개발 노력과 직간접적인 관련을 맺고 있었다. 군사쿠데타를 통해 등장한 박정희 정권은 취약한 정당성을 채우는 데 '경제발전'과 '국가안보'를 두 축으로 활용했고, 그 결과 두 가지 슬로건과 밀접한 관련을 지닌 과학기술이 부각되기 시작했던 것이다. 이러한 배경에서 정부가 표방한 근대화 이념 아래 과학은 산업적 필요성과 긴밀히 연계되어갔으며, 1966년 KIST의 설립은 국내 과학기술계의 새로운 경향을 나타내는 상징이자 초석이 되었던 것이다. KIST 설립 다음해 정부는 과학기술정책에 관한 최초의 종합적인 법률이라 할 수 있는 과학기술진흥법을 제정하고 과학기술 행정을 전담하는 부처로 과학기술처를 설립했다. 과학기술처는 처음으로 20년 기간의 과학기술 분야 장기개발계획을 수립하고 정부재원을 이용하여 해외 한국인 과학기술자들의 귀국을 적극적으로 유도하는 한편 한국과학기술후원회를 조직하여 원로 과학기술자들의 후생복지와 과학기술풍토조성을 지원하는 등의 여러 정책을 추진해나갔다.[10] 이 같은 정부의 과학기술 개발 정책은 1970년대에 접어들어 각 분야별로 KIST와 동일한 형태의 정부출연연구소를 설립하여 민간에 산업기술을 개발해 제공하는 방식으로 이어졌는데, 이처럼 철저하게 '정부주도'(government-led)로 연구기관이 세워지고 그 활동이 지원되었다는 것은 한국 과학의 가장 큰 특징 중 하나로 지적되었다.[11] 대부분 후발산업국가들의 과학기술 발전에는 정부의 역할이 주도적인데,[12] 한국의 경우 그 같은 경향이 더욱 두드러졌고 그것은 1970년대 정

321쪽 ; 송성수, 「한국 과학기술정책의 특성에 관한 시론적 고찰」, 『과학기술학연구』 2-1(2002), 63~83쪽 ; 김영우 · 최영락 · 이달환 · 이영희 · 하헌표 · 오동훈, 『한국 과학기술정책 50년의 발자취』, 50~54쪽.

10) 이러한 움직임에 대해 당시 언론이 '과학기술 붐'이라고 지칭했으며, 이는 한국에서 현대적인 과학기술체제가 형성된 시기로 볼 수 있다. 문만용, 「1960년대 '과학기술 붐': 한국의 현대적 과학기술체제의 형성」, 『한국과학사학회지』 29-1(2007), 67~96쪽.

11) 김근배, 「20세기 한국 과학기술의 발전과정」, 『한국과학사학회 창립 40주년 기념 학술대회 발표논문집: 한국의 과학사 연구 40년과 한국 근대과학 100년』(한국과학사학회, 2000), 91~99쪽.

12) Shrum, W. and Y. Shenhav, "Science and Technology in Less Developed Countries", S.

부출연연구소의 연이은 설립으로 표출되었던 것이다.

결국 KIST의 설립은 한국의 현대적 과학기술이 형성되는 데 가장 중요한 계기가 되었다고 볼 수 있으며, 정부주도 연구소의 설립으로 특징지어진 1970년대 한국 과학기술정책의 성격을 이해하기 위해서도 첫 번째 정부출연연구소인 KIST에 대한 이해가 필수적이라 할 수 있다. 또한 초기 KIST가 유치한 핵심연구자들의 상당수가 이후 한국 과학기술계의 중심인물로 활약하게 되었다는 점에서도 KIST는 중요한 의미를 지니고 있다. 아울러 KIST는 미국의 지원을 받아 설립된 개발도상국의 연구기관으로서 해외에 유출된 고급 두뇌들을 유치하는 데 성과를 거두고 연구소 자체도 지속적인 성장을 이룬 드문 사례라고 할 수 있다. 따라서 KIST의 설립과 이후의 변천을 살피는 것은 KIST에 대한 역사적인 평가라는 의미와 함께 한국사회에서 현대적인 연구체제 더 나아가 현대적인 과학기술이 형성되는 과정을 이해한다는 가치도 지니며, 1970년대 과학기술정책 형성 과정과 그 배경, 뒤이어 1980년 이후의 정부출연연구소의 변화와 그에 대한 정부의 정책을 파악하는 데도 도움을 줄 수 있을 것이다.[13)]

그동안 과학사, 과학기술행정 및 정치학, 경영과학 등의 분야에서 KIST에 대한 연구가 진행되었지만 역사적인 관점에서 KIST의 변천을 다룬 연구는 이루어지지 않았다고 볼 수 있다. 계약연구기관으로 산업기술 개발을 표방하며 설립되었던 KIST는 1960년대 후반부터 한국 과학기술계를 대표하는 기관으로 자리매김 되었다. 그러나 KIST는 1978년 장기대형국책과제를 중점적으로 수행하는 방향으로 연구소의 성격을 전환했으며, 설립 이후 15년이

Jasanoff, et al.(eds.), *Handbook of Science and Technology Studies* (Sage Publications, 1995), pp.627~651.

13) 과학기술 분야 정부출연연구기관의 운영과 역할에 대해서는, 유성재 외, 『출연연구기관의 기능 및 역할정립에 관한 연구』(한국과학기술원 과학기술정책연구평가센터, 1988) ; 김영우 외, 『이공계 정부출연(연)의 자율과 책임경영제체 강화방안에 관한 연구』(과학기술처, 1991) ; 김계수 · 이민형, 『정부출연연구기관의 연구과제중심 운영체제(PBS) 개선방안연구』(과학기술정책연구원, 2005) ; 조현대 · 황용수 · 이세준 · 이병헌 · 황정태 · 김종영, 『정부출연연구기관의 지속가능성 분석 및 제고방안』(과학기술정책연구원, 2008) 등 많은 조사연구가 이루어졌다.

채 되지 않은 1980년 말 한국과학원과 통합되어 한국과학기술원(KAIST)이 됨으로써 KIST란 이름은 사라졌다가 1989년 한국과학기술연구원으로 독립하면서 다시 등장했지만 과거의 위상에 견주기는 어려웠다. KIST에 대한 기존 연구는 이처럼 짧은 기간 동안 KIST가 연구활동과 운영 면에서 상당한 변화를 겪었던 사실에 대해서는 충분한 설명을 제시하지 않았던 것이다.

예를 들어 KIST에 대한 가장 포괄적인 분석을 담고 있는 윤방순의 1992년 논문은 설립 이후 1980년대까지를 하나의 시기로 상정해서 논의를 전개하고 있기 때문에 KIST의 성격이나 연구활동이 변해가는 모습에 대한 묘사는 충분하지 못한 편이다.[14] 이 논문은 KIST를 통해서 한국 기술정책의 형성 및 집행 과정의 여러 성격을 파악하려는 목적을 지니고 있기 때문에 KIST 자체에 대한 세밀한 논의보다도 국가의 전체적인 기술정책이라는 관점에서 KIST에 대한 이해를 시도했다는 장점을 지니고 있다. 윤방순은 당시 상황에서 KIST의 활동은 전체적으로 볼 때 성공적이었지만 산업계와 KIST의 연계는 그리 강하지 못했다고 지적했다. 그에 따르면 KIST와 정부의 관계가 강력했던 것이 한국 기술정책의 강점이었지만 동시에 KIST와 산업계를 연계시키려는 정부의 노력이 미약했다는 것이 한국 기술정책의 약점이었다. 아울러 한국정부는 수출지향적 산업정책으로 공업화를 달성하려 했으며, 1970년대 초에 산업구조를 경공업에서 중화학공업으로 재편하는 과정에서 기업의 연구개발보다는 해외기술의 도입이 주된 정책으로 자리 잡게 됨에 따라 KIST의 연구개발 활동에는 부정적인 영향을 주었다고 평가했다. 하지만 이 논문은 이러한 평가를 뒷받침하는 실증적인 자료가 충분하지 않았으며, 정책이나 정치환경이라는 관점을 통해서 바라보았기 때문에 연구소의 내적인 흐름을 잘 보여주지 못했다.

KIST에 대한 연구는 개발도상국의 연구기관 설립 정책에 대한 실증적 사례연구라는 의미도 지니고 있다. 개발도상국이 산업화 초기단계에서 공공연구기관 설립·육성에 치중하는 것이 드문 일은 아니지만 이러한 시도들

---

14) Yoon, Bang-Soon Launius, "State Power and Public R & D in Korea: A Case Study of the Korea Institute of Science and Technology"(Univ. of Hawaii Ph.D. Diss, 1992).

은 대체로 의도한 성과를 거두지 못했으며, 이는 기술혁신과정을 과도하게 단순화시켜 '선형적 과정'으로 이해하는 오류의 결과였다는 평가를 받았다.[15] 즉 기술변화가 연구개발에서 시작해서 상업적 응용에까지 자동적으로 단계를 밟아나가는 선형적 과정이라는 인식에서부터 국가주도로 전문 과학기술연구기관 육성이라는 정책이 입안·추진되었다는 것이다. 그렇다면 자연스럽게 KIST와 1970년대 설립된 정부출연연구소들은 이러한 비판적 분석에서 얼마나 자유로운가라는 질문이 제기될 수 있으며, 이에 대한 대답은 KIST 설립과 1970년대의 활동을 살펴봄으로써 찾을 수 있을 것이다.

KIST를 비롯한 정부출연연구소를 보는 기존 시각에는 적지 않은 차이가 있는 것이 사실이다. 예를 들어 과학기술처는 정부출연연구소가 "사실상 1970년대 우리나라의 연구개발활동을 거의 주도하게 되었"으며 "국내 연구개발 제도의 정착과 연구수준의 질적 향상에 기폭제 역할을 담당"했다고 평가했다.[16] 반면 한국의 경제성장 과정을 국가와 기업의 기술경영 차원에서 분석한 김인수는 정부출연연구소가 그다지 효율적이지 못했다고 지적하면서 1960~1970년대의 KIST는 산업부문과 연계관계가 미흡하여 어려움을 겪어야 했으며 그 역할이 매우 제한적이었다고 주장했다.[17] 그는 산업계와의 약한 연계는 KIST 연구원들이 산업 현장에서 요구되는 실제적인 지식과 기술이 부족했기 때문이라고 설명했는데, 이는 1982년 세계은행의 한 보고서에 근거를 두고 있었다.[18] 이 같은 인식의 괴리를 좁히기 위해서는 당시의 시대

---

15) Dahlman, C. and Westphal, L., "Technological Effort in Industrial Development: An Interpretative Survey of Recent Research", Stewart, F. and James. J.(eds.), *The Economics of New Technology in Developing Countries* (Westview Press, 1982), pp.105~137 ; Michael Hobday, "South Korea—Facing the Challenge of Restructuring", Howard Rush, Michael Hobday, John Bessant, Erik Arnold, and Robin Murray, *Technology Institutes: Strategies for Best Practice* (International Thomson Business Press, 1996), pp.104~118.

16) 과학기술처, 『과학기술처 출연연구기관백서』(1997), 11쪽. 그러나 정부출연연구소의 역할이나 기여에 대해 정부출연연구소를 관장하는 과학기술처와 예산권을 갖고 있는 경제기획원 사이에 상당한 시각차이가 존재했다. 같은 책, 22~25쪽 참고.

17) Kim, Linsu, *Imitation to Innovation: The Dynamics of Korea's Technological Learning* (Harvard Business School Pr., 1997)[임윤철·이호선 역, 『모방에서 혁신으로』(시그마인사이트, 1997), 247·256~260쪽].

적 요구와 환경 속에서 KIST의 성격과 활동에 대해 실제적인 자료에 근거해 분석하는 작업이 선행되어야 할 것이다. 이러한 분석은 연구소로서 가장 중요하게 여겨지는 활동인 연구뿐 아니라 설립부터 강조되었던 연구인력과 관련된 문제도 포괄할 필요가 있다. 결국 설립에서부터 1970년대까지 KIST의 연구인력과 연구활동의 변천과 그 배경에 대해 살펴봄으로써 이 시기 KIST에 대한 종합적 이해를 꾀하는 것이 이 연구의 목적이라 할 수 있다.

설립 이후 한국과학원과 통합될 때까지 KIST가 요구받은 임무는 무엇이었고 한국의 과학기술체제의 발전에서 어떠한 역할을 담당했으며, 어떠한 요인으로 그리 길지 않은 기간에 그 같은 변화를 겪어야 했고, 이러한 변화 과정에서 정부의 과학기술정책의 역할과 문제점은 무엇이었는가? 이 책은 이러한 문제의식을 갖고 KIST의 설립과정에서부터 1980년까지를 대상으로 KIST의 역사를 살펴볼 것이며, 이를 통해 이 시기 KIST의 역할에 대해 이해하고자 하는 것이다. KIST가 요구받았고 수행했던 기능은 무엇이었는지를 당시 환경과 맥락 속에서 살펴봄으로써 개발도상국의 연구소로서 KIST의 임무와 성격에 대해 밝혀보고자 한다. KIST가 성공했는가 아니면 실패했는가라는 평가에 초점을 맞추기보다 이 시기 KIST의 역할과 그 변화 과정을 입체적으로 묘사함으로써 KIST에 대한 이해의 폭을 넓히고자 하는 것이다.

2. 책의 구성

이 책은 크게 3개의 부로 구성되어 있다. 1부는 KIST 설립과정과 그 배경에 대해 다룰 것이다. KIST에 대한 기존 연구들이 대부분 KIST의 설립에 대해 다루고 있으며, 특히 김근배의 논문은 미국이 연구소 설립을 제안한 배경에서부터 시작하여 KIST가 준공식을 갖고 본격적인 운영에 들어가기까지

18) World Bank, *Korea: Technology Development Project: Staff Appraisal Report* (World Bank, 1982), pp.13~15.

의 설립과정을 미국의 원조와 그 영향을 중심으로 하여 상세히 논의했다.[19] 그는 미국의 전문가들이 KIST의 설립과정과 초기 운영에 깊숙이 개입함으로써 응용과학연구소에 대한 경험이 전무한 한국이 여타의 개발도상국과는 달리 종합과학기술연구소를 성공적으로 설립할 수 있었다고 주장했다. 아울러 그는 이 같은 과정이 한국의 현실적 요건들과 한국 내에서 논의된 내용들을 치밀하게 고려해서 전체 과학기술과 연관된 계획의 하나로 추진되지 못했기 때문에 여러 문제점이 파생할 소지가 있었다고 지적했다. 그렇지만 이 논문은 미국의 역할을 중심으로 삼았기 때문에 한국정부를 비롯한 한국 측의 역할을 충분히 드러내지 않았다.

이처럼 KIST의 설립을 다룬 대부분의 문헌들은 KIST 설립이 주로 미국의 제안에서 기인한 것으로 서술하고 있지만 한국정부가 1960년대 초중반에 추진했던 연구소 개편 시도의 배경과 방향을 살펴보면 KIST와 연결되는 고리들을 찾아볼 수 있다. 한국정부는 국공립연구기관이 지니는 문제점을 해소하고자 정부의 재정지원 속에서 자율적으로 운영되며 산업기술을 개발하는 민간연구소를 세우려고 노력했고, 1966년 설립된 KIST가 이 같은 성격을 지니고 있었음을 볼 때 KIST의 기원을 미국으로 국한하는 것은 충분하지 않다고 여겨진다. 그러나 그렇다고 해서 KIST 초대 소장이었던 최형섭이 KIST 설립을 지원한 미국의 바텔기념연구소(Battelle Memorial Institute)의 활동에 대해 "우리의 필요에 따라 이루어진 것이지 미국 측의 제의에 의해 이루어진 것은 하나도 없다"고 주장하는 것처럼 KIST가 한국의 주도로 이루어졌다는 시각에 동의하는 것은 아니다.[20]

미국 대통령의 제안이 연구소 설립의 직접적인 계기가 되었고, 한국은 KIST와 같은 성격의 연구소 설립 경험이 없었기 때문에 연구소 설립 과정 전반에서 미국의 영향력이 크게 작용한 것은 당연한 귀결이었다. 그렇지만 'KIST 설립 프로젝트'는 한국과 미국 두 나라의 공동사업으로 여러 행위자들이 참

---

19) 김근배, 「한국과학기술연구소(KIST) 설립과정에 관한 연구－미국의 원조와 그 영향을 중심으로」, 『한국과학사학회지』 12권 1호(1990), 44~69쪽.

20) 최형섭, 『불이 꺼지지 않는 연구소』(조선일보사출판국, 1995), 70쪽.

여하고 있었으며, 미국은 자국과 여러 가지 상이한 여건을 갖춘 한국에 연구기관 설립을 지원하는 것이었기 때문에 미국의 입장이 일방적으로 관철되기는 어려운 상황이었다. 따라서 1부에서는 여러 행위자들의 역할과 상호작용이라는 관점에서 KIST 설립과정을 살펴보고자 한다. 1장에서는 KIST 설립 이전 한국정부의 연구소에 대한 정책이나 계획은 어떠했고, 이는 KIST와 어떠한 관련이 있는지 알아볼 것이다. 그리고 2장에서는 KIST 설립 과정에 참여했던 각 주체들이 어떠한 역할을 담당했으며, 어떻게 상호작용하면서 연구소 설립이라는 공동의 목표를 추구했는지를 설명하겠다. 아울러 여러 행위자들이 연구소 설립·운영에서 핵심적 요소로 제기했던 '자율성'이라는 관점하에 초기 조직의 형성 과정을 살펴보고자 한다.

2부에서는 KIST의 연구인력 문제에 대해 논의할 것이다. '연구자 선발' 문제는 연구소의 성패를 결정하는 가장 중요한 관건이라고 할 수 있다. 특히 KIST 설립이 제기된 배경에는 해외에 유출된 한국인 과학기술자들을 받아들이는 '역두뇌유출센터'(reverse brain-drain center)라는 목적이 깔려있었기 때문에 어떠한 연구자를 어떤 과정을 통해 선발했느냐는 KIST를 이해하는 데 매우 중요한 접근법이 될 수 있다. 실제로 KIST의 설립은 '두뇌유출'(brain-drain)이라는 문제를 해결할 수 있는 방안의 하나로서 각국의 주목을 끌었는데, 1975년에 나온 헨체스(Harret A. Hentges)의 논문은 그 같은 관심사를 반영하고 있다.[21] 그는 KIST의 해외 한국인 과학기술자 유치사업을 중심으로 KIST의 설립 및 초기 운영과정을 살핌으로써 개발도상국의 두뇌유출 해결 방안으로서 KIST 모델의 적용가능성을 타진했는데, KIST의 성공에는 미국의 대외지원정책에서부터 한국 최고통치자의 적극적인 지원, 한국인들의

---

21) Harret Ann Hentges, "The Repatriation and Utilization of High-Level Manpower: A Case Study of the Korea Institute of Science and Technology"(Johns Hopkins Univ. Ph.D. Diss., 1975). '두뇌유출'이란 높은 수준의 교육을 받은 노동력이 국외로 빠져나가는 현상을 말하는데, 두뇌유출의 대상이 되는 고급인력을 가르는 절대적인 기준을 세우기는 어렵지만 헨체스에 의하면, 1970년대에는 대학 이상을 졸업했거나 해당 분야에서 3년간 전문적인 훈련을 받은 사람들을 지칭했으며, 특히 과학자, 기술자, 의료종사자 등이 두뇌유출에 대한 논의에서 주로 언급되었다.

고유한 문화까지 독특하고 우연적인 많은 요소들이 작용했기 때문에 다른 국가에서 KIST와 같은 기관의 설립으로 두뇌유출을 해결할 수 있을 지에 대해서는 회의적인 입장을 나타냈다. 이 연구는 KIST의 인력유치와 유치된 인력들의 KIST에서의 활동에 대해서 성공적이라는 평가를 내렸으며, 22명의 KIST 연구원과 35명의 대학교수들과의 인터뷰를 통해 공식적인 기록에서는 잘 드러나지 않는 세부적인 측면을 잘 보여주었다. 그러나 헨체스의 논문은 국내에서 선발된 연구자에 대해서는 충분한 정보를 제공해주지 못하며, 1970년대 전반에 이루어진 연구이기 때문에 1970년대 중반 이후의 연구자 확보나 이동에 대한 사실은 담고 있지 못하다.

3장에서는 '두뇌유출'에 대한 한국정부의 정책이 KIST 설립을 계기로 어떻게 달라졌는지를 살펴볼 것이며, 이를 통해 한국 사회의 두뇌유출에 대한 관심과 정책 자체가 KIST 설립에서부터 시작되었음을 보이겠다.[22] 그리고 KIST가 초기 국내외에서 연구자를 유치해나간 과정과 그 특징에 대해 설명할 것이다. 기존 연구에서는 KIST가 유치한 인력들의 이전 경력에 대해서는 실증적인 분석이 이루어지지 않았는데, 이에 대한 논의도 포함시킬 것이다. 또한 기존 연구에서는 KIST가 해외 인력을 성공적으로 받아들였다는 점만 강조되었는데, 1970년대 중반을 지나면서 KIST가 국내 과학기술인력 수급에 미친 영향력은 해외인력 유치 자체보다 그동안 국내외에서 선발한 연구자들을 연구소, 산업계, 대학 등 다른 기관으로 확산시켰다는 사실에서 더 두드러졌다고 볼 수 있다. 따라서 4장에서는 1970년대 연구인력의 유치와 함께 KIST 자체로는 일종의 '두뇌유출'이었지만 국가 전체적으로 볼 때는 긍정적인 현상이었던 KIST 인력의 확산 양상과 그 배경에 대해서도 논의할 것이다.

3부에서는 설립 이후 1980년까지의 KIST 연구활동에 대해 논의하고자 한

---

22) 윤방순은 1992년의 또 다른 논문을 통해 국가가 주도적으로 정부출연연구소를 설립함으로써 한국의 두뇌유출이 해결되기 시작했으며, KIST 설립이 대표적인 사례임을 주장한 바 있다. Bang-Soon L. Yoon, "Reverse Brain Drain in South Korea: State-led Model", *Studies in Comparative International Development* 27-1(1992), pp.4~26.

다. KIST는 단순한 공업기술연구소가 아니라 다양한 역할을 부여받고 있던 기관이었기 때문에 겉으로 드러나는 연구활동만으로는 KIST의 기능과 의의를 충분히 보이기 힘들다.[23] 또한 연구개발 성과를 분석할 때는 어떠한 판단기준과 시각을 가지고 있느냐에 따라서 매우 상이한 결론이 나올 수도 있다. 그럼에도 불구하고 연구소로서 KIST가 어떠한 연구활동을 전개했느냐는 질문은 매우 자연스럽고 필수적인 접근임에는 틀림없지만 설립 이후 1970년대를 거치면서 KIST가 수행했던 연구 자체에 대해서는 많은 논의가 이루어지지 못했다.

1975년의 논문에서 이진주는 KIST에서 이루어진 계약연구를 대상으로 하여 개발도상국의 계약연구기관에서 개발된 기술이 최종사용자에게 성공적으로 이전되는 데 영향을 미치는 여러 요소들에 대한 분석을 시도했다.[24] 그는 KIST의 연구자와 연구위탁자들에 대한 설문조사를 실시하고 이를 통계적으로 분석하여 효과적인 기술이전을 위해서는 참여자 사이의 원활한 의사소통, 정확한 기술·경제성 예측, 과학기술정보의 이용가능성, 적절한 과제 선택과 능력 있는 기술 수요자의 선택 등이 핵심적임을 주장했는데, 이는 계약연구기관으로서 KIST의 연구관리를 위한 유용한 지침이라는 가치도 지니고 있었다. 이 연구의 연장선상에서 이진주는 1980년 루벤스타인(Albert H. Rubenstein)과 함께 KIST에서 수행된 112건의 과제와 논의되었으나 연구계약으로 이어지지 못한 41건의 과제를 대상으로 연구계약단계, 연구과제 수행단계, 연구결과의 활용단계로 나누어 각 단계별로 중요한 영향을 끼치는 요인에 대해 분석한 논문을 발표했다.[25] 이 논문은 관련자들과의 폭넓은 인터뷰를 바탕으로 KIST에서 이루어진 연구활동에 대한 평가, 각

---

23) 설성수 외, 『소관연구기관 성과분석 및 경제사회적 기여전략 연구』(기초기술연구회, 2004), 67쪽.

24) Jinjoo Lee, "Contract Research and Its Utilization in a Developing Country: An Analysis of Factors Influencing the Transfer of Industrial Technology from *Korea Institute of Science and Technology* (KIST) to Its Clients"(Northwestern Univ. Ph.D. Diss., 1975).

25) Jinjoo Lee and Albert H. Rubenstein, "An Analysis of Factors Influencing the Utilization of Contract Research in a Developing Country, Korea", *Research Policy* 9(1980), pp.174~196.

단계별 영향 요인의 중요도 등 여러 가지 흥미로운 논의를 담고 있다. 그러나 이 2편의 논문은 구체적인 연구과제 자체에 대한 정보를 담고 있지 않기 때문에 KIST에서 이루어진 연구활동의 내용과 성격을 파악하는 데는 한계가 있다.

KIST 연구개발실에서 다년간 근무한 경험을 지닌 이달환은 1990년의 논문에서 KIST 연구위탁자들에 대한 설문 및 인터뷰를 통해 연구위탁자별 형태와 연구 성과와의 관계를 분석했으며, 이 과정에서 연구개발성과가 기업화로 이어지지 않더라도 기술도입 협상력에 영향을 미칠 수 있음을 실증적으로 보여주었다.[26] 그는 KIST 설립에서부터 1989년까지 수행한 연구과제를 대상으로 기업화 실적, 공업소유권 실적, 기술료 수입 등 직접적인 성과와 전문출연연구소 설립, 연구인력 배출 등의 간접적인 성과를 조사했는데, 이를 통해 KIST의 기능과 역할이 과학기술 환경의 변화에 따라 적절히 대응해왔다고 주장했다. 그러나 이 논문도 구체적인 연구활동에 대해서는 설명하지 않고 있을 뿐 아니라 1980년대 이후를 주로 다루었다. 이처럼 KIST 연구활동에 대한 기존 논의가 주로 경영과학 분야에서 이루어졌기 때문에 연구의 내용이나 그 변화상에 대해서는 자세히 다루어지지 않았다.

이에 따라 3부에서는 설립에서부터 1980년까지 KIST에서 수행된 실제적인 연구과제를 살펴보면서 연구활동의 성격과 그 변화에 대해 논의하고자 한다. 1970년대 KIST는 산업계와 정부 부처로부터 요구받은 다양한 성격의 연구과제를 수행했으며, 산업계로 이전되어 상업적인 성공을 거두었거나 정부 부처 위탁과제로서 의미 있는 성과를 기록한 연구과제들이 적지 않았다. 연구과제가 성공적인 결과를 가져왔는가라는 문제를 떠나서 당시 KIST에서 이루어졌던 주요한 연구활동들은 1970년대 KIST를 설명하는 데 중요한 근거자료로 이용될 수 있을 것이다. KIST 연구활동을 살펴보기 위해서는 우선 재원별 연구계약고를 각 연도별로 살펴볼 필요가 있다. 이를 통해 전체적인 연구활동의 경향을 알아낼 수 있는데, 연구계약고를 토대로 5장은 설

---

26) 이달환, 「정부출연연구소의 역할적응과 연구개발성과분석－KIST의 연구 성과분석을 통한 실증적 연구」(KAIST 박사학위논문, 1990).

립 초기, 6장은 1970년대 중반, 7장은 1970년대 후반의 세 시기로 구분하여 각 시기마다 구체적인 연구사례를 소개하면서 연구활동의 여러 면모에 대해 설명하고자 한다. 연구계약고를 재원별로 분류해보면 산업계 위탁과제, 정부출연금이 양대 축을 이루었으며 그 다음이 정부 위탁과제였는데, 설립 초기는 정부 위탁과제, 1970년대 중반은 산업계 위탁과제, 1970년대 후반은 출연금 연구과제가 가장 큰 비중을 차지했다. 따라서 각 시기마다 주된 비중을 차지했던 과제들을 중심으로 그 특성을 논의하고자 하며, 5장은 '연구과제개발'(project development) 노력을, 6장은 한국기술진흥주식회사(K-TAC)의 설립을 통해 연구과제의 활용이라는 문제를 다룰 것이다.

그리고 1970년대 후반에 이르러 KIST가 장기대형국책과제를 중점적으로 수행하는 기관으로 성격전환을 꾀하게 되는데, 7장에서는 그 과정과 배경에 대해 살펴볼 것이다. 이 같은 전환에 대해 대부분의 기존 연구들은 다수의 전문연구소들의 설립에 따라 새롭게 역할 정립을 꾀한 결과라거나 전환 이후 한국과학원과의 통합에 의해 성사되지 못했다고만 간단히 설명했다.[27) 그러나 국책연구기관으로의 전환은 외부의 변화된 환경과 내부의 요구가 결합되어 나타난 결과로서 계약연구기관이라는 설립 초기의 운영원리를 실질적으로 포기한 매우 중요한 사건이었음을 주장할 것이며, 이 같은 KIST의 궤적은 KIST가 모델로 삼았던 바텔연구소나 KIST로부터 영향을 받았던 대만의 공업기술연구원(ITRI, Industrial Technology Research Institute)과도 구별되는 것이었음을 보이고자 한다. 아울러 7장의 후반부에서는 1980년 추진된 정부출연연구소 개편작업에 대해 간략히 논의할 것이다.

그리고 3부의 소결에서는 이 시기 KIST의 연구활동에 대한 기존 연구자들의 평가, 특히 KIST 연구원들이 학계 출신 중심이어서 실제적인 지식·기술이 부족해서 산업계와의 연계가 약했다는 주장을 자세히 분석해보고자

27) 배종태 외, 『정부출연연구소 연구개발성과의 영향요인에 관한 연구』(한국과학기술원, 1989), 56쪽 ; Dal Hwan Lee, Zong-Tae Bae, Jinjoo Lee, "Performance and Adaptive Roles of the Government-Supported Research Institute in South Korea", *World Development* 19-10(1991), pp.1421~1440 ; KIST, 『KIST 30년사: 창조적 원천기술에의 도전』(1998), 124~125쪽.

한다. 이 주장은 1982년 세계은행의 보고서를 시작으로 하여 윤방순, 김인수 등의 연구자들을 통해 반복적으로 지적되어 왔다. 이는 KIST가 적절한 연구원들을 선발했느냐는 질문과도 연결되는 문제로서, 1970년대 KIST를 논의할 때 반드시 설명을 해야 하는 부분이라 생각된다. 이 문제는 자연스럽게 KIST가 채택한 계약연구체제가 당시의 한국 사정에 적합했었는가, 그리고 어떠한 성과를 거두었는가라는 문제로 이어질 것이다.

맺음말에서는 이상의 논의를 바탕으로 KIST가 한국 과학기술체제의 발전과정에서 차지했던 역할을 정리할 것이며, 특히 계약연구기관 KIST가 국책연구기관으로 전환하는 과정과 그 의미에 대해 정부 과학기술정책과의 관련 속에서 설명할 것이다. 이러한 논의를 통해 국가를 대표하는 연구소로 인정받았던 KIST의 변천에 대해 다각적인 이해가 가능할 것으로 기대한다.

3. 연구자료

이 책은 많은 KIST 내부 자료를 활용했는데, 일차적으로 사용한 사료는 KIST 문서보관실의 이사회 관련 자료와 KIST 역사관에 소장되어 있는 자료이다. 1966년 2월 3일 제1회부터 1980년 11월 8일 제69회에 이르기까지 KIST 이사회 회의록과 각종 첨부자료들, 그리고 1966년부터 1979년까지 매년 초에 제출된 감사보고서는 인사, 재무, 연구활동 등 연구소의 전반적인 운영상황을 파악하는 기초자료로 매우 유용하다. 또한 KIST 역사관에는 연구소 설립에 관한 한국정부 측 자료, 바텔기념연구소가 KIST 설립을 지원하면서 펴낸 각종 보고서, KIST 운영진이 작성한 각종 문서, 연구보고서 등 다양한 성격의 자료들이 소장되어 있다. 이 자료들은 KIST가 1998년 『KIST 30년사』를 편찬하면서 관련자들에게 기증받은 것들과 KIST 자료실에서 보관하고 있던 것들로서, 체계적이지는 않지만 연구소 설립 및 이후 운영과 직접 관계있는 많은 문서를 포함하고 있다. KIST에서 수행된 각종 연구과제에 대한 보고서는 KIST 자료실에 소장되어 있는 것들을 참고했는데, KIST가 산업계로부터 위탁받은 연구과제의 보고서는 '비밀유지의 의무'에 따라 공개하지 않기 때문에 자료실에 소장되어 있지 않다. 이에 따라 일부 산업계 위탁과제에 대해서는 당시 연구책임자의 승인을 받아 KIST 연구관리팀에서 소장하고 있는 보고서를 이용했다.[28)]

이 연구에는 많은 인터뷰 자료들이 활용되었다. 당시 KIST 연구실장급 연구자들을 중심으로 15명과 방문 및 전화 인터뷰를 실시했으며, 이 과정에서 이들이 소장하고 있는 일부 자료를 확인할 수 있었다. 『한국과학기술연구소 비사』는 1975년 KIST가 『KIST 10년사』를 준비하면서 27명의 관련자들과 인터뷰한 내용을 녹취한 자료로서 KIST 역사관에 소장되어 있다. 『한국과학기술연구원 인터뷰 자료』는 KIST의 『여명기의 한국과학기술연구기관의 설립과 연구활동 조사』라는 조사연구를 위해 연구책임자인 김영식 행정전문위원이 2002년 말부터 2003년 초까지 25명을 대상으로 인터뷰를 실시한 자료이다. 필자는 연구 목적을 밝히고 인터뷰 녹음자료를 제공받았는데, 이 인터뷰는 1970년대에 국한하지 않고 1980년대 이후의 상황에 대한 언급도 많이 포함하고 있다.[29)] 인터뷰는 활자화된 자료에서는 드러나지 않는 다양한 측면을 확인할 수 있는 유용한 자료이지만 모호하거나 부정확한 기억이라는 문제와 함께 대상자의 주관적 판단이 개입되어 왜곡될 가능성이 항상 존재한다.[30)] 따라서 가능한 한 다른 기록과의 비교를 통해 확인된 사실 위주로 사용하고자 했지만 관련된 문서가 존재하지 않고 정황상 개연성이 크다고 판단된 경우 인터뷰 자료에만 근거하기도 했다. 그리고 인터뷰 대상자가 연구실장급 연구인력이 중심을 이루고 있기 때문에 중하위 연구

---

28) 연구보고서와 함께 연구자들의 연구내용을 파악할 수 있는 참고자료로 『연구논문집』이 있다. 이는 KIST 연구원들이 여러 학회지에 출판한 논문들을 영인한 것으로서 1969년 제1집에서부터 1981년 13집까지 매년 간행되었다.

29) 『한국과학기술연구소 비사』와 『한국과학기술연구원 인터뷰 자료』의 개략적인 내용은, 김영식 외, 『여명기의 한국과학기술연구기관의 설립과 연구활동 조사』(한국과학기술연구원, 2003)에 소개되어 있다.

30) 박태균, 「근현대 인물연구의 주관성과 객관성」, 『역사와 현실』 14호(1994), 266~280쪽, 특히 277~278쪽.

원들과 기업 측 관계자의 목소리가 반영되지 못했다는 한계가 있다.

1967년 제1호에서부터 1981년 15권 4호까지 1년에 4번 간행된 『과기연 소식』은 신규임용된 연구자나 연구조직의 변화, 주요 연구활동에 대한 정보들을 담고 있으며, KIST 연구원이나 산업계 인사가 KIST 활동에 관해 언급한 글이 실려 있다. 1969년 첫 번째 연보에서부터 1980년 연보까지 매년 간행된 『한국과학기술연구소 연보』도 유용한 자료로 활용되었는데, 특히 연보에는 각 연도별로 연구계약고 현황에 대한 통계가 제시되어 있다. 『과기연 소식』은 KIST 홍보실에서 소장하고 있는 자료를 활용했으며, 『한국과학기술연구소 연보』는 KIST 자료실과 역사관에 소장되어 있다. KIST 설립 · 운영과 대덕연구단지 건설 및 정부출연연구소 설립에 관련된 정부 측 문서들은 국가기록원에서 확인했으며, 일부는 KIST 역사관과 개인이 직접 소장하고 있는 자료를 참고했다. 그리고 KIST 설립에 관한 미국 측의 의도와 태도를 파악할 수 있는 자료로 미국 국립문서기록보관청(The National Archives and Records Administration, NARA)에 소장된 미국 국무성과 주한 미국대사관 사이에 오고간 문서들을 이용했다.[31] 1960년대부터 1980년대까지 KIST에 관한 신문자료는 KIST 홍보실에서 소장하고 있는 '신문 스크랩' 영인본과 '조선일보 아카이브'(http://srchdb1.chosun.com/pdf/i_archive/)를 참고하여 당시 종합일간지 및 경제신문을 활용했다.

---

31) 이 문서들은 1965년 6월부터 다음해 10월까지의 것이며, 전북대학교 과학학과 김근배 교수가 1997년 NARA에서 복사해온 자료를 제공받은 것이다.

제1부

KIST 설립

제1장 KIST의 설립 배경

1. KIST 설립 이전의 연구기관 개편 시도

1) 국공립연구기관의 문제점 파악

KIST가 설립되기 전까지 우리나라의 과학기술분야 연구소는 국공립기관이 절대적인 비중을 차지했다. 1965년 우리나라의 과학기술분야 연구소는 79개소였는데 이 중 49개 기관이 국공립연구기관이었고 대학부설이 10개소, 민간기업부설이 13개소로서, 국공립연구기관은 연구기관의 숫자뿐 아니라 인적인 면이나 예산에서도 절대적인 비중을 차지하고 있었다.[1] 연구소의 숫자는 적지 않은 것 같지만 한 기관당 평균 종사원 수는 50명이었으며, 연구원의 수는 그 절반을 조금 넘는 27명에 불과했다. 기관의 총 인원이 100명이 넘는 몇 개의 국공립기관을 제외하면 대부분 아주 작은 규모였으며, 큰 규모의 기관에는 중앙관상대, 국립지질조사소, 국립보건원, 국립수산진흥원 등 연구가 주 기능이 아닌 기관들이 절반 이상을 차지했다.[2] 사실 대부분의 국공립연구기관은 제한된 예산과 낙후된 시설 속에서 시험 및 조사활동을 주된 임무로 삼았기 때문에 2, 3개 기관을 제외하고는 연구활동의

---

1) 경제기획원, 『1965년 과학기술연감』(1965), 65~72쪽.

2) Economic Planning Board, "Scientific and Technical Research Organizations and their Activities in Korea"(1965) ; 경제기획원, 『1964년 과학기술연감』(1964), 10쪽.

비중이 아주 낮았다. 여기에 국공립연구기관의 연구원들은 대부분 공무원으로서 연구기관의 정원(T/O)이 정해져 있었고, 처우 역시 공무원법의 적용을 받았기 때문에 우수한 연구원의 채용이 원천적으로 힘들었다. 그리고 국가의 예산회계법의 적용을 받아 연구기관 운영에 관한 회계상의 자율성이 전혀 없는 상황이어서 연구기관이 창의성 있는 새로운 연구활동을 벌이기가 거의 불가능한 상황이었다.[3)]

국공립연구기관이 지니는 이 같은 문제를 인식하고 새로운 연구기관을 세우려는 노력은 1960년대 초부터 이루어졌다. 5·16 군사쿠데타로 등장한 군부가 설치한 국가의 최고 통치기구인 국가재건최고회의의 지시를 받아 문교부는 1961년 9월 5일 '종합자연과학연구소 설립연구위원회'를 구성했다.[4)] 이 위원회는 문교차관이 위원장을 맡고 국내 중진 과학기술자들을 중심으로 구성되었으며 과학기술분야의 종합적인 연구기관을 설치하는 방안을 작성하는 것을 목적으로 했다.[5)] 연구위원회는 '한국과학기술원(가칭) 설치계획안'을 작성하여 보고했는데, 이 계획안의 구체적인 내용은 알려지지 않았으나 당시 신문의 기고문을 통해 "국가의 절대적인 지원을 받지만 국공립이 아닌 특수법인 형태의 민간연구소"를 지향했음을 알 수 있다.[6)] 최고회의는 이를 검토하여 내각수반소속으로 과학기술원을 설치하기로 하고 그에 관한 자료의 조사연구와 계획 수립을 위해 1961년 11월 '과학기술원설립

---

3) 1960년대 중반까지 가장 좋은 여건을 갖추고 있었던 원자력연구소의 연구원을 지낸 이창건의 다음과 같은 회고는 국공립연구기관의 관료적인 연구관리의 단면을 잘 보여준다. 원자력연구소의 연구용 원자로는 아침마다 온도를 측정해야 했는데, 이 작업에는 얼음덩어리가 꼭 필요했다. 이에 이창건은 냉장고를 구입해달라는 결재를 여러 차례 올렸으나 당시 군사정부가 냉장고를 사치품으로 분류했기 때문에 구입허가가 나지 않았고, 결국 품목을 냉장고가 아닌 '원자로 온도 보정용 제빙장치'로 바꾸어 결재를 내서 어렵게 구입허가를 받을 수 있었다고 한다. 盧在賢, 『靑瓦臺비서실 2』(중앙일보사, 1993), 64~65쪽.

4) 이종진, 「과학기술은 어디로」, 『조선일보』, 1962.3.30.

5) 『한국과학기술연구소 비사 제28권: 이창석』(1975.2.28).

6) 이종진, 「첫째 「정신」 둘째 「정책」: 종합연구소에 큰 희망」, 『조선일보』, 1962.1.1. 이종진은 관료적인 운영을 피하기 위해 민간기관 형태의 연구소를 세우려는 정부의 시도에 대해 환영의 뜻을 밝혔다.

위원회규정'을 제정했다.[7] 과학기술원은 각 부처에 산재되어 있던 과학기술기관을 모두 흡수하고 과학기술심의위원회를 통해 전체 연구기관의 연구 방향을 조정하는 역할을 맡는 것으로 논의되었다. 이는 새로운 연구기관을 설립하는 방안이 막대한 자금을 필요로 하기 때문에 기존 연구소를 통합·조정하는 방향으로 선회한 것이었는데, 이에 대해 관련 각 부처가 난색을 표시했고 과학계 내에서도 이견이 존재하여 더 이상 진전을 보지 못했다.[8]

비록 계획안에 머무르고 말았지만 국공립이 아닌 민간기구 형태의 연구소를 세우겠다는 것은 운영되고 있는 국공립연구기관이 상당한 문제점을 지니고 있다고 인식했음을 뜻하며, 이를 극복하자는 것이 이후의 연구기관 개편 시도의 기저에 깔린 일관된 취지였다. 1962년 봄 경제기획원 기술관리과가 수립한 '제1차 기술진흥5개년계획'에는 부진한 국공립연구기관의 활동 현황과 함께 이를 개선하기 위한 몇 가지 방안이 제시되었다. 이에 따르면 "국공립 과학기술연구기관은 활동이 부진하고 사립연구소는 희귀하며 과학기술의 선양 및 보급활동을 활발히 하는 기관은 전무"하기 때문에 이러한 상황을 개선하기 위해 국립연구기관의 연구체제를 정비할 필요가 있다는 것이었다. 그 방안으로 각 연구기관장에게 인사·회계 등의 권한을 상당히 위임하고, 연구소에 적용되는 각종 법적 규제도 연구활동의 실정에 맞도록 완화·조정을 해야 한다는 주장이 제시되었다. 국립연구기관은 원칙적으로 각 부처의 부속기관으로 설치되었기 때문에 해당 부처로부터의 통제가 매우 강했지만 연구업무는 일반 행정과는 성격이 다르기 때문에 그러한 통제와 제도적 제약을 줄일 필요가 있다는 의견이었다.[9] 이러한 지적은 연구소의 자율성이 연구활동의 활성화에 긴요한 요소라는 점을 정부 내에서도 인

---

7) 각령 제275호 「과학기술원설립위원회규정」(1961.11.29). 이 책에서 인용된 모든 법령은 법제처 홈페이지(http://www.moleg.go.kr/) 연혁법령 검색을 통해 확인할 수 있다.

8) 「경제개발계획과 우리 과학기술의 위치」, 『조선일보』, 1961.12.30 ; KIST 소사편찬위원회 편, 『한국과학기술연구소의 설립: 소사편찬자료 제1집』(KIST, 1971), 4쪽.

9) 대한민국정부, 『제1차 기술진흥5개년계획(제1차 경제개발5개년계획 보완)』(1962), 15·46쪽.

식하게 되었음을 보여준다.

1962년 8월 기술관리과가 확대되어 설치된 기술관리국은 첫 번째 핵심 사업으로 우리나라 과학기술의 현황을 전반적으로 조사한 『과학기술백서』를 펴냈다.[10] 백서는 과학기술 분야 연구소들이 지니고 있는 여러 문제점을 다시 언급했으며, 아울러 기초연구를 중심으로 하는 원자력연구소를 제외하면 우리나라에는 여러 과학기술 분야를 포괄하는 종합연구소가 하나도 없다는 점을 지적했다. 따라서 현대과학기술이 요구하는 집중적인 종합 연구개발을 위해서 여러 과학기술 분야를 포괄하는 종합연구소가 필요하다는 주장이 백서에 포함되었다.[11]

연구소 설립 문제는 기술관리국 국장 전상근과 원자력연구소 화학실장 심문택, 이화여대 화학과 교수 한상준이 미국학술원의 초청을 받아 1963년 2월 초부터 5주에 걸쳐 미국의 대학, 연구소 및 정부기관을 시찰하고 제출한 보고서에서 좀 더 구체화되었다. 시찰단은 과학 진흥책과 연구활동이 어떻게 산업발전에 결부될 수 있는지를 주된 시찰목적으로 삼았으며, 귀국 후 제출한 보고서에 시찰 결과를 토대로 한 몇 가지 건의사항을 담았다. 그 중 첫 번째는 각종 연구활동의 협조, 조정 및 국가정책 수립을 위한 중앙기구를 대통령 직속에 두어 대통령을 보좌토록 하자는 것이었고, 두 번째가 연구활동이 산업발전에 직결될 수 있는 산업연구소를 발족·육성시켜야 한다는 것으로 구체적인 내용은 다음과 같았다.

> 이와 같은 연구소는 정부보조로 운영될 것이로되 연구활동의 효율화를 위해서 **특수법인체**로 할 것이며 **비영리적**이래야 하겠다. 자체로서는 도저히 연구소를 갖출 수가 없는 중소기업의 기술 및 품질향상을 위해서 **일정한 계약하에 연구를 담당할 것이며, 자체의 연구성과를 산업화하기 위한 중간**

---

10) '1차 기술진흥5개년계획'에 포함된 과학기술전담 행정기구 설치를 추진하는 과정에서 우선 독립부처 대신 국(局) 단위의 기술관리국이 설치되었다. 기술관리국의 설치에 대해서는, 전상근, 『한국의 과학기술정책: 한 정책입안자의 증언』(정우사, 1982), 41~52쪽 참고.

11) 경제기획원, 『과학기술백서』(1962), 64쪽.

> **시험시설도 갖출 수 있어야 한다**. 이때 연구소의 규모와 설계는 우리가 활용할 수 있는 시설과 인적자원을 기준해서 미련할 것이며, 개인의 연구능력에 치중토록 해야 할 것이다. 다시 말해 기구를 먼저 만들어 놓고 사람을 채우는 것은 이를 삼가야겠다. (강조는 인용자)[12]

이처럼 비영리적인 민간연구소를 설치하고 중소기업과의 계약하에 연구를 진행시켜야 한다는 주장은 국공립연구기관의 한계를 극복하자는 취지로 연구기관의 장에게 인사나 회계 등에 상당한 권한을 부여하자는 기존 주장에서 한발 더 나아간 것이었다.

그러나 그 같은 연구소 모델은 시찰단이 방문한 특정한 연구기관의 운영원리나 특성을 그대로 옮겨온 것은 아니었다. 시찰단은 벨전화연구소(Bell Telephone Laboratories), ADL(Arthur D. Little Company) 등 연구소 및 학회 17개 기관을 방문했으나, 그중에 '정부보조로 운영되는 비영리적인 특수법인체 연구기관으로 산업계와의 계약을 통해 연구활동을 진행하는 연구소'는 들어있지 않았다. 벨전화연구소는 독립법인의 기업체 연구소였고, ADL은 수탁연구개발과 기업컨설팅 등을 수행하지만 정부와는 관계가 없는 영리목적의 민간기업이었다. 사실 시찰단이 제안한 연구소의 형태는 미국에는 존재하지 않았다. 그렇다면 시찰단의 제안은 정부가 연구개발을 주도할 수밖에 없는 당시의 한국사정과 미국에서의 시찰경험이 결합되어 만들어진 것이라 볼 수 있다.

비록 정부정책 결정에 직접 관계되지 않은 '시찰보고서'에 불과했지만 그 같은 주장이 당시 과학기술분야의 행정을 맡고 있는 기술관리국장의 의견이었다는 점에서 시찰단의 건의가 구체화될 수 있는 가능성이 있었기 때문에 주목할 만하다. 실제로 기술관리국은 곧이어 우리나라 과학기술 연구소의 구체적인 실태를 보다 더 정확히 파악하기 위한 광범위한 조사작업을 시작했으며, 국립연구기관을 민간기관으로 개편하려는 방안을 추진하게 되

---

12) 전상근 외, 『미국학술원초청 미국과학계 시찰보고서』(1963), 90~92쪽. 이 자료는 전상근 전 기술관리국 국장으로부터 제공받았다.

었다. 또한 시찰에 참여했던 인사들이 이후 KIST의 설립과 운영에 깊이 관여하게 된다는 측면도 의미가 크다. 전상근은 주무부처 국장으로서 KIST 설립과정에서 한국정부를 대변하는 실무책임자였으며, 심문택과 한상준은 KIST의 초대 연구담당 부소장이자 각각 2대, 3대 소장을 역임하게 된다.

2) 국립공업연구소 개편안

국립연구기관을 민간기관으로 개편하려는 기술관리국의 방안은 국립공업연구소를 특수법인 형태의 종합과학기술연구소로 전환시키는 것이었다. 이러한 구상에 대해 국립공업연구소 소장 이채호도 동의하여 상공부의 조봉식 공업차관보를 위원장으로 하는 국립공업연구소 기구강화추진위원회가 구성되었는데, 여기에는 앞에 언급한 미국 시찰단 3명이 포함되었다.[13] 국립공업연구소 기구강화추진위원회는 기술관리국이 작성한 초안을 바탕으로 새로운 연구소 개편안을 만들었다. 이 개편안에 대해 경제기획원 예산국장 진봉현은 "특수법인으로 만드는 것에 대해 찬성하며, 회계는 정부의 회계법이 아니라 한국전력과 같이 정부투자기관의 회계법을 적용하면 [설립될 연구기관의] 자율성과 독립성이 보장될 것"이라는 회신 공문을 보내왔다. 기술관리국장 전상근은 "당시 경제기획원의 예산국은 대단히 관료적이어서 예산회계법을 금과옥조로 삼고 있던 때라 이 정도의 양보도 퍽 획기적인 것이었다"고 밝혔다.[14] 정부예산을 관장하는 예산국의 동의를 받아냄으로써 최종적으로 '한국과학기술연구소법(案)'이 작성되어, 1963년 여름 국립공업연구소 개편안은 상공부 장관의 명의로 경제각료심의회의에 상정되었다.

'한국과학기술연구소법(案)'의 기본취지는 국립공업연구소를 개편하여 '특

---

13) 이 위원회의 위원은 다음과 같다. 서동운(상공부 공업1국장), 이채호(국립공업연구소장), 최한석(국립공업연구소 기감), 전상근(경제기획원 기술관리국장), 심문택(원자력연구소 화학실장), 오준석(금속연료종합연구소장), 이정림(경제인협회장), 한상준(이화여대 화학과장), N. C. Beck(USOM/K).

14) 『한국과학기술연구소 비사 제27권: 전상근』(1975.2.6).

수법인 한국과학기술연구소'를 세움으로써 산업발전을 위한 기술센터로 육성하자는 것이었다.[15] 이러한 개편의 필요성으로 우선 당시의 연구소 체제하에서는 연구원에 대한 임용 및 처우가 공무원법의 규정을 받아야 하므로 우수한 연구요원의 확보가 곤란하다는 점을 들었다. 그리고 기존 예산회계체제하에서는 연구소로서의 기능을 충분히 발휘하기 어렵다는 점도 제시되었다. 일반적으로 공기업이나 특수법인, 비영리법인 등의 준공공부문조직은 예산의 운용과 인력의 채용 등에서 정부기관이 지니고 있는 경직성이나 관료제의 비효율성을 벗어날 수 있는 장점이 있다고 알려져 있다.[16] 이에 따라 정부가 자본금 10억 원 전액을 출자하는 형식으로 새로운 연구소를 세우기로 한 것이었다. 연구소의 운영은 경제기획원장관을 위원장으로 하고 재무부장관, 상공부장관, 이사장 및 과학기술계 대표 4인으로 구성한 운영위원회를 설치, 연구소의 업무수행에 필요한 기본방침을 수립하도록 했다. 또한 상공부장관은 연구소를 감독하며 필요한 조치를 명할 수 있다고 밝혀, 정부기관은 아니지만 정부의 영향력이 미칠 수 있는 여지를 남겨두었으며, 연구소를 대표하고 업무를 총괄하는 이사장은 상공부장관의 제청에 의해 운영위원회의 의결을 거쳐 내각수반이 임명하게 했다. 정부는 자본금 출자와 함께 연구소의 업무에 필요한 경비를 보조하지만 연구소의 예산 및 회계는 정부투자기관 예산회계법 및 시행령의 적용을 받게 되어 기존 국공립기관보다는 회계 상의 통제가 상당히 완화될 것으로 기대되었다.

그러나 '과학기술연구소법(案)'은 정부 안팎에서 적지 않은 반대에 부딪쳤다. 우선 재무부는 이 연구소를 다른 국공립연구소보다 특별히 우대할 근거가 없다는 이유로 반대했다. 연구소의 재정이나 직원에 대한 우대를 필요로 한다면 지금의 형태를 유지한 상태에서 국가로부터 보조금을 받으면 된다는 논리였으며, 법이 통과되더라도 '연구소에 대한 법인 영업세 및 기

---

15) 경제각료회의 의안번호 제128호 「假稱 '韓國科學技術研究所法'(案)」(1963), 국가기록원 서울기록정보센터 소장 자료.

16) 최병선, 「준공공부문 조직 연구의 방향모색」, 『행정논총』 31-1(1993), 208~231쪽 ; 김준기, 「비영리단체(NPOs)의 생성과 일반적 행태: 주인-대리인이론 관점에서」, 『행정논총』 36-1(1998), 61~86쪽.

타 제세는 면제한다'는 조항에는 동의하지 않음을 분명히 밝혔다. 재무부는 연구소 개편을 단지 재정지원을 확대하기 위한 수단으로만 간주했고, 법안에서 강조되었던 연구소의 자율성이라는 개념은 이해하지 못했던 것이다. 또한 법안이 상정될 즈음 연구소 개편에 우호적이었던 상공부 장관 박충훈과 국립공업연구소 소장 이채호가 교체되면서 상공부와 연구소 내부의 반대 목소리도 커지기 시작했다. 이들은 연구소를 민영화한다는 방안은 이상적이지만 국내 형편상 실제 실행에는 문제가 있다는 주장을 펼쳤다. 민영화를 할 경우 독립채산 운영을 위해서는 정부가 거액을 다년간 보조해야 하지만 현실적으로 가능하지 않다는 것이었다. 그리고 민간기구가 될 경우 행정기관과의 기술협동이 둔화되고, 직접적으로 산업에 응용되는 연구만 중요시함으로써 기초 및 응용연구가 부진해진다는 것을 반대논리로 제시했다.[17] 이와 함께 구한말에 창설된 유서 깊은 국립연구소를 재단법인으로 바꿀 수는 없다는 견해도 제시되었다. 이러한 표면적인 이유의 이면에는 연구소의 연구원들이 공무원에서 민간인 신분으로 전환되는 것을 원하지 않았으며, 상공부는 자신들의 소관인 국립공업연구소를 경제기획원에 넘겨주고 싶은 생각이 없었다는 점이 작용했다. 동시에 국공립연구기관들이 관련 부처 관리들의 승진을 위한 대기소 같은 역할을 했던 당시 상황에서 재단법인이 되면 이러한 장치가 없어진다는 계산도 깔려있었다.[18] 결국 '한국과학기술연구소법(案)'은 통과가 보류되었고, 1963년 12월 제3공화국이 출범하면서 군사정부하에서 제안된 일체의 미결법안이 자동 폐기됨에 따라 국립공업연구소 개편안도 사라지고 말았다.[19]

그러나 비록 결실을 맺지는 못했지만 특수법인화함으로써 국공립연구기관이 지니는 문제점을 극복하려는 시도는 '민간 기구 형태의 연구소'라는

---

17) 「한국과학기술연구소 법안에 반기」, 『工硏레뷰』 45(1963), 12쪽.

18) 『한국과학기술연구소 비사 제27권: 전상근』(1975.2.6) ; 전상근, 『한국의 과학기술정책』, 58쪽.

19) 「한국과학기술연구소(소위 민영화) 법안 드디어 폐기되다」, 『工硏레뷰』 46(1963), 2쪽. 국립공업연구소에서는 9월 이래 '한국과학기술연구소법(안)'의 취하를 위해 맹렬한 활동을 전개하고 있었는데 결국 폐기되었다는 소식이 권두에 실려 있다.

아이디어를 확산시키는 계기가 되었다. 동시에 산업발전을 위한 기술개발을 담당할 연구기관이 필요하다는 인식도 그 과정을 통해 정부의 경제 관련 부처사이에 퍼지게 되었다.

3) 금속연료종합연구소 확대안

'한국과학기술연구소법(안)'이 폐기되면서 중단된 연구소 개편 시도는 국립공업연구소 개편논쟁이 대통령 박정희에게 알려지면서 다시 시작되었다. 그간의 연구소 개편 노력에 대한 보고를 받은 박정희는 1964년 9월 경제기획원 장관에게 국립공업연구소, 원자력연구소, 금속연료종합연구소를 통합·개편하여 종합적인 과학기술연구소를 창설하는 안의 타당성 여부를 검토·보고하라고 지시했다. 세 곳의 연구소는 당시로서는 가장 나은 여건과 연구진을 갖춘 기관들이었고, 특히 재단법인 형태의 금속연료종합연구소는 다른 국공립연구소와 달리 국영기업체들의 출연금으로 운영되고 있는 민간연구기관으로 연구원의 구성 등에서 다른 기관보다 매우 높은 수준임이 기술관리국이 실시한 연구기관 실태조사를 통해 확인된 상태였다.[20] 기술관리국은 검토 결과 성격이 다른 세 기관의 인위적인 통합보다는 금속연료종합연구소를 주축으로 하는 재단법인 형식의 새로운 연구소를 창설하는 것이 효과적이라는 보고서를 올렸다. 이 보고서는 금속연료종합연구소 운영에 필요한 재정을 지원하고 있는 국영기업체들의 보조를 확대하고 민간기업으로부터 자금을 보조받아 산업생산과 직결되는 연구개발을 추진할 수 있을 것으로 전망했다. 이러한 방안에 대해 금속연료종합연구소 창설을 주도한 최형섭 원자력연구소 소장, 상공부 장관에 복귀한 박충훈, 금속연료종합연구소 이사장 박태준이 모두 적극적으로 동의하여 새로운 종합과학기술연구소 방안은 구체화되기 시작했다. 신설될 연구소는 상공부보다는 국가예산과 개발계획을 관장하는 경제기획원이 주무부처가 되는 것으로 의

---

20) 금속연료종합연구소의 역사에 대해서는 오준석, 「최초의 산학협동연구」, 환력기념집 발간회 편, 『과학기술과 더불어: 최형섭 박사 환력기념회상록』(1981), 145~151쪽을 참고.

견이 모아졌다.[21]

1965년에 접어들어 기술관리국은 연구소 설치에 대한 기본 방향 등을 준비하였으나 재정확보 등의 문제로 빠른 진전을 보지는 못하고 있었고, 그런 가운데 정부 안팎에서는 계속해서 연구기관 설립의 필요성이 제기되고 있었다. 최형섭은 원자력연구소 소장으로 재직 중이던 1963년 캐나다 앨버타대학과 엘도라도 금속연구소에서 1년간 연구를 진행한 후 귀국했는데, 대한화학회로부터 캐나다의 과학기술에 대한 글을 써달라는 요청을 받고 NRC(National Research Council)를 소개하는 글을『화학과 공업의 진보』에 발표했다.[22] 그는 잡지가 발간되고 조금 지난 후인 1964년 말 청와대 경제담당비서관 한준석을 통해 대통령이 그 글을 읽었으니 청와대에 와서 구체적인 설명을 해달라는 요청을 받게 되었다. 이에 최형섭은 대통령과 각료들이 참석한 자리에서 우리나라의 과학기술 진흥에 대한 의견을 밝혔으며, 그는 이 자리에서 "기업과 학계를 연계하는 매개체 역할을 담당할 연구기관의 필요함을 주장"했다고 한다.[23] 또한 1965년 2월 경제 · 과학심의회의[24]가 과학기술을 전담할 행정기구로 '과학기술원'을 설립하자는 건의안을 작성해서 보고했는데, 여기에는 과학기술원의 부속기관으로 '종합과학연구소'를 설치하자는 제안이 포함되었다.[25] 종합과학연구소는 원자력연구소를 개편하여 원자력에 관한 연구뿐만 아니라 과학전반에 관한 기초 및 응용연구를

---

21) 전상근,『한국의 과학기술정책』, 60~62쪽.

22) 최형섭,「N.R.C.를 중심으로 하는 Canada의 과학기술의 진흥」,『화학과 공업의 진보』 4-3(1964), 286~292쪽.

23) 최형섭,『불이 꺼지지 않는 연구소』(조선일보사출판국, 1995), 50~52쪽.

24) 경제 · 과학심의회의는 '국민경제의 발전과 이를 위한 과학진흥에 연관된 정부의 중요 정책 수립'을 위한 대통령 자문기구로 1964년 2월 1일 발족했으며, 대통령이 회의를 주재했다. 여기에는 경제관료와 함께 저명한 경제학자들이 참여했는데, 이처럼 경제개발이 본격화되면서 전문적 지식인들의 군사정권에의 참여가 더욱 활발해졌다. 정용욱,「5 · 16쿠데타 이후 지식인의 분화와 재편」, 노영기 · 도진순 · 정용욱 · 정일준 · 정창현 · 홍석률,『1960년대 한국의 근대화와 지식인』(선인, 2004), 157~185쪽, 특히 174~175쪽.

25) 제5회 경제 · 과학심의회의 의결사항. 최규남 · 이종진,「과학기술행정기구개편안」(1965.2.23), 국가기록원 서울기록정보센터 소장 자료.

담당하게 하자는 것이었으며, 예산절감을 위해 육군기술연구소에 소재하는 연구시설을 종합과학연구소로 이관하자는 내용을 담고 있었다. 비록 이 제안에는 종합과학연구소의 구체적인 성격과 운영에 대한 상세한 논의가 담겨 있지는 않지만, 당시의 연구소 체제가 문제를 지니고 있었고 새로운 형태의 종합연구소가 필요하다는 인식이 널리 공유되고 있었음을 알 수 있다.

이처럼 KIST 설립 이전에 국공립연구기관이 지니는 한계를 극복하고 산업계의 기술개발을 지원하는 역할을 담당하는 종합연구기관을 세우려는 논의는 몇 년간 지속되었다. 물론 설립을 시도했던 모든 연구소가 산업기술개발만을 목적으로 한 것은 아니었고 경제 · 과학심의회의가 제안한 '종합과학연구소'처럼 과학기술 전반을 포괄하는 연구소도 포함되어 있었다. 그렇지만 1960년대 들어 연구소 문제에 대한 관심이 높아진 배경에는 경제개발 노력과 이를 위한 산업발전이라는 목표가 자리 잡고 있었기 때문에 연구소의 주된 지향은 산업기술을 향하고 있었다.[26] 또한 연구소 설립 논의의 바탕에는 연구소의 자율성과 독립성을 위해 민간기구로 설립해야 된다는 원칙이 있었고, 대통령 박정희도 그 같은 연구소 개편 시도의 취지와 방향을 알고 있었다. 이 같은 상황에서 1965년 5월 한미정상회담에서 연구소 설치 문제가 제기되자 박정희는 곧바로 적극적인 동의를 표명할 수 있었고, 공동성명 발표 이후 단시간에 기술관리국이 중심이 되어 연구소 설치방안을 마련할 수 있었던 것이다.

---

26) 1960년대 전반 정부의 경제개발정책과 공업화 전략에 대해서는, 김낙년, 「1960년대 한국의 공업화와 그 특징」, 한국정신문화연구원 편, 『1960년대 한국의 공업화와 경제구조』(백산서당, 1999), 11~76쪽 참고.

2. 박정희-존슨 공동성명과 미국조사단의 방한

1) 존슨 대통령의 연구소 설립 제안과 그 배경

1965년 5월 박정희의 방미는 연구기관 설립의 새로운 전기가 되었다. 5월 17일과 18일 두 차례에 걸쳐 열린 한미정상회담에서는 사전에 조율된 12개 항의 공동성명이 예정되었으나, 한미행정협정의 체결에 관한 사항과 공업기술 및 응용과학연구소의 설치를 위한 과학고문의 파견 문제가 추가되어 2차 정상회담 후 14개 항의 공동성명이 발표되었다. 특히 연구소 설치 문제는 현안 문제에 대한 구체적인 합의가 이루어진 다음인 2차회담에서 미국 대통령 존슨(Lyndon Baines Johnson)이 직접 제의해서 즉석에서 공동성명에 포함된 것으로, 한국 측으로서는 사전에 전혀 기대하지 않았던 뜻밖의 성과였다.[27] 연구소 설립 문제를 담고 있는 공동성명 제12항은 다음과 같았다.

> 양국 대통령은 학교교사로서의 과거경력을 상기하고 양국에 있어서의 모든 수준에 이른 교육의 필요성, 도전 및 기회에 관하여 협의하였다. 박대통령은 한국의 공업기술 및 응용과학연구소를 설치하는 가능성을 한국의 공업, 과학 및 교육계 지도자들과 더불어 검토하기 위하여 그의 과학고문을 파견하겠다는 존슨 대통령의 제의를 환영하였다. 동연구소 및 실험소 등은 한국생산업을 발전시키기 위한 기술봉사와 연구조사를 제공할 수 있을 것이며 미국에서 훈련받은 고등한국기술자로 하여금 그들의 연구조사를 계속할 수 있는 기회를 주게 될 것이라는 것이 존슨 대통령의 생각인 것이다.[28]

---

27) 당시 한 신문에서는 정상회담에서 얻은 1억 5천만 달러 차관을 비롯한 경제적 성과 중 연구소 설치 문제만이 주목할 만한 것임을 지적했다. "華府에서 전해오는 그 많은 '파격적'이고 '이례적'인 의전대접에도 불구하고 경제원조분야에선 '破格'도 '異例'도 없었다. 한 가지 파격이 있었다면 한국정부가 전혀 제안도 준비도 한바 없는데도 불구하고 '양국대통령은 학교교사로서의 과거 경력을 상기하고…… 존슨 대통령이 먼저 제의한 공업기술 및 응용과학연구소의 설치가능성을 검토할 과학고문의 파견'뿐이다." 「1억5천만불 차관의 실속」, 『동아일보』, 1965.5.20.

이 합의에 따라 1965년 7월 미국 대통령 과학기술특별고문 호닉(Donald F. Hornig)이 연구소 설립의 가능성을 타진하기 위해 한국을 방한하게 되었다.

연구소 설치를 지원하겠다는 존슨의 제안은 박정희의 미국방문을 앞두고 그에게 줄 뜻 깊은 선물을 준비하라는 존슨의 지시에 따라 호닉이 강구해낸 것으로 알려져 있다.[29] 이와는 다른 주장도 존재하는데, 당시 외무장관이었던 이동원은 1965년 초 방한한 미국 대통령 특별보좌관 로스토우(Walt W. Rostow)가 기술연구소 설립을 제안했다고 주장했다. 그에 따르면, 1964년 10월 한일국교정상화와 베트남파병 문제를 논하기 위해 미국무성 극동담당 차관보 번디(William P. Bundy)가 서울에 파견되어 박정희의 파병 의사를 확인했으며, 그 다음 로스토우가 한국을 방문해 국내의 여론 동향을 살피게 되었다. 방한 시 로스토우는 한국에 줄 수 있는 기념품을 찾으라는 존슨의 지시에 따라 정부 각 부처를 돌며 적절한 사업을 탐색했고, 이때 이동원이 "우리가 부족한 건 기술이다. 기술입국을 도와 달라, MIT 하나 세워 달라"고 요청했으나 로스토우는 "아직은 MIT 같은 거 세워도 운용을 못할 터이니 그건 힘들고 MIT 내에 있는 기술연구소 정도는 우리가 지원해 주겠다"고 밝혔다고 한다.[30] 그러나 호닉은 로스토우에 대해서는 언급하지 않았다.

또한 한국전자산업의 진흥에 상당한 역할을 했던 김완희는 자신이 호닉에게 연구소 설립의 필요성을 주장했다고 밝혔다. 컬럼비아대 교수로 있던

28) 공보부, 『박정희 대통령 방미록』(1965), 58~64쪽.

29) 호닉, 「과기연 설립의 주역」, 환력기념집발간회 편, 『과학기술과 더불어: 최형섭 박사 환력기념회상록』(1981), 177~187쪽 ; Lyndon Baines Johnson Library Oral History Collection의 Donald F. Hornig Oral History, Interview Ⅰ(1968.12.4), pp.22~23, http://www.lbjlib.utexas.edu/johnson/archives.hom/oralhistory.hom/Hornig-D/hornig1.PDF, 2005년 12월 22일 접속.

30) 이동원, 『대통령을 그리며』(고려원, 1992), 105~107 · 154쪽. 로스토우는 미국의 대외원조에 대해 군사원조나 소비재를 중심으로 한 무상원조에 비판적이었으며, 자본재 중심의 차관으로 경제개발의 가능성을 보여주고 경제개발계획의 수립을 적극 지원하는 장기적이고 공적인 '경제개발원조'의 필요성을 주장했었다. 로스토우의 활동에 대해서는, 박태균, 「로스토우 제3세계 근대화론과 한국」, 『역사비평』 2004년 봄호, 136~166쪽 참고.

김완희는 1965년 6월 한국 방한을 앞두고 있던 호닉 일행을 위해 워싱턴의 한국대사관에서 열린 만찬에 초대받았고, 이 자리에서 미국의 한국에 대한 과학기술부문 원조계획에 대한 논의가 이루어졌다.[31] 김완희에 따르면, 호닉은 과학기술교육을 위한 대학을 설립할 계획임을 밝혔고 이에 대해 김완희가 한국에는 공과대학보다 공대를 졸업한 학생들이 연구를 계속할 수 있고 산업을 발전시키는 데 기여할 수 있는 연구소 같은 기관이 필요하다고 주장했으며, 이틀 후 호닉에게 서신을 보내 연구소 필요성을 다시 한 번 강조했다고 한다.[32] 그러나 연구소 설립 지원은 이미 확정되어 공동성명에 명시되었기 때문에 김완희의 주장은 설득력이 없다. 환송연에서 한국의 과학기술과 관련된 현황에 대한 여러 가지 논의가 오고갔을 수 있지만 이것이 계기가 되어 KIST 설립이 결정됐다고 볼 수는 없다.

미국이 한국에 제공할 기술원조방안을 마련한 것은 무엇보다도 베트남전쟁에 한국이 전투부대 파병을 결정한 것에 대한 대가의 측면이 있었다. 김근배는 KIST 설립과정에 대한 연구에서 미국의 연구기관 설립 지원 제안의 배경으로, '베트남 파병에 대한 대가', '두뇌유출에 대한 반대 사례 만들기', '기술지원을 통한 박정희 정권에 대한 정치적 지원'의 세 가지를 제시했다.[33] 실제로 베트남 파병은 박정희의 방미와 한미정상회담의 가장 중요한 의제의 하나였다.[34] 따라서 파병의 대가로 미국 측이 1억 5천만 달러의 차관을

---

31) 이 자리에는 미국 터프츠 대학 교수였던 한국계 해리 최(Harry Choi, 최영화)도 참석했는데, 그는 이를 계기로 바텔연구소의 고문으로 활동하다 아예 학교를 그만두고 바텔연구소의 스태프로 합류한 뒤 KIST 설립과정에 참여하여 프로그램 기획, 연구원 선발, 구매 등의 문제에 관여했다.

32) 김완희, 『두 개의 해를 품에 안고: 한국전자산업의 대부 김완희 박사 자전에세이』(동아일보사, 1999), 60~63쪽. 청와대 경제제2수석비서관을 지낸 오원철도 같은 이야기를 소개한 바 있다. 김완희가 한국에 줄 '과학기술쪽의 선물'을 찾던 호닉에게 과학기술연구소 설립을 제안했고, 호닉이 이를 받아들여서 KIST가 설립되었기 때문에 김완희가 KIST 설립에 공이 크다는 설명이었다. 오원철, 『한국형 경제건설 3』(기아경제연구소, 1996), 314쪽.

33) 세 가지 요인 각각에 대한 구체적 설명은 김근배, 「한국과학기술연구소(KIST) 설립과정에 관한 연구－미국의 원조와 그 영향을 중심으로」, 『한국과학사학회지』 12권 1호(1990), 47~49쪽을 참고.

비롯한 경제지원을 약속했으며, 연구소 설치 문제도 그러한 경제지원의 연장이었다고 볼 수 있다.

박정희의 방미에서 베트남 파병과 함께 중요하게 다루어진 또 하나의 문제는 한일협정에 관한 것이었다. 당시 미국은 한일외교정상화의 타결을 통해 동아시아의 지역통합 구상을 실현하여 미국의 안보 부담을 덜 수 있다는 판단하에 한일 양국 간의 관계 정상화를 촉구하고 있었다.[35] 그러나 1965년 초 기본조약에 양국이 가조인하면서 거의 마지막 단계에 달한 한일협정은 한국 내에서 격렬한 반대를 불러 일으켰다. 반대 논리 중 수교협상의 타결로 미국의 대한지원이 감소되며 한국이 일본에 예속될 것이라는 우려가 큰 축을 형성했다. 이에 따라 미국은 이미 1964년부터 한일수교 이후에도 미국의 대한지원이 계속될 것이라는 점을 강조해왔으며, 벽에 부딪친 한일회담의 최종 난관을 타개하는 데 큰 역할을 한 것이 바로 박정희의 미국방문과 한미정상회담이었다.[36] 한미 간의 공동성명에서 개발차관 1억 5천만 달러를 비롯한 미국의 대한지원 패키지는 미국의 대한지원이 불변할 것임을 입증하려는 차원에서 제공된 것이라 볼 수 있으며, 미국의 이러한 지원은 당시 박정희 정부의 정통성과 신뢰성에 상당한 무게를 실어주었던 것이다.[37] 존슨이 마련한 선물인 연구소 설치 지원도 이 같은 미국의 한국에 대

---

34) 최동주,「한국의 베트남 전쟁 참전 동기에 관한 재고찰」,『한국정치학회보』 30집 2호(1996), 276~287쪽.

35) 미국의 동아시아 정책을 중심으로 한일회담을 바라 본 글로는 이종원,「한일회담의 국제정치적 배경」, 민족문제연구소,『한일협정을 다시 본다』(아세아문화사, 1995), 17~60쪽을 참고.

36) 맥도널드는 "박정희 대통령은 한일 국교정상화를 반대하는 움직임에 대항하여 '기본적으로 일본과의 협상 문제 해결을 결말짓기 위한 박정희의 능력을 강화시키려는 의도로' 미국 공식 방문 초정을 받았다"고 밝혔다. MacDonald, Donald Stone, *U.S.-Korean Relations from Liberation to Self-Reliance: The Twenty-Year Record* (Westview Press Inc., 1992), 한국역사연구회 1950년대반 옮김,『한미관계 20년사(1945~1965)』(한울, 2001), 215쪽. 박정희의 방미 교섭에서 다루어질 의제에 대한 한국 측의 자료에서도 한일관계 정상화에 따르는 한미관계의 문제가 집중적으로 제시되어있다. 즉 한일회담 타결 이후에도 미국의 한국에 대한 경제적 군사적 지원을 확인받는 것이 가장 중요한 과제였다.「박정희의 방미교섭 의제(65.4.15)」, 이도성,『실록 박정희와 한일회담』(한송, 1995), 367~370쪽. 한일협정은 1965년 6월 22일 조인되어 12월 18일부터 성립·발효되었다.

한 경제 지원의 연장이었다고 볼 수 있다. 호닉이 실장으로 있던 미국 대통령 직속 과학기술실(OST, Office of Science and Technology)의 역사 기록도 존슨의 제안을 한일 회담과 관련해서 해석하고 있다.

> 한국 대통령은 "정치가다운 임무에 착수하려했지만 일본과의 관계정상화 움직임은 대중들로부터 인기가 없었다. 그래서 그는 한국에 대한 미국의 이익과 관심을 재확인시킬 수 있는 제스처를 미국으로부터 얻어내려 했다." 미국이 한국에 대한 지지를 무엇으로 보여줄 수 있을 것인가? 무엇이 가치 있으면서도 동시에 논쟁을 불러일으키지 않을 것인가? 존슨이 제기한 이 같은 질문에 대해 보좌진과 부처에서 여러 가지 제안을 했다. 존슨은 그가 받은 모든 아이디어 중 호닉의 제안을 제일 마음에 들어 했다.[38]

결국 미국은 연구소 설치와 개발차관을 통해 박정희 정권에 대한 지지와 한국에 대한 지속적인 경제 · 기술 지원 의지를 나타냄으로써 베트남 파병과 한일수교에서 한미 양국이 원하는 결과를 얻고자 했던 것이다. 사실 한국 전투병의 베트남 파병, 한일협정의 타결 그리고 한국의 경제개발이라는 세 가지 사안은 모두가 서로 연결된 문제였고, 미국은 세 가지 모두에 실질적인 이해관계를 갖고 있는 당사자이자 이를 추진하는 중요한 추동력이었다.[39] 미국의 지원은 박정희의 정치력 강화에 적지 않은 도움을 줄 수 있었고,[40] 특히 정치와는 직접 관계가 없는 과학기술에 대한 지원이므로 논란

---

37) Victor D. Cha, 「1965년 한일수교협정체결에 대한 현실주의적 고찰」, 경남대 극동문제연구소, 『한국과 국제정치』 25권(1997), 263~297쪽 중 296쪽 ; 미하원 국제관계위원회 국제기구소위원회 편, 한미관계연구회 역, 『프레이저 보고서』(실천문학사, 1986), 254쪽. 맥도날드에 의하면 미국은 이미 1964년 한일협정을 촉구하기 위해 한국에 1억 달러의 개발차관 제공과 한 · 미 · 일 3자회담 개최를 계획했으나 보류했었다. 한국역사연구회 1950년대반 옮김, 『한미관계 20년사(1945~1965)』, 214쪽.

38) Henry Lambright, *Presidential Management of Science and Technology: The Johnson Presidency* (Univ. of Texas Pr., 1985), p.95. 따옴표 안의 부분은 *OST Administrative History* Ⅱ, N1, p.13에서 램브라이트가 인용한 부분이고 나머지는 램브라이트의 서술이다.

39) 홍석률, 「1960년대 한미관계와 박정희 군사정권」, 『역사와 현실』 56(2005), 269~302쪽.

40) 김근배, 「한국과학기술연구소(KIST) 설립과정에 관한 연구」, 48~49쪽.

의 소지도 없었다. 호닉이 방문하기 이전에 주한 미국대사관 법률고문 긴즈버그를 통해 미국 측이 한국에 보낸 서한에는, 정부의 통제에서 벗어난 분위기에서 과학연구가 수행되는 연구소를 세움으로써 유용한 정치적 반향을 가져올 수 있을 것이라는 언급이 들어있었다.[41] 연구소 설립은 단순히 경제개발이나 근대화에 도움을 준다는 차원을 넘어 정권의 긍정적 이미지 형성에도 기여할 수 있었고, 박정희도 이 점을 인식하고 연구소 설치 문제에 적극적으로 나서게 되었다.

한편 미국이 기술지원의 형태로 연구소 설립을 제안한 것은 미국의 한국에 대한 원조 형태의 변화와도 관련이 있었다. 1950년대 후반부터 미국의 개발도상국에 대한 지원은 무상원조에서 개발차관의 형태로 점차 이동하고 있었다.[42] 1963년 초 미국국제개발처(United States Agency for International Development, USAID) 처장 벨(David E. Bell)은 연설을 통해 미국의 대외 원조액이 점진적으로 감축되고 개발차관으로 전환될 것임으로 예고했으며, 한국에 대한 원조액이 2년 이내로 점차로 삭감될 것이라는 소식이 그해와 다음해 한국에 전해졌다.[43] 1964년 즈음까지 미국의 한국에 대한 경제 및 군사원조는 미국 전체 대외원조량의 각각 9%, 14%를 차지했으며, 이에 대해 미국 내에서도 문제가 제기되고 있었다.[44] 비록 베트남 파병이나 한일협정 등의 문제 때문에 미국이 당장 무상원조 중단을 주장하기는 어려웠지만 1965년의 한미정상회담에서 한국이 미국의 1억 5천만 달러의 개발원조 제안을 받아들인 것이 미국의 지원이 무상원조에서 개발차관으로 본격적으로 전환하게 되는 계기가 되었다.[45] 따라서 미국의 지원으로 연구소를 세우고

---

41) David Ginsburg, "A Korean Institute for Industrial Technology and Applied Science"(1965. 6.19), KIST 역사관 소장 자료.

42) 박태균, 「1956~1964년 한국 경제개발계획의 성립과정-경제개발론의 확산과 미국의 대한정책 변화를 중심으로-」(서울대학교 박사학위논문, 2000), 25~30쪽.

43) 한국역사연구회 1950년대반 옮김, 『한미관계 20년사(1945~1965)』, 450쪽.

44) Victor D. Cha, 「1965년 한일수교협정체결에 대한 현실주의적 고찰」, 273쪽.

45) 미하원 국제관계위원회 국제기구소위원회 편, 한미관계연구회 역, 『프레이저 보고서』, 53쪽.

한국의 산업에 직접적인 도움을 줄 수 있는 연구를 한국이 자체적으로 수행할 수 있게 한다는 것은 미국의 원조가 질적으로 변화했음을 나타내는 상징적인 조처가 될 수 있었다. 박정희가 연구소 설치 문제를 살피기 위해 방한한 호닉에게 '정부가 국민에게 고기를 주는 것'과 '정부가 국민에게 낚싯대를 줘서 고기를 잡게 하는 것'이라는 비유를 통해 연구소 설립에 대한 의미를 부여하고 있는 것도 이 같은 맥락이라고 볼 수 있다.[46] 미국이 그동안 한국에 제공한 기술원조는 전문가 파견, 과학기술자 초빙 훈련, 물자도입, 용역계약의 4가지 형태로 이루어졌는데,[47] 연구소 설립을 직접 지원하는 것은 기존 지원과는 다른 차원의 기술원조였던 것이다.

이처럼 연구소 설립을 지원하겠다는 존슨의 제안은 다양한 의미와 배경을 지니고 있었고, 이 제안을 박정희가 매우 적극적으로 받아들임으로써 호닉의 아이디어는 미국 내의 평가처럼 "대성공"(ten-strike)을 거두게 되었다. 존슨은 호닉에게 연구소 설치 문제가 정상회담에서 제안된 것 중 최고였다고 하면서 호닉의 독창성과 기지에 대해 칭찬을 했다. 연구소 설치 제안이 한국으로부터 좋은 반응을 얻고 신속하게 추진되어가자 존슨은 개발도상국에 대한 유력한 지원방법의 하나로 '기술원조'(technical assistance)를 활용하게 되었다. 호닉은 대통령 과학기술 특사 자격으로 1965년 말부터 대만, 파키스탄, 인도, 리비아, 라틴아메리카 등을 공식 방문하여 KIST와 같은 형태의 연구기관 설립 프로그램을 비롯한 기술지원 방안을 모색했으며, 존슨에게 개발도상국에 연구소 설립을 계속해서 지원하도록 건의했다.[48]

2) 한국정부의 연구소 설치안과 미국 조사단의 방한

박정희－존슨의 공동성명 이후 경제기획원에서는 기술관리국을 중심으로

46) 대통령비서실, 「회의각서 제65-34호: Hornig 박사의 내한」(1965.7.15), KIST 역사관 소장 자료.

47) 과학기술처, 『과학기술행정 20년사』(1987), 248쪽.

48) Henry Lambright, *Presidential Management of Science and Technology*, pp.94~99.

호닉의 방한에 대비하여 이미 마련했던 금속연료종합연구소 개편안의 내용을 기본 골격으로 삼아 새로운 연구소 설치안을 작성했다. 이와 동시에 연구소 설립뿐 아니라 침체상태에 있는 국내의 과학기술 연구활동을 전반적으로 진작시키기 위해 종합적인 과학기술 연구개발 방안을 마련했다. 이 방안은 '과학기술종합연구소'의 설치와 '과학기술연구기금 특별회계'의 창설 및 '과학기술진흥법'의 제정이 핵심이었다. 이에 따르면, 국가개발의 종합적인 계획에 의해 기초 및 응용연구분야를 전담할 종합연구기관으로 과학기술종합연구소를 설치하며, 이 연구소는 일반 공무원과는 다른 처우를 보장하고 자율성을 부여하기 위하여 '민간재단법인체'로 한다는 것이었다.[49] 이러한 과학기술 연구개발 방안과 호닉의 방한은 침체되어 있던 국내 과학기술의 현황을 되돌아보는 계기가 되었고, 국내의 과학기술자들도 상당한 관심을 갖고 지켜보았다.[50]

이러한 과학기술 연구개발 방안은 공동성명이 발표된 지 보름밖에 지나지 않은 6월 3일 기술관리국장 전상근에 의해서 주한미대사관 및 주한미국경제협조처(United States Operation Mission to the Republic of Korea, USOM)의 관계자에게 전달되었다. 그는 신설될 연구소는 농업, 수산업, 해양, 의학, 공업 등 넓은 분야를 연구할 계획임을 밝혔고, 한국의 연구기관 현황에 대한 자료도 제공했다.[51] 전상근은 당시 한국 측은 연구분야에 대해서는 막연한 상태였기 때문에 여러 분야를 포괄적으로 제시하고 논의를 거쳐 결정하려는 방식을 택했다고 설명했다.[52] 그러나 이 계획을 접한 호닉은 몇 가지 점에서 견해를 달리했다. 연구소가 해외의 우수한 과학자들을 불러

49) 「과학기술연구소 설치」, 『서울신문』, 1965.6.7.

50) 예를 들어 5회에 걸친 『조선일보』의 「未開發 異常地帶: 科學界의 來日을 위한 시리즈」(1965.7.4~7.15)는 과학계의 열악한 당시 상황을 조명하고 있다. 또한 「「호니그」 박사 일행의 내한을 환영한다」, 『서울신문』, 1965.7.10 ; 「미과학사절단내한의 의의」, 『동아일보』, 1965.7.8 등 호닉 방한이 국내 과학기술 발전에 새로운 자극이 될 것이라는 기대를 담은 보도들이 이어졌다.

51) 주한 미대사 브라운이 국무장관에게 보낸 전문: "Proposed Scientific and Technical Research Institute"(1965.6.5), NARA 소장 자료, 김근배 교수 사본 제공.

52) 인터뷰: 전상근(2003.6.16).

올 수 있을 정도의 시설과 재정지원을 받아야 하지만, 몇몇 분야부터 시작해서 차차 확장하는 방법이 바람직하며, 산업체로부터 비용을 받고 서비스를 제공하는 운영방식이 좋겠다는 의견이었다.[53] 산업계의 요구를 받아 수행한 연구결과를 되돌려줌으로써 빠른 시일 내에 연구소의 효과를 보여줄 수 있다는 것이 호닉의 생각이었다. 이 같은 호닉의 견해를 전달받은 한국정부는 기업으로부터의 연구용역이라는 호닉의 아이디어를 포함시켜 '한국과학기술연구소 설치방안'을 작성했다. 이에 따르면 연구소는 비영리 독립기관으로 하여 인사와 회계처리가 자율적인 체제를 갖추도록 하며, 연구분야는 광공업부문, 약학부문, 해양자원부문으로 조정되었다. 연구소 설치에 필요한 대지 및 건물은 한국에서 부담하며, 연구소 운영은 연구용역 · 자체수입 및 한미공동지원으로 충당하도록 했다.[54] 한국 측은 이러한 연구소 설립구상을 호닉조사단이 방한했을 때 공식적으로 제시했다.

호닉조사단은 한국에 1주일간 머물면서 각계 인사들을 만나 연구소 신설에 대한 의견을 나누었고,[55] 귀국 후 호닉은 연구기관의 설립이 가능하고 타당성이 충분하다는 보고서를 제출했다.[56] 이 보고서의 제안에 따라 AID와 미국의 기술연구기관이 예비계약을 체결해 연구소의 설립과 운영을 돕기로 했으며, 호닉이 염두에 두고 있던 바텔기념연구소가 예비계약기관으로 선정되었다.[57] 바텔기념연구소는 전문가단을 구성, 9월 하순에 내한하여

---

53) 호닉이 주한 미대사에게 보낸 전문. "Proposed Science/Technical Research Institute"(1965. 6.9), NARA 소장 자료, 김근배 교수 사본 제공.

54) 경제기획원, 「한국과학기술연구소 설치방안」(1965.7), KIST 역사관 소장 자료.

55) 한국정부와의 논의과정에서 호닉조사단은 연구소 설립과 운영에서 가장 중요한 요소로 연구자의 확보와 조직화, 자율성을 꼽았고 한국정부는 연구시설과 규모, 연구소 제도의 안정성을 강조했다. 김근배, 「한국과학기술연구소(KIST) 설립과정에 관한 연구」, 54쪽.

56) Donald F. Hornig, "Report to the President: Regarding the Feasibility of Establishing in Korea with U.S. Cooperation an Institute for Industrial Technology and Applied Science" (1965.8), KIST 역사관 소장 자료. 호닉 조사단과 이후 방한한 바텔전문가단의 활동에 대한 자세한 설명은, 김근배, 「한국과학기술연구소(KIST) 설립과정에 관한 연구」, 54~62쪽을 참고.

57) 최형섭은 바텔기념연구소가 선택된 것은 자신의 요구 때문이었다고 주장했다. 최형

연구소 설립을 위한 구체적인 조사작업을 진행했으며, 각계의 의견을 듣고 한국정부와 의견을 조율한 다음 보고서를 제출했다.[58] 이 보고서가 이후 KIST 설립의 기본 지침이 되었는데, 한국 측이 호닉 방한 시에 제시한 연구소 설치방안은 바텔연구소의 전문가단과의 논의를 거치면서 연구분야를 제외한 기본 원칙이 대체로 유지되었다. 연구분야는 미국의 원조금액과 밀접하게 관련된 문제였기 때문에 계속적인 협의를 거쳐야했으나, 자율성과 독립성을 보장하기 위해 비영리 독립기관으로 설치하고 연구용역을 통해 연구소를 운영한다는 부분에서는 한미 양측이 의견의 일치를 보았다.

연구소를 비영리 독립기관으로 세움으로써 인사와 회계처리에 자율성을 부여한다는 점은 그동안 정부에서 추진한 국립공업연구소 개편방안이나 금속연료종합연구소 확대방안의 저변에 깔린 일관된 철학이었다. 국공립연구기관이 지니는 한계를 알고 있는 국내 과학계도 재단법인 형식의 연구소 설립을 환영했다. 물론 이에 대한 반대의 목소리도 있었다. 우선 민간재단으로 연구소를 운영할 경우 연구소의 기능과 사명이 감소할 것이라는 우려가 제기되었다.[59] 민간 형태의 연구소는 연구자체보다 용역, 설계업무 등 재정에 도움이 되는 업무에 치중하게 될 가능성이 있기 때문에 연구소는 국영이라야 하고 단일부처에 좌우될 수 없게끔 독립기관으로 해야 한다는 주장이었다. 또한 민간재단법인으로 전환하는 것이 자율성을 확보하고 우수한 연구자 확보를 보장하지는 않기 때문에 신중할 필요가 있으며, 기존 연구소의 개선과 이용이 더 중요하다는 반론도 나왔다.[60] 즉 새로운 연구소

섭, 『불이 꺼지지 않는 연구소』, 54쪽. 그러나 호닉은 한국 방문 전부터 계약연구기관인 바텔연구소를 생각하고 있었으며, 김근배는 호닉의 이 같은 판단에는 바텔연구소가 레바논, 버마 등 저개발국에서 연구소 설립을 지원한 경험이 있었다는 사실이 영향을 미쳤을 것으로 보았다. 김근배, 「한국과학기술연구소(KIST) 설립과정에 관한 연구」, 53쪽.

58) E. E. Slowter, J. L. Gray, W. J. Harris and D. D. Evans, "Report on the Establishment and Organization of a Korean Institute of Industrial Technology and Applied Science" (Battelle Memorial Institute, 1965), KIST 역사관 소장 자료.

59) 「과학기술진흥과 도약기경제발전: 과학기술개발 방책시안을 보고」, 『서울신문』, 1965.6.8.

60) 박익수, 「현존기관육성이 더 중요-과학기술종합연구소 설치운동에 대하여」, 『동아일

를 만드는 것보다 어렵게 운영되고 있는 기존 기관에 충분한 조건과 환경을 갖추어 주는 것이 시급한 과제라는 주장이었다. 그리고 새로운 기관을 세우더라도 기존 연구소를 흡수하는 형태가 되어야 할 것이라는 의견도 제시되었다.[61] 하지만 기존 국공립기관의 한계를 분명하게 인식하고 있던 한국정부는 미국의 지원이라는 호기를 맞아 완전히 새로운 연구기관 설립을 신속하게 추진해 나갔다.

호닉이 떠난 후 정부는 과학기술계와 산업계 인사들로 '과학기술연구소 설치준비위원회'(이하 준비위원회)를 구성하여 연구소 설치에 관한 자문을 받았다. 이 위원회의 위원장은 경제 · 과학심의회의 위원인 최규남이었으며 위원은 이종진, 최형섭, 이량, 최규원, 한상준, 송대순, 이우용, 장예준, 김용완 등이었고 기술관리국장 전상근이 간사를 맡았다.[62] 설치 이후 이 위원회는 자문성격을 분명하게 하기위해 '과학기술연구소 설치준비자문위원회'로 이름을 바꾸었으며, 성좌경, 한만춘, 안동혁, 조순탁, 박철재가 위원으로 추가되었고, 사임한 한상준 대신 최상업이 위원으로 합류했다.[63] 이 위원 중 7명이 KIST 설립 이후 임원이나 이사로 참여했다.

준비위원회는 연구소의 형태 및 조직에 관한 방안을 기술관리국과 협조하여 작성하는 것을 일차적인 임무로 했으며, 재정안정 방안이나 주요 연구자 후보에 대한 조사 및 연구소 위치 선정 등에 관한 기초 작업을 수행했다. 몇 차례의 회의를 거쳐 위원회는 비영리 독립기구라는 원칙하에서 재단법인 형태의 정관(안)과 특수법인 형태의 특별법(안)에 대해 검토했다.[64] 준비위원회는 충분한 논의 후에 두 가지 방안 중 재단법인안을 택하기로 잠정 결정했다. 특별법에 근거한 특수법인 형태의 연구소는 특별법을 통해 연구소의 안정성과 자율성을 보장받는다는 장점이 있으나 연구소에 대한 상

보』, 1965.6.15.

61) 「「호니그」 박사일행의 내한을 환영한다」, 『서울신문』, 1965.7.10.

62) 전상근, 『한국의 과학기술정책』, 63~65쪽.

63) 「과학기술연구소 설치준비위원회 2차 회의」(1965.8.14), KIST 역사관 소장 자료.

64) 「재단법인 한국과학기술연구소 정관(안)」(1965)과 「과학기술연구개발공사법(안)」(1965)은 KIST 역사관에 소장되어 있다.

세한 규정을 담은 특별법의 통과가 선행되어야 하기 때문에 시간이 많이 소요된다는 단점이 있었다. 반면에 민법에 근거한 재단법인안은 절차상으로 간단해서 빠른 시간 내에 설립이 가능하지만 연구소가 필요로 하는 제반 제도적 지원이 명시화되지 않는다는 문제가 있었다. 이를 해결하기 위해 준비위원회는 재단법인 형태를 택해 먼저 설립을 하고, 뒤이어 연구소 육성법을 제정하는 방향으로 결정했다.[65]

준비위원회에서 결정한 정관(안)은 바텔연구소의 법률고문 그레이(John L. Gray)에게 전달되었고, 그가 수정해서 제안한 정관(안)에 대해 준비위원회에서 다시 논의하여 약간의 추가 수정을 거쳐 최종적으로 재단법인 형태의 정관이 확정되었다. 연구소 정관이 마련되면서 신설될 연구소는 '한국과학기술연구소'라는 정식 명칭이 붙게 되었다.[66] 이에 따르면 연구소는 정부로부터 보조금을 지급받지만 운영계획서와 결산서는 정부의 승인 없이 이사회의 승인만을 받도록 하여 연구소 운영의 자율성을 강화시켰다. 정관만으로 연구소의 자율성이 자동적으로 보장되는 것은 아니었지만 KIST 정관은 그동안 연구소 개편의 취지와 철학이 보다 분명하게 구현된 것이었다. 그리고 이 모델은 1970년대 본격적으로 설립되는 정부출연연구소에 그대로 이식되었다.[67]

'연구용역'을 통해 연구소를 운영한다는 것은 '계약연구체제'를 의미하는 것으로 호닉의 구상에서부터 비롯되었는데 국내에서는 다소 생소한 운영 방식이었다. 당시 국영기업체들의 출연금에 의해 운영되던 금속연료종합연구소에서는 기업으로부터 요구받은 특정 문제를 연구하기도 했으나 대개

---

65) 「과학기술연구소 설치준비위원회 회의」(1965.9.29~10.2), KIST 역사관 소장 자료.

66) '한국과학기술연구소'는 1963년 국립공업연구소를 개편해 특수법인으로 세우려했던 연구소의 이름이었다. 한편 박정희는 호닉 방한 시 새로 설립되는 연구소를 '존슨연구소'라고 칭하고 싶다며 존슨에게 양해를 얻어주기를 요청했지만 연구소의 이름이 한국과학기술연구소로 결정되면서 KIST 본관의 강당을 존슨의 이름을 따 '존슨 강당'으로 명명하였다. 대통령비서실, 「회의각서 제65-34호: Hornig 박사의 내한」(1965.7.15), KIST 역사관 소장 자료.

67) KIST의 정관과 육성법의 초안을 만든 고석윤 변호사는 이후 여러 정부출연연구기관의 고문변호사로 활약하면서 KIST 설립 시 확립된 원칙을 그대로 적용한 정관을 만들었다.

는 구체적인 계약 없이 기업체로부터 재정후원을 받은 다음 연구한 결과를 돌려주는 방식을 취했다.[68] 앞에서도 인용한 바 있는 1963년 초의 미국 과학계 시찰보고서의 산업연구소의 발족·육성에 대한 건의에 따르면, 연구소는 "자체적인 연구소를 갖출 수가 없는 중소기업의 기술 및 품질향상을 위해서 일정한 계약하에 연구를 담당하고, 자체의 연구성과를 산업화하기 위한 중간시험시설도 갖"춰야 한다고 설명되었다. 물론 이 건의에는 상세한 설명이 들어있지 않기 때문에 여기서 제시된 방식이 KIST가 채택한 계약연구체제와 동일한 것이라고 보기는 어렵지만 '산업계와 계약을 맺고 연구를 수행한다'는 방식 자체는 KIST에서 현실화되었다고 볼 수 있다.

산업계가 요구하는 기술 문제를 해결하고 연구결과를 산업계에서 직접 활용할 수 있게 하는 연구소라는 기본구도에 의하면, KIST의 주된 고객은 산업계가 되어야 했지만 당시의 산업계에는 연구개발의 필요성에 대한 인식이 그리 폭넓게 받아들여지지 못한 상황이었다. KIST 설립 이후 기술정보센터 설립을 위한 자료를 얻기 위해 KIST와 바텔연구소가 공동으로 1967년 7월부터 다음해 6월까지 104개 업체를 대상으로 실시한 '기술지원을 위한 예비조사'의 결과는 그 같은 상황을 잘 보여준다. 이 조사에서 외부 기관에 분석·실험·연구를 위탁한 경험이 있느냐는 질문에 그렇다고 대답한 곳은 72개사 중 49개사였다. 하지만 이 중 34개사는 생산품에 대한 분석을, 9개사는 생산에 이용하는 원료에 대한 분석을, 8개사는 생산장비나 공정에 대한 평가를 위탁했다고 답했다.[69] 이 결과는 그동안 기업들이 외부에 위탁

---

68) 최형섭은 금속연료종합연구소가 우리나라에서는 처음으로 '계약연구기관'의 운영 철학을 도입하여 우리 실정에 맞게 성공적으로 토착화시킨 근대적인 산학협동 연구기관의 효시라고 주장했다. 최형섭, 『불이 꺼지지 않는 연구소』, 45쪽. 그러나 호닉조사단이 금속연료종합연구소를 방문했을 때 "연구계약방식은 어떻게 하느냐"는 호닉의 질문에 연구소 측에서는 "연구위원회에서 적당한 연구제목을 선발한 후 적당한 인재를 골라 맡"기며, "일정한 기간 후 성과를 평가하여 계속 필요한 여부를 결정한다"고 밝혔다. 경제·과학심의회의사무국, 「Hornig 박사 일행 방한 경과보고서」(1965), KIST 역사관 소장 자료.

69) J. B. Fried, D. A. Still, and E. J. Zinkiewicz, "Analysis of General and Specific Findings of the KIST Survey Questionnaire for Technical Support"(1968.12.16), p.59, KIST 역사관 소

한 연구과제가 새로운 제품이나 공정의 개발이 아닌 분석이나 시험에 그치고 있음을 보여주며, '연구개발계약' 자체가 한국에서는 새로운 방식임을 확인시켜준다. 사실 당시의 산업 수준에서는 고유기술의 독자적 개발보다 외국 기술의 도입이나 모방이 일반적이었기 때문에 기업들이 새로운 제품이나 공정 개발을 의뢰할 가능성이 매우 낮았다.

그러나 미국 측의 의견을 쉽게 물리칠 수 없었던 한국정부는 우리나라의 연구풍토를 쇄신하는 중요한 계기가 될 수 있다는 명분을 들어 호닉이 제안한 계약연구체제를 받아들였다. 즉 연구자는 기업이 실질적으로 필요로 하는 연구를 수행하기 위해 적극적으로 노력해야 하며, 기업은 위탁한 연구과제의 결과를 생산현장에서 활용함으로써 연구개발이 기업활동에 필수적인 투자라는 인식을 갖게 하겠다는 것이었다. 물론 여기에는 기업으로부터의 연구계약이 활발해져 수탁연구만으로 KIST가 재정적 자립을 이룰 수 있다면 정부의 부담이 줄 수 있다는 판단도 들어 있었다.[70] 실제로 KIST는 설립 초기에 제작한 브로셔 등의 출판물을 통해 연구계약을 통한 재정독립을 목표로 내세웠다. 사실 미국 정부가 계약연구체제를 제안한 배경에도 계약연구를 통해 연구소 운영에 필요한 자금을 얻는다면 미국 측이 KIST의 운영을 위해 지원해야 하는 부담을 줄일 수 있을 것이라는 판단이 깔려있었다고 볼 수 있다. 아울러 계약연구를 통해 산업계가 연구개발의 결과를 바로 활용함으로써 연구소 설립의 효과를 빠른 시간에 확인할 수 있으리라는 점도 작용했다.

결국 계약연구체제는 연구풍토를 쇄신하고 연구계약으로 재정자립을 꾀한다는 두 가지 목적을 지니고 있었다. 연구계약으로 운영비를 스스로 번다는 기본원칙은 단순히 정부의 재정지원 부담을 줄인다는 의미뿐 아니라 연

장 자료.

70) 최규남은 KIST 설립준비위원회에서 가장 논란이 되었던 부분이 KIST의 자급자족 문제였다고 밝혔다. 연구계약으로 돈을 벌어 수지균형을 맞추어야 한다는 일부의 주장에 대해 자신은 KIST는 순수한 연구기관으로 돈벌이를 앞세우면 안된다는 주장을 폈었다고 회고했다. 최규남, 「원로과학기술자의 증언 (3): KIST는 전체 학원과의 유기적 연관 맺어야－최규남 박사편 完」, 『과학과 기술』 1979년 7월호, 38쪽.

구소로서는 정부에 의존하지 않고도 연구소를 운영할 수 있는 방법이기도 했다. 따라서 연구계약을 통해 현실적으로 재정자립이 가능한가라는 문제를 떠나서 계약연구체제는 연구소의 자율성과 독립성을 유지할 수 있는 중요한 요소의 하나로 강조되었던 것이다.

제2장 KIST의 설립 과정

1. KIST 설립에 참여한 주체들과 각각의 역할

1966년 2월 한미 양국정부가 한국과학기술연구소 설립에 관한 사업계획 합의서를 조인하여 연구소 설립에 합의함에 따라 공식적으로 재단법인 KIST 설립이 공포되었다. 한국정부는 KIST 설립자와 소장, 이사의 선정에서부터 연구소 설립 작업을 시작했으며, 미국 정부의 대외 원조담당 부처인 AID는 바텔기념연구소와 계약을 맺고 KIST 설립 지원을 위탁했고, 바텔기념연구소는 KIST와 자매연구소 계약을 체결하여 KIST 설립에 본격적으로 나서게 되었다. 홍릉의 임업시험장터에 자리 잡은 KIST는 3년간의 1단계 공사를 마치고 1969년 10월 준공식을 갖고 본격적인 운영 단계로 접어들었다.

KIST 설립은 기본적으로 한미 양국 정부의 공동사업으로 이 과정에서는 여러 행위자들이 참여하고 있었다. 한국정부, 미국정부에 해당하는 AID, AID의 지시를 받아 한국에서의 경제원조를 관장하는 USOM(1968년 7월 이후는 USAID/K), KIST의 자매연구소로서 연구소 설립 및 운영의 전반적인 계획과 실행을 지원한 바텔기념연구소 등이 주된 행위자였으며, 이들이 세우려 노력했던 목표인 KIST도 적극적인 주체로 참여했다. 또한 〈그림 1〉에서 알 수 있듯이 한국정부 안에도 대통령과 각 부처가 있었고, KIST 내부에서도 KIST 소장과 이사회, 연구원 등 여러 주체들이 존재했으며, 바텔기념연구소도 산하의 개별 연구소의 인력과 한국에 체류했던 주재요원 등 각기 다른 역할을 담당한 주체들을 지니고 있었다.[1] 그리고 그 외에도 KIST 건

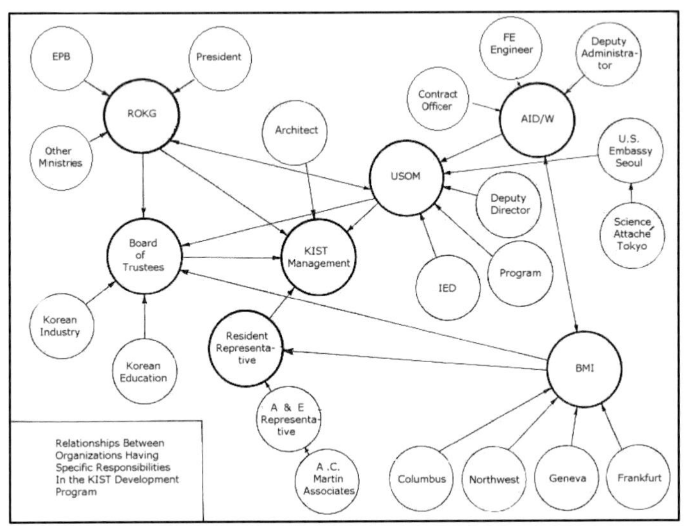

〈그림 1〉 KIST의 설립 및 운영에 참여한 여러 행위자들

설계획 수립에 참여한 ACMA(Albert C. Martin and Associates)를 비롯하여 앞에 언급한 행위자들과 관련을 맺고 있는 주체들이 여럿 있었다. 비록 이들 행위자들이 모두 동일한 정도의 영향력을 발휘한 것은 아니었지만 각각의 주체들이 담당한 고유한 역할들이 있었다. 따라서 의사결정을 위해 여러 단계를 거쳐야 하는 경우가 많았고, 그 속에서 상이한 견해의 조정도 이루어졌다. 바텔전문가단의 일원으로 방한했다가 주재요원 역할을 담당한 에반스(D.D. Evans)는 한국 측, USOM, 바텔기념연구소 간의 이해관계의 차이와 요청을 조정하는 일은 무척이나 복잡했고 막대한 서류 작업을 필요로 했다고 밝혔다.[2]

KIST는 한국과 미국정부의 재정지원을 받아 민간기구로 설립되어 계약연구체제를 기반으로 운영되는 방식을 택했는데 이와 동일한 성격을 지닌 연구소는 한국과 미국 양쪽을 통틀어 처음이었기 때문에 KIST 설립에 참여한

---

1) 〈그림 1〉의 출처는, Battelle Memorial Institute Team, "Status Report: Korean Institute of Science and Technology, June 1 to September 1, 1966"(1966), p.4, KIST 역사관 소장 자료.

2) 『한국과학기술연구소 비사 제5권: D. D. 에반스』(1975.11.5).

여러 행위자들은 협력을 통해 새로운 형태의 연구소를 만들어내야 했다. 물론 KIST 프로젝트 자체가 미국 대통령의 제안에서부터 출발했고, KIST는 바텔연구소를 모델로 삼았기 때문에 전체적인 KIST의 설립과정에는 미국 측의 영향력이 클 수밖에 없었다. 하지만 미국 측의 의도나 구상이 KIST에 그대로 이식된 것도 아니었고, 미국 측에서도 AID와 바텔기념연구소가 항상 같은 입장을 보여준 것은 아니었다. 결국 KIST 설립과정을 이해하기 위해서는 각각의 주체들이 어떤 역할을 담당했으며, 그들 간의 어떠한 상호작용의 결과로 KIST의 형태가 만들어졌는지를 알아보는 것이 중요하다.

1) 박정희 대통령과 한국정부

한국정부는 KIST 설립을 준비하면서 과학기술 진흥을 꾀할 제도적인 장치를 하나씩 마련해가기 시작했다. 호닉 방한 이후 정부는 미국 측과 협의하는 과정에서 KIST는 우리나라 과학기술진흥이라는 전체 프로젝트의 일부임을 강조하면서 과학기술 전반에 걸친 미국의 지원을 희망한다는 뜻을 내비쳤다.[3] 비록 미국의 기술원조는 KIST 건설 문제에 국한되었으나, 정부는 1966년부터 시작된 2차 경제개발5개년계획에 처음으로 투자계획까지 반영된 과학기술진흥 목표를 수립했으며,[4] 그 계획 속에서 KIST 건설은 가장 큰 규모의 사업으로서 정부 과학기술정책의 시금석이 되었다.

1967년을 전후로 정부가 과학기술 연구 및 행정체계를 갖추어가는 과정은 KIST 설립과 이를 위한 호닉 조사단의 방한이 직간접적인 계기가 되었다. 호닉의 방한을 맞아 언론과 과학기술계에서는 과학기술행정 및 지원체계, 인력 문제, 연구환경 등에 대한 문제를 제기했으며, 이를 통해 과학기술에 대한 사회적 관심이 높아졌다. KIST 설립 직후인 1966년 5월 19일 발명의 날을 기해 제1회 전국과학기술자 대회가 열렸는데, 이 자리에서 과학기술의 진

3) 주한미대사관의 부대사 뉴먼(Newman)이 국무성에 보낸 전문. "Korean Institute of Science and Technology"(1966.6.10), NARA 소장 자료, 김근배 교수 사본 제공.

4) 경제기획원, 『1966년 과학기술연감』(1966), 3~4쪽.

흥을 위한 대정부 건의안이 채택되었고, 이때의 결의에 따라 그해 9월 한국과학기술단체총연합회가 창립되었다. 또한 다음해 과학기술진흥법이 제정되었으며, 뒤이어 과학기술처가 설치되었다. 과학기술단체총연합회가 설립되면서 과학기술행정총괄기구의 설치를 대통령에게 건의했는데, 여기에 대통령 선거를 앞둔 정부 여당의 정치적 판단이 더해서 과학기술처의 설립이 구체화된 것이었다.[5] 이 과정에서 박정희는 제대로 된 과학기술연구소를 갖게 되었으니 이를 관리할 과학기술진흥 정부기관이 필요하다고 하면서 선진국의 과학기술 분야 정부기관의 실태를 조사·보고하라는 지시를 내렸다. 이에 경제·과학심의회의 위원 김기형이 유럽 시찰을 다녀와 보고서를 제출했으며 청와대 경제담당 비서관 신동식도 관련 자료를 조사해서 보고했다.[6] 과학기술처 설립 이후 과학기술기금의 조성이 시작되었고, 1967년 12월 한국과학기술후원회가 대통령을 설립자로 하여 설립되었다. 또한 박정희는 KIST 건설공사가 진행되고 있는 동안 한국과학기술정보센터(Korea Scientific & Technological Information Center, KORSTIC)[7] 역시 KIST처럼 청와대에서 맡아서 집중적인 후원을 해야 한다고 하면서 당시 비서실장인 이후락에게 직접 관여할 것을 지시했다.[8] 이에 따라 이후락이 과학기술정보센터의 이사장이 되었고, 비서관 신동식이 이사로 참여했다. 이러한 상황에 대해 당시 한 신문은 1967년을 우리나라에서 '과학기술 붐'이 일어난 해라고 평가했다.[9] 이러한 표현은 전혀 과장이 아니었고, 이 시기를 과학기술 행정체제, 연

---

5) 과학기술처의 설립 배경 및 과정에 대해서는 전상근, 『한국의 과학기술정책』(정우사, 1982), 101~119쪽 ; 과학기술처, 『현황 1967』(1967), 3쪽 참고.

6) 오원철, 『한국형 경제건설 제3권』(기아경제연구소, 1996), 311쪽 ; 『한국과학기술연구소 비사 제9권: 신동식』(1975.7.2).

7) KORSTIC은 1962년 1월 유네스코 한국위원회의 한 부서인 한국과학문헌센터로 설립되어 1964년 12월 문교부산하기관인 한국과학기술정보센터로 독립했지만 재원 부족 등으로 그 역할은 제한적이었다. 과학기술처가 발족하면서 소관부처가 문교부에서 과학기술처로 바뀌었고, 재단법인체로 재발족했다. 1968년 11월 홍릉에 새로운 청사의 건축이 시작되어 다음해 KIST와 같은 날짜에 준공식을 가졌으며, 1969년 5월 '한국과학기술정보센터육성법'이 제정·공포됨에 따라 이 센터의 규모와 역할이 커지기 시작했다.

8) 『한국과학기술연구소 비사 제9권: 신동식』(1975.7.2).

9) 「어디까지 왔나? '67 한국의 과학기술① 고개든 「붐」」, 『중앙일보』, 1967.12.12.

구개발 수행체제, 그리고 기타 과학기술 지원체제가 구축되어갔던, 한국에서 현대적인 과학기술체제가 형성되었던 시기로 부를 수 있을 것이다.[10)]

KIST를 한국 과학기술 진흥의 계기로 삼았던 한국정부가 추구한 연구소의 규모는 호닉의 생각과는 크게 달랐다. 호닉은 KIST가 몇몇 분야만을 중심으로 작은 규모로 시작하여 차차 확대되어 가기를 희망했다. 그는 방한시 금속연료종합연구소와 원자력연구소의 통합에 대해 관심을 보였고,[11)] 귀국 후 제출한 보고서에서 두 기관이 새로운 연구소의 '핵' 역할을 할 수 있을 것이라고 밝혔다.[12)] 그러나 기존 기관의 개편 시도에서 어려움을 겪었던 한국정부는 완전히 새로운 연구소의 설립을 희망했고, 규모나 연구분야 역시 호닉의 구상보다는 훨씬 크게 하려는 의도를 가지고 있었다.

연구분야나 연구소 규모 문제는 미국 측의 지원규모와도 관련이 있지만 해당 분야의 우수한 연구자를 확보할 수 있느냐가 또 다른 관건이었다. 연구소의 규모에 대해서는 국내 일각에서도 작은 규모로 시작해야 한다는 견해가 있었는데, 이는 국내 과학계의 인력 부족이라는 현실적인 문제 때문이었다. 다음해 KIST의 초대 소장으로 임명되었던 최형섭도 "연구원 양성이라는 대학원의 기능이 실제로 마비된 지금 대 연구소를 신설하면 인원을 갖추기도 어렵고 기대가 큰 만큼 큰 실망을 주기 쉬워 오래 운영할 수 없을

---

10) 문만용, 「1960년대 '과학기술 붐': 한국의 현대적 과학기술체제의 형성」, 『한국과학사학회지』 29-1(2007), 67~96쪽.

11) 경제 · 과학심의회의 사무국, 「Hornig 박사 일행 방한 경과보고서」(1965), KIST 역사관 소장 자료. 호닉은 한국대표단과의 첫 번째 회담에서 한국 측에 "기존연구소를 신설연구소에서 흡수할 생각이 있는가"라고 질문했고, 이에 대해 기술관리국장 전상근은 "원칙적으로 연구소를 신설할 계획이며 기존시설과의 유기적인 유대를 최대한으로 도모하겠다"고 답했다. 또한 호닉은 금속연료종합연구소를 방문해서 "원자력연구소와 귀연구소와의 통합을 어떻게 생각하는가"라는 질문을 던졌고 "상호성격이 다르기 때문에 어렵다"는 답변을 들었다.

12) Donald F. Hornig, "Report to the President: Regarding the Feasibility of Establishing in Korea with U.S. Cooperation an Institute for Industrial Technology and Applied Science", p.9, pp.22~23. 그러나 바텔전문가단의 보고서는 호닉의 이 같은 구상이 타당하지 않다고 결론 내렸다. E. E. Slowter, J. L. Gray, W. J. Harris and D. D. Evans, "Report on the Establishment and Organization of a Korean Institute of Industrial Technology and Applied Science", p.17. 두 자료 모두 KIST 역사관에 소장되어 있다.

것"이라고 보았다.[13] 따라서 과학기술자의 부족을 짧은 시일 안에 극복하는 가장 좋은 방법으로 외국에 나가 활약 중인 학자들을 불러오는 방안이 부각되었는데, 이는 연구소 설립을 통해 '두뇌유출'에 대한 반대사례를 만들겠다는 미국의 의도와도 부합되었다.

KIST가 해외로 유출된 두뇌들을 성공적으로 받아들인다는 것은 한국정부에게 상당한 의미가 있었다. 무엇보다도 떠났던 과학기술자들의 귀국은 국내외에 이전과는 달라진 한국의 위상을 나타내는 지표가 될 수 있었다. 2부 3장에서 논의하겠지만, 결과적으로 KIST는 해외의 한국인 과학기술자들을 성공적으로 유치했으며, KIST는 박정희가 내걸었던 '조국 근대화'의 상징물로 기능함으로써 정권의 정당성 확보에 도움을 주었다. KIST 설립 초기에 영화를 비롯하여 연구소를 소개하는 각종 홍보자료가 다수 제작되었고, KIST가 한국을 방문한 외빈이 반드시 찾았던 장소가 되었던 것은 그러한 정치적 효과와 무관하지 않았다.[14] 최고의 시설과 해외에서 유치한 연구진을 갖추고 정부의 직접적인 통제를 받지 않는 KIST는 1967년의 대통령 선거를 앞둔 시점에서 박정희에게는 중요한 정치적 가치를 지니고 있었던 것이다.[15] 이 같은 상징적 효과와 함께 KIST가 유치한 인력은 국가적으로 추진하는 대형 기간산업 분야에서 실제적인 역할을 할 수 있을 것으로 기대를 모았다. 박정희는 KIST가 유치한 핵심 연구요원 개개인에 대해 관심을 보였으며, 특히 1960년대 초부터 시도해온 종합제철소 건설을 위해 철강분야 연구원에 대해 직접 메모를 하면서 챙길 정도였다. 즉 KIST는 단순히 기업이 요구하는 기술을 계약을 맺고 개발해주는 연구소가 아니라 처음부

---

13) 「未開發 異常地帶: 科學界의 來日을 위한 시리즈 ③ 人的資源」, 『조선일보』, 1965.7.8.

14) KIST가 계약연구기관이기 때문에 대외홍보가 필요했다는 점을 감안하더라도 설립에서부터 1974년까지만 소개 및 기록영화가 10편이나 제작되었다는 사실은 단순히 연구수탁을 위한 목적으로만 보기 어렵다. KIST가 제작한 홍보물과 방문인사들에 대해서는, KIST 소사편찬위원회 편, 『한국과학기술연구소의 대외활동: 소사편찬자료 제3집』(KIST, 1975)을 참고.

15) Yoon, Bang-Soon Launius, "State Power and Public R & D in Korea: A Case Study of the Korea Institute of Science and Technology"(Univ. of Hawaii Ph.D. Diss, 1992), p.116.

터 국가적인 과학기술분야 '싱크탱크'(think tank) 역할을 부여받았던 것이다. KIST의 모델이 되었던 바텔연구소는 미국 내의 여러 민간 연구소 중의 하나였지만 KIST는 당시 국내에서 최고의 인력과 시설을 갖추고 정부의 집중적인 지원을 받는 '대표적인' 연구소였기 때문에 처음부터 정부와 긴밀한 관계가 될 수밖에 없었다.

KIST가 지닌 이 같은 상징적 효과를 극대화시키기 위해서는 호닉의 구상처럼 작은 규모로 시작해서 조금씩 성장시키는 방법은 적당하지 않았다. 이에 따라 한국정부는 당초 한미 양국이 KIST 설립 기준으로 삼기로 합의했던 바텔전문가단의 보고서가 제시한 연구소 규모와 인력을 크게 넘는 대형 연구소를 지향하게 되었다. 바텔전문가단은 연구소 설립 후 5년이 지난 1970년의 연구소 규모를 부지 5만 평에 연구소 인원 210명으로 상정하고 그에 따라 건설비와 운영비 등을 잠정적으로 계산했다. 그러나 건설이 추진되면서 1970년의 예상 직원 수는 450명으로 증가되었고 공간도 82,000평에 이르는 등 당초의 계획을 크게 넘어섰으며, 그에 따라 건설비와 운영비 역시 2배 이상 늘어나게 되었다.[16] 물론 바텔보고서 자체에서도 인원 증가는 정확한 예측이 힘들다고 밝히고 있었다. 그럼에도 불구하고 KIST가 당초의 계획보다 큰 폭으로 확대된 것은 무엇보다도 KIST를 '동양최대의 연구소'로 만들겠다는 박정희의 의지가 반영되었기 때문이었다. 1969년 초에 KIST 감사 이창석은 KIST의 규모가 크게 확대됨으로써 재정 부담이 가중되는 등 적지 않은 문제가 있음을 지적했다.[17] 이에 대해 연구소 운영진은 정부의 지시로 인해 규모 확대가 불가피했음을 밝혔다.

> 명실 공히 동양최대의 연구소로 육성하자는 정부의 방침과 두뇌유출방지란 정부의 시책을 감안할 때 이와 같은 건설규모의 증가는 결코 과다하다

---

16) 바텔전문가단의 당초 계획과 1968년 말 현재의 계획의 구체적인 비교는 이창석, 「한국과학기술연구소의 현황과 문제점」(1969.3.28), 『KIST 제25회 이사회 회의록』(1969.3.31) 첨부자료 참고. 1970년의 실제 인원은 수정된 계획보다 더 늘어나 573명에 달했다.

17) 이창석, 「한국과학기술연구소의 현황과 문제점」(1969.3.28), 『KIST 제25회 이사회 회의록』(1969.3.31) 첨부자료.

고 볼 수 없는 것입니다. (……) 동양최대의 연구소란 관점에서 미관을 고려한 나머지 건설단가가 올랐고 연구소는 이에 관하여 바텔 및 ACMA 측과 통제단 및 설계업자와 충분한 합의를 한 후 결정하였던 것입니다. 당초 연구소로서는 비교적 적은 규모로 시작하여 차차 증가하려고 했으나 정부당국의 특별 지시에 따라 건설기간의 단축, 규모의 확장은 불가피 하였습니다.[18)]

KIST가 '동양최대의 연구소'라는 기치하에 막대한 재원을 얻어내면서 확장할 수 있었던 것은 최고통치자가 설립자였다는 점이 상당한 작용을 했다. 당초 바텔전문가단은 KIST의 설립자로 주무부처인 경제기획원 장관을 생각했으나 기술관리국장 전상근은 후진국일수록 최고통치자가 과학기술에 관심을 가져야 한다는 생각으로 대통령을 설립자로 추대했다.[19)] 대통령이 설립자라는 점은 KIST가 민간 재단법인으로서 자율성과 독립성을 강조하는 속에서도 정부의 지원을 이끌어 낼 수 있었던 요인의 하나로 간주된다.[20)] 대통령이 설립자라는 사실 자체가 안정적인 정부 지원을 자동적으로 보장할 수는 없지만 KIST에 대한 대통령의 높은 관심을 대외적으로 과시하기에는 충분했던 것이다.[21)]

박정희는 설립자로서 KIST에 대한 든든한 후원자를 자처하고 나섰으며, 설

18) 최연상, 「감사보고서(현황과 문제점)에 대한 의견서」(KIST 총무과, 1969), 18~19쪽, KIST 문서보관실 소장 이사회 관련자료.

19) 후진국일수록 최고통치자의 과학발전에 대한 관심이 중요하다는 점은 Stevan Dedijer의 논문에서 강하게 주장되었다. "Underdeveloped Science in Underdeveloped Countries", *Minerva* 2-1(1963), pp.61~81. 이 논문은 『신동아』 1965년 11월호에 「후진국에서의 과학의 후진성」이라는 제목으로 번역되어 국내에 널리 소개되었는데, 이 논문의 첫머리는 "굶주린 자에게 생선을 주면 하루의 양식밖에 안되나, 고기 낚는 기술을 가르치면 여러 날의 양식을 마련하리라"라는 중국 속담으로 시작한다. 흥미롭게도 박정희는 호닉을 만난 자리에서 이 속담을 제시하며 연구소 설립에 큰 의미를 부여했다.

20) 전상근, 『한국의 과학기술정책』, 80~82쪽.

21) 연구소 설립 초기에 행정요원들은 관청에 필요한 서류를 제출하거나 발급받을 때 설립자로 박정희가 명시된 연구소 인가증을 복사해 제출서류에 첨부해서 접수시킴으로써 당시 일반적이었던 '급행료'를 물지 않고도 빠른 업무 처리를 할 수 있었다. 『한국과학기술연구소 비사 제29권: 이민하 · 안병주』(1975.3.5).

립 초기에 발생한 몇몇 문제들을 중재해서 해결하는 역할을 담당했다. 농수산부의 반대로 진전을 보지 못하던 연구소 위치 문제를 홍릉의 임업시험장터로 최종 결정하거나,[22] 초대 이사장과 소장의 갈등이 커지자 이사장의 사표를 받아 소장에게 힘을 실어주는 사례에서 중재자로서의 역할을 찾아볼 수 있다.[23] 대통령은 KIST 연구원들의 급여가 상대적으로 높아 이에 대한 문제가 제기되었을 때도 논란을 차단하여 KIST의 손을 들어주었고, 틈틈이 건설 현장을 방문해 공사 진척사항을 확인했으며,[24] 핵심연구원들을 청와대로 초대하거나 명절 때면 책임연구원 각각에게 금일봉을 주는 등 KIST에 대한 후원자 역할을 담당했다.[25] 또한 설립 초기에 KIST에서 요구한 예산을 경제기획원에서 대폭 삭감했으나 청와대 보고 단계에서 이를 알게 된 대통령이 원상복구를 지시하여 처음 요구액으로 환원된 경우도 있었다.[26] 이러한 사례들은 대통령이 설립자라는 상징적 차원에 그치지 않고 박정희가 KIST에 매우 적극적인 관심을 갖고 지속적인 후원을 보냈음을 보여주었다. 대통령의 이 같은 관심은 KIST 연구원들에 대한 사회적 지위를 높이는 동시에 연구원들에게 특별한 책임감과 부담을 부여하는 효과를 가져왔다.[27] 박정희의 후원은 KIST가 정부의 확고한 지원 아래 빠른 시간 내에 성장할 수 있었던 요인의 하나가 되었으며, KIST 연구원에 대해 정부가 보여

22) 임업시험장터는 이승만 대통령이 배재대학을 세우려고 시도했으나 강력한 반대에 부딪쳐 포기했을 정도였으며, 1971년 한국과학원이 들어설 때도 상당한 논란을 불러일으켰다. 『한국과학기술연구소 비사 제 27권: 전상근』(1975.2.6) ; 「진통 겪는 「과학원」」, 『조선일보』, 1971.1.29.

23) 『한국과학기술연구소 비사 제28권: 이창석』(1975.2.28). 이 문제에 대해서는 다음 소절에서 상세히 논의하겠다.

24) 육군 공병단의 장교들로 구성된 '공사조정통제단'을 파견해 연구소 건설 속도를 촉진시킨 것도 박정희의 아이디어였다고 한다. KIST 소사편찬위원회 편, 『한국과학기술연구소의 건설: 소사편찬자료 제2집』(KIST, 1974), 38쪽.

25) 『한국과학기술연구소 비사 제29권: 이민하, 안병주』(1975.3.5).

26) 최형섭, 『불이 꺼지지 않는 연구소』(조선일보사출판국, 1995), 67~68쪽, 박정희는 최형섭에게 KIST 소장 임명장을 주던 자리에서 예산을 얻으려고 경제기획원에 드나들지 말고, 인사청탁을 받지 말라는 2가지 당부를 했다고 한다.

27) 『한국과학기술연구소 비사 제21권: 권태완』(1975.5.6) ; 안영옥, 「한국과학기술연구소의 회고」, 한국미래학회 편, 『미래를 되돌아본다』(나남, 1988), 119~128쪽.

준 지원과 대우는 과학기술자가 자신의 전공 분야에서 전문적인 능력을 발휘하고 사회적으로 권위를 인정받을 수 있게 되는 계기가 되었다.[28)]

그러나 KIST가 계획보다 크게 확대됨에 따라 막대한 재정지원이 필요했다. 한국정부의 표현대로 KIST는 한국의 기술발전을 위한 전체 프로그램의 일부였으나 그 비중이 커짐에 따라 여타의 분야에 대해 정부가 계획했던 정책적 지원은 상대적으로 감소할 수밖에 없었다.[29)] 예를 들어 1965년 6월 연구소 설치방안을 마련하면서 함께 제시된 과학기술연구기금은 1967년 8월에야 기금운용규정이 제정되면서 시작되었지만 기금확보는 예정보다 크게 부진했으며, 대학이나 다른 연구소에 제공되는 정부의 재정지원도 늘어나고는 있었지만 연구자들의 기대에는 미치지 못했다. 특히 기초과학에 대한 지원은 상대적으로 매우 빈약했는데, 이를 만회하기 위해 정부는 1970년 '기초과학연구센터' 설립 방안을 구상했다.[30)] 이는 KIST 설립에서 자신을 얻은 정부가 기초과학 분야에서도 연구소를 세워 진흥을 꾀하고자 했던 것이었지만 예산 부족이라는 문제와 함께 대학의 반대로 인해 실현되지 못했다. 대학에 대한 미흡한 지원을 그대로 둔 채 새로운 기관을 만드는 것에 대해 기초과학 연구를 주로 담당하고 있던 대학의 연구자들이 강한 반대의견을 보였던 것이다. 결과적으로 KIST 설립은 1960년대 후반 과학기술과 관련한 행정체제 및 연구지원체계의 정립이 시작된 출발점으로서 의미를 지니고 있지만 동시에 불균형적인 과학기술지원 정책의 출발점이 되었다.

2) USOM과 AID

AID는 KIST 설립에 필요한 외자를 제공하는 주체로서 KIST 프로젝트에 적극적으로 참여한 미국 측 행위자의 하나였다. AID는 KIST가 호닉의 구상대로 작은 규모로 시작해서 산업계에 그 효과를 인식시키며 차차 확대해나

28) Yoon, Bang-Soon Launius, "State Power and Public R & D in Korea", p.180.

29) 김근배, 「한국과학기술연구소(KIST) 설립과정에 관한 연구」, 69쪽.

30) 김선길, 「기초과학 연구센터 설립구상」, 『과학기술』 3-3(1970), 5~9쪽.

가야 한다는 원칙을 고수했다. 그러나 이러한 태도는 '동양최대의 연구소'를 표방하며 연구소의 규모를 확대하려 했던 한국정부의 희망과는 상반되는 것이었기 때문에 이를 둘러싼 입장차이의 조정이 필수적이었다. 사실 AID와 AID의 지시를 받는 한국 내의 USOM(USAID/K)이 KIST 설립에 대해 항상 우호적이었던 것은 아니었다. KIST 지원 프로그램과 같은 대외 원조 문제는 보통의 경우 미국 대통령에게 제안하기 전에 AID와 국무성에서 검토되고 타 부처와 미리 협의를 거쳐야 하나 KIST의 경우 급하게 진행되면서 AID와 사전 협의가 없었다.[31] 따라서 AID 내부에서 자신들의 발의와 무관한 사업을 대규모로 벌이는 것에 대해 반발이 있었고, 실행 과정에서 비우호적인 모습을 보이기도 했다.[32] AID의 일부관리들은 처음부터 KIST에 반대했고, AID가 이미 지원 중인 기관들 중 하나에 더 많은 자금을 지원하기를 선호했다.[33] 미국 의회에서도 의회의 승인 없이 수백만 달러 규모의 대외원조사업이 진행되는 것에 대해 논란이 많았고, 예산결정시 AID 대표가 의회에 출석해서 군사 및 경제 원조를 관장하는 '외국원조 소위원회'에서 해명을 해야 했다.[34] 미 의회에서는 한국이 KIST와 같은 종류의 연구소를 건설할 여건이 조성되지 않았다는 시각도 많았는데, 4인치 워터밸브 구매와 관련한 논란은 그 같은 분위기를 잘 보여준다. 전자현미경, 매스 스펙트로미터(mass spectrometer), 컴퓨터 등의 고급장비가 설치될 예정이었던 KIST 연구동 건축과정에서 필요한 '4인치 워터밸브'를 한국에서 구할 수가

---

31) 호닉, 「과기연 설립의 주역」, 180쪽.

32) 『한국과학기술연구소 비사 제5권: D.D. 에반스』(1975.11.5).

33) Philip M. Boffey, "Korean Science Institute: A Model for Developing Nations?", *Science* 167(1970.3.6). AID는 KIST 프로젝트뿐 아니라 개발도상국에 대한 기술지원 사업에는 대체로 소극적이었고, 이에 따라 호닉은 개발도상국의 기술지원을 주로 담당할 새로운 기구를 세우려는 구상까지 했다. Henry Lambright, *Presidential Management of Science and Technology*, pp.94~99.

34) 당시 '외국원조 소위원회'의 위원장인 패스먼(Otto E. Passman)은 행정부의 외국원조 요청을 삭감하는 것이 취미로 보일 정도로 외국원조 반대론자였다. 이경재, 『코리아게이트』(동아일보사, 1988), 159쪽. 패스먼은 미국의 주된 쌀 산지 중 하나인 루이지애나주의 하원의원으로 박동선의 로비대상의 한명이 되어 기소가 되었으나 재판에서 무죄판결을 받았다.

없어서 수입을 하게 되었는데, 이에 대해 '4인치 워터밸브'도 살 수 없는 한국의 상황에서 그런 고급장비들이 왜 필요하냐는 냉소적인 지적이 나왔던 것이다.[35]

그러한 분위기 속에서 1967년 말 미국 의회에서 행정부가 요구한 대외기술원조자금이 대폭 삭감되었고 이에 따라 KIST에 대한 AID 지원도 영향을 받게 되었다.[36] 당초 호닉은 미국의 원조액에 대해 500만 달러 정도를 생각했고 바텔전문가단은 5년간 676만 달러로 예상했으나, 한국정부는 2천만 달러 정도를 기대했다. 결국 이 문제는 연구소 건설이 시작된 후에도 한미 간에 협의를 계속해야 했으며, 양측은 1967년에 들어와 5년간 천만 달러 정도로 의견을 모았다. 즉 연구소 건설에 필요한 물품에 280만 달러, 연구기자재에 300만 달러, 그리고 바텔의 기술용역비 440만 달러, 총 1,020만 달러를 미국 측이 지원하기로 예정되었다.[37] 그러나 미 의회의 예산 삭감으로 인해 AID가 한국에 지원키로 한 원조액이 축소되었으며, AID는 연구기자재 구입비 중 200만 달러를 원조가 아닌 차관으로 제공하겠다는 뜻을 밝혔다. 이에 대해 한국 측은 강력히 반대했으나, 차관을 원할 경우 유리한 조건으로 제공하겠지만 의회의 승인 없이는 더 이상의 원조가 불가능하다는 미국 측의 완강한 태도에 의해 연구기기구입비 200만 달러는 AID 차관으로 결정되었고, 두 차례의 수정을 거쳐 185만 달러로 축소되었다.[38] 결국 미국은 무상원조 718.8만 달러(건설자재 256.2만 달러, 도서 17만 달러, 연

---

35) 『한국과학기술연구소 비사 제5권: D.D. 에반스』(1975.11.5).

36) 『KIST 제18회 이사회 회의록』(1968.1.19).

37) KIST 역사관에 소장되어 있는 KIST의 첫 번째 영문연감(annual report) *Korea Institute of Science and Technology '67* (KIST, 1968), p.21이나 KIST 문서보관실의 이사회 관련 자료인 "USOM Proposed Dollar Funding－CY1968"(1967.10.2)을 통해 1970년까지 예정된 미국 정부의 달러화 지원액이 1,020만 달러였음을 확인할 수 있다.

38) 이 차관은 한국정부가 받아서 KIST에 제공하는 형식이었으며 10년 거치, 40년내 원금 분할상환으로, 이자는 거치기간 동안은 2%, 잔여 30년 동안은 2.5%의 이자율로 한국정부가 상환하는 조건이었다. 당시 한국의 공공차관이 평균 7년의 거치, 26년의 상환에 4.1% 이자율이었음에 비하면 조건은 양호한 편이었다. Anne O. Krueger, *The Developmental Role of the Foreign Sector and Aid* (Council on East Asian Studies Harvard Univ., 1982), pp.156~157.

구기기 128만 달러, 바텔의 기술용역비 317.6만 달러)와 유상차관 185.6만 달러(도서 17.5만 달러, 연구기기 168.1만 달러)를 KIST 설립에 제공했다.

KIST가 당초의 계획보다 건물이나 인원이 크게 증가했지만 AID는 연구기기 구매에 사용되는 금액은 300만 달러를 초과할 수 없다는 입장을 고수했고, 그에 따라 규모 확대에 따른 추가적인 비용은 대부분 한국정부의 예산에서 나와야 했다. 사용처가 확정되지 않았거나 건설자재 배정액 중 미사용된 예산을 연구기기 구매 등 연구소가 실제 필요로 하는 내용에 따라 변경해서 사용할 수 있게 해달라는 KIST의 요구에 대해서도 AID는 전용은 불가하며 미사용액은 바텔연구소와의 기술용역비 추가에만 사용되고 잔액은 미 국고에 귀속된다는 주장을 고수했다.[39] AID도 자체적인 규정과 원칙에 따라야했기 때문에 한국 측의 희망에 부응하는 방식으로만 일을 처리할 수는 없었다. 이로 인해 연구기기 구입액은 차관을 포함하더라도 당초 예정된 300만 달러를 넘지 못하게 되었고, KIST는 부족한 연구기자재 구매에 필요한 자금을 정부에 요청해야만 했다.[40]

KIST 설립 프로젝트가 시작될 때의 USOM 처장 번스틴(J. Bernstein)은 KIST와 한국정부에 매우 협조적이었으나 그의 후임으로 1967년 6월 부임한 콘스탄조(R. Constanzo)는 KIST의 요구에 그렇게 호락호락하지 않았다. 콘스탄조는 KIST 프로젝트의 규모가 더 커지지 않도록 하는 데 많은 신경을 쓰면서 연구소의 조직이나 시설에 대해 관여했으며, 건설과정에 크고 작은 통제를 가했다.[41] 그는 KIST의 기술정보실을 거론하며 한국에는 이미 한국과

---

39) KIST, 「외자 확보 및 배정 현황」(1968) ; 경제기획원이 KIST에 발송한 공문, 「KIST 건설을 위한 자금, 미사용 자금의 사용계획 공동 검토」(1968.7.4). 두 자료는 KIST 문서보관실에 소장된 이사회 관련 자료이다.

40) 한국정부는 1971년부터 1976년까지 한일협정에 따른 대일청구권자금 중 215.9만 달러를 연구기자재 구매용으로 KIST에 제공했다. 한국과학기술연구소, 『BMI 평가보고서 및 이에 대한 검토』(1977), 부록 3~13쪽, KIST 역사관 소장 자료.

41) 예를 들어 행정부소장이었던 신응균의 회고에 의하면, 연구동에 설치되는 냉난방공기조절기를 입찰과정을 통해 결정했는데, 본관 건설시 USOM 측이 자체 규정을 들어 다시 입찰할 것을 요구해 약간 싼 다른 회사의 제품으로 결정되었으나 다른 제품과 서로 연결이 안되어 미국에서 기술자가 오고 필요한 기자재를 추가로 구매하여 실제 비

학기술정보센터(KORSTIC)가 있는데 KIST에서 기술정보를 다루는 것은 업무의 중복이 아니냐는 문제를 제기했다. 이에 대해 KIST 운영진은 과학기술정보를 번역, 복사해서 제공하는 한국과학기술정보센터와는 달리 KIST의 기술정보실은 과학기술정보의 경제성, 활용 용이성 등을 분석해서 기업들이 쉽게 쓸 수 있도록 하는 '기술정보분석'을 위주로 하기 때문에 업무의 중복이 아니라는 논리로 맞서야 했다. 또한 시험공장(pilot plant)의 건설에 대해서도 AID는 왜 연구기관에서 기업이 담당해야 할 시험공장 건설까지 하느냐며 항의하기도 했다.[42] 그러나 시험공장은 기업들의 개발능력이 떨어지는 당시 한국의 상황에서는 반드시 포함되어야 하는 시설이었고, KIST의 의지대로 건설이 추진되었다. KIST가 준공된 직후 AID는 KIST 지원 프로그램의 목적이 달성되었다고 보고 바텔 측과는 상의도 없이, KIST 이사회에서 AID와 바텔연구소의 대표를 빼는 대신 한두 명의 미국인 과학기술자를 이사회에 참여시킬 것을 한국 측에 제의했다. 이런 제의에 바텔 측이 항의하자 한국정부 및 KIST와 다시 협의해서 AID와 바텔 모두 이사직을 유지시킨 일도 있었다.[43] 한국정부 관계자와 최형섭을 비롯한 KIST 구성원의 연구소 구상이 항상 동일했던 것이 아닌 것처럼 AID와 바텔 측의 KIST 구상 역시 비록 연구소의 근간을 변화시킬 근본적인 차이는 아니었다 하더라도 조금씩의 차이를 지니고 있었던 것이다.

연구소의 규모 확대에 따른 추가적인 비용을 마련하기 위해 한국정부와 AID가 협상을 통해 도출한 해결책의 하나가 대충자금(對充資金)을 한국 예산에 일부 전입시켜서 KIST가 사용할 수 있도록 하는 것이었다. 대충자금

용과 시간이 더 들었다 한다. 『한국과학기술연구소 비사 제12권: 신응균』(1975.4.30). 바텔연구소의 주재요원이었던 에반스도 AID의 관료주의로 인해 많은 고생을 했으며, 사사건건 간섭을 해서 7개월이면 끝날 일이 3년이 걸리기도 했다고 밝혔다. 『한국과학기술연구소 비사 제5권: 에반스』(1975.11.5).

42) 『한국과학기술연구소 비사 제12권: 신응균』(1975.4.30).

43) 1969년 11월 7일 AID 처장 콘스탄조가 경제기획원 장관에게 보낸 서한에서부터 1970년 2월까지 AID, 바텔, KIST, 경제기획원 사이에 오간 서한 및 공문은 KIST 문서보관실 이사회 관련 자료에 포함되어 있다.

은 미국의 원조물자를 받은 나라가 그에 상당하는 자국의 통화액을 중앙은행에 예치하는 것으로, 대충자금의 사용은 미국이 승인하는 경우에 한하여 자국의 통화안정, 생산증강 등에 충당하도록 규정되어 있었다.[44] 한국정부가 1970년까지 KIST에 제공한 원화 42억 3,200만 원 중 34억 6천만 원은 대충자금을 한국예산에 전입한 것이었다.[45]

대충자금은 KIST의 운영기금에도 투여되어 재정의 안정성을 가져오는데 큰 기여를 했다. 운영기금은 정부가 상당한 금액을 제공하며 KIST는 이 기금을 자체적으로 운용하여 그 이윤을 연구소의 운영비로 사용하기 위한 목적으로 조성되었다. 정부의 재정지원을 받지만 그것의 활용은 정부의 간섭 없이 KIST가 독자적으로 결정하는 것으로, 연구소의 자율성이라는 대의를 해치지 않으면서 재정의 안정성을 확보할 수 있는 방법이었다. 'KIST 육성법'에 따라 KIST는 사업계획서의 승인을 받을 필요가 없었기 때문에 예산편성의 자율권이 있었다고 볼 수 있지만 한 번에 정해진 예산을 제공받는 것이 아니라 계약연구로 벌어들인 연구비에 기반을 두어 운영을 해야 했기 때문에 예산집행에서는 어려움이 많았다. 따라서 운영기금으로부터 매년 안정적으로 운영비를 조달할 수 있다는 것은 KIST에게는 매우 매력적인 혜택이었다. 이러한 운영기금이라는 아이디어는 1965년 말 바텔전문가단의 보고서에서부터 제시되었다.[46] 1966년 2월 한미 양국정부가 KIST 설립에 관한 '사업계획합의서'에 조인하기 이전에 미국 측은 USOM을 통해 한국정부에 운영기금 조성을 타진했다. 이에 대해 경제기획원은 정부의 재정안정계획상 한 번에 기금을 조성하는 것은 어렵지만 기금을 조성한다는 원칙에는 찬성한다는 입장을 밝혔다.[47] 그 결과 1966년 1억 원을 시작으로 매년

44) 대충자금에 대해서는, 신용옥, 「국방비 분석으로 본 대충자금 및 미국 대한원조의 성격(1954~1960)」, 『한국사학보』 3-4(1998), 238~278쪽 참고.

45) KIST 소사편찬위원회 편, 『한국과학기술연구소의 설립: 소사편찬자료 제1집』(KIST, 1971), 47쪽.

46) E. E. Slowter, J. L. Gray, W. J. Harris and D. D. Evans, "Report on the Establishment and Organization of a Korean Institute of Industrial Technology and Applied Science" (Battelle Memorial Institute, 1965), pp.43~44, KIST 역사관 소장 자료.

2~5억 원씩이 출연되어 1972년까지 총 23억 원의 기금이 만들어졌는데, 이 자금은 전액 대충자금에서 충당되었다.

KIST의 운영기금은 다른 연구기관의 부러움을 자아낸 제도로서 KIST에 대한 한국정부의 특혜나 편중지원의 산물로 인식되어왔다. 그러나 운영기금이 미국의 제안에서 시작되었고, 한국정부가 사용처를 임의로 결정할 수 없었던 대충자금만으로 조성되었다는 것은 KIST가 한미 양국의 공동 프로젝트였음을 상기시켜 준다. 즉 운영기금은 KIST 설립에 참여한 한 주체인 미국의 KIST에 대한 적극적인 지원 노력의 일환이라는 의미도 포함하고 있었고, 미국 제안에 한국정부의 동의가 결합된 결과물이었던 것이다. 결국 AID는 KIST 설립 과정에서 미국 측의 방안을 견지하기 위해 연구소 규모 확대를 견제했으며 동시에 운영기금이나 뒤에 언급할 'KIST 육성법' 개정 과정에서 드러나듯이 연구소의 자율성이 보장되도록 하는 데 상당한 역할을 했다. 그리고 한국정부와 KIST는 외자제공이라는 커다란 권한을 쥐고 있는 AID의 의견을 무시할 수 없었기 때문에 그들을 설득시키고 이견을 조정하는 데 많은 노력을 쏟아야 했던 것이다.

3) 바텔기념연구소

AID와의 계약을 통해 KIST 프로젝트에 참여하게 된 바텔기념연구소는 KIST의 모델이 된 기관으로서 연구원 선정이나 기자재 구매에서부터 연구소 운영에 관한 제도의 마련에 이르기까지 구체적인 문제 차원에서 KIST 설립을 지원했기 때문에 바텔연구소의 역할을 배제한 KIST 설립은 생각하기 어렵다.[48] 사실 계약연구체제라는 방식은 한국에서 새로운 것이었기 때문에 KIST 설립과 초기 운영에는 바텔연구소의 경험과 주장이 많이 반영될 수밖

---

47) 『KIST 제5회 이사회 회의록』(1966.6.7).

48) KIST 설립과정에서 바텔의 역할에 대해서는 KIST 역사관에 소장되어 있는, Battelle Memorial Institute, "Report on Battelle's Assistance to the Korea Institute of Science and Technology"(Columbus, Ohio: Battelle Memorial Institute, 1971) 참고.

에 없었다. 그러나 그 과정은 일방적인 이식이 아니라 한국의 상황에 맞춘 수정을 거쳐야했으며, 바텔과 KIST 사이에도 이견 조정과정이 필요했다. KIST가 도입된 기술의 소화·개량을 연구활동의 주요 목표의 하나로 삼았듯이 바텔로부터 받아들인 제도나 원리도 소화·개량을 거쳐야했던 것이다.

바텔연구소가 담당한 기능 중 가장 먼저 추진된 것이 해외의 한국인 과학기술자를 유치하는 일이었다. 물론 연구원 선발의 최종 결정권은 소장 최형섭에게 있었지만 선발을 위한 준비과정은 바텔 측이 전적으로 맡아서 진행했으며 후보자 면접과정에도 바텔 측 관계자가 최형섭과 함께 참여했다. 이처럼 연구원 선발에 바텔이 참여한 것은 인선 과정에서 발생할 수 있는 여러 가지 잡음을 줄이는 데 효과적이었으며,[49] 최형섭이 자신의 전공과는 상이한 분야의 연구자들에 대해 정확한 판단을 내리는 것은 한계가 있었기 때문에 바텔 측 해당 분야 전문가의 의견이 중요하게 반영될 수밖에 없었다. 연구자 선정에 대해 대개는 양측이 어렵지 않게 합의에 도달했으나 최형섭과 바텔 측 사이에 일부 이견을 보이기도 했다. 그 경우 대개는 최형섭의 주장대로 결정되었고, 이는 연구원 선발 과정에서 최형섭이 수동적으로 바텔 측의 의견을 받아들이기보다는 적극적이고 주도적인 의사결정을 내렸음을 보여준다. 연구원 유치 작업을 진행한지 1년 정도 지난 1967년 7월부터는 모든 임용희망자는 바텔을 거치지 않고 KIST에 직접 지원했다. 바텔연구소는 KIST의 요청에 따라 조언을 하되 책임연구원을 제외한 연구자의 임용은 KIST가 바텔과의 협의 없이 독자적으로 진행하게 되었다.[50]

KIST가 계약연구라는 생소한 방식을 채택함에 따라 이 같은 방식을 익히기 위해 연구원을 비롯한 행정요원들은 바텔연구소에서 연수를 받았다. 설립 초기에는 이사를 비롯한 임원진이 바텔연구소를 시찰했으며, 선발된 핵심요원들도 3개월 일정의 연수를 받았다. 1971년까지 총 38명이 연173개월

49) 『한국과학기술연구소 비사 제22권: 정원 · 최규원』(1975.6.26) ; 『한국과학기술연구소 비사 제20권: 최영화』(1975.9.23).

50) 최형섭과 바텔기념연구소 부소장 슬로터(E. E. Slowter)의 합의문. "Principles and Procedure"(1967.7.17), KIST 문서보관실에 소장된 이사회 관련 자료.

의 연수를 받았는데,[51] 연구원들에 대한 연수는 계약연구에 대한 절차와 연구관리 방법 등에 대한 강의와 연구분야에 대한 훈련 등으로 구성되었다. 특히 산업기술과 다소 거리가 있는 전공을 지닌 연구자들은 해당 연구실에서 직접 관련된 기술을 익히고 실제적인 연구에 참여하는 기회를 가짐으로써 이후 KIST에서 기업이 요구하는 연구를 수행할 수 있는 능력을 갖추게 되었다. 예를 들어 KIST의 첫 번째 연구자로 선발된 심문택은 고체화학을 전공했는데 바텔연구소의 연수를 통해 전자제품에 이용되는 영구자석인 페라이트제조(ferrite fabrication)와 관련된 기술을 익혔으며, 이를 바탕으로 1969년 'Ferrite제조에 관한 재료 및 처리 기술 개발 연구'를 비롯하여 자기기판 제조와 통신용 페라이트 제조 등 전자공업과 관련된 연구과제를 수행할 수 있었다.[52] KIST의 두 번째 연구자였던 한상준은 물리화학 전공으로 윤활유 관련 기술을 바텔연구소에서 익혔는데, 이를 토대로 1967년 KIST의 첫 번째 산업계 수탁과제였던 '자동차 엔진 윤활유의 성능 조사연구'를 수행했으며, 다음해에 폐윤활유 재생기술을 개발하여 특허를 취득하기도 했다.[53] 또한 물리학과 출신으로 재료시험실의 연구원으로 임용된 최주는 바텔연구소에서 1년 정도 전자현미경에 대한 집중적인 훈련을 받고 귀국해서 KIST 분석실의 전자현미경 활용을 책임지면서 금속공학 연구를 수행하게 되었다.[54] 그러나 연수 프로그램에 포함된 보고서 작성 등 연구관리에 관련된 세미나는 수준이 그리 높지 않아 대부분 대학이나 연구소 경험을 갖고 있는 KIST 연구원들에게는 큰 도움이 되지 않았다는 것이 대체적인 평가였다.[55] 몇몇 연구자의 경우 자신의 연구분야와 관련된 연구와 조사를 진행

---

51) KIST, 『한국과학기술연구소 십년사』(1977), 88~89쪽.

52) 『한국과학기술연구소 비사 제4권: 최형섭(4)』(1975.5.28) ; KIST, 「연구책임자별 계약현황」(1997), KIST 연구관리팀 소장 자료.

53) 『한국과학기술연구소 비사 제4권: 최형섭(4)』(1975.2.28) ; 「연구개발사업 시리즈 10: 폐윤활유 재생기술로 외화절약 기틀 마련한 한상준 박사 편」, 『과기연 소식』 제7권 2호(1973), 10~11쪽.

54) 최주, 「素描」, 환력기념집발간회 편, 『과학기술과 더불어』(1981), 257~267쪽.

55) 『한국과학기술연구소 비사 제20권: 최영화』(1975.9.23) ; Harret Ann Hentges, "The Repatriation and Utilization of High-Level Manpower: A Case Study of the Korea Institute of Science

하기도 했으나 대개는 계약연구체제와 관련된 철학과 실무를 배우는 데 머물렀고, 그 같은 교육은 단기간에도 가능했기 때문에 실제 훈련에 들어간 시간과 비용에 비해서는 효과가 크기 않았다는 의견이 많았다. 일부 연구자들은 바텔이 제공하는 교육이 자신에게 필요하지 않다는 판단에서 연수를 생략하거나 일정을 단축하여 조기 귀국하는 경우도 있었다.

연구원에 대한 연수와는 별개로 바텔 측은 인사, 회계, 건설, 정보 등 각 분야별 전문가들을 KIST에 파견하여 조언을 제공했다. 각종 규정의 경우 KIST가 자체적으로 작성하고 이에 대해 바텔 측 전문가들이 검토해서 이견이 있는 부분은 이사회나 소위원회에서 논의를 거쳐 결정하는 과정을 밟았다. 예를 들어 인사규정의 경우 집행부에서 작성한 시안을 이사회의 인사소위원회에서 검토하여 인사규정 초안을 마련했으며, 이 규정에 대해 바텔 측은 일부 조항을 수정한 수정 방안을 제시하였고 의견 일치가 되지 않은 부분에 대해 이사회에서 논의를 통해 최종적인 규정을 만들어냈다. 가장 쟁점이 된 부분은 소장의 인사권에 대한 것으로, 바텔연구소 측은 필요한 인력을 적시에 선발할 수 있도록 부소장을 제외한 모든 직원은 소장이 임명할 수 있도록 하자는 입장이었고 최형섭도 여기에 동의했다. 그러나 KIST 이사회는 소장이 정치적 압력을 받는 경우 이를 막을 수 있고 동시에 소장의 인사권 남용을 견제한다는 차원에서 고위 직급의 직원 임명은 이사회의 승인을 거쳐야 한다고 주장했다.[56] 특히 이사회 간사장을 맡고 있던 경제기획원 기술관리국장 전상근과 정부 측 이사들은 막대한 정부 예산이 투여되는 사업인데 소장에게 모든 인사권을 부여하는 것은 받아들일 수 없다는 강경한 입장을 보였다. 이에 대한 논란이 일자 바텔연구소 측 이사가 바텔의 방안은 미국의 상황에 맞는 것이므로 한국에 맞는 규정을 만들기 위해 바텔의 방안을 철회하겠다는 의사를 밝혔다. 결국 3차에 걸친 회의 끝에 연

---

and Technology"(Johns Hopkins Univ. Ph.D. Diss., 1975), p.87. 최영화에 따르면, 바텔연구소도 뒤늦게 연수프로그램에 문제점이 있다는 사실을 알았으나 프로그램이 종료를 앞두고 있어 별다른 수정을 가하지는 못했다고 한다.

56) 『KIST 제6회 이사회 회의록』(1966.7.1).

구 · 기술직은 실장 이상, 관리직은 과장 이상 및 월 급여액이 62,500원(책임 연구원 급여 하한선) 이상인 직원의 임명은 이사회의 승인을 얻고 40,000원 이상의 직원의 임명은 사후에 보고하기로 했다.[57] 대신 이사회의 승인을 요하는 직원의 채용을 쉽게 하기 위해 인사소위원회에서 이사회의 승인 절차를 대신하고, 인사소위원회에서 결정이 나지 않을 경우 이사회에서 승인을 받도록 했다.[58] 그밖에 초임계약기간이나 임용 결격 사유 등에서 바텔 측의 방안과 이사회의 의견이 달라 조정을 거쳐야했다.

인사규정뿐 아니라 회계규정, 직제규정 등 연구소 운영과 직결되는 여러 규정들도 이사회에서 활발한 논의를 통해 확정되었다. 회계규정의 경우 KIST 회계과의 담당자가 바텔에 가서 회계 관계 규정을 연구하고 와서 새로운 규정을 마련했는데, 바텔연구소 측이 제시한 감가상각방법과 한국의 관련 법률에서 규정하는 방법이 달라 논란이 되었고, 소장의 회계책임 등 몇몇 부분에서도 이견이 나와 장시간의 논의를 거쳐야했다.[59] 연구원들의 퇴직금에 관한 규정을 제정할 때는 미국과 한국의 사회보장제도가 크게 달라서 바텔 측의 제도나 경험이 큰 도움이 되지 못했다.[60] 이처럼 작은 규정 하나를 만드는 데도 바텔의 제도를 활용하고 바텔전문가의 지원을 받았지만 그대로 모방하는 것이 아니라 한국의 여건에 맞게 변용하는 과정을 거쳤으며, 처음에는 바텔 측의 의견에 따라 미국식의 제도를 그대로 채택했으나 시행 결과 한국의 상황에서 적절하지 않다는 판단하에 수정하는 경우가 적지 않았다. 작은 예로, 직원들의 급여를 수당이나 보너스를 없앤 단일체계로 했으나 그 때문에 KIST의 급여가 표면적으로 매우 높다고 알려지자 1년 뒤 본봉과 수당을 분리하고 연간 특별 수당도 신설하게 되었다. 이에 대해 이사인 정인욱은 KIST는 종전의 제도를 떠나 새로운 방식으로 하려했

57) 1968년 4월 인사규정의 개정으로 이사회의 승인을 구하는 직원의 범위를 급여 수준 대신 '부소장, 책임연구원, 책임기술원, 책임관리원'으로 수정했다. 『KIST 제20회 이사회 회의록』(1968.4.19).

58) 인사소위원회는 이사장, 바텔연구소 대표, 학계 대표 이사 그리고 소장으로 구성되었다.

59) 『KIST 제23회 이사회 회의록』(1969.1.10).

60) 『KIST 제16회 이사회 회의록』(1967.7.21).

는데 2년도 되기 전에 한국적 실정에 맞춰 제도가 바뀌었다면서 아쉬움을 표시했다.[61)]

바텔연구소의 역할로 중요하게 평가되는 또 하나의 것이 산업실태조사였다. 1966년 11월부터 다음해 6월까지 실시된 이 조사는 KIST의 연구분야 선정 및 연구원 선발을 위한 자료를 얻기 위한 목적으로 진행되었는데, 16개 분야를 대상으로 하여 한국 측 연구자 57명과 바텔 측 연구자 23명이 참여했으며 분야마다 반드시 한 명씩의 경제전문가를 포함시켜 기술적 분석과 경제적 분석을 병행했다. 이와 같은 산업별 기술 · 경제적 실태조사는 그 전까지 시도된 적이 없었기 때문에 이 조사의 결과는 KIST 내부 자료로 머물지 않고 정부의 각 관련 부처와 기관들에게도 제공되어 이후 정책 수립의 기초자료로 활용되었다. 최형섭은 KIST 설립 직후부터 국내외 연구자들로부터 연구과제 계획서를 접수받아 연구분야를 조사했으며,[62)] 이를 바탕으로 바텔 측과의 협의를 거쳐 실태조사의 분야를 선정했다. 이에 따라 바텔 전문가단의 보고서에서 제시된 조직도에는 포함되지 않았던 식품분야가 첫 번째 실태조사의 대상이 되었으며, 교통이나 포장공업의 경우 처음의 계획에는 없었으나 다른 분야의 조사과정에서 문제점으로 부각됨에 따라 추가로 조사 분야에 포함되었다.[63)] 이는 산업실태조사가 바텔 측이 자신들의 경험을 바탕으로 일방적으로 주도했다기보다 한국의 필요와 사정이 우선적으로 반영되어 추진되었음을 뜻한다.

산업실태조사를 추진하면서 조사범위를 두고 바텔 측과 한국 측 전문가

---

61) 『KIST 제21회 이사회 회의록』(1968.7.19).

62) 『KIST 제4회 이사회 회의록』(1966.4.8) 첨부자료 중 업무보고.

63) Battelle Institute Team, "Status Report: Korea Institute of Science and Technology December 15, 1966 to April 1, 1967"(1967.4.15), pp.6~7, KIST 역사관 소장 자료. 교통분야는 석유화학공업에 대한 실태조사에서 수송 문제가 가장 큰 문제점으로 확인됨에 따라 실태조사 분야에 포함되었고, 포장공업은 식품공업 등의 실태조사에서 새롭고 값싼 포장재료 및 포장방법 개발연구가 첫 번째 우선과제의 하나로 부각됨에 따라 실태조사에 포함되었다. 심정섭 · 김광모 · 김종빈 · Arthur P. Lien, 『조사보고서: 석유화학공업』(KIST, 1967), 31쪽 ; 최상 · 김동훈 · 김종빈 · Odin Wilhelmy Jr. · Reuven Dobry, Robert A. Kluter, 『조사보고서: 식품공업』(KIST, 1967), 89쪽.

들 사이에 이견이 드러나기도 했다. 바텔연구소는 KIST의 전자계산실을 다른 연구실에서 요구하는 작업을 수행하는 지원부서 중 일부 정도의 비중으로만 이해했는데, 전자계산 분야 실태조사에 참여한 성기수는 KIST 컴퓨터 활용을 사회 전 분야를 대상으로 해야 한다고 주장했다. 그러나 USOM도 바텔 측과 마찬가지로 국내의 전산분야 수요가 그리 크지 않다는 의견이었고, 이에 따라 KIST에서 도입할 컴퓨터의 요구 사양도 낮게 평가했다. 이에 대해 성기수를 비롯한 한국의 연구팀은 정부 기관 및 기업체를 대상으로 컴퓨터 수요조사를 다시 한 번 실시하여 전자계산기를 이용할 수 있는 분야가 다양함을 보였다.[64] 또한 바텔 측은 KIST가 구입할 컴퓨터 사양에서 과학기술계산에는 방대한 데이터가 필요하지 않다고 하여 마그네틱테이프를 뺐으나 성기수는 KIST 컴퓨터를 이용해 여러 분야에서 인력훈련을 시키고 경영·행정전산화를 추진하기 위해서는 대량기억장치가 반드시 필요하다는 주장을 펼쳤으며, 비즈니스 처리용인 코볼 컴파일러도 포함시킬 것을 요구하여 관철시켰다.

당초 연구기자재 구매는 KIST가 직접 담당하기로 했으나 미국의 원조로 구입하는 물품은 반드시 미국에서 구매해야 했기 때문에 바텔에 업무를 위탁하게 되었다.[65] KIST 연구실장 중 일부는 바텔연구소의 연수 기간을 활용하여 자신이 직접 미국의 해당 공장과 회사를 다니면서 기자재를 직접 선정하기도 했지만 대개의 경우 바텔 측 관계자의 의견이 크게 반영되었는데, 이에 대해 국내에서 다소의 불만이 있었고 바텔도 이를 인정했다고 한다.[66] KIST 연구원과 바텔 측 연구원의 협의를 통해 연구기자재를 결정하는 과정에서도 이견이 적지 않았다. 예를 들어 반도체장치연구실장으로 임

64) 「난중일기」(1967.8). 이 자료는 성기수의 개인 일기를 정리한 것으로 그의 개인 웹사이트(http://www.sungkisoo.pe.kr, 2008년 10월 2일 접속)에서 확인할 수 있다.

65) Battelle Memorial Institute Team, "Status Report: Korean Institute of Science and Technology 1966.9.1~12.15"(1967.1.10), pp.12~13, KIST 역사관 소장 자료. AID의 차관에 의한 연구기자재 구매는 바텔 대신 한국의 조달청을 통해 구매 과정이 진행되었다.

66) 『한국과학기술연구소 비사 제12권: 신응균』(1975.4.30) ; 『한국과학기술연구소 비사 제20권: 최영화』(1975.9.23).

명된 정만영은 1967년 바텔에서 훈련을 받으며 연구실 기자재를 결정했는데, 한국에는 똑같은 기계가 따로 없고 구매도 쉽지 않아서 고장이 날 경우 연구실 운영에 큰 차질이 온다는 점을 들어 다른 연구실용을 포함해서 3개의 반도체 확산로(diffusion furnace)를 요구했다. 이에 대해 바텔 측은 자신들도 확산로는 하나밖에 없다고 하면서 반대하여 결국 하나만 사는 대신 스페어 파트를 많이 사는 방향으로 합의를 보았으나 얼마 지나지 않아 KIST 내에서 수요가 늘어나 추가로 구매해야 했다.[67] KIST 연구자들은 국내에는 KIST를 대체할 수 있는 시설과 기관이 없었고 국내에서는 첨단 장비 구매 자체에 제약이 많았다는 사정까지 감안해야 했지만 바텔은 KIST를 한국의 여러 연구소의 하나로 여겨 미국 내의 여러 계약연구소 중 하나인 바텔이 겪었던 경험에 기초한 조언을 제시했던 것이다.

KIST 설립과 초기 운영과정에서 바텔연구소가 핵심적인 행위자 역할을 담당한 것은 분명하지만 그들의 구상이 KIST에 구체화되는 과정은 단순한 이식이 아니라 KIST와 국내의 여건에 맞추어 크고 작은 조정을 거치는 방식으로 이루어졌다. 또한 바텔이 KIST를 자신들과 같은 계약연구기관의 하나로만 생각한 것과는 달리 KIST는 정부의 예산을 받아 설립되었고, 이후에도 정부로부터의 재정지원을 받았던 '국가적 연구소'라는 점을 감안한다면 바텔과 KIST 사이에 이견이 존재할 수밖에 없었다. 따라서 그러한 이견을 좁히고 한국 상황에 맞는 방식을 찾아내기 위해서는 참여한 주체들 사이에 활발한 상호작용이 요구되었던 것이다.

4) KIST

KIST의 구성원들은 KIST 설립과정에서 수동적인 대상에 머무르지 않고 적극적인 행위자로 활동했다. 특히 초대 소장인 최형섭의 역할이 컸다. 당초 호닉은 한국 방문 전에 긴즈버그가 전한 서한을 통해 신설되는 연구소의 책임자는 과학자보다는 능력 있는 행정가가 더 적합하다는 뜻을 밝혔으며,[68]

---

67) 『한국과학기술연구소 비사 제26권: 정만영』(1976.7.4).

바텔전문가단도 소장은 일급의 행정가로 임명되어야 한다고 보았다.[69] 그러나 기술관리국장 전상근은 경제기획원의 실무진들이 국내외 한국인 과학기술자들을 유치하기 위해서는 전공이 다른 행정가 출신의 소장보다는 과학자가 설득력이 있고, 국내의 기업에 대해서도 연구소의 상징인 소장은 박사학위를 가진 유능한 과학자가 적격이라는 의견을 가지고 있었기 때문에 최형섭을 염두에 두고 호닉과의 접촉 기회를 제공했다고 밝혔다. 아울러 '쟁이'라며 전문기술자를 천시하고 관리나 행정가를 우대하는 풍조를 없애야 한다는 생각하에 과학전문가들이 주역이 되어야 할 연구소에서 행정가를 소장으로 앉힐 수는 없다고 생각했다고 한다.[70] 실제로 호닉은 방한 기간 중 최형섭을 만나 의견을 교환하면서 그를 유력한 소장 후보로 생각하게 되어 미국 대통령에게 제출한 보고서에서도 최형섭을 구체적으로 명시하기에 이르렀고, 최종적으로 박정희가 그를 소장으로 결정했다.

최형섭은 학계 · 관계 · 산업계 · 연구계 등 여러 분야에서 일한 경험을 지니고 있었다.[71] 그는 1944년 일본 와세다대학 채광야금과를 졸업하고 해방 이후 국내에서 2년 정도 대학 교수를 지냈으며, 국산자동차주식회사 기술고문을 거쳐 1950년부터 3년간 공군항공수리창장을 맡았다. 이후 미국 유학길에 올라 1955년 노틀담대학에서 석사학위를 취득하고 미네소타대학으로 옮겨 1958년 부유선광법에 관한 논문으로 박사학위를 받았다. 최형섭은 미국에서 귀국한 뒤 국산자동차주식회사 부사장을 지냈으며, 원자력연구소 연구관으로 있으면서 10여 달 동안 상공부 광무국장을 겸직했고, 1962년부터 원자력연구소 소장으로 재직했다. 이처럼 최형섭은 길지 않은 기간이었

68) David Ginsburg, "A Korean Institute for Industrial Technology and Applied Science" (1965.6.19), KIST 역사관 소장 자료.

69) E. E. Slowter, J. L. Gray, W. J. Harris and D. D. Evans, "Report on the Establishment and Organization of a Korean Institute of Industrial Technology and Applied Science", p.34.

70) 전상근, 『한국의 과학기술정책』, 82~84쪽.

71) 최형섭의 약력에 대해서는, 박성래 외, 「〈과학기술인 명예의 전당〉 헌정대상자에 관한 인물 및 자료 조사연구」(한국과학문화재단, 2003), 133~148쪽을 참고.

지만 산업계 · 관직의 경력이 있으며, 원자력연구소 소장으로 있으면서 금속연료종합연구소 설립을 주도했었기 때문에 그러한 경험이 KIST의 설립과 운영에 적지 않게 반영될 수 있었다.

최형섭은 연구소가 성공적으로 운영되기 위해서는 무엇보다 자율성이 뒷받침되어야 한다고 보았으며, KIST 육성법을 둘러싼 논란은 그러한 측면을 잘 보여준다. 1966년 9월 정기국회에 상정된 KIST 육성법안의 특징은 정부의 재정지원에도 불구하고 연구소는 정부로부터 사업계획의 승인이나 회계감사를 받지 않는다는 것으로 KIST의 독립성과 자율적인 운영을 보장하고 있었다. 그러나 국회 재경위원회 소속 의원들이 막대한 정부의 재정지원을 받는 연구소에 대해 국회나 정부가 사업계획서에 대한 승인이나 회계감사를 못한다는 것은 받아들일 수 없다고 하면서 법안의 통과를 거부했다. 논란 끝에 연구소는 연간사업계획서를 작성하거나 변경할 때는 주무장관의 '승인'을 받아야하며, 주무장관은 연구소에 대해 연 1회 이상 회계감사를 해야 한다는 내용이 포함되는 등의 수정을 거쳐 1966년 12월 6일자로 국회를 통과하였다.[72] 그러나 이 육성법이 통과되자 소장을 비롯한 KIST의 구성원들은 강력히 반발하였다. 정부가 KIST에 지원하는 예산을 보조금이 아닌 출연금으로 표현한 것은 보조금관리법에 따른 감사나 회계 문제를 피하기 위해서인데, 통과된 법률에 따르면 보조금관리법의 적용과 다를 바가 없어 연구기관으로서의 자율적인 운영이 힘들었기 때문이다.[73] 법안이 통과될 무렵 연구원 유치를 위해 해외에 체류 중이던 최형섭은 귀국 이후 주한 미국대사관과 USOM을 통해 법안의 개정에 대한 지원을 요청했으며,[74] 다른

---

72) 법률 제1857호 「한국과학기술연구소육성법」(1966.12.27). 이 법은 1조(목적)와 2조(출연금), 3조(국유재산의 대부), 4조(유사명칭 사용금지), 5조(사업계획의 작성 변경), 6조(회계감사), 7조(비밀엄수의 의무), 8조(벌칙), 9조(시행령)로 구성되었다.

73) KIST에서 작성한 "연구소에 대한 보조금이 보조금 관리법의 적용을 받은 결과 제약"(1966)이라는 문서는 보조금관리법을 따를 경우 보조금 신청에서부터 지급, 사용, 결산 등에 많은 제약이 있음을 밝히고 있는데, 실제로 KIST 육성법이 통과되기 전까지의 정부 지원금은 모두 보조금으로 분류되어 연구소에서 집행과 사후 관리에 상당한 불편을 겪어야 했다. 이 자료는 KIST 문서보관실의 이사회 관련 자료에 포함되어 있다.

74) 전상근, 『한국의 과학기술정책』, 94쪽 ; 『한국과학기술연구소 비사 제28권: 이창석』

KIST 간부들도 「한국과학기술연구소 육성법의 문제점」이라는 자료를 들고 정치권 인사들과 접촉하여 법개정의 필요성을 설득해 나갔다.[75] 이런 움직임에 의견을 같이한 USOM 처장 번스틴은 경제기획원 장관과 논의를 한 뒤 청와대 비서실장 이후락에게 서한을 보내 통과된 법안에 대해 미국 측이 큰 우려를 품고 있음을 다음과 같이 밝혔다.

> 최근에 통과된 "한국과학기술연구소 육성법"은 동 연구소에 대한 정부기금 보조의 법적 근거를 규정하고 있는 것이나 여기에는 매우 불만스러운 조항이 삽입되어 있습니다. (……) 본인은 특히 동 연구소의 연간 운영계획과 이 운영계획서의 수정부문이 정부의 승인을 얻어야 되며 정부가 동 연구소 재정 분야의 전부를 감사하여야 된다는 규정에 우려를 품고 있습니다. (……) 이 모든 조항, 특히 최초의 두 개는 동 연구소의 자치를 위태롭게 할 것이며, 이 자립성은 양국 대통령이 합의한 기본 원칙이었습니다. (……) 본인은 [경제기획원] 부총리와 이 문제에 대해 상의를 했고 부총리께서 동 연구소의 독립성을 확보할 필요가 있으며 이 법령을 수정하도록 정부에서 조속한 조치를 강구하겠다는 확약을 받고 기뻤습니다. 동 연구소에 대한 추가자금을 획득하기 위해서 AID의 국회 증언이 있기 전에 이 조치가 강구된다면 가장 효과적일 것입니다. 이와 같은 조치가 강구되지 않는다면 KIST에 책정될 AID 자금(바텔연구소에 대한 용역비 외) 지급은 난관에 봉착하게 될 것이며 양국이 합의한 공동목표의 달성에 불필요한 지연을 초래하게 될 것입니다.[76]

육성법의 개정이 조속히 이루어지지 않을 경우 추가적인 자금 지급이 어려워져 KIST 설립이 지연될 것이라는 번스틴의 지적은 KIST 건설을 조금이라도 앞당기고 싶어 했던 한국정부로서는 무시하기 어려운 것이었다. 결국

(1975.2.28).

75) KIST, 「한국과학기술연구소 육성법의 문제점」(1966.12.30)은 KIST 문서보관실에 소장된 이사회 관련 자료이다.

76) 이 서한은 USOM 번스틴 처장이 1967년 1월 25일 이후락 비서실장에게 보냈으며 KIST 역사관에 소장되어 있다.

이 같은 움직임에 의해 박정희는 특별명령으로 KIST 육성법의 즉시 개정을 지시했고, 그 결과 1967년 3월 30일 개정법률이 통과되었다. 통과된 법률이 제대로 시행도 되지 않은 채 3개월 만에 개정된 것은 매우 이례적이었다. 개정된 육성법에 의하면, 사업계획서는 주무장관의 '승인'대신 '보고'로 바뀌었고, 회계감사는 매분기별로 사업계획 집행실적을 주무장관에게 '보고'하고, 정부가 지정하는 공인회계사의 감사를 받은 매회계년도 세입세출결산서를 주무장관에게 '제출'하도록 수정되었다.[77] 이 같은 내용은 연구소의 자율적인 운영을 보장한다는 애초의 취지를 살리면서 정부도 KIST의 운영에 대한 간접적인 회계감사를 할 수 있게 한 타협방안이었다.

연구소의 자율성은 한국정부가 계속해왔던 연구소 개편시도의 기저에 있는 철학이자 호닉과 바텔연구소 측이 연구소의 성공을 위해 첫 번째로 꼽았던 요소였다. KIST의 정관을 만들고 육성법 논란을 거치면서 자율성의 내용과 형식이 좀 더 구체화되었지만 그러한 제도가 자동적으로 연구소의 자율성을 보장해주지는 않았다. KIST는 비록 재단법인이라는 형태를 갖추고 있지만 막대한 정부 예산의 지원을 받는 상황 속에서 정부로부터 유형무형의 압력을 받을 수밖에 없었고, 자율적인 운영과 연구 활동을 위해서는 연구소 구성원들의 적극적인 노력이 요구되었다. 예를 들어 연구소 건설과정에서 특정인을 설계업자로 선정하라는 정치권의 압력이 경제기획원을 통해 전달되었으나, KIST는 건설 사업이 한미공동프로젝트이고 바텔연구소 주재요원이 책임을 맡고 있다는 점을 내세워 완곡하게 거절했다. 또한 정부가 제공한 KIST 운영기금을 특정은행에 예치해 달라는 집권여당 재정담당자의 요청이 있었으나 이 역시 받아들이지 않았다.[78] KIST 구성원들은 외부의 부당한 요구를 수용하는 것은 연구기관의 자율성이라는 기본원칙에 어긋난다는 태도를 견지했던 것이다.

KIST는 연구실 단위로 운영되면서 연구실장들에게 연구실에 대한 모든 권한을 위임했다. 대통령의 적극적인 후원을 바탕으로 KIST 연구원들은 연

---

77) 법률 제1917호 「한국과학기술연구소육성법」(1967.3.30 개정).

78) 『한국과학기술연구소 비사 제12권: 신응균』(1975.4.30).

구와 관련된 문제에서는 자신의 목소리를 높일 수 있었다. KIST가 도입한 컴퓨터의 기종선정 과정도 그 같은 모습을 잘 보여준다.[79] 1968년 6월 KIST 전산실장 성기수는 서류심사와 2차에 걸친 테스트를 거쳐 'CDC 3300 MSOS'를 도입기종으로 결정했는데, 청와대 과학담당비서관이 다른 기종으로 교체하지 않으면 도입비용을 주지 않겠다고 해서 논란이 되었다.[80] 기종 선정을 둘러싼 논란이 계속되자 성능 차이가 그리 크지 않다면 요구를 들어주는 것이 어떠냐는 의견들이 KIST 내부에서도 나왔지만 성기수는 지금의 기계 자체가 문제가 아니라 "지금부터 간섭하면 앞으로도 일이 안 될 거니 그만 두겠다"며 자신의 뜻을 굽히지 않았다.[81] 청와대 비서관 역시 완강한 입장을 보여 자신이 직접 전자계산조직심의회 위원으로 참여하여 KIST 컴퓨터 도입비로 책정됐던 일시불 70만 달러를 전액 삭감토록 했다. 당시 컴퓨터는 워낙 고가여서 정부와 민간 모두 도입을 위해서는 전자계산조직심의회의 심사를 거쳐야 했는데, 청와대 비서관이 심의회에 직접 참여했던 것이다. 그러나 KIST의 컴퓨터 도입 자체를 막을 수는 없었기 때문에 일종의 절충으로 5년간 월 16,850달러씩 지불하는 임대 방식으로 CDC 3300의 도입이 승인됐다. 결국 성기수의 바람대로 기종이 결정되었으나 이 과정으로 인해 컴퓨터 도입은 예정보다 몇 개월이 지연되었다. 이러한 논란이 벌어지게 된 데에는 성기수 개인의 고집스러움이 한몫을 했으나 당시 KIST 연구원들은 대체로 그 같은 인식들을 공유하고 있었다고 볼 수 있다. 한미 양국 정부로부터 막대한 자금 지원을 받아 설립된 연구소의 초기 멤버로서 대부분의 연구실장들은 강한 자부심과 책임감을 지니고 있었고, 연구실과 직접 관련된 문제는 연구실장의 판단이 절대적이었다.

KIST 설립 초기에는 연구 결과에 대한 외부의 간섭도 있었다. 이는 KIST가 강조한 자율성의 핵심이자 연구소의 신뢰성과도 직결된 문제이기 때문

---

79) 기종 선정을 둘러싼 논란은, 서현진, 「한알의 밀알이 되어(25) 제5부 KIST 전산실의 발족-도입기종 선정(6)」, 『전자신문』, 1998.7.23 참고.

80) 특정 회사가 청와대를 통해 KIST 컴퓨터 기종선택에 대해 로비를 했다는 사실은, 『한국과학기술연구소 비사 제12권: 신응균』(1975.4.30)에서도 확인할 수 있다.

81) 『한국과학기술연구소 비사 제13권: 성기수』(1975.5.2).

에 KIST로서도 양보할 수 없었다. 1967년 5월 정부로부터 위탁받아 다음해 8월에 완료한 '장기 에너지수급에 관한 조사연구'는 한상준이 연구책임자가 되어 KIST, 원자력연구소, 한국전력 등 국내 기관의 연구원 27명과 바텔연구소 연구원 8명이 참여한 조사연구 프로젝트로서 KIST가 처음으로 위탁받은 연구과제였다.[82] 이 연구는 우리나라 에너지 공급실적을 재평가하고 단기 및 장기경제개발계획의 수행과 에너지정책에 반영할 수 있는 장기에너지 수요를 상정하며 에너지의 수송을 포함한 국내에너지 자원 및 수입자원의 경제성을 조사연구하는 것을 목적으로 했으며, 연구결과는 종합에너지 장기안정수급계획 수립의 기초자료로 쓰일 예정이었다. 그런데 연구진이 도출해낸 여러 결과 중 연평균 전기 수요 증가율 예측치가 21.7%로서 한전·상공부(27.2%), 경제·과학심의회의(33.8%), 한국생산성본부(32.8%) 등이 제시한 수치와 큰 차이를 보였다. 이러한 차이가 알려지자 관련 부처에서 정부의 재원으로 수행된 연구이니 정부의 필요에 맞게 수정해 줄 것을 요구했다. 이 요청에 대해 최형섭은 연구소는 학문적 견지에서 보고서를 내는 것을 임무로 하며 그것의 반영여부는 정부에서 결정하지만 연구결과 자체는 바꿀 수 없다고 거절했다. 이러한 논란 때문에 최종보고서는 한동안 제출이 지연되었으나 원래 연구결과 그대로 발표되었다.[83] 정부는 경제·과학심의회의의 예상치를 선택해서 전기수급계획을 수립했으나, 이후 실제로 나타난 결과는 20.7%의 증가세로 KIST의 연구결과와 매우 근접했다.[84] 결국 이 프로젝트는 외압에도 불구하고 본래의 연구결과를 지켜냄으로써 KIST의 자율성과 독립성을 정부 측에 재인식시키는 계기가 되었으며, 또 한편

---

82) 한상준 외, 『장기 에너지수급에 관한 조사연구(1966~1981)』(과학기술처, 1968). 이 시기의 전원개발 사업의 배경과 추진과정에 대해서는, 오원철, 『에너지 정책과 중동진출』(기아경제연구소, 1997), 200~220쪽 ; 김동일, 최희운 외, 『우리나라 과학기술발달사에 관한 연구-전기분야』(과학기술처, 1987), 110~122쪽 참고.

83) 『한국과학기술연구소 비사 제2권: 최형섭』(1975.2.19) ; 천병두, 「초대소장」, 환력기념집발간회 편, 『과학기술과 더불어』, 228쪽.

84) 각 기관이 제시한 예측치와 1980년까지의 실적은, 김동일·최희운 외, 『우리나라 과학기술발달사에 관한 연구-전기분야』, 115쪽 참고.

으로는 조사결과가 상대적으로 정확했기 때문에 KIST 연구활동에 대한 신뢰를 높여주는 효과를 거두었다.[85)]

자율성과 함께 연구소 성공의 열쇠는 재정의 안정성이었는데, 이를 위해 KIST에서 고안해낸 방식이 '일괄계약연구'(package deal contract research)였다.[86)] 개정된 KIST 육성법에 의하면 정부는 연구소의 건설비뿐 아니라 운영비도 지급할 수 있었지만 운영비를 정부로부터 제공받는다면 연구소 운영에 대한 정부의 통제가 불가피해질뿐더러 계약연구기관이라는 설립취지에도 맞지 않았다. 이에 따라 KIST에서는 운영비가 아닌 연구비의 형태로 정부의 재정지원을 받기를 원했고, 그 결과로 일괄계약이라는 아이디어가 나왔다. 일괄계약은 KIST가 매년 여러 분야의 연구계획서를 작성해서 패키지로 제출하고 그에 대해 정부와 협의를 거쳐 정부 예산에 반영되어 한꺼번에 제공되는 것으로, 다른 연구소에서는 찾아보기 힘든 방식이었다.[87)] 일괄계약연구비가 KIST에 제공되면 구체적으로 어떤 연구를 진행하고 연구비는 어떻게 배분할 것인가는 KIST가 자체적인 심사를 통해 최종 결정했다. 당초 정부는 KIST가 제안한 일괄계약에 대해 육성법상 운영비가 아닌 연구비를 직접 지원할 수 없다고 하면서 반대했다. 이에 KIST는 운영비에 연구비가 포함된다는 해석 아래 행정담당 부소장, 감사, 행정관리부장 등이 국회 법사위원과 전문위원들을 상대로 설득작업을 벌였다.[88)] 이들 KIST 구성원들은 KIST가 산업계 위탁연구만으로는 정상적인 운영이 불가능하니 안정적

---

85) '장기에너지수급 조사연구' 외에도 연구결과나 연구 자체에 대해 외부로부터 압력과 회유가 가해진 경우가 종종 있었음을 인터뷰 과정에서 확인할 수 있었다. 경제분석실장 윤여경은 철근 원가계산 과제에서, 전산실장 성기수는 전자교환기 개발 과제와 관련해서, 유기화학제1연구실장 채영복은 필름 개발 과제에서 외부로부터 부당한 요구를 받은 적이 있다고 밝혔다.

86) 최형섭, 『개발도상국의 공업연구』(일조각, 1976), 89~90쪽.

87) 일괄계약연구와 달리 정부 위탁연구는 각 부처와 구체적인 과제별로 계약을 맺고 추진되었다. KIST에서 추진한 연구과제는 재원에 따라, 일괄계약연구, 정부 위탁연구, 산업계 위탁연구, 공동계약, 국제계약, 자체연구 등으로 구분되었다. 이에 대해서는 3부 5장에서 자세히 논의하겠다.

88) 『한국과학기술연구소 비사 제29권: 이민하 · 안병주』(1975.3.5).

인 연구활동을 뒷받침하기 위해서는 적은 금액이라도 반드시 연구비로 인정해 달라고 요청했다. 이러한 노력으로 정부의 출연금에 연구비를 포함시키는 것으로 결론이 나서 1969년 전자공업 육성을 목적으로 4,200만 원이 연구비로 책정되었고, 이것이 KIST의 일괄계약연구의 시초로서 이후 KIST의 안정적인 운영에 큰 기여를 했던 것이다.

KIST 구성원들은 정부의 재정지원에 의존하고 있는 상황에서 어떻게 자율성을 내세우면서 독자적인 목소리를 낼 수 있었을까? 여기에는 KIST가 한미 간의 공동사업으로서 USOM과 바텔 등 미국 측 행위자들이 직접 참여하고 있다는 사실이 일차적인 요인이 되었다. KIST는 이들을 바람막이로 삼아 국내에서 제기되는 부당한 압력이나 요구를 막았는데, 앞에 언급한 '장기 에너지수급에 관한 조사연구'에 대한 수정 요구를 거부할 수 있었던 데에도 연구과정에 바텔 측 연구원들이 공동연구원으로 참여했다는 사실이 중요했다. 또한 육성법 개정의 경우처럼 USOM 측이 KIST의 요청을 받고 정부에 직접적인 영향력을 행사하기도 했다. 그리고 대통령이 KIST에 대해 절대적인 믿음과 지원을 아끼지 않았다는 사실도 KIST가 자율성을 주장하는 데 큰 역할을 했다. 대통령의 신임을 얻은 소장 최형섭과 함께 예비역 육군중장이자 국방차관을 지낸 행정담당 부소장 신응균과 교통부 차관을 역임한 감사 이창석, 청와대 측 인사들과 두터운 인맥을 지내고 있던 행정관리부장 이민하 등 KIST 운영진의 경력과 인맥은 정부 부처와의 협의 과정에서 KIST가 독자적인 의견을 제시하고 집행하는 데 큰 힘을 발휘했다. 이 같은 조건하에서 컴퓨터 기종 선정과정에서 성기수의 태도가 상징하는 것처럼 KIST의 연구원들은 자율성이라는 원칙을 지키는 데 적극적인 의지를 보였다. 결국 민간재단법인이나 육성법이라는 제도에 구성원들의 의지와 노력이 더해져서 KIST는 기존 국공립연구기관과는 비교할 수 없을 정도의 자율성을 확보해 나갈 수 있었던 것이다.

2. 초기 조직의 형성과정

KIST의 설립과정에서 가장 중요하게 고려된 원칙 중 하나가 자율성이었다. 앞 절에서 보았듯이 KIST의 자율성은 제도적인 장치와 함께 구성원들의 적극적인 노력으로 얻어질 수 있었지만 사실 자율성이라는 개념은 상당히 주관적인 성격을 지니고 있으며 다양한 층위에서 논의될 수 있다. 연구소 운영과 연구실 운영 차원의 자율성을 구별할 수 있을 것이며, 운영과는 별개로 연구활동과 관련된 자율성을 생각할 수 있을 것이다. 연구소 운영과 관련된 자율성은 정부의 규제로부터 자유롭게 운영목표를 세우고 그에 따른 예산상의 결정 및 내부 인사, 조직 등의 중요 의사결정을 독자적으로 행하는 것이며, 세부적으로는 이사회의 자율성, 조직 및 인사상의 자율성, 예산상의 자율성 등으로 나누어 볼 수 있다. 또한 연구실 차원의 자율성은 인사 및 회계와 관련된 부문에서 논의될 수 있으며, 동시에 연구과제의 선정이나 수행 및 공표 과정에서도 제기될 수 있다.

KIST 설립에 참여한 여러 행위자들은 모두 연구소의 자율성 확보라는 원칙에 대해서는 동의했으나 그것의 구체적인 내용과 확보 방법까지 동일한 견해를 지니지는 않았다. 특히 설립과 운영에 필요한 자금을 제공하는 한국정부로서는 KIST에 대해 어느 정도의 조정과 관리가 필요하다는 입장이었고, 소장을 비롯한 연구소 운영진은 정부의 간섭을 최소화하면서 필요한 재원을 확보하려는 전략을 취했기 때문에 자율성의 정도에 대해 이견이 존재할 수밖에 없었다. 이 절에서는 초기 KIST 조직의 형성과정을 자율성이라는 개념을 중심으로 살펴보고자 한다. 정부와 KIST, KIST 내에서 여러 구성원들 사이의 이견조정을 통해 소장을 중심으로 한 연구소 운영진이 운영의 주도권을 잡아가는 과정을 볼 것이다.

1) 소장과 이사회

KIST는 민간재단법인이었기 때문에 연구소 운영과 관련된 최고 의사결정은 이사회라는 틀을 통해서 이루어졌다. 이사회는 연간운영계획 및 예산·결산의 승인, 임원 선임과 해임, 규정의 제정 등 연구소 운영과 관련된 중요 정책 사항을 검토하고 결정하는 역할을 부여받았다. 물론 재단법인은 법률이론상 설립자의 의사에 의해 타율적으로 구속될 수 있기 때문에, 대통령을 설립자로 하고 정부의 출연금으로 설립된 KIST의 업무수행에는 정부가 개입할 수 있는 여지가 본질적으로 내포되어 있었으며, 실제로 이사회에는 정부 측 당연직 이사가 포함되었기 때문에 정부의 영향력이 두드러질 수 있었다. 그러나 소장도 이사의 한 명으로 참여하고, 과학기술계 및 산업계 대표가 이사로 참여하기 때문에 정부의 의도대로만 이사회가 운영되는 것은 아니었다. 따라서 이사회가 얼마나 자율적으로 활동하느냐를 통해 연구소의 자율성을 가늠해볼 수 있을 것이다.

1966년 2월 KIST 설립 공포와 함께 소장과 이사들이 선임되었다. KIST 정관에 따르면 소장은 이사회에서 선임하는 것으로 규정되었으나 초대 소장 최형섭은 이사회가 구성되기 이전이었기 때문에 설립자인 대통령이 선임하는 방식을 취했다. 초대 이사장은 인하공대 학장을 지낸 김병희가, 부이사장은 한국기계공업주식회사 사장 정낙은이 선임되었다. 이사진은 경제기획원 차관 김학렬, 상공부 차관 이철승, 문교부 차관 성동준, USOM 부처장 언스트(R. Ernst), 바텔기념연구소 소장 토마스(B. D. Thomas) 등 5명의 당연직 이사와 과학기술계 및 산업계 대표로 서울대학교 공대 학장 이량, 강원산업 사장 정인욱, 경제인협회장 김용완, 그리고 소장 최형섭 등 11명으로 구성되었으며, 이사회의 간사장은 경제기획원 기술관리국장 전상근이 맡았다.[89]

당연직 이사 중 두 명의 외국인 이사는 KIST 프로젝트가 한미 양국의 공

89) 당연직 이사를 제외한 이사를 과학기술계·학계 및 산업계 인사로 구성한다는 원칙은 이후에도 유지되었다. 1980년까지 과학기술계 인사로는 서강대 교수 최상업(1967~1980), 한국과학원 원장 박달조(1972~1975), 조순탁(1975~1980) 등이 이사가 되었으며, 산업계 인사로 서울은행장 임석춘(1967~1979), 한국무역협회장 박충훈(1979~1980), 동양고속 사장 이민하(1975~1980) 등이 이사로 선임되었다. 그리고 서울대 총장 최문환, 한국전력 사장 정래혁, 포항제철 사장 박태준 등도 이사로 선임되었으나 개인적인 사정으로 인해 거의 활동하지 못했다.

동사업임을 확인시켜주는 존재였다. 정관에 의하면 이들은 KIST에 대한 미국정부의 재정지원이 이루어질 때까지만 이사직을 유지할 수 있었기 때문에 1971년 7월 한국과 미국 정부 사이의 5개년간 지원 사업이 종료됨에 따라 자동적으로 이사 자격을 상실하게 되었다. 그러나 한국정부는 미국과의 협조적인 관계를 유지시키는 데 USAID/K 이사가 도움을 줄 것으로 판단했고, 미국 측 역시 성공적인 대외 원조사업으로 평가받는 KIST와의 관계를 유지하고 싶어 했다.[90] 또한 KIST 운영진은 바텔 측 이사가 연구소 운영에 조언을 줄 수 있을뿐더러 외국인 이사의 존재가 'KIST 육성법' 개정에서 확인되었듯이 정부와의 관계에서 생겨날 수 있는 갈등을 중재하는 역할을 해줄 것으로 기대했다. 이에 따라 이사회의 결의를 거쳐 USAID/K 측 이사와 바텔 측 이사는 임기를 연장 받았으며, 1980년 말 KIST가 한국과학원과 통합될 때까지 이사직을 유지했다.[91]

정부 측 당연직 이사는 관련 부처의 차관으로 임명되었는데, KIST를 관장하는 주무부처 차관을 제외하고는 이사회에서의 활동은 그리 활발하지 못했다. 인사이동에 따라 당연직 이사는 상대적으로 자주 교체되어 충분한 업무 파악이 힘들었고, 이사회에도 부하직원이 대리참석하는 경우가 많았기 때문이다.[92] 처음 KIST의 주무부처는 기술관리국이 속한 경제기획원이었으나 1967년 과학기술처 설립으로 주무부처가 과학기술처로 변경됨에 따라 경제기획원 차관 대신 과학기술처 차관이 이사가 되었고 경제기획원 차

---

90) 1971년 AID 관계자는 한 신문과의 인터뷰를 통해 "KIST가 미국의 외국원조사상 150% 성공한 케이스"라고 밝혔다. 「KIST, 국외에서 더 알려진 딩크탱크」, 『조선일보』, 1971. 3.18.

91) 바텔 측 이사의 경우 1971년 미국 정부의 지원 사업 종료 이후에는 KIST로부터 항공편 제공 등의 편의를 받지 못했음에도 높은 참석률을 보였다. 한편 이사회에 외국인 이사가 포함되어 있으나 회의의 용어는 한국어를 사용했으며, 외국인 이사는 통역을 대동하여 협조를 받았다. 「이사회규정(안)」, KIST 문서보관실에 소장된 이사회 관련 자료.

92) 1981년 KIST와 한국과학원이 통합되어 출발한 한국과학기술원의 당연직 이사도 관련 부처의 차관으로 구성되었으나 현실적으로 차관들의 이사회 참석이 어렵다는 판단하에 차차 각 부처의 실장 및 차관보 등으로 변경되었다.

관은 당연직 이사자리를 내놓아야 했다. 그러나 KIST 이사회는 정부 예산권을 쥐고 있는 경제기획원 차관이 이사직을 유지하는 것이 연구소의 운영에 도움이 될 것이라는 판단에서 문교부 차관을 빼고 과학기술처 차관을 이사회에 포함시키게 되었다.[93]

초기 KIST 이사회에서 벌어졌던 가장 큰 갈등은 연구소의 운영 책임을 둘러싼 논란이었다. 국내 대부분의 재단법인은 이사장이 전권을 쥐고 있었으나 KIST 이사장은 여타 재단법인의 이사장과는 성격이 크게 달랐다. 정관에 따르면, 이사장은 "이사회를 대표하며 이사회의 회의를 주재하여 정관이 정하는 바에 따라 본 연구소 운영에 관한 정책사항을 결정"하며, 소장은 "본 연구소를 대표하며 본 정관이 정하는 바에 따라 본 연구소의 업무를 집행"하는 역할을 맡는다고 규정되었는데, 이 설명만으로는 연구소의 운영 책임에 대해 오해의 소지가 다소 있었다. 사실 이 문제는 KIST가 설립되기 이전에 '과학기술연구소 설치준비자문위원회'에서부터 논란이 되었다. 연구소의 정책을 결정하는 이사회와 실제 운영을 담당하는 집행부의 관계를 당시 국내의 사학재단처럼 통합하여 이사장이 전권을 쥐고 집행까지를 책임지느냐, 아니면 이사회와 집행부를 분리하여 이사회에서 결정하고 실제 집행은 소장이 책임을 지는 형태를 택하느냐의 문제였다.[94] 자문위원회는 일단 이사장이 소장을 겸임하는 형식으로 의견을 모았으나 바텔 측 전문가들이 방한하여 논의를 한 결과 정책결정과 집행을 분리하는 것으로 최종 결정이 났다. 소장에게 모든 책임과 권한을 몰아주는 것보다는 이사장 책임하의 이사회가 정책결정 기능을 갖는 것이 독단적인 운영을 막을 수 있다는 판단에서였다.

그러나 KIST 초대 이사장 김병희는 자신이 이사회의 대표를 넘어 연구소의 책임자 역할을 맡는 것으로 생각했다. 그는 박정희의 대구사범학교 동기로서 매우 절친한 사이였으며,[95] 박정희의 뜻에 따라 이사장에 임명되었

---

93) 『KIST 제13회 이사회 회의록』(1967.4.7).

94) 「과학기술연구소 설치준비자문위원회」(1965.11.12), KIST 역사관 소장 자료.

95) 김병희는 1942년 9월 도쿄물리학교 이화학부 고등사범을 마친뒤 규슈(九州)제국대학

다. 하지만 김병희의 기대와는 달리 KIST 이사장은 이사회를 주재하는 소극적인 임무만을 부여받았으며, 비상근직으로서 별도의 급여나 사무실도 제공되지 않았다. 설립 직후의 이사회에서 일부 이사가 이사장의 처우에 대해 문제를 제기했으며, 김병희도 자신의 직무에 대해 명확히 규정해달라고 요구했다. 이에 따라 두 차례의 이사회에서 이사장 및 이사회의 역할과 연구소의 대표 문제에 대해 장시간 논의한 결과 이사장은 '이사회를 주재'하는 것이 주된 역할이라는 결론을 얻었다.[96] 하지만 김병희는 KIST가 건설을 추진해나가는 여러 과정에 관여하여 연구소 집행진과 계속적인 갈등을 빚게 되었다.[97] 그는 이사장의 공식임무가 아닌 대통령과의 개인적 관계의 활동임을 내세우며 KIST 업무에 대한 보고서를 주기적으로 작성해 청와대에 올렸고, 보고서에 언급된 부정적 서술로 인해 몇 차례 말썽이 일어나기도 했다. 한편으로 김병희의 행태를 비판하는 투서가 접수되는 등 이사장의 활동을 둘러싼 갈등이 계속되었다. 이런 상황에서 1년여가 지난 뒤 김병희는 공사비가 과대 청구되었다는 감사의 지적을 바탕으로 KIST 건설 과정에 부정이 있다는 취지의 보고서를 올리게 되었고, 이러한 논란이 대통령에게까지 알려지게 되자 박정희는 김병희에게 사표를 제출토록 했다.[98] 그 후 소장의 권한은 한층 확고해졌으며, 1967년 5월 최형섭의 제안으로 "이사장은 이사회를 대표"한다는 표현을 삭제하는 정관개정을 함으로써 연구소의 책임자에 대한 오해의 소지를 없앴다.

이사장과 소장의 갈등에도 불구하고 이사회는 연구소 운영에 필요한 제반 원칙과 규정을 부지런히 생산해냈다. 물론 이사회에서 처음부터 모든

이학부를 중퇴하고 중앙대학교 교수를 지냈으며, 5·16직후 박정희의 요청으로 국가재건최고회의의 자문교수로 일하기도 했다. 정영진, 『청년 박정희 3』(리브로, 1998), 255쪽 ; 한국과학기술단체총연합회, 『한국과학기술인명사전』(1983), 123쪽.

96) 『KIST 제4회 이사회 회의록』(1966.4.8) ; 『KIST 제5회 이사회 회의록』(1966.6.7).

97) 『한국과학기술연구소 비사 제28권: 이창석』(1975.2.28) ; 『한국과학기술연구소 비사 제7권: 김병희』(1975.3.17).

98) 1967년 3월에 김병희는 동국대학교 산업대학장으로 옮겨가고 부이사장 정낙은이 후임 이사장으로 선출되었다.

규정들을 만들어내는 것은 아니었고 집행부가 바텔 측 전문가들과의 협의를 거쳐 작성한 초안을 검토하여 확정하는 방식이었다. 설립 초기에는 정기이사회 및 임시이사회를 포함하여 1년 7~8회의 이사회가 개최되었고, 한 번의 회의에서 결론을 내리지 못해 2~3차 회의를 여는 경우도 많았다. 이에 따라 이사회의 운영 효율을 높이기 위해 여러 개의 소위원회를 구성하여 신속한 업무 처리를 도모했다. 연구소의 연간 운영계획 및 수지예산과 결산에 관한 사항의 전문적인 심의를 담당한 예산소위원회나 이사회의 승인을 요하는 직원의 채용에 관한 사항의 심사승인과 연구소 전반적인 인사정책 방침에 관한 사항의 사전심의를 맡은 인사소위원회, 그리고 운영기금의 운용에 관한 결정을 내리는 기금관리위원회 등이 대표적이었다.

이사회에서 진행된 논의 과정을 보면 이사회는 소장의 권한을 견제하려 하고 소장은 이에 대해 자신의 결정권을 확대시키려는 모습을 보였다. 앞에서 설명한 인사규정의 제정 과정은 그 같은 성격을 잘 보여준다. 연구원의 최종 인사권을 누가 갖느냐에 대해 소장과 이사회는 이견을 드러냈고 결국 KIST 핵심 연구원을 선발하는 과정은 소장의 권한을 인정하면서도 한편으로 이사회가 소장을 견제하는 형식상의 틀을 갖추게 된 것이었다. 이사회가 인사규정뿐 아니라 직제규정, 회계규정 등 연구소 운영과 직결되는 여러 규정을 논의를 통해 확정해가는 과정을 단순히 소장에 대한 이사회의 견제라는 관점에서만 볼 수는 없겠지만 이사들이 소장의 주도적인 역할을 인정하면서도 일방적인 운영을 제어하려는 모습을 보인 것 역시 사실이었다. 또한 일부 이사들은 집행부의 결정에 대해 강한 비판을 가하거나 이견을 제시하기도 했다. 이사회 회의록의 발언들로 볼 때, 1938년 일본 와세대대학 채광야금과를 졸업하여 최형섭의 선배였던 정인욱이 가장 적극적인 이사였다. 그는 공작실의 시설을 최대한 고급 수준으로 설치하겠다는 소장의 계획에 대해서도 강한 반론을 제기했으며, 연구소의 재정자립 문제를 가장 열성적으로 제기하는 등 연구소 운영진에게 비판적인 지적을 많이 가했다.[99] 이러한 사실은 이사회의 운영이 상정된 안건을 기계적으로 통과시키거나 정부 측의 의견이 일방적으로 관철되는 수동적인 방식으로 이루어지

지 않았음을 뜻하며, 이사회가 어느 정도의 자율성을 지니고 있었음을 말해준다.[100)]

그러나 기본적으로 KIST 이사회는 '정책형 이사회'였기 때문에 상정 안건에 대한 심의·의결이 주기능으로, 정책집행 자체와 분리되어 있었고 그 결과에 대한 책임 소재도 분명하지 않아 이사회의 역할에는 분명 한계가 있었다.[101)] 또한 핵심연구원의 선발을 이사회의 인사소위원회에서 최종 승인하기로 명문화했지만 현실적으로 이사회가 특정 분야의 전문 인력 선발에 영향력을 행사하기는 어려웠는데, 집행부가 올린 연구요원 임용 안건이 인사소위에서 반려되거나 기각된 적이 거의 없었다는 사실에서 이 같은 사정을 알 수 있다. 결국 연구소의 설립 이후 여러 제도가 갖추어지고 운영체계가 정착됨에 따라 이사회는 점차로 소장에게 권한을 위임하는 경향을 보였으며,[102)] 준공식을 갖고 본격적인 운영에 들어간 다음에는 이사회의 역할도 크게 드러나지 않았다.

---

99) 『KIST 제14회 이사회 회의록』(1967.5.12) ; 『KIST 제44회 이사회 회의록』(1972.7.28) ; 『KIST 제52회 이사회 회의록』(1975.3.21). 최형섭은 1975년의 인터뷰에서 정인욱 이사 때문에 "커피 한 잔까지 기록하는 짠 운영을 해야 했다"면서 연구소의 재정 문제에 대해 정인욱이 엄격한 지적과 비판을 가해 힘이 들었다고 밝혔다. 『한국과학기술연구소 비사 제3권: 최형섭(3)』(1975.5.28).

100) 과학기술처도 1980년까지의 KIST 이사회가 1980년대 이후 정부출연연구기관의 이사회에 비해 자율성의 폭이 크고 기능도 활성화되었다고 평가했다. 과학기술처 연구개발조정실, 「정부출연연구기관의 이사회 중심 경영체제 강화방안(초안)」(1990), KIST 문서보관실 이사회 관련 자료.

101) 이사회의 유형을 구분하는 방법 중 이사진이 집행 직위를 가지느냐에 따라 '기능형 이사회'와 '정책형 이사회'로 구분하는 방식이 있는데, 전자는 이사회 구성원이 의사결정과 동시에 집행부서의 장으로서 해당 업무를 수행하며, 후자는 이사회는 의사결정만 담당하고 집행에는 관여하지 않고 대부분 비상임이라는 특징을 지닌다. 이상철, 「정부투자기관 이사회의 구조적 특징과 목표지향적 구조로의 발전방안」, 『한국행정학보』 35-2(2001), 139~154쪽. 비영리 기관 이사회에 대한 일반적인 논의는, 정구현, 「비영리조직의 지배구조: 이사회를 중심으로」, 『한국비영리연구』 2-1(2003), 27~54쪽 참고.

102) 예를 들어, 이사회의 결의사항이었던 연구실의 설치, 조직 및 업무의 결정을 1968년 4월부터 소장에게 위임하였으며, 다음해에는 행정관리부서의 하위 조직의 설치 등도 소장이 결정하는 것으로 직제 개정이 이루어졌다. 『KIST 제20회 이사회 회의록』(1968.4.19) ; 『KIST 제23회 이사회 회의록』(1969.1.10).

2) 상임감사와 공인회계사의 감사

KIST의 상임감사(常任監事)는 주무부처가 소장을 견제하기 위한 수단으로 설치한 직책이었다. KIST는 재단법인이었고 민법상 재단법인에는 감사를 둘 수 있었으나 필수기관은 아니었다. 1965년 말 바텔전문가단이 제출한 보고서에서 제안된 연구소 예상 조직도에는 감사가 들어있지 않았으며, 바텔연구소에도 상임감사라는 자리는 존재하지 않았다. 그러나 KIST 설립 준비를 주도한 경제기획원 기술관리국장 전상근은 자율적인 운영을 보장하면서도 소장의 지나친 독주를 막는 제어장치로 상임감사제도를 마련했다고 밝혔다.[103] 실제로 상임감사는 초기 연구소의 업무 집행에 대한 감독을 통해 소장과 다소의 갈등을 빚었으며, 소장은 상임감사를 비상임으로 전환시키려 시도했다.

KIST 정관에 의하면 감사는 이사회에서 선임하여 주무장관의 임명 동의를 받으며, 주된 역할은 연구소의 재산상황과 업무집행상황을 감독하여 그에 관한 부정이나 미비점을 발견하였을 때 이사회와 주무장관에게 보고하는 것이었다. 즉 감사는 연구소의 모든 업무에 대해 감독·감시함으로써 소장을 견제하는 역할을 맡았기 때문에 소장을 비롯한 연구소 운영진과 다소 불편한 관계가 될 수 있었다. 초대소장 최형섭에 이어 두 번째 KIST 직원이 된 상임감사에는 교통부 차관을 지낸 이창석이 임명되었다.[104] 그의 회고에 의하면 감사로 임명된 뒤 제1호 공문으로 소장이나 행정부장 등이 결재한 모든 서류는 시행 전에 감사의 열람을 맡아야 한다는 방침을 소장에게 제시했다고 한다.[105] 이는 업무집행 감독이라는 감사의 가장 기본적인 업

---

103) 전상근, 『한국의 과학기술정책』, 75쪽.

104) 이창석은 전문관료 출신으로서 1970년 9월 KIST 행정담당 부소장이 되었다가 다음해 6월 최형섭이 과학기술처 장관으로 임명될 때 함께 과학기술처 차관으로 임명되었다. 과학기술처 차관은 KIST 이사회의 당연직 이사가 되기 때문에 이창석은 KIST 설립에서부터 1979년 과학기술처 차관에서 물러날 때까지 만 13년 이상 KIST 이사회에 참여했다.

105) 『한국과학기술연구소 비사 제28권: 이창석』(1975.2.28).

무였다고 볼 수 있지만 연구소의 운영진에게는 자율적이고 효율적인 운영에 지장을 주는 일이었다. 또한 이창석은 1967년 초 연구소 건설 공사 과정에 문제가 있음을 지적하여 연구소 운영진과 갈등을 빚었다. 건물을 세우기 위한 정지작업을 수의 계약으로 체결했고, 공사량을 과대 계산하여 공사비가 낭비되었다는 주장이었다. 이에 대해서 이사회에서 별도의 특별소위원회를 구성해 조사한 결과 절차상의 문제가 있었으나 빠른 공사진척을 위해 일견 불가피한 점이 있었다는 정도에서 마무리되었다.106) 또한 감사는 연구소의 건설 공사와 전반적인 운영과 관련된 문제점을 담은 보고서를 이사회에 제출하여 논란을 불러일으키기도 했다.107)

이와 같은 적극적인 상임감사의 활동에 대해 최형섭은 감사(監事)의 비상임화라는 주장으로 맞섰다. 이창석은 상임감사로 임명되었는데 KIST의 정관이나 특별법에는 상임감사를 둔다는 명시적인 규정이 없었기 때문에 이에 대해 이사회에서 몇 번의 논의가 이루어졌다. 1968년 초 최형섭은 정관규정 자체로는 상임감사가 아니라 1년에 한 번만 감사(監査)를 한다는 취지로 해석될 수 있음을 지적하며 이 부분을 명료하게 결정하자고 이사회에 요청했으나 이에 대해 이사들 간의 주장이 엇갈려 결론을 내리지 못했다. 1970년 행정담당 부소장 신응균이 국방과학연구소 소장으로 옮겨가면서 상임감사 이창석이 행정담당 부소장이 되었고, 후임 감사를 정하는 과정에서 최형섭은 신임감사는 비상임으로 할 것을 다시 제안했다. 결산감사는 정부지정 공인회계사가 하고 있고, 연구소 건설 공사가 대체로 마무리되어 비교적 안정화되었기 때문에 비상임감사로 충분하다는 제안이었다. 이에 대해 정부 측 이사인 과학기술처 차관 이재철은 주무부처인 과학기술처로서는 상당한 정부 출연금이 투입되고 운영 면에서 방대한 조직인 KIST에는 상임감사가 필요하다는 입장임을 밝혔다. 결국 논의 끝에 비상임감사로 결

---

106) 『KIST 제11회 이사회 회의록』(1967.2.3) 첨부 특별조사소위원회 보고서.

107) 이창석, 「한국과학기술연구소의 현황과 문제점」(1969). KIST 운영진은 이러한 감사의 보고서에 대한 반론을 담은 자료를 이사회에 제출했다. 최연상, 「감사보고서(현황과 문제점)에 대한 소관사항 의견 제출」(KIST 총무과, 1969). 두 자료 모두 KIST 문서보관실이 소장한 이사회 관련 자료에 들어있다.

론이 났고 KIST 초대 행정관리실장을 지냈던 이민하가 비상임감사로 임명되었다.[108] 상임감사의 역할과 지위에 대한 이견은 법적으로는 민간 연구소이지만 정부의 영향력에서 완전히 자유롭지 못했던 KIST의 이중적 성격에서 기인했다. 주무부처인 경제기획원과 과학기술처는 상임감사를 KIST에 대한 일종의 견제수단으로 여겨 놓으려하지 않았고, 이에 대해 최형섭은 비상임화를 통해 견제의 효과를 최소화하려 했던 것으로 이해할 수 있을 것이다.

상임감사와는 별도로, 1967년 초 개정된 KIST 육성법에 따르면 KIST는 정부가 지정하는 공인회계사의 감사를 받은 세입세출결산서를 주무장관에게 제출해야 했는데, 여기서도 과학기술처와 KIST 사이에 일종의 힘겨루기가 벌어졌다. 정부가 지정하는 공인회계사는 재무제표를 중심으로 연구소의 재정실태와 관련된 진단을 담당하며 연구소의 전반적인 운영에 대한 진단은 상임감사의 몫이었다. 그러나 과학기술처가 설립되고 첫 번째인 1967년도 공인회계사의 감사보고를 둘러싸고 KIST와 과학기술처 사이에 의견대립이 생겼다. 과학기술처가 지정한 공인회계사는 과학기술처로부터 KIST의 경영분석에 관한 사항까지 감사할 것을 위촉받았다고 주장하며 KIST에 대해 광범위한 기업진단에 관한 계약체결을 요구했다. 이에 대해 KIST는 재무제표가 정당한 회계원칙에 의해 작성되었는가를 확인하는 것이 본래의 역할임에도 불구하고 경영분석까지 시도하는 것은 부당하다고 하면서 반대의사를 분명히 했다.[109] 다음해인 1968년도 공인회계사 감사보고 때도 유사한 문제가 발생했다. 과학기술처가 지정한 공인회계사들은 회계상의 문제 지적을 넘어 건설공사와 관련된 정책 자체에도 문제를 제기했는데, 이에 대해 KIST 운영진은 공인회계사 감사보고가 당초의 범위를 넘어 연구소에서

---

108) 그러나 1972년 1월 이민하 후임으로 신응균이 감사로 복귀하면서 별다른 논의 없이 상임감사로 임명되었는데, 이때 과학기술처 장관이 비상임감사를 주장했던 최형섭이었다. 이는 최형섭의 비상임감사 주장이 연구소 운영 효율이라는 관점에서만 제기된 것이 아님을 보여주었다. 『KIST 제42회 이사회 회의록』(1972.1.28).

109) KIST, 「67년도 정부지정 공인회계사의 세입세출 결산서 감사의 건」(1968), KIST 문서보관실의 이사회 관련 자료.

결정한 정책 자체에 비판을 가하는 것은 옳지 않다는 주장을 제기했다.[110] 이러한 논란을 거치면서 공인회계사의 감사는 연구소의 재무구조 및 경영성과와 자금운용상태 등 재정 문제로 감사 영역이 제한되었다. 공인회계사가 제출하는 보고서의 한글제목은 "감사보고서"로 동일했으나 영어 표기는 "CPA's Audit Report"에서 1969년 이후로 "Financial Reports" 또는 "Financial Statements" 등으로 표기하여 회계감사의 성격을 분명히 했다.

이처럼 KIST에 대한 공인회계사의 감사를 둘러싸고 갈등이 빚어진 이면에는 과학기술처 장관과 KIST 소장 간의 경쟁이 자리 잡고 있었다.[111] KIST에 대해 통제권을 행사하려던 과학기술처 장관의 의도는 KIST의 반발을 불러왔으며, 장관과 소장의 긴장 관계 속에서 KIST는 과학기술처에 대해 위축되지 않고 대등한 목소리를 낼 수 있었다. 또한 KIST의 이 같은 태도의 바탕에 대통령 박정희의 최형섭과 KIST에 대한 강력한 후원이 깔려있었음은 물론이었다. 이러한 과정을 거치면서 과학기술처는 KIST에 대해 특별한 간섭대신 일정한 거리를 두는 정책을 취하게 되었고, KIST는 적어도 최형섭이 소장으로 재직하는 동안 주무부처로부터 상당한 정도의 자율성을 견지할 수 있었다.[112]

3) 연구 · 기술지원 · 행정 분야 3명의 부소장

연구소 운영의 자율성을 판단하는 기준 중 하나로 인사 문제를 들 수 있다.

---

110) 『KIST 제25회 이사회 회의록』(1969.3.31).

111) 『한국과학기술연구소 비사 제29권: 이민하 · 안병주』(1975.3.5) ; 『한국과학기술연구소 비사 제10권: 양재현』(1975.5.7).

112) 윤방순은 과학기술처와 KIST의 파워게임 결과 과학기술처의 KIST에 대한 역할은 지시와 통제가 아닌 지원과 조언으로 규정되었다고 평가했다. Bang-Soon L. Yoon, "State Power and Public R & D in Korea", p.146. KIST 초대행정부장을 지내고 이후 감사와 이사를 역임한 이민하는 김기형은 KIST에 대해 '부정적인 불간섭'을 했으며, 최형섭이 장관이 된 후는 '긍정적인 간섭'이었다고 평가했다. 『한국과학기술연구원 인터뷰자료: 이민하』(2003.3.3). '부정적', '긍정적'이라는 가치 판단의 적절성과는 별개로 김기형 장관과 달리 최형섭 장관의 KIST에 대한 간섭이 적지 않았음은 사실이다.

국공립 연구기관의 경우 연구원의 처우는 둘째로 치더라도 임용 자체에 많은 제약이 따랐다. 이에 비하면 KIST는 민간기관으로서 지정된 정원(T/O)이 없었기 때문에 필요에 따른 신속한 선발이 가능했다. 또한 연구원의 선발 과정도 외부의 영향력을 배제하고 연구소 내부의 판단에 의해서 이루어졌는데, 이러한 인사 경향은 최형섭이 자신의 뜻에 맞는 인사들로 부소장단을 구성한 데에서부터 찾아볼 수 있다.

소장과 감사의 뒤를 이어 1966년 8월 연구소의 세 번째 고위관리직으로 행정담당 부소장이 신설되었고, 최형섭의 추천에 의해 국방차관을 지낸 신응균이 행정담당 부소장으로 임명되었다.[113] 처음 바텔 측은 KIST가 부소장을 필요로 할 정도로 조직이 크지 않으므로 당분간은 부소장을 두지 않는다는 입장이었다. 그러나 최형섭은 건설 계획을 세우고 집행하는 데 행정능력이 있는 우수한 사람이 필요하다고 주장했고, 이사회가 그 주장을 받아들여 행정담당 부소장직이 예정보다 일찍 설치되었다.[114] 이에 따라 행정담당 부소장과 상임감사가 모두 차관을 지낸 고위급 인사로 임명되었고, 이는 KIST의 위상을 높이는 동시에 외부로부터 가해지는 외압에 효과적으로 대처하면서 대외적인 협상력을 높이는 효과를 가져왔다고 볼 수 있다.[115]

최형섭은 행정담당 부소장에 이어 연구담당부소장에도 자신과 뜻이 맞는 인사를 선발했다. 1967년 5월 직제개정을 통해 연구담당부소장직이 신설됐으나 연구실이 본격적으로 설치되기 전이었기 때문에 당분간은 소장이 겸임하기로 했다. 최형섭은 해외의 과학기술자 유치과정에서 더 적합한 인사가 임용될 수 있는 가능성을 염두에 두고 연구분야 부소장의 임명을 서두르지 않았다고 밝혔으나,[116] 실제로는 첫 번째와 두 번째 연구원으로 선발한

---

113) 신응균은 예비역 육군 중장으로 국방차관, 독일대사, 외교연구원장을 역임했으며, 최형섭과는 중학교 시절부터 절친한 사이였다. 신응균, 「나의 學友」, 환력기념집발간회 편, 『과학기술과 더불어』, 45~51쪽.

114) 『KIST 제7회 이사회 회의록』(1966.8.16).

115) 『한국과학기술연구소 비사 제29권: 이민하 · 안병주』(1975.3.5) ; 『한국과학기술연구소 비사 제28권: 이창석』(1975.2.28). 신응균은 행정담당 부소장으로 임명될 때 주위에서 연구소의 부소장은 격이 맞지 않는다며 만류하는 의견이 적지 않았다고 밝혔다.

심문택과 한상준을 부소장감으로 점찍어 놓고 있었다.

심문택과 한상준을 연구원으로 선발하게 된 것은 전적으로 최형섭의 독자적인 판단이었다. 고체화학을 전공한 심문택은 원자력연구소 화학실장을 거쳐 서강대학교 화학과 교수로 재직 중이었다. 그는 최형섭과 감사로 임명된 이창석에 이어 1966년 3월 KIST의 3번째 구성원이자 첫 번째 연구자로 선발되었고, 그 뒤를 이어 같은 해 5월 이화여대 화학과 교수를 지내다 유타대학에서 박사 후 연구원으로 있던 한상준이 두 번째 연구자로 임용되었다. 최형섭, 심문택, 한상준은 파이클럽(π-Club)으로 불린 미국 유학 출신의 소장과학기술자 모임을 같이 했으며,[117] 최형섭은 그 모임의 가장 연장자였고 심문택과 한상준은 간사였다.[118] 또한 앞에서 언급한 것처럼 심문택과 한상준은 1963년 미국학술원의 초청을 받아 미국의 대학, 연구소 및 정부기관을 시찰한 뒤 연구활동이 산업발전에 직결될 수 있는 산업연구소를 발족·육성시켜야 한다는 보고서를 제출한 바 있다. 심문택에 이어 물리화학을 전공한 한상준을 연구원으로 선발하자 바텔연구소 측은 두 사람이 모두 화학 분야의 전공자이고 40대 중반으로 나이가 많다는 이유로 부정적인 의견을 제시했지만 최형섭은 자신과 함께 연구소를 이끌어갈 핵심 인물로 두 사람의 선발 방침을 고수했다.[119] 대신 최형섭은 두 사람의 전공이 기초과학임을 감안하여 산업체의 수요가 있는 분야의 기술을 확보할 것을 요구하여 바텔연구소에서 연수를 통해 각각 페라이트제조와 관련된 기술과 윤활유 관련 기술을 익히게 하였다.[120] 최형섭이 심문택과 한상준을 연구소의 부소장감으로 생각하여 임용을 결정했으면서도 두 사람 모두에게 산업기

116) 『한국과학기술연구소 비사 제4권: 최형섭(4)』(1975.5.28).

117) 파이클럽에 대해서는, 김근배, 「해방이후의 과학기술계」, 박성래 외, 『우리과학 100년』(현암사, 2001), 154~155쪽 참고.

118) 박익수, 「윤세원과의 대담」, 『한국원자력창업비사』(과학문화사, 1999), 58쪽 ; 『한국과학기술연구원 인터뷰 자료: 한상준』(2002.10.5).

119) 『한국과학기술연구소 비사 제22권: 정원·최규원』(1975.6.26). 1968년 7월 심문택과 한상준이 부소장으로 임명될 때에도 두 명이 비슷한 배경을 가지고 있다는 이유로 외부에서 비판이 제기되기도 했다. 「기술혁신에 기대 걸고」, 『중앙일보』, 1968.8.1.

120) 『한국과학기술연구소 비사 제2권: 최형섭(2)』(1975.2.19).

술 연구 능력을 갖추도록 한 것은 KIST의 연구 성격이 산업체의 요구에 따른 기술 개발이라는 점을 분명히 했음을 뜻하지만 다른 한편으로는 그들이 산업기술연구라는 KIST의 성격에 그리 맞지 않았음을 말해준다.

심문택과 한상준은 코디네이터(coordinator)라는 이름으로 연구업무의 조정역할을 담당하다가 1968년 7월 각각 제1연구담당 부소장과 제2연구담당 부소장으로 임명되었다. 제1연구담당 부소장 심문택은 13개의 연구실과 경제분석실, 연구개발실을 관장했으며, 제2연구담당부소장 한상준은 기술정보실, 전자계산실, 분석실, 재료시험실, 공작실, 도서실, 연구지원과를 관장하게 되었다.[121] 이처럼 기술지원부서를 연구실과 구분하여 다른 부소장 아래에 배치하는 것에 몇몇 이사들이 이견을 제시했으나 KIST의 기술지원부서들이 단순히 KIST 연구부문을 지원하는 역할에 머물지 않고 한국 전역에서 제기되는 시험 · 분석 요구에 응해야 하므로 별도의 부소장을 설치하는 것이 타당하다는 최형섭의 의견이 받아들여졌다.[122]

부소장단을 구성하는 과정을 보면 최형섭이 외부의 간섭을 전혀 받지 않고 자신의 뜻대로 관철시켜나갔으며, 이는 연구소 내부의 인사 문제에 대해서는 정부가 자율성을 충분히 보장해 준 결과라고 볼 수 있다. 소장단뿐 아니라 연구원의 선발 과정에서도 최형섭은 바텔연구소 측 전문가와 협의를 거쳤지만 필요에 따라 자신의 판단을 끝까지 고수하는 모습을 보였다. 이러한 사실로 볼 때 KIST 소장이 인사 문제에서 상당한 수준의 자율성을 누리고 있었다고 판단할 수 있다. 그러나 이 같은 최형섭의 인사관리 스타일이 특정 자리에 가장 적합한 인물을 찾기보다 자신의 뜻에 맞는 사람 위주로 선발했다는 비판을 가할 수 있을 것이며, 최형섭이 과학기술처 장관을 지내는 동안 그가 선발한 KIST의 핵심연구원들이 신설 연구기관의 소장단으로 다수 진출한 것도 그 같은 인사관리 스타일과 무관하지 않았다.[123]

---

121) 『KIST 제20회 이사회 회의록』(1968.4.19) ; 『한국과학기술연구소 비사 제4권: 최형섭』(1975.5.28).

122) 『KIST 제20회 이사회 회의록』(1968.4.19). 처음 부소장직이 설치되었을 때의 명칭은 연구담당부소장과 기술담당부소장이었는데, 기술담당부소장이라는 명칭이 오해의 소지가 있다는 판단에서 제2연구담당부소장으로 바꾸었다.

4) 연구업무심의회

연구소의 가장 중요한 기능인 연구활동과 관련된 의사결정 시스템 또한 연구소의 자율성을 측정하는 기본적인 준거의 하나라고 할 수 있다. KIST는 산업계를 중심으로 연구위탁을 받아 수행하는 계약연구기관이기 때문에 연구과제 선정에서의 자율성은 근본적인 한계를 지니고 있었다. 즉 연구자가 자신의 희망대로 연구주제를 자유스럽게 선택할 수 있는 여지가 그리 크지 않았으며, 이는 KIST의 운영원리하에서는 불가피한 현상이었다. 연구자가 원하는 연구가 아닌, 산업계가 원하는 연구를 담당한다는 것이 최형섭이 연구원 선발 과정에서 가장 강조해서 설명하고 동의를 구했던 부분이었다. 그러나 KIST 연구실에서 수행되는 모든 과제가 연구자의 의지와 무관하게 결정된 것은 아니었으며, 일괄계약연구 같은 경우 연구자의 의사가 크게 반영되어 구체적인 연구주제가 결정되었다. 이러한 연구과제의 선정을 비롯하여 연구와 관련된 의사결정은 연구업무심의회라는 제도를 통해 이루어졌다.

연구소 건설작업이 본격화되고 연구원의 임용이 시작된 1967년 3월 연구업무에 관한 제반사항을 심의하기 위한 기구로 연구업무심의회가 설치되었다. 연구업무심의회는 소장이 의장이 되고 9명의 선임과학기술자로 구성되었다. 1967년 설립 당시 연구업무심의회는 소장 최형섭을 위원장으로 하여 심문택, 한상준, 신응균 등 4명으로 출발했으며, 뒤를 이어 연구개발실장 최종완과 책임연구원 5명이 합류하여 9명의 정원을 채웠다. 소장과 부소장은 당연직 심의위원이었고 다른 심의위원은 각 연구분야별로 안배했다.[124] 연구업무심의회는 소장의 자문기구로서 연구와 관련된 업무를 심의

---

123) 물리화학 전공자로 KIST의 세 번째 소장을 지낸 한상준이 1977년 자신의 전공과는 전혀 관계가 없는 전자기술연구소의 소장으로 임명되었던 것 역시 최형섭의 인사관리 스타일을 잘 보여준다.

124) KIST, 『업무총람 〈1966~1971〉』(1972), 92~93쪽. 이후 연구개발실장도 당연직으로 변경되었다. 『업무총람』은 KIST 역사관에 소장되어 있다.

하는 기능을 지녔지만 사실상 연구소운영에 관한 중요사항의 의결기관과 같은 역할을 담당했다. KIST 정관에 의하면 연구업무심의회의는 연구과제 및 기술용역의 수탁, 연구자 선정, 연구비 등 연구업무에 관한 제반 사항 등을 심의하는 것으로 규정되었는데, 그 외에 연구원의 연구능력평가와 각 연구실의 연구성과 및 수지균형에 관한 업적평가와 함께 연구원의 유치여부 등 중요 인사 문제도 사전에 심의했다.[125] 연구실과 연구원이 늘어나고 연구과제가 증대되는 한편, 연구계약고가 높은 대형과제가 등장함에 따라 연구업무심의회의 역할은 점차 커져갔다. 특히 정부가 제공하는 일괄계약 연구비를 구체적인 연구과제별로 배정하는 것은 연구업무심의회의 가장 중요한 역할이었다.

KIST에서 이루어지는 모든 연구과제는 연구업무심의회의 심의를 통과해야 했다. 연구책임자는 각 연구과제마다 연구의 목적에서 연구방법, 연구진행계획, 연구원 편성표, 예산명세서 등 상세한 정보가 포함된 연구계획서를 제출하며, 이를 바탕으로 연구업무심의회에서 이 연구과제의 수행여부를 심의해서 최종결정을 내리는 것이었다.[126] 또한 연구가 진행되는 도중에 구체적인 연구목적이나 방향이 변화되거나 일정이 지연될 경우에도 연구업무심의회의 심의를 받아야했다. 드물기는 하지만 산업계나 정부부처가 위탁한 연구과제일지라도 무리한 목표를 설정했거나 적절하지 못한 계획을 담고 있을 경우 연구업무심의회에서 재고를 요청할 수 있었다. 연구와 관련된 기본적인 판단은 연구실장의 몫이었지만 최종적으로 연구업무심의회의 논의를 거치는 체제를 갖춘 것은 연구실장의 권한을 인정하는 한편으로 연구소 차원에서의 안전장치를 갖춘다는 의미를 지녔다.[127]

이처럼 연구업무심의회는 연구소에서 가장 중요한 업무인 연구와 관련

---

125) 『한국과학기술연구소 비사 제10권: 양재현』(1975.5.7).

126) 『1967년도 제7회 연구업무심의회 회의록』(1967.11.27), KIST 문서보관실 소장 자료.

127) 그러나 연구업무심의위원회의 반대에도 불구하고 연구책임자가 강력하게 요청하여 모든 책임을 지겠다는 약속하에 추진된 ‘전화요금 계산업무 EDPS 개발 및 운영’ 과제 사례를 볼 때 연구업무심의회의 판단이 절대적인 것은 아니었던 것 같다. 이 사례에 대해서는 3부 5장에서 자세히 논의할 것이다.

된 의사결정이 이루어지는 KIST 내의 최고 심의기구였고, 이러한 제도를 통해 소장 등 최고 관리자가 교체되더라도 연구소의 연구방향이나 성격 등은 큰 영향을 받지 않고 유지될 수 있었다.[128] KIST 설립 이전에 국내 연구기관 중 연구업무심의회와 같은 심의기구에서 연구와 관련된 제반 사항을 논의하는 조직을 갖추고 있는 곳은 거의 없었다. 1965년 호닉 방한 시 경제기획원이 작성해서 제시한 우리나라 연구기관의 현황 자료에 의하면 연구소의 조직도에 연구와 관련된 심의기구를 갖추고 있는 곳은 최형섭이 설립을 주도한 금속연료종합연구소가 유일했다.[129] 금속연료종합연구소는 '연구업무심의위원회'라는 기구를 설치하여 연구과제의 타당성 검토, 연구원의 선정, 연구결과에 대한 평가 등 중요한 연구업무를 결정했으며, 의장은 최형섭이 맡았다.[130] 1965년 말 바텔연구소 전문가단이 제시한 연구소 예상 조직도에도 'research activities committee'가 포함되어 있었기 때문에 연구업무심의회의 기원을 금속연료종합연구소에서만 찾을 수는 없겠지만 금속연료종합연구소의 경험이 반영되었을 가능성은 크다고 판단된다.[131] 연구업무심의회는 KIST를 거쳐 1970년대 설립된 정부출연연구소로 확산되었다. 한국통신기술연구소, 한국기계금속시험연구소, 한국화학연구소, 선박해양연구소, 한국열관리시험연구소 등 여러 연구소들이 연구업무심의회와 유사한

---

128) 한상준은 KIST 소장 시절 "소장이지만 모든 중요한 사항은 커미티에서 결정을 하고 나는 커미티에서 동의나 하고 있으니 소장으로서 골치 아픈 것은 도맡아 하면서도 재미가 없다"고 말하곤 했다고 한다. 『한국과학기술연구소 비사 제15권: 안영옥』(1975.5.29). 한상준의 발언은 KIST의 운영이 소장 개인에 의해서 주도되지 않고 여러 위원회를 통해 제도화된 방식으로 이루어졌음을 보여주는데, 연구업무심의위원회 외에 인사위원회, 자문위원회 등 10여 개의 위원회가 운영되고 있었다. KIST, 『업무총람 〈1966~1971〉』, 89~101쪽.

129) Economic Planning Board, "Scientific and Technical Research Organizations and Their Activities in Korea"(1965), KIST 역사관 소장 자료.

130) 오준석, 「최초의 산학협동연구」, 환력기념집발간회 편, 『과학기술과 더불어』, 144~151쪽.

131) 금속연료종합연구소 설립작업에 참여했던 최규원은 자신과 최형섭이 연구업무심의위원회나 연구장비에 사용료를 부과하는 전표제 등을 도입했고, 이 제도들이 KIST에 그대로 이어졌다고 주장했다. 『한국과학기술연구소 비사 제22권: 정원 · 최규원』(1975.6.26).

명칭을 갖고 있는 심의기구를 설치 · 운영했다.

5) 연구실단위체제

KIST의 조직에서 가장 특징적인 것이 바로 연구실단위체제로서, 바텔기념연구소에서 채택하고 있는 방식을 받아들인 것이었다. KIST라는 전체 연구소에서 실제적인 연구활동이 이루어지는 단위가 개별 연구실이었던 것이다. 연구실을 책임지는 연구실장은 연구활동뿐 아니라 연구실의 회계 및 인사 등 제반 운영에 대해서도 막대한 권한과 책임을 지고 있었다. 즉 연구실장 각자가 자신의 연구실을 책임지고 경영하는 연구실단위의 독립채산제로 운영되었는데, 이러한 연구실단위체제는 계약연구체제라는 KIST 운영방식의 효율을 높이고 연구실장에게 자율성을 부여한다는 목적을 지니고 있었다.

1967년까지 임용된 연구원을 중심으로 1968년 1월 14개의 연구실이 KIST에 처음으로 설치되었다. 고체화학연구실(심문택), 윤활제연구실(한상준), 고분자화학연구실(한상준 겸직), 금속제련연구실(양재현), 전자장치연구실(정만영), 수산물이용연구실(최상), 금속재료제1연구실(윤용구), 금속재료제2연구실(천병두), 금속부식연구실(조종수), 고체물리연구실(정원), 금속가공연구실(김재관), 식량자원연구실(권태완), 경제분석실(김종빈), 농약합성연구실(오동영) 등 14개(실장 13명)의 연구실이 KIST 연구실의 출발이었다.[132] 이후 연구실장급 연구자가 새롭게 임용되거나 기존 선임급 연구자가 책임급으로 승진할 경우 새로운 연구실이 설치되었다.

연구실 단위체제의 장점은 연구실장에게 연구실 운영에 대해 전권을 부여함으로써 자율적으로 연구 활동 및 연구관리를 할 수 있게 했다는 점이다. 연구실장은 해당 연구실의 연구원 선발, 기자재 구입, 외부의 전문가 위촉, 수행할 연구과제의 선정 등 연구실 운영의 전반적인 사항을 책임졌다.

---

132) 「각 연구실 발족」, 『과기연 소식』 1-2(1968), 5쪽.

연구실은 정원의 개념이 없기 때문에 실장의 판단에 의해 필요한 인력 규모가 결정되었으며, 연구원을 선발하고 그들의 업무수행에 대한 일차적인 평가를 내리는 것도 연구실장의 몫이었다. 연구실장은 연구실 운영에 필요한 재원을 마련하고 이를 효율적으로 활용하여 연구실의 정상적인 운영과 성장을 도모해야 했다. 이를 위해 KIST는 국내 연구기관으로는 처음으로 책임회계제도를 채택했으며, 이 제도에 대한 세부적인 사항들은 바텔연구소의 그것을 참고하여 만들어졌다.133)

책임회계제도는 기관의 모든 회계거래에 책임단위를 두고 해당 단위의 책임자에게 모든 거래에 대한 재량권을 주고 동시에 투입된 재원에 대한 평가의 책임도 지우는 제도이다.134) KIST는 각 연구실의 책임자인 연구실장이 인적·물적 자원의 사용 권한을 부여받고 결과에 대한 책임도 지게 되었다. 각 연구실은 자체적으로 설정한 목표를 달성하기 위해 계약연구를 수행하면서 독립채산제원칙에 따라 연구실에서 발생하는 모든 비용을 연구책임자의 책임하에 충당해야 했다. 책임회계제도를 위해서는 엄격한 연구원가제도가 실시되어야 하며, 연구실의 목표와 성과가 모두 계수상으로 나타나야 한다. 이를 위해 연구책임자는 각 연구과제별로 인건비, 재료비, 장비사용료 등을 나누어 집계해야 하며, 모든 연구자는 '타임카드'를 작성하여 자신이 투여한 시간수를 자신이 수행하는 과제의 계정번호와 함께 기재해야 했다. 연구기계 역시 연구자와 마찬가지로 부서별로 계정이 되어 있어 감가상각비, 유지비 등이 부과되었다. 따라서 연구책임자는 연구원의 채용이나 새로운 기계의 구입에 신중을 기하지 않을 수 없었다. 필요 이상의 인원이나 연구장비를 보유하거나 연구자가 연구에 참여하지 않는 시간이 많고 기계의 활용도가 낮을수록 연구원가가 올라가 계약금액이 비싸져서 연구수탁이 어려워지기 때문이다. 결국 연구실장은 단순히 연구책임자 역할을 넘어 경영자로서의 임무까지도 부여받았다고 볼 수 있다.

---

133) 「회계제도」, 『과기연 소식』 9호(1969), 11~12쪽 ; 『KIST 제23회 이사회 회의록』(1969.1.10).

134) 김계수 외, 『정부출연연구기관의 관리회계시스템－출연금 공급구조와 R&D 예산회계시스템 중심으로』(과학기술정책연구소, 1991), 123쪽.

KIST가 연구실장에게 막대한 권한을 부여했던 중요한 이유는 계약연구체제를 효율적으로 작동시키기 위해서였다. 연구실 단위에서 프로젝트의 수탁과 연구활동을 책임지게 하고, 더 나아가 연구실의 수지균형까지 맞추도록 함으로써 연구실장들이 적극적으로 '연구과제개발'(project development)에 나서게 했던 것이다. 산업계든 정부든 활발한 수탁이 이루어진 연구실은 여유 있는 운영비를 확보할 수 있고, 그에 따라 인력과 기자재를 확충함으로써 더 많은 수탁이 가능하게 되지만 역으로 프로젝트 수탁이 부진할 경우 적자 운영에 따라 인력의 충원과 장비 구매에 어려움을 겪고 결과적으로 새로운 프로젝트 수탁까지 지장을 받을 수 있었다. 실제로 외부 수탁이 활발했던 연구실은 지속적으로 연구실의 규모가 성장해나갔지만 수탁이 부진한 연구실은 연구실장이 KIST를 떠남으로써 연구실이 폐쇄되었다.

최형섭은 해외 과학기술자들을 유치할 때 그들에게 최대한의 자율성과 권한을 부여하겠다는 점을 강조했는데, 귀국을 망설이는 과학자들에게 안정적인 환경하에서 독립성을 유지하면서 연구활동을 할 수 있게 하겠다는 근거가 된 것이 바로 연구실단위체제였다. 최형섭은 연구소 운영진이 연구실장에게 가하는 간섭은 최소화할 것이며, 연구실장은 소장 한사람만을 상대하면 되며 모든 문제는 연구실장의 책임하에 추진할 수 있음을 강조했다.[135] 실제로 초기에 유치된 인력은 거의 대부분 연구실장으로 임명되었으며, 책임연구원의 자격기준에 미치지 못하는 경우도 연구실장대리라는 직함으로 연구실장의 권한과 책임을 부여했다. KIST가 해외인력의 유치에 성공한 요인 중 하나로 이 같은 연구실 중심의 운영체계를 지적할 수 있다. 분권화된 구조 속에서 자신의 책임하에 연구활동을 추진할 수 있게 한 연구소 체계는, 한국의 위계적이고 경직된 조직 문화를 우려하던 해외의 연구자들이 귀국을 결심하게 하는 데 긍정적인 효과가 있는 심리적 유인책의 하나였다고 볼 수 있다.[136] 그러나 한편으로 연구실장에 막대한 권한이 쏠

135) 안영옥, 「한국과학기술연구소의 회고」, 한국미래학회 편, 『미래를 되돌아본다』(나남, 1988), 121쪽 ; 『한국과학기술연구원 인터뷰 자료: 한상준』(2002.10.5).

136) Harret Ann Hentges, "The Repatriation and Utilization of High-Level Manpower", p.104.

림에 따라 위계적 구조를 갖추고 있는 연구실 내의 연구원들에게는 연구실 단위체제가 그리 매력적인 제도가 될 수만은 없었다.[137]

연구실단위체제가 연구실장에 자율성을 부여하고 적극적인 계약연구 수탁을 가능하게 한다는 장점이 있었지만 부정적인 측면도 존재했다. 우선 연구실단위체제는 연구실장에게 막중한 권한을 부여한 만큼 동시에 과중한 부담을 지웠다. 연구실마다 차이가 있지만 보조직을 포함해서 연구실의 총구성원이 10명이 넘지 않는 연구실들이 많았는데, 연구실장은 연구실 운영을 위해 적극적인 프로젝트 판매 및 관리에서 직접적인 연구까지 연구실의 전반적인 상황을 책임져야 했다.[138] 바텔연구소의 경우 KIST의 연구실에 해당하는 섹션(section)은 평균 20~30명의 인원으로 구성되며 각각의 전문적인 역할을 담당하는 인력을 갖추고 있었지만 규모가 크지 않은 KIST로서 연구실장이 모든 부분을 담당해야 하는 문제가 있었다.[139]

또한 산업계로부터 연구수탁이 활발하지 않은 분야의 연구실장은 연구실 운영에 상당한 부담과 어려움을 지닐 수밖에 없었다. 연구실장은 연구실의 유지를 위해서는 최대한 많은 연구과제를 유치해야 했으며, 이 과정에서 일부 무리한 수탁이 이루어지기도 했다.[140] 아울러 연구실단위체제의

---

137) 양재현은 연구실의 연구원들이 연구소 운영진의 지시보다 연구실장의 말을 더 잘 듣는다며, 연구실장은 연구실에서 '왕'이라고 표현했다. 『한국과학기술연구소 비사 제10권: 양재현』(1975.5.7).

138) 최형섭은 연구실장들에게 연구를 팔러 다닌다고 구걸하듯 하지 말라고 했지만, 권태완은 연구실단위 독립체산제하에서 그 같은 얘기는 이율배반적인 요구였다고 밝혔다. 『한국과학기술연구소 비사 제21권: 권태완』(1975.5.6).

139) 『한국과학기술연구소 비사 제20권: 최영화』(1975.9.23) ; 신응균, 『바텔 및 東芝研究所의 연구관리』(한국과학기술연구소, 1973), 25쪽, KIST 역사관 소장 자료.

140) KIST 설립 10주년을 맞아 그동안의 활동을 평가하는 신문의 기사에서 그 같은 지적을 찾아볼 수 있다. 「한국의 기술, 그 현주소와 미래상: 공업입국 개화를 바라보는 시리즈 ⑦KIST 하」, 『내외경제』, 1976.10.21. "연구실단위의 독립채산제는 연구계약고를 올리는데 큰 기여를 했다. 그러나 실장들은 실별로 운영되는 독립예산을 마련하기위해 너무 많은 부담을 지게 되어 결국에는 연구를 경시하는 풍조를 낳게 되었다. 실원들을 먹여 살리기 위해 이미 선진국 시장에 나왔거나 쇠퇴기에 있는 제품개발을 산업계에 청탁, 부작용을 빚는 사례도 있다. 연구계약고에만 집착한 무리한 연구용역이 하루빨리 없어져야 한다."

경직화로 인해 연구실 간의 장벽이 생겨 연구실 간의 협조가 잘 되지 않는다는 문제가 있었다. 연구실 단위로 수탁활동을 하다보면 유사한 분야의 연구실 사이에 프로젝트 수탁 경쟁이 벌어질 수 있었으며, 단위 연구실에서 수행하기 어려운 대형과제나 여러 분야가 관련된 종합적 프로젝트를 추진하기에는 곤란을 겪을 수 있었다. 특히 타 연구기관과의 공동연구는 연구실 단위의 독립채산제하에서는 원활한 추진이 어려웠다.[141]

KIST가 1969년 말 완공되어 2~3년간의 정상적인 운영을 경험한 다음인 1972년 초 연구실단위 체계가 지니는 문제점이 KIST 내부에서 제기되었다. 1971년도 감사보고서에서 신응균은 연구실단위체제의 문제점을 지적하고 검토의 필요성이 있음을 주장했다.[142] 대형화된 연구과제에 맞게 연구실을 분야별로 통합운영하고 프로젝트에 따라 순연구단위인 그룹이나 팀을 구성하고 프로젝트 완료 후에는 복귀하는 식의 운영방안을 제시한 것이다. 그러나 연구실단위체제 역시 나름의 장점을 지니고 있었기 때문에 연구소가 본격적인 운영에 들어간 지 얼마 되지 않은 시점에서 이 방식을 바꾸기는 어려웠다. 대신 이미 시행 중이었던 연구부장 제도를 강화시켜 연구실 간의 장벽을 줄이는 방향을 모색하기로 했다.

KIST 운영진은 연구소가 본격적인 운영에 들어가면서 연구실이 늘어나자 1970년 〈표 1〉처럼 연구부장 제도를 신설해서 몇 개 연구실의 업무를 조정토록 했다.[143] KIST의 연구실장들이 위계적인 '라인(line) 조직'보다 '스태프(staff) 조직'을 선호했기 때문에 연구부장은 소장-부소장-연구실장의 계선에서 벗어난 스태프의 성격을 지니게 되었으며,[144] 연구실장으로서 자신의 연구실을 운영하면서 몇 개 연구실의 업무를 조정하는 역할을 부여받았다.[145] 또한 1974년부터는 연구실 간의 연구업무의 조정을 더욱 강화하기 위

---

141) KIST, 『KIST 30년사』, 114쪽.

142) 신응균, 『71년도 감사보고서』(1972), 7쪽.

143) 〈표 1〉의 출처는, 한국과학기술연구원, 『KIST 25년사』(1994), 435쪽.

144) 『KIST 제30회 이사회 회의록』(1970.1.16).

145) 라인관리자는 구성원의 지휘와 통제 및 감독과 같은 경영기능을 직접적으로 관장하는 라인권한(line authority)을 지니며, 스태프는 타인의 업무를 효율적으로 수행할 수

해 각 연구부문별로 상위급 연구원들로 구성된 부문협의회를 설치하여 연구부문 내의 여러 업무를 효율적으로 조정하도록 제도화했다.[146] 그러나 1978년 장기대형 국책과제 위주로 KIST의 연구성격을 전환시키면서 공식적으로 연구실단위체제에서 연구부단위체제로 변화시킬 때까지 연구실단위체제는 큰 변화 없이 유지되면서 KIST 조직의 주된 특징으로 남아있었다.

있도록 전문지식을 통해 업무수행에 조언 · 조력하는 스태프권한(staff authority)을 지닌다. 바텔기념연구소의 경우 연구부장은 라인조직으로 자신은 직접 연구활동을 수행하지는 않았다. 신응균, 『바텔 및 東芝研究所의 연구관리』, 25쪽.

146) KIST, 『한국과학기술연구소십년사』, 79~80쪽.

〈표 1〉 1970년 초 KIST 조직도

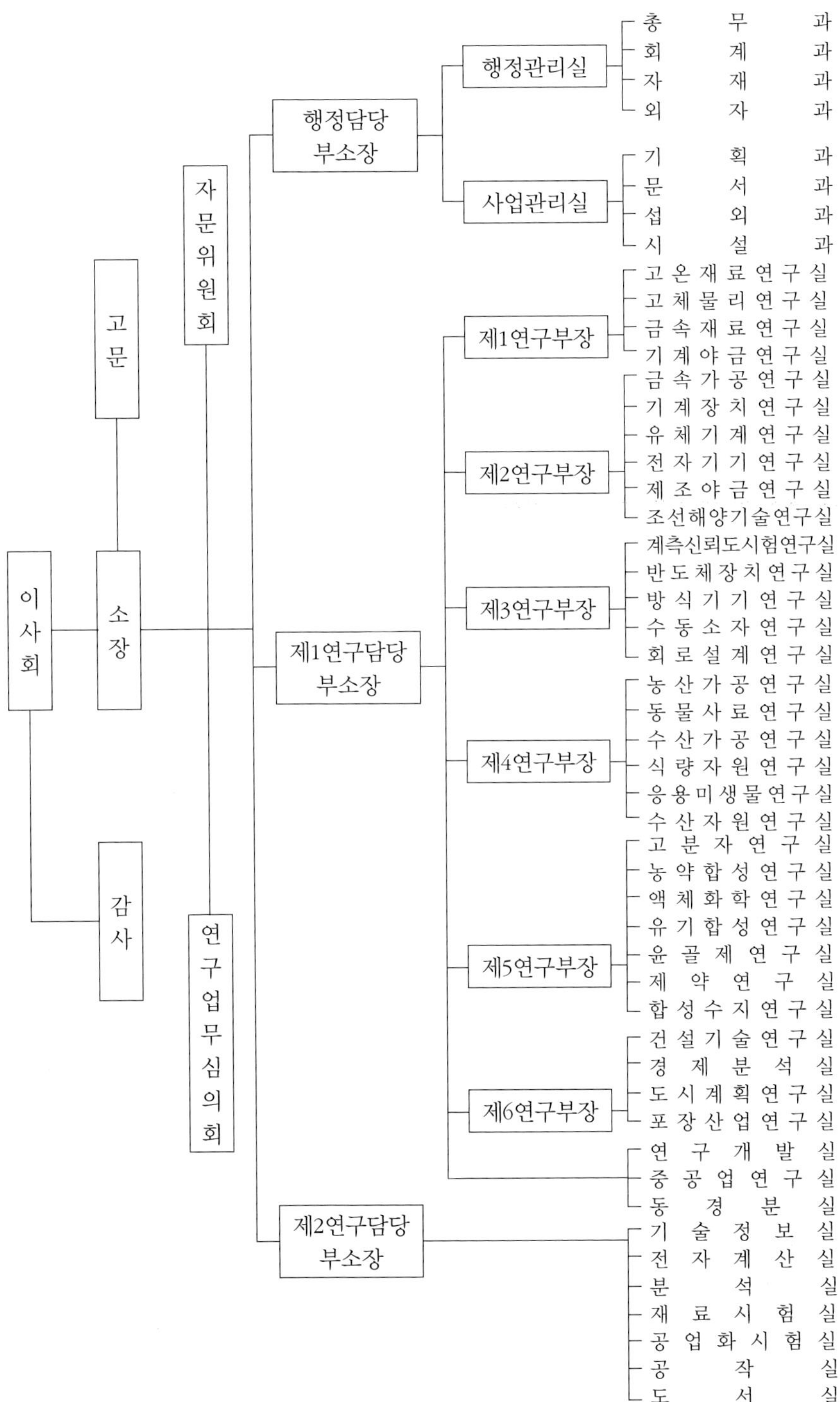

1부 요약 및 소결

1부에서는 KIST 설립과정과 그 배경에 대해 논의했다. KIST의 설립은 미국의 제안이 직접적인 계기가 되었기 때문에 설립 과정 전반에서 미국의 영향력이 크게 작용할 수밖에 없었다. KIST가 당시 한국에서는 낯설었던 계약연구체제를 운영원리로 채택한 것 역시 미국 측의 제안에 의한 결과였으며, 그에 따라 설립과 초기 운영에서 계약연구기관으로서 KIST의 모델이자 지원기관이었던 바텔연구소의 역할은 그 비중이 매우 컸다. 그렇지만 바텔연구소의 경험과 조언이 반영되는 세부적인 과정에서는 한국의 상황에 맞춘 적응과 변용을 필요로 했다. 기본적으로 'KIST 설립 프로젝트'는 한국과 미국 두 나라의 공동사업이었으며, 민간기구였지만 정부의 재정이 투입되고 정부 측 인사들이 이사로 참여했던 '준정부기관'[1](semi-government organization)이라는 독특한 성격 때문에 KIST 설립에 참여한 주체들 사이에 활발한 상호작용이 필요했다. 그 과정에서 한국정부는 KIST를 한국 근대화 · 산업화의 상징물로 간주하여 연구소의 외형을 확대시키고 미국 못지않은 자금을 투여하면서 능동적인 주체로 참여했다. 사실 자율적 운영을 위해 비영리 재단법인이라는 연구소 형태를 갖춘다는 것은 한국정부가 1960년대 초부터

---

1) OECD, *Reviews of National Science and Technology Policy: Republic of Korea* (OECD, 1996), p.63. KIST와 같은 정부출연연구소에 대해 '준정부기관'이라는 표현과 유사하게 '정부의 준-내부조직'(quasi-internal organization)이었다는 평가도 제시된 바 있다. 송위진 · 이은경 · 송성수 · 김병윤, 『한국 과학기술자사회의 특성 분석: 탈 추격체제로의 전환을 중심으로』(과학기술정책연구원, 2003), 160쪽.

국공립연구기관이 지닌 문제점을 극복하기 위해 기존 연구소를 개편하려던 시도의 저변에 일관되게 깔려있었던 특징이었다.

KIST 설립에 참여한 여러 주체들은 연구소의 성공적인 운영을 위해 가장 중요한 요소의 하나로 자율성을 꼽았지만 그것의 구체적인 수준과 형태는 조금씩 달랐다. 특히 한국정부는 막대한 정부의 재원이 투입되는 KIST에 대해 어느 정도 통제권을 갖기를 원했는데, 이에 비해 KIST 구성원들은 정부의 간섭과 견제가 최소화하길 희망했다. 비록 'KIST 정관'이나 'KIST 육성법'은 상당한 정도의 자율성을 부여했지만 제도 자체가 자동적으로 자율적 운영을 보장하지는 못했기 때문에 KIST는 연구활동 자체나 인사와 회계 등의 문제에서 정부의 영향을 줄이기 위해 정부 측과 지속적으로 줄다리기를 해야 했으며, 그 과정에서 만들어진 것이 일괄계약연구였다. 이는 연구계약으로 재정자립을 이루기 전까지는 정부로부터 지원을 받지만 운영비가 아닌 연구비 형식을 취했던 것으로 구체적인 연구과제 결정과 연구비 배분은 KIST가 자체적으로 결정했는데, 다른 연구기관에서는 찾아보기 힘든 독특한 방식이었다. 이처럼 계약연구체제를 보완하기 위해 도입된 일괄계약연구는, 3부 7장에서 논의하겠지만 1970년대 후반에 이르러 연구소의 주된 연구비 재원으로 떠오르게 되었고, 이는 계약연구기관 KIST의 성격전환을 의미했기 때문에 일괄계약연구는 KIST의 변천을 이해하는 키워드가 된다.

제2부

KIST 연구인력

제3장 한국의 '두뇌유출'과 KIST의 '두뇌유치'

1. 한국의 '두뇌유출'

1) KIST 설립 이전 한국의 '두뇌유출'

'두뇌유출'(brain-drain)이 국제적인 문제가 되기 시작한 것은 1950년대 중반부터라고 할 수 있다. 2차대전 이후 유럽 각국에서 미국으로 고급인력의 유출이 시작되었고, 그 수가 점차 증가함에 따라 각국이 문제의 심각성을 인식하게 되었다. 1960년대를 지나면서 유럽이나 캐나다의 두뇌유출이 점차 감소되고 있던 것과는 달리 경제개발을 추진하려던 아시아나 아프리카의 개발도상국은 그 현상이 심화되는 경향을 보였다. 자국의 교육여건의 미비로 개발도상국의 많은 학생이 선진국의 대학이나 연구기관으로 유학을 떠났는데, 학업을 마친 후에도 귀국하지 않고 잔류하는 사람들이 증가한 것이다. 게다가 개발도상국의 과학기술자나 의사 중에서도 직업을 찾아 선진국으로 이주하는 경향이 나타났다.[1] 이에 따라 국제기구와 학계에서 두

---

1) 1960년대 중반 미국의 인턴 · 레지던트 4만 천여 명 중 1만여 명이 외국인이고 이 중 80%가 후진국 출신이었다. 나이지리아는 1년에 배출되는 의사 19명 중 16명이 미국에서 일하고 있을 정도였다. 한국의 경우 1956년부터 1973년까지 미국에 거주하는 외국 출신 과학기술자의 2%, 의사의 7%를 차지하여 과학기술자는 7번째, 의사는 4번째로 많은 인력을 미국에 제공한 국가였다. 「미국의 부러운 고민 「두뇌유출」」, 『동아일보』, 1967.5.13 ; 「두뇌수출 세계7위」, 『조선일보』, 1973.1.24.

뇌유출의 실태와 현황에 대한 조사·연구가 활발히 수행되었고, 그 결과 두뇌유출은 단순히 경제적 조건에 의해 기인하는 것이 아니라 본국의 두뇌를 '밀어내는 힘'과 받아들이는 국가의 '끌어당기는 힘'이 정치·사회·문화적 상황, 가족 문제, 노동조건과 환경, 이민에 대한 법적·행정적 조치 등이 복잡하게 얽혀있는 문제라는 사실이 알려졌다.[2)]

한국의 두뇌유출은 1950년대 초 해외유학이 본격화되면서부터 비롯되었다. 한국전쟁으로 인해 국내에서는 정상적인 교육을 받기 어려웠고 유학을 통해 병역의무를 유예받을 수 있기 때문에 전쟁이 소강상태에 접어든 1952년부터 해외유학이 점차 증가하기 시작했다. 유학생의 대부분은 사비유학생이었으며, 정부기관으로부터 장학금을 지급받는 경우는 대부분 자연계 분야 교수요원이었다. 문교부의 해외유학생 인정자 통계에 의하면 1952년 403명에서 1954년 1,129명, 1955년 1,079명으로 해외유학생 수는 급속히 늘어났다. 그러나 해외유학의 급증은 좋지 않은 외환사정에 더욱 부담을 주고 군 인력 확보에도 지장을 줄 수 있다는 판단하에 정부는 1957년 해외유학의 요건을 대폭 강화했다. 이에 따라 고졸이상의 학력이었던 자격기준을 문과계는 대학졸업자, 자연계는 대학 2년 수료자 이상으로 강화했으며, 병역을 마쳤거나 면제된 사람에 한해 해외유학을 갈 수 있도록 제한했다. 이 같은 조치가 실제로는 1955년 말부터 일부 시행되면서 다음 〈표 2〉에서 나타나듯이 그 이듬해부터 유학생은 크게 줄었다.[3)]

2) 두뇌유출에 대한 다양한 논의들에 대해서는, 송하중·양기근·강창민, 「고급과학기술 인력의 두뇌유출 순환모형에 관한 연구」, 『한국정책학회보』 제13권 2호(2004), 143~174쪽 ; Simon Commander, Mari Kangasniemi and L. Alan Winters, "The Brain-Drain: Curse of Boon?"(IZA Discussion Paper No. 809, 2003) 참고.

3) 김근배, 「서구과학의 도입과 현대 한국과학의 형성」(미발표 원고), 26~28쪽. 〈표 2〉는 문교부, 『문교40년사』(1988), 211쪽 ; 문교부, 『해외유학생실태조사 증보판』(1971), 12~13쪽을 참고하여 재구성한 것이다.

〈표 2〉 해외유학생 인정자 통계

	1951	1952	1953	1954	1955	1956	1957	1958	1959	1960	1961	1962	1963	1964	1965	합계
자연계	37	205	403	671	568	166	171	138	196	182	174	216	177	220	280	3,614
인문계	91	198	228	458	511	354	264	163	222	213	243	262	207	251	308	3,751
계	128	403	631	1129	1079	520	435	301	418	395	417	478	384	471	588	7,365

1950년대 정부의 해외유학 정책은 유학생의 수를 통제하는 방식이 주를 이루었다. 문교부는 해외유학 인정시험을 실시하여 합격자에 한해 유학을 허가함으로써 유학생의 증가를 억제하였으며, 1958년 4월 '해외유학생감독규정'을 제정하여 해외유학생에 대한 정부의 통제 의지를 분명히 했다. 이 규정은 유학생감독관 파견과 함께 유학생은 해외유학생심의회가 인정하는 학교에 등록해야 하고 심의회의 승인 없이 연구과목을 변경할 수 없으며, 2학기 동안 평균 성적 이상으로 20학점을 취득하지 못할 경우 여권연장이 제한되거나 국내로 소환된다는 내용을 담고 있었다.[4] 그러나 국가와 대학 그리고 전공이 다양한 유학생들을 단일한 규정으로 통제한다는 것은 현실성이 떨어진다는 지적이 규정을 제정할 당시부터 제기되었고, 실제로도 그다지 성과를 거두지 못했다. 이러한 문제에도 불구하고 정부가 통제 위주의 정책을 펼칠 수밖에 없었던 것은 해외유학생이 학업을 마치고 귀국하지 않는 경우가 많았고 유학생의 증가에 따라 외화지출에 대한 부담도 커졌기 때문이다. 1960년까지 해외유학을 마치고 귀국한 유학생은 15% 정도에 불과했다. 이에 따라 군사정부는 1962년 초 해외에 나가있는 현역군인은 체류기간을 2년을 넘기지 말고 모두 귀국하라는 지시를 내리면서 동시에 학업을 마친 해외유학생들의 귀국을 강력히 촉구하였다.[5] 그 결과 일부가 귀국했지만 전체적인 귀국률은 여전히 10%대에 불과한 수준이었다.

해외유학생들이 귀국을 꺼리는 이유는 무엇보다 자신의 연구를 계속하거나 전문지식을 활용하면서 안정된 생활을 영위할 수 있는 일자리가 국내

4) 「해외장기유학생의 귀국대책」, 『조선일보』, 1958.4.27. 夕刊.

5) 서현진, 「한알의 밀알이 되어(11)」, 『전자신문』, 1998.4.16.

에는 없다는 점이었다. 산업계는 해외유학까지 마친 고급인력을 고용할 준비가 되어있지 않았으며 일부 사립대학을 제외하고는 대학교수들의 급여도 낮은 편이었고, 1960년대 들어 대학에 대한 통제가 강화되고 정원을 억제하는 정책이 추진됨에 따라 대학의 양적인 팽창이 주춤해지면서 대학에서 수용할 수 있는 고급인력의 수도 한계가 있었다.[6] 또한 정부 부처나 국공립연구소의 경우 국가공무원 처우규정에 묶여 충분한 대우를 보장하기 어려웠을 뿐 아니라 정원의 제약으로 인해 채용할 수 있는 숫자도 작았다. 당시 가장 나은 시설을 갖추고 있던 원자력연구소는 1959년 설립 당시 우수한 인력을 받아들이기 위해 소장 외에 연구직으로만 공무원 1급 정원 3명을 확보했는데, 그때까지 제일 큰 연구소인 국립공업연구소 소장이 2급임을 감안한다면 매우 높은 수준이었다.[7] 그러나 소장을 포함한 1급 연구원들은 모두 국내에서 활동을 하고 있던 연구자들로 충원되었으며,[8] 원자력원이 자체적으로 해외에 파견한 '원자력 연구생'이 있었기 때문에 해외의 한국인 과학기술자들을 받아들일 수 있는 여지도 크지 않았다.[9] 1965년 전국 연구기관의 보수 실태를 보면, 1만 5천 원 이상의 월급을 받는 연구원은 82명에 불과했는데, 박사학위 소지자는 88명이었다.[10] 연공서열을 중시하는 한국

---

6) 교육50년사편찬위원회 편, 『교육50년사』(교육부, 1998), 466~471쪽.

7) 박익수, 「윤세원과의 대담」, 『한국원자력창업비사』(과학문화사, 1999), 19~20쪽.

8) 원자력연구소 소장 박철재(문교부 기술교육국장), 원자로부 부장 윤세원(문교부 원자력과장), 기초연구부 부장 김영록(서울대 교수), 방사성동위원소연구부 부장 한준택(고려대 교수) 등 4명이 공무원 1급으로 임명되었다.

9) 원자력 연구생의 파견에 대해서는 고대승, 「원자력기구 출현과정과 그 배경」, 김영식 · 김근배 엮음, 『근현대 한국사회의 과학』(창작과비평사, 1998), 295~296쪽을 참고. 1956년 문교부에 원자력과가 설치되면서 해외연구생을 파견하기 시작했는데, 장학금을 지급하여 해외에 파견한 260명 중 1966년 중반까지 163명이 귀국했으며 이 중 55명만이 원자력원에서 근무하고 108명은 다른 직장에 다녔다. 「두뇌유출 ② 그 원인」, 『동아일보』, 1966.8.25.

10) 「未開發 異常地帶: 科學界의 來日을 위한 시리즈 ④ 硏究投資」, 『조선일보』, 1965.7.12. 당시 서강대 교수 일부와 원자력연구소의 일부 연구원만이 6만 원 이상의 월급을 받았고 국립대 정교수의 경우 3만 원이 못되는 월급을 받고 있었다. 브라운 주한 미국대사가 본국 국무성에 보내는 전문. Brown, "Professional Scientific and Technological Personnel in Korea: Some Comments Relevant to the Brain Drain"(1966.8.3), NARA 소장

의 관행을 고려할 때 박사학위를 소지했더라도 직장 경력이 짧을 경우 학위는 없지만 해당 직장에서 오랜 근무경력을 쌓은 연구자보다 낮은 처우를 받았을 가능성이 컸다. 따라서 상당수 젊은 박사학위 소지자는 1만 5천 원도 안 되는 월급을 받고 있었고, 이 정도로는 안정적인 생활 자체가 힘들었다.[11] 실제로 국내의 열악한 처우 때문에 그 직전 3년간 한국을 떠난 박사급 과학기술자만 25명에 달했다.[12]

해외유학자들이 귀국해서 일할 수 있는 직장 자체가 부족한 상황에서 유학생들에게 귀국을 종용하는 일은 한계가 있을 수밖에 없었고, 정부도 두뇌유출 문제에 대해 뾰족한 대책을 수립하지 못했다. 1962년에 작성된 「제1차 기술진흥5개년계획」은 과학기술분야에서 정부가 수립한 최초의 발전계획이었는데, 해외인력의 유치나 활용에 대해서는 아무런 언급이 없었다.[13] 1963년 제3공화국 출범 이후에도 두뇌유출의 현황에 대해서는 제대로 된 조사조차 이루어지지 못했다. 정부의 해외유학생 관련 업무를 문교부 국제교육과의 단 2명의 직원이 전담하고 있었고, 이들은 유학생 인정시험에 관한 업무를 주로 담당했기 때문에 전체적인 두뇌유출에 대한 실태조사를 추진하기는 힘든 형편이었다.[14] 이런 상황에서 정부가 유학생들의 귀국을 촉진할 수 있는 구체적인 정책까지 수립·집행하기를 기대하기는 힘들었고, 정부 대신 일부 민간단체에서 유학생의 취업을 지원하는 일을 했다. 1963년 8월에 결성된 한미재단의 구미동창회는 해외로 나간 유학생들이 본국의 사

자료, 김근배 교수 사본 제공.

11) 1965년 당시의 화폐가치를 정확히 판단하기는 쉽지 않다. 2000년 서울시의 물가지수를 100으로 할 때 1965년의 그것은 4.3으로, 물가지수 자체는 23배 증가했으나 대중교통 요금으로 볼 때 1965년의 시내버스 요금은 8원이었으나 2004년에는 800원이 되어 거의 100배에 이르는 변화를 보였다. 또한 1965년 가구당 지출규모는 1만 원대였으나 2000년은 201만 원으로 나타났다. 김광중, 「서울시민의 가계지출의 변화(1960년대~2000년)」, 『서울연구포커스』 15호(2004), 1~13쪽. 이러한 자료를 볼 때 1965년 1만5천 원의 급여는 한 가구가 안정적인 생활을 유지하기에는 충분하지 못한 규모였으며, 실제로 많은 연구원들이 본업 이외의 부업을 갖고 있었다.

12) 「未開發 異常地帶: 科學界의 來日을 위한 시리즈 ④ 研究投資」, 『조선일보』, 1965.7.12.

13) 대한민국정부, 『제1차 기술진흥5개년계획(제1차 경제개발5개년계획 보완)』(1962).

14) 「해외에 묻힌 한국의 두뇌」, 『서울신문』, 1966.11.22.

정에 대해 문의할 경우 그에 대한 설명을 제공했으며 동시에 유학생들의 귀국 후 직업을 알선하는 업무를 추진했다.[15] 이 재단의 '유학생 직업알선처'는 석사 이상의 학위를 갖추고 해외에서 귀국했거나 귀국을 희망하는 사람에게 일자리를 주선했다. 그러나 1963년 9월부터 1965년 말까지 100명(문과 89명, 이과 11명)의 신청을 받았으나 취직자는 44명에 불과했으며, 그나마 낮은 급여와 연구와는 거리가 있는 업무였으므로 다시 미국행을 희망하는 사람이 대부분이고 귀국희망자도 점차 줄고 있는 상황이었다. 1965년의 경우 1년간 52명을 추천했으나 14명만 취직되었고 그 가운데에서 자연계는 1명에 불과했다.[16] 이처럼 1965년 당시까지 두뇌유출 문제에 대해 정부는 해결책은 물론 정확한 실태조차 파악하지 못하고 있었다.

2) KIST 설립을 계기로 두뇌유출에 대한 관심 고조

1965년 한미정상회담에서 미국에 의해 연구기관 설립 문제가 제기되면서 한국의 두뇌유출 문제는 새로운 전기를 맞게 되었다. 한국의 산업을 발전시키기 위해 연구기관을 설립하여 미국에서 훈련받은 고급과학기술자들이 연구활동을 하게 할 것이라는 발표로 인해 두뇌유출은 커다란 사회적 관심사로 떠올랐다. 미국이 연구기관 설립을 제안한 배경에도 연구소 건설을 통해 미국에 체류하고 있는 과학자들이 귀국하여 성공적으로 활동하는 사례를 만들어냄으로써 두뇌유출에 대한 각국의 비난 여론을 약화시키겠다는 의도가 들어있었다.[17]

미국 정부는 KIST가 본격적으로 설립되기 이전부터 KIST가 두뇌유출 문제에 대한 해결책의 하나로 중요한 의미를 지니고 있음을 강조했다. 미국 부통

---

15) 「두뇌유출 ② 그 원인」, 『동아일보』, 1966.8.25.

16) 「해외에 묻힌 한국의 두뇌: 과학기술자들의 현지실태와 국내의 수용태세」, 『서울신문』, 1966.11.22.

17) 김근배, 「한국과학기술연구소(KIST) 설립과정에 관한 연구－미국의 원조와 그 영향을 중심으로」, 『한국과학사학회지』 12권 1호(1990), 47~49쪽.

령 험프리(Hubert H. Humphrey)는 1965년 12월 6일 뉴욕에서 열린 'American Committee for Weismann Institute of Science'에 참석해서 미국은 저개발국에 과학연구소 등을 설치하여 미국에 와서 공부한 젊은 유능한 과학자들이 자국 발전을 위해 일할 수 있는 기회를 주어야 한다고 주장하면서 한국의 과학기술연구소 설치계획을 언급했다.[18] 그는 유능한 과학자들이 자국을 위하여 일할 자리가 없어 미국 등에 체제하려 한다고 지적하면서, 당시 미국 내에는 박사학위를 취득하고 일을 하고 있는 한국과학자가 한국 내보다 많이 있는데 이들로 하여금 귀국해서 일할 환경을 만들어 주기 위해 미국은 한국에 과학기술연구소 설립을 추진하고 있다고 밝혔다. 험프리의 연설이 있었던 1965년 12월 미 의회가 이민쿼터라는 차별대우규정을 없애는 새로운 이민법 개정안을 통과시킴에 따라 한국인을 비롯한 개발도상국가 출신의 인력들이 미국의 영주권을 얻는 길이 훨씬 수월해졌고 모국에 있는 가족을 초청해서 이민을 할 수 있는 방법이 생겨나면서, 두뇌유출이 앞으로 더욱 심각해질 가능성이 있었기 때문에 KIST 설립계획은 두뇌유출 문제를 해결하겠다는 미국 정부의 의지를 상징하기도 했다.[19] 또한 KIST가 설립되어 해외인력 유치작업을 막 시작한 때인 1966년 8월 3일 브라운(Winthrop G. Brown) 주한 미대사가 본국 국무성에 보내는 전문에는 한국의 고급 과학기술인력의 해외유출 현황, 한국 내 과학기술자의 기본적인 통계와 질적 수준 등에 대한 설명과 함께 한국의 두뇌유출 해결에 KIST가 중요한 의미를 지니고 있음을 밝혔다.[20] 이 전문은 국무성과 함께 17개국의 미대사관

---

18) 주미대사의 1965년 12월 14일 발신 전문, KIST 역사관 소장 자료.

19) 1965년 미국의 이민법 개정의 의미에 대해서는 Ha-Joong Song, "Who Stays? Who Returns? The Choices of Korean Scientists and Engineers"(Harvard Univ. Ph.D thesis, 1991), pp.41~43을 참고. 실제로 이민법 개정을 전후로 한 1년간 미국의 영주권을 얻은 한국인 중 전문직 종사자와 과학기술자의 수는 전년도의 8배가 되는 400명에 달했다. 「해외에 묻힌 한국의 두뇌: 과학기술자들의 현지실태와 국내의 수용태세」, 『서울신문』, 1966.11.22.

20) 브라운 주한 미대사가 국무성에 보내는 전문: "Professional Scientific and Technological Personnel in Korea: Some Comments Relevant to the Brain Drain"(1966.8.3), NARA 소장 자료, 김근배 교수 사본 제공.

에게도 보내져 KIST가 두뇌유출의 중요한 반대사례임을 홍보했던 것이다.

1965년의 정상회담 이후 한국정부는 처음으로 해외유학생에 대한 조사에 착수했다. 문교부는 한미재단의 협조를 받아 실태조사를 실시하여 1967년 3월 『해외유학생 실태조사 중간보고서』를 발간했다. 그러나 이 보고서는 처음 시도된 것인 만큼 미비점과 누락인사가 적지 않았기 때문에 곧바로 2차 실태조사를 실시하여 해외유학생 실태조사 보고서의 증보판을 1968년 4월 간행했다. 이후 정부는 유학생 실태조사를 정례화하여 매년 추가로 조사된 내용을 담은 『해외유학생실태조사』를 펴냈다. 이 조사는 해외유학생 인정자 현황과 유학 후 귀국자 현황 및 귀국자 개개인에 대한 개인정보를 담고 있다. 1968년의 보고서에 따르면, 1953년부터 1967년 3월 말까지 해외유학자격 인정 시험을 통과한 유학생은 7,958명이고, 유학생의 86%가 미국을 선택했으며, 유학생 중 귀국자는 973명으로 12.2%의 귀국률을 보였다.[21)]

해외유학생들의 현황 및 귀국률에 대해서는 조사 주체와 방법에 따라 어느 정도 차이가 있었다. 한국정부의 조사는 기본적으로 유학 인정자 통계를 위주로 진행되었으며, 귀국 상황은 본인의 신고에 의존했다. 이와는 달리 미국에서 조사된 두뇌유출의 현황은 비자 변경을 기준으로 이루어졌다. 즉 유학비자로 입국했다가 학위를 취득하고 취업을 위해 비자를 변경하는 인원을 통해 미귀국률을 조사한 것이다. 조사 결과마다 차이가 있지만 1960년대 말까지 해외유학길에 오른 한국인 과학기술자의 귀국률은 10~15% 정도로 알려져 있다. 미국에서 실시한 조사에 의하면 1967년 현재 한국인 엔지니어 87.0%, 자연과학자 96.7%, 의사 42.9%, 사회과학자 90.5%가 귀국하지 않고 미국에 체류 중이었는데, 당시 세계적인 미귀국률 평균치는 엔지니어가 30.2%, 자연과학자 35.0%, 의사 16.0%, 사회과학자 34.6%로, 이에 비하면 한국의 두뇌유출은 심각한 편이었다.[22)] 미국에서 수행된 또 다

21) 문교부, 『해외유학생실태조사 중간보고서 증보판』(1968), 4쪽.

22) John R. Niland, *The Asian Engineering Brain Drain: A Study of International Relocation into the United States from India, China, Korea, Thailand and Japan* (Heath Lexington Books, 1970), p.123.

른 조사에 따르면 1962년부터 1976년까지 미국 유학생 중 한국인의 미귀국률은 62.62%로 조사대상 25개국 중 가장 높게 나타났다.[23)]

정부의 해외유학생 실태조사와는 별개로 학회 차원에서도 두뇌유출에 대해 본격적인 관심을 갖고 조사를 실시했다. 1966년 초 한국물리학회는 물리학자의 해외유학 현황 조사를 실시하여 그해 말 「在海外 물리학자 실태조사 보고서」를 펴냈다.[24)] 이에 따르면 미국, 일본, 독일, 이탈리아 등에 체류하고 있는 243명의 물리학자가 확인되었고, 미국에서 박사학위를 취득한 74명 중 23%인 17명만이 귀국한 상태였다.[25)] 또 1966년 5월 하와이에서 열린 동남아도서관장회의에 참석했던 국회도서관장 강상운이 2개월간 체류하면서 미국대학에서 박사학위를 받은 한국인 명단을 작성하여 공개했는데, 이러한 조사는 처음으로 시도되는 것으로서 해외유학생과 두뇌유출에 대한 관심이 높아졌던 당시 분위기를 반영하고 있다. 이 조사에 의해 630명이 박사학위를 취득한 것으로 확인됐다.[26)] 5개 부분으로 분류된 리스트에 따르면 박사학위 취득자는 인문학 52명, 사회과학 214명, 공학부문 81명, 자연과학부문 213명, 의학부분이 70명이었으며, 인문·사회과학 분야는 1963~1964년을 정점으로 감소하였으나 공학·자연과학·의학 부문은 해마다 상승하는 추세였다.

KIST 설립이 진행되면서 두뇌유출에 대한 언론의 관심도 커져갔고, 신문들은 앞 다투어 두뇌유출 문제를 다루기 시작했다.[27)] 1966년 11월 『서울신

---

23) Wei-Chiao Huang, "An empirical analysis of foreign student brain drain to the United States", *Economics of Education Reviews* 7-2(1988), pp.231~243.

24) 「돌아오지 않는 물리학자들」, 『조선일보』, 1966.12.8.

25) 「두뇌유출 ① 문제점」, 『동아일보』, 1966.8.23.

26) 「미국서 받은 학위: 한국의 박사록」, 『동아일보』, 1966.8.27 ; 「미국서 받은 학위: 한국의 박사록②」, 『동아일보』, 1966.8.30. 여기에는 첫 번째 박사학위자로 서재필이 1895년 '의학박사'를 취득했다고 밝혔으나 서재필은 의학박사가 아니라 의과대학을 졸업했을 뿐이었으며, 조사결과에 누락된 명단도 적지 않다. 예를 들어 자연과학부문의 1호 박사를 1928년 인디애나 대학의 조응천으로 밝히고 있으나 이보다 2년이 앞선 1926년 미시간대학에서 이원철이 처음으로 이학박사학위를 취득했다. 박성래, 『한국과학기술자의 형성연구2: 미국유학편』(한국과학재단, 1998).

27) 4회에 걸친 『동아일보』의 「두뇌유출」(1966.8.23~9.1) ; 「해외유학생의 국내유치문제」,

문』은 창간 21주년 기념 특집으로 해외유학생에 대한 현지실태조사를 실시했다.[28] 이 기사에서는 미국에 거주하고 있는 한국인의 현황파악과 함께 해외과학기술자 14명에 대한 설문조사를 통해 귀국을 위해 어떠한 조건이 마련되어야 하는지, 두뇌유출을 극복하기 위해 어떠한 문제가 해결되어야 하는지에 대해 조사했다. 일부는 귀국할 의사가 없음을 밝혔지만 설문에 응답한 대다수 과학자들은 생활걱정 없이 연구할 수 있는 환경을 최우선적인 귀국 조건으로 꼽았다. 따라서 KIST가 과연 그 같은 요구를 만족시켜줄 수 있는가가 장차 한국이 두뇌유출이라는 난제를 풀 가능성이 있는가를 확인하는 시금석인 셈이었다.

3) KIST의 '두뇌유치'와 정부 정책

KIST 설립 추진과 함께 해외의 한국인 과학기술자에 대한 국내의 관심이 커졌지만, 정부로서는 KIST의 해외 인력 유치의 성공 여부가 불투명한 상황에서 두뇌유출 극복을 위한 구체적인 방안을 선뜻 제시하지 못했다. 1966년 7월에 정부가 마련한 "제2차 과학기술진흥 5개년계획"은 414억 원의 예산을 인력개발 · 연구개발 · 기술협력 및 도입에 투입할 계획임을 밝혔지만 해외 한국인 과학자 유치 문제에 대한 직접적인 정책을 제시하지는 않았고, 다만 KIST에 대한 항목에서 "해외 체재 중인 한국과학기술자의 국내유치와 활용을 위한 시설과 조건을 마련토록 한다"고 언급했을 뿐이다.[29] 일부 언론은 학업을 마치고 귀국하지 않는 유학생들이 "조국을 배반하고 안일한 생활에 안주"한다고 하면서 애국심이나 민족주의적 의식을 자극하기도 했다. 하지만 귀국할 만한 환경이 갖추어지지 않은 상황에서 애국심에 호소하는 일은 효과도 없을뿐더러 귀국한다고 해도 사회적으로 수용할 수 있는 능력

『조선일보』, 1966.11.29 등 두뇌유출에 대한 기획기사들이 여러 신문에 실렸다.

28) 「해외에 묻힌 한국의 두뇌: 과학기술자들의 현지실태와 국내의 수용태세」, 『서울신문』, 1966.11.22.

29) 대한민국정부, 『제2차 과학기술진흥5개년계획』(1966), 27 · 72쪽.

이 없기 때문에 그들이 별다른 역할을 못할 것이라는 부정적인 견해도 적지 않았다. 따라서 KIST의 해외 인력 유치 노력에 대해 해외의 고급두뇌들이 적극적으로 호응할 것인가에 대해 KIST 안팎에서 적지 않은 우려와 회의적인 시각이 존재했다.[30)]

그러나 KIST는 1967년까지 20여 명과 임용계약을 맺는 등 해외 과학기술자 유치사업을 순조롭게 추진해갔으며, 이에 고무된 정부도 해외유학을 억제하는 수동적인 정책에서 해외 인력의 귀국을 촉진시키는 적극적인 정책으로 전환했다. 이는 1968년 과학기술처가 수립한 과학기술개발 장기종합계획에서 찾아볼 수 있다. 이 계획은 KIST와 무관하게 '재외 과학기술자 유치' 문제를 언급하면서 다음과 같은 구체적인 정책을 제시했다.

> 기존 과학기술인력의 자질 향상은 물론 그들로 하여금 급격히 변천 발전하는 선진 과학기술체제에 적응토록 하는 반면 재외 한국인 과학기술자를 유치 활용함으로써 과학기술에 대한 산업수요를 충당하고 나아가서는 과학기술능력을 강화하기 위하여 다음과 같은 정책이 추진되어야 할 것이다. (……) 재외 과학기술자의 국내 유치활용을 강화하기 위하여 국내 연구조건의 개선 급여의 개선 연구활동의 자율성 보장 등 제반 유인조치를 강화하는 한편 해외 과학기술자의 국내취업 알선을 제도화한다.[31)]

이 계획처럼 과학기술처는 1968년부터 정부예산으로 재외 한국인 과학기술자 유치사업을 벌이기 시작했다. 이 사업은 2년 이상 국내에 취업하여 체재하는 영구유치와 단기간 강의 · 자문을 하고 돌아가는 일시유치로 구분하여 추진되었다. 영구유치의 경우 본인과 가족의 왕복항공권, 이사비용, 정착비 등을 지원했으며, 일시유치의 경우 본인의 왕복항공권과 국내체재비를 지원했다. 사업 첫해인 1968년 영구유치자 5명, 일시유치자 2명을 시작으로 매년 그 수가 조금씩 늘어났으며, 유치자들의 근무처는 대학과 연구

---

30) 『KIST 제10회 이사회 회의록』(1967.1.6) ; 「未開發 異常地帶: 科學界의 來日을 위한 시리즈 ③ 人的資源」, 『조선일보』, 1965.7.8.

31) 과학기술처, 『과학기술개발 장기종합계획 1967~1986』(1968), 57쪽.

소가 대부분을 차지했다. 〈표 3〉에서 보는 것처럼 1968년부터 1980년 사이에 276명이 영구유치되었으며, 이들이 소속된 기관은 대학 139명, 연구소 130명, 정부기관 4명, 산업체 3명으로 나타났다.[32)]

〈표 3〉 정부의 재외 한국인 과학기술자 유치실적

	영구유치			단기유치		
	1968~1980	1981~1990	계	1968~1980	1981~1994	계
대학	139	355	494	21	203	224
연구소	130	387	517	182	360	542
산업계 · 기타	7	33	40	74	287	361

이처럼 해외의 한국인 과학기술자들의 귀국이 이어지게 된 데에는 KIST의 초기 해외 인력 유치의 성과가 매우 중요하게 작용했다. KIST가 처음으로 해외의 연구자들과 임용계약을 맺었다는 사실이 중앙일간지의 사회면 머리기사로 실릴 정도로 주목을 받았으며,[33)] 설립 초기 KIST가 유치한 연구자들 대부분이 국내에 성공적으로 정착하게 됨으로써 귀국을 주저하던 한국인 과학기술자들에게 긍정적인 영향을 미쳤을 것으로 보인다.[34)] KIST가 준공식을 갖고 본격적인 활동을 시작한 1969년까지 해외에서 유치한 25명의 연구원 중 다시 한국을 떠난 사람은 단 1명에 불과했다.[35)] 1970년대에 들어와서도 KIST가 해외로부터 유치한 연구원에 대해 신문에 간단한 소개 기사가 실릴 정도로 유치 과학자들에 대한 사회적 관심이 높았다.

---

32) 이영창, 「해외과학기술두뇌의 유인과 공헌에 관한 연구」, 『한양대 사회과학논총』 제7집(1988), 75~114쪽 중 103쪽. 이 수치에는 각 기관이 독자적으로 유치한 인력은 들어 있지 않다.

33) 「고국의 기술혁신에 이바지: 「과학기연계획」에 동의한 16명의 과학자들」, 『동아일보』, 1967.7.21.

34) 『한국과학기술연구소 비사 3권: 최형섭』(1975.5.28).

35) 1967년 귀국하여 수산가공연구실장을 지낸 정종락이 초기 유치자 중 한국을 떠난 유일한 사례이다. 그는 1972년 한국정부와 UNDP가 공동으로 설립하는 식품연구소의 한국 측 대표로 발탁되어 KIST를 떠났고 얼마 뒤 도미했다.

이러한 우호적인 분위기 속에서 국방과학연구소, 한국과학원 등이 설립되면서 서울연구단지가 형성되었고, 1973년부터 대덕연구학원도시의 건설로 다수의 정부출연연구소들이 설립되어 이들 신설 기관들이 앞 다투어 해외 인력의 유치경쟁에 나서게 되었다. 또한 1960년대에 줄곧 고등교육 정원 증원을 억제해 왔던 정부는 1970년대 들어 지속적인 산업화에 필요한 고급 인력수요에 대응하기 위하여 부분적으로 대학의 정원을 확대시켰고, 공학 계열을 중심으로 대학을 특성화하여 집중적으로 투자함으로써 기술인력을 효율적으로 양성해 내려 하였다.[36] 이에 따라 해외에서 유치된 과학기술자의 절반 정도는 대학에 자리를 잡게 되었다.

1980년대 이후 정부의 유학정책에 대한 규제가 완화되면서 차차 해외유학이 자유화되어 갔으며 유학생의 귀국 경향은 더욱 강화되었다. 1982년부터 재외한국인 과학기술자 유치사업을 한국과학재단이 넘겨받아 수행하게 되었는데, 1980년대를 거치면서 국내 이공계 대학원의 박사학위 배출능력이 상대적으로 높아져 국내에서도 고급 인력의 유치가 가능해졌으며, 한편으로 해외유학생들의 자발적인 귀국자가 크게 늘어나면서 1991년부터 영구유치에 대한 지원은 중단되었다. 그 결과 1990년대 초반에 이르러 한국은 더 이상 두뇌유출이 문제가 되지 않는다는 연구 결과까지 등장했다.[37] 실제로 한국인 과학기술자의 두뇌유출 문제를 다룬 송하중의 논문에 의하면 1970년 이전에 미국에서 박사학위를 받은 한국인 과학기술자의 귀국률은 16.1%에 불과했으나 1970년~1979년 박사학위 취득자의 귀국률은 32.8%로 높아졌으며, 1980년~1987년 박사학위 취득자의 68.4%가 귀국길에 올랐던 것으로 나타났다.[38]

두뇌유출은 특정한 정책이나 한두 개의 기관 설립만으로 해결할 수 있는

36) 교육50년사편찬위원회 편, 『교육50년사』, 466~473쪽.

37) David A. Anderson, "Technology Transfer via "Reverse Brain Drain": The Korean Case" (United States International Univ. Doc. Diss., 1993), pp.146~147.

38) Song, Hahzoong, "Reversal of Korean Brain Drain: 1960s~1980s", Paper for International Scientific Migrations Today(Institut de Recherche Pour le Developpement: Paris, 2000), pp.1~11.

문제는 아니었다. 국가의 정치적 · 사회적 안정과 함께 경제 성장이 이루어지면서 자연스럽게 과학기술에 대한 필요성과 투자가 확대되고 그 결과로 해외의 과학기술자들이 귀국하게 되는 것이다. 그럼에도 불구하고 한국의 경우 정부 주도의 연구기관 설립과 해외인력의 적극적인 유치 정책이 유출된 과학기술 두뇌들을 되돌아오게 하는 데 큰 효과를 발휘했고, 그러한 정책들은 KIST 설립을 통해 얻은 경험에서 만들어졌다. 따라서 한국의 두뇌유출 흐름을 되돌리는 데 KIST의 기여는 매우 컸다고 할 수 있으며, KIST의 두뇌유치를 상세하게 살펴봄으로써 한국의 '역두뇌유출'(reverse brain-drain)의 과정과 특성을 이해할 수 있을 것이다.[39]

2. KIST의 '두뇌유치'

연구인력의 선발은 연구소의 성패를 좌우할 핵심적인 요소라 할 수 있으며, 특히 초기 연구자들의 성공적인 정착 여부는 이후의 인력 확보에도 영향을 주기 때문에 매우 중요한 의미를 지니고 있었다. KIST의 연구원 선발의 방법과 처우 등 연구인력과 관련된 KIST의 경험은 1970년대 설립된 정부출연연구소에도 대부분 이식되었고, 해외 과학기술자를 핵심 연구자로 유치하는 KIST의 방식이 신설 기관에서도 일반화되면서 한국의 두뇌유출은 해결의 실마리를 찾게 되었다. 이 절에서는 연구자 유치 과정과 연구자에 대한 처우 등 KIST의 연구인력 확보에 대해 서술하고, 그것의 특징과 의의에 대해 논의하겠다. 그리고 1970년대 들어 유치된 연구자들은 설립 초기와 어

39) 1997년 외환위기를 겪으면서 고급인력의 해외유출이 다시 문제가 되기 시작했다. 1960~1970년대의 두뇌유출이 해외유학생들이 귀국하지 않은 형태였다면 최근의 두뇌유출은 국내에서 경험을 쌓은 첨단 기술인력의 해외이주 비중이 커졌다는 특징이 있다. 신광철, 「지식 자원 유출 현상과 과제」(현대경제연구원, 2002). 그러나 세계화 추세와 함께 과학기술인력의 국제적 이동이 활발해진 상황에서 '두뇌유출'보다는 '두뇌순환'(brain circulation)이라는 동적개념으로 이해해야 한다는 주장도 존재한다. 송하중, 『고급과학기술인력 해외유출 현황 조사 · 분석 및 대응방안 연구』(과학기술부, 2001), 9~10쪽.

떠한 차이를 보이는지 서술하고, 1970년대 중반을 지나면서 KIST 연구자들이 다른 기관으로 확산되어가는 현상에 대해서도 설명할 것이다.

1) 초기의 해외 인력 유치

KIST의 설립 목적의 하나가 '역두뇌유출센터'였던 만큼 해외 과학기술자의 유치는 연구인력 확보에서 가장 중요시되었고 많은 시간과 노력이 투여된 부분이었다. 해외의 한국인 과학기술자 유치 과정은 1966년 여름 바텔기념연구소에서부터 시작되었다. 바텔연구소는 해외의 약 500개 기관에 근무하는 한국인 과학기술자들에게 연구소의 설립취지와 규모, 그 밖에 필요한 자료를 배포했고, 그 결과 미주와 유럽에서 활약하고 있던 800여 명의 한국인 과학자와 경제학자들이 지원의사를 보내왔다. 이때 배포했던 KIST의 첫 번째 안내책자는 바텔연구소에서 영문으로 제작되었는데,[40] 이에 따르면 KIST 연구원이 될 수 있는 최소한의 자격기준은 한국인, 또는 한국에서 태어났으나 현재 타국 국적을 지니고 있는 자로서 자연과학, 공학, 경제학 분야의 박사학위 취득자나 학사 또는 석사 학위 후 최소 2년 이상의 연구개발 경험이 있는 자로 제시되었다.[41] 그리고 해외에서 주로 선발키로 한 책임연구

---

40) "The Korean Institute of Science and Technology"(1966.6), KIST 역사관 소장 자료.

41) 이 자격기준에 밝힌 것처럼 외국국적을 보유하고 있더라도 KIST 임용에 제한을 두지 않았기 때문에 이중국적을 지닌 연구자가 여럿 유치되었으며, 그중에는 이후에 KIST의 부소장을 맡는 경우도 있었다. 유치과학자들이 외국국적을 지니는 것은 국내 적응에 대한 불안이나 직장 사직 이후의 취업 전망 우려 등으로 재출국에 대비하려는 이유도 있었으나 단순히 외국 여행시의 편의나 해외에서 과학기술정보 수집에 유리하다는 등의 이유도 있었다. KIST, 「이중국적자 문제」(1977), KIST 문서보관실 소장 이사회 관련 자료. KIST 이외의 정부출연연구소에도 이중국적 혹은 외국단일국적을 지닌 연구자들이 상당수 재직했으나 정부는 이들에 대해 특별한 불이익을 주지 않고 묵시적으로 인정해 주는 정책을 취했다. 그러나 1980년 이후 정부출연연구소 대한 정부의 통제가 강화되면서 이중국적자에 대한 간섭도 강화되었고, 이 과정에서 일부는 다시 해외로 나가기도 했다. KIST와 달리 국방과학연구소는 연구의 성격상 처음부터 한국국적을 지니고 있는 연구자만 채용했으며, 가족이 외국국적을 포기하지 못하는 경우 책임 있는 위치에서 배제하는 정책을 폈다. 오원철, 『한국형 경제건설 5』(기아경제연구소, 1996), 133쪽.

원은 박사학위 후 5년 이상의 경험자나 석사 또는 학사학위 후 이에 상응하는 능력(논문 발표 등)을 갖춘 자로 한다는 사실도 밝혔다.

책임급 연구자는 KIST 연구활동의 중추를 담당하는 인력들이었다. KIST의 직원은 연구직, 기술직, 관리직, 기능직, 보조직 등의 직종이 있었고, 다음의 〈표 4〉에서 확인할 수 있듯이 연구 · 기술 · 관리직의 직급은 책임급, 선임급, 원급의 3단계로 구성되었다.[42] 각 연구실의 실장은 책임연구원이 맡았으며, 일부 기술지원부서는 책임기술원이 실장으로 임명되었다. 책임연구원은 주로 해외에서 유치한 연구자들로 구성되었으며, 책임기술원은 국내에서 현장 경험을 갖춘 인력들이 유치되었다. 선임급 연구자들은 국내외에서 고르게 유치되었으며, 연구원 · 기술원급 인력은 공개경쟁시험을 통해 전원 국내에서 선발했다.

최형섭과 바텔연구소는 지원의사를 밝힌 800여 명에 대한 서류전형을 통해 1차로 150명을 추려냈고, 다시 분야별 우선순위에 따라 2차로 75명을 선발했다. 1966년 10월 최형섭은 후보자들을 면접하기 위해 미국과 유럽을 방문해서 69명으로부터 적극적인 귀국의사를 확인받았고, 이 면접을 통해 천병두, 조종수, 정원 3명의 임용을 곧바로 결정했다. 천병두(금속합금)와 조종수(금속부식)는 금속 관련 전공자로 금속야금 분야를 전공한 최형섭이 그들의 연구분야와 능력에 대해 독자적으로 판단할 수 있었기 때문이다. 이와는 달리 고체물리를 전공한 정원의 경우 바텔 측과 최형섭의 의견이 달라 논란이 되었으나 최형섭의 강한 주장으로 임용이 결정되었다. 바텔 측은 한국의 처지에서는 고체물리와 같은 기초 분야가 산업발전에 기여할 수 있는 여지가 작다는 입장이었으나,[43] 최형섭은 전자 산업 분야의 성장

---

42) 설립 초기에는 책임급, 원급, 수급의 명칭을 사용하다 1975년부터 원급은 선임급으로, 수급은 원급으로 직급명이 변경되었다. 이 책에서는 초기의 원급 인력과 명칭 변경 이후의 원급 인력과의 혼동을 피하기 위해 연구소 설립에서부터 '책임 · 선임 · 원'급의 명칭을 사용하고자 하며, 또한 수급을 '원보'와 '수'로 나누어 부르기도 했으나 여기서는 따로 구분하지 않겠다. 〈표 4〉의 출처는 「인사규정」, 『KIST 제6회 이사회 회의록』(1966.7.1) 첨부자료.

43) 한국산업에서는 고체물리 같은 기초분야의 기여가 작다는 바텔 측의 견해는 바텔전

〈표 4〉 1966년 처음 제정된 연구소 직원의 채용자격 기준표

	연구직	기술직	관리직
책임 연구원 책임 기술원 책임 관리원	1. 박사학위를 획득한 후 5년 이상 연구경력자 2. 대학 이상의 과정을 이수하고 자기전공에 대한 인쇄된 우수한 논문 10편 이상을 학회에 발표한 자 3. 대학을 졸업하고 자기 전공분야에 대하여 15년 이상의 연구 경력을 가진 자로서 인쇄된 연구 논문을 5편 이상 발표한 사실이 있는 자	1. 박사학위를 획득한 후 3년 이상 기술경험을 가진 자 2. 대학 이상의 과정을 이수하고 자기 전공부문에 대한 기술경력 10년 이상을 가진 자	1. 과학기술행정부문 국가기관에서 2급 이상의 직에 있던 자 2. 대학 이상을 졸업한 자로서 과학기술행정기관에서 10년 이상의 경험을 가진 자 3. 연구소의 선임관리원으로서 3년 이상 근무하여 그 직무에 적격하다고 인정되는 자
선임 연구원 선임 기술원 선임 관리원	1. 박사학위를 가진 자 2. 석사학위를 받고 2년 이상 연구경력자 3. 대학을 졸업한 자로서 인쇄된 논문 2편 이상을 가진 자	1. 박사학위를 가진 자 2. 석사학위를 받고 2년 이상 기술경력자 3. 대학을 졸업한 자로서 5년 이상의 기술경력을 가진 자 4. 최고의 숙련기능을 가지며 그 지도능력이 탁월한 자	1. 대학 이상 졸업한 자로서 과학기술행정기관에서 5년 이상의 경력을 가진 자 2. 연구관리원으로서 2년 이상 근무하여 그 직무에 적격하다고 인정하는 자
연구원 기술원 관리원	1. 대학을 졸업한 자 또는 이와 동등 이상의 실력이 있다고 인정되는 자	1. 대학을 졸업한 자 또는 이와 동등 이상의 실력이 있다고 인정되는 자 2. 고도의 숙련 기능자	1. 대학을 졸업한 자 또는 이와 동등 이상의 실력이 있다고 인정되는 자

문가단이 1965년 12월에 제출한 보고서에서도 찾아 볼 수 있는데, 장차 설립될 연구소의 연구분야 및 연구범위에 대한 설명에서 전자분야에 대한 한국의 관심은 물리학적 문제(physics problems)가 아니라 생산과정(manufacturing process)에 있다고 밝히고 있다. E. E. Slowter, J. L. Gray, W. J. Harris and D. D. Evans, "Report on the Establishment and Organization of a Korean Institute of Industrial Technology and Applied Science" (Battelle Memorial Institute, 1965), p.25, KIST 역사관 소장 자료.

을 위해서는 멀지 않은 시간 내에 고체물리가 필요하다는 주장을 펼쳤다.[44)]

최형섭은 기초분야를 전공했더라도 중장기적으로 산업기술 연구에 이용될 수 있는 가능성이 있다고 판단이 되면 임용을 결정했다고 밝혔다.[45)] 그러나 기초분야 전공자의 선발에 대해 최형섭이 어떠한 기준과 원칙을 가지고 있었는지는 분명하게 확인하기는 어렵다. 즉 전체 연구자의 일정 비율을 기초분야로 선발한다거나 어떠한 분야들에서 기초연구의 필요성이 큰가에 대해 일관되거나 바텔 측과 합의된 원칙이 있었던 것으로 보이지는 않는다. 따라서 이 문제에 대해서는 바텔 측 전문가들과의 협의에서 이견을 드러냈던 것이고, 이후 이론화학을 전공한 전무식의 선발과정에서도 유사한 문제가 발생했지만 최형섭의 강한 주장으로 유치가 결정되었다.[46)] 물론 KIST가 계약연구기관으로서 산업기술을 연구해야 했으며, KIST에서 제한적이나마 기초분야에 대한 연구를 진행하려는 것에 대해 경제기획원에서는 적지 않은 불만을 나타냈기 때문에 기초과학 전공자의 선발은 제한적일 수밖에 없었다.[47)] 사실 계약연구를 통해 산업기술을 연구하는 KIST가

---

44) 1967년 열린 한 좌담회에서 최형섭은 기초연구 없이는 응용연구가 불가능하며, 특히 전자기기 생산에 필요한 고체재료취급에는 기초연구가 필수불가결하다고 주장했다. 「과학한국의 밝은 미래」, 『서울신문』, 1967.11.22. 고체물리학이 한국의 산업발전에 필요하다는 주장은 1972년 한국과학기술정보센터와 한국물리학회가 공동으로 주최한 '고체물리학에 관한 세미나'에서도 찾아볼 수 있다. 「고체물리학은 산업에 연결될 수 있는가?」, 『과학과 기술』 5-4(1972), 36쪽.

45) 『한국과학기술연구소 비사 제2권: 최형섭(2)』(1975.2.19) ; 『한국과학기술연구소 비사 제22권: 정원 · 최규원』(1975.6.26).

46) 정원의 회고에 의하면, 기초 분야라는 이유로 바텔 측이 반대하자 최형섭은 "바텔연구소는 미국의 여러 연구기관 중의 하나이지만 KIST는 미국의 국립표준국, 벨연구소, 바텔연구소 등 중요한 기관들을 모두 합친 국가적 성격을 지니고 있"음을 강조했고, 이에 대해 바텔 측이 '딱 한 번의 예외'라고 했으나, 이후 전무식에 대해서도 최형섭은 정말로 우수한 사람이라 꼭 임용해야 한다고 주장했다고 한다. 『한국과학기술연구소 비사 제22권: 정원 · 최규원』(1975.6.26). 그러나 정원과 전무식의 선발과 관련하여 최형섭이 직접 '국가적인 인재'라서 선발했다고 밝힌 적은 없으며, 장기적인 관점에서 볼 때 산업계에 도움이 될 수 있으리라는 판단이었다는 설명만 제시했다.

47) KIST의 기초연구에 대해 경제기획원에서 문제를 제기했다는 사실은, 주한 미대사관의 Newman이 미국무성에 보낸 전문, "Korean Institute of Science and Technology"(1966.6.10)에서 확인할 수 있다. 이 자료는 NARA 소장 자료로 김근배 교수가 사본을 제공

기초분야의 연구자를 선발한다는 것 자체가 'KIST 정신'에 부합하지 않는 것이었다. 최형섭은 KIST 설립 초기 이론물리학자 이휘소로부터 KIST 임용을 희망하는 편지를 받고 KIST가 아직은 기초연구를 할 단계가 아니라는 답장을 보냈다고 밝혔는데,[48] 이 같은 주장으로 볼 때 바텔의 반대에도 불구하고 기초분야 전공자를 선발한 것은 일관된 원칙에 의한 판단이었다고 보기는 어려웠으며, 이는 앞에서 논의했던, 자신과 뜻이 맞는 인물 중심으로 선발하는 최형섭의 인사 관리 스타일과 무관하지 않은 것으로 여겨진다. 사실 선발된 기초분야 연구실장들은 연구실 운영에 상당한 어려움을 겪어야 했다. 기초분야의 성격을 지닌 연구자로는 정원(고체물리연구실), 전무식(액체화학연구실), 최상(수산물이용연구실) 등을 들 수 있는데, 전무식은 1971년 8월 한국과학원으로 이직했으며, 최상은 1972년 3월 기술정보실장으로 옮겨가면서 연구실을 폐쇄했고, 정원은 1976년 표준연구소 부소장이 되어 KIST를 떠날 때까지 산업체가 단독으로 위탁한 과제는 한 건도 맡지 못했다.

최형섭은 지원자들과의 인터뷰에서 수요가 있는 연구 활동, 안정된 생활을 영위할 수 있는 충분한 처우를 강조했다. 이와 아울러 그는 KIST가 산업기술을 지원하는 연구소로서 연구자가 원하는 연구가 아닌, 산업계가 원하는 연구를 하게 된다는 점을 설명했다. 한 지원자의 회고에 따르면, 최형섭은 "노벨상을 자신하거나 희망하는 사람은 응모 말라, 한국에 나와 미국에서 하던 공부를 계속하면서 논문을 쓸 생각은 말라, 귀국하면 학술적인 기반은 다소간 저해된다"는 표현으로 KIST의 연구 성격을 나타냈으며, "돈을 벌 생각이 있으면 오지 말라, 다만 생활에는 불편이 없을 정도의 처우는 보장하겠다"는 뜻을 밝혔다고 한다.[49] 최형섭은 KIST가 계약연구기관으로서 수요가 있는 연구를 담당해야 하지만 안정적인 연구환경을 갖추고 있기 때문에 귀국을 생각한다면 이만한 기회는 없다면서 지원자들을 독려했다.[50]

했다.

48) 최형섭, 『기술창출의 원천을 찾아서』(매일경제신문사, 1999), 106~108쪽.

49) 『한국과학기술연구소 비사 제25권: 김훈철』(1975.7.8) ; 『한국과학기술연구소 비사 제2권: 최형섭(2)』(1975.2.19).

김동원과 레슬리(S. W. Leslie)는 한국과학원(KAIS)이 '노벨상이 아닌 시장을 목표로 한 연구와 교육'을 통해 우수한 인재를 양성하는 데 성공을 거두었음을 보여주었는데,[51] '시장을 목표로 한 연구'는 계약연구기관으로서 KIST가 설립 초기부터 내걸었던 기치였다.

비록 계약연구체제하에서 연구자들의 과제 선택 자율성은 제한될 수밖에 없었으나 전체적인 연구실 운영에서 연구실장에게 최대한의 자율성을 보장하겠다는 것이 최형섭이 내세운 조건 중 하나였다. 그는 박사학위취득 후 5년의 연구경험을 갖춘 사람이 귀국하면 모두 연구실장 대우를 해주겠다고 했으며, KIST는 연구실단위의 독립채산제를 채택하기 때문에 연구실장은 실질적으로 전권을 행사할 수 있음을 강조했다.[52] 앞에서 보았듯이 실제로 초기 유치자들은 대부분 연구실장으로 임명되었으며, KIST가 연구실장의 자율성을 최대한 보장하는 분권적 운영방식을 채택한 것은 국내의 관료적이고 위계적인 조직문화를 우려하던 연구자들이 귀국을 결정하는데 어느 정도 효과가 있었다. 또한 KIST가 국공립기관이 아닌 재단법인 형태로 설립되어 자율적으로 운영될 것이라는 계획도 지원자들에게 호감을 주었다. 다만 민간 기구로서 KIST가 안정적으로 존속할 수 있느냐는 우려가 제기되었으나 이는 KIST 육성법을 통해 보장된다는 것이 최형섭의 입장이었다.

이처럼 연구원 유치과정에서 연구소의 목표와 성격을 분명하게 인식시킨 후 그에 맞는 연구원을 선발한 것은 초기 연구소 인력 선발의 중요한 특징이라고 할 수 있다. KIST는 최고의 시설을 갖추고 연구원에 대한 월등한 처우를 보장하면서 한국의 근대화를 상징하는 최고의 연구소를 표방했지

---

50) 인터뷰에 참여한 바텔 측 인사는 최형섭이 원하는 사람은 반드시 설득시켜 귀국 승낙을 받아냈다면서 최형섭의 설득력을 매우 높이 평가했다고 한다, 『한국과학기술연구소 비사자료 제20권: 최영화』(1975.9.23).

51) Kim Dong-Won, Stuart W. Leslie, "Winning Markets or Winning Nobel Prizes? KAIST and the Challenges of Late Industrialization", *OSIRIS* 13(1998), pp.154~185.

52) 안영옥, 「한국과학기술연구소의 회고」, 한국미래학회 편, 『미래를 되돌아본다』(나남, 1988), 121쪽 ; 『한국과학기술연구원 인터뷰 자료: 한상준』(2002.10.5).

만 그러한 최고의 연구소에서 첨단의 연구 성과를 생산하는 것보다 낮은 수준이라도 '국내 산업계'가 필요로 하는 연구를 수행한다는 점을 확실하게 내세웠다. 그 결과 연구자가 귀국 후 수행하게 될 연구와 자신의 기대 혹은 연구자의 연구활동과 국내의 연구요구와의 괴리를 좁힐 수 있었던 것이다. 여기에는 바텔연구소와 국내의 분야별 전문가들이 공동으로 수행했던 산업실태조사가 한 몫을 담당했다. 1966년 11월부터 다음해 6월까지 16개 분야에서 실시되었던 산업실태조사의 결과를 담은 중간보고서는 면접을 통해 귀국의사를 밝힌 지원자들에 송부됐고, 그들에게 산업실태조사결과로 나타난 문제점을 해결하기 위해 각자가 원하는 과제에 대한 구체적인 연구계획서와 연구실 구성에 관한 계획서를 제출하게 했다. 이 계획서를 바탕으로 최형섭과 바텔의 해당 분야별 전문가들은 25명의 최종 면접 대상자를 선정할 수 있었고, 지원자들은 이러한 과정을 통해 자신이 KIST에서 담당해야할 연구의 내용과 방향성을 사전에 파악할 수 있었던 것이다.

또한 국내 산업계가 요구하는 연구를 수행한다는 원칙을 뒷받침하는 제도로 '연구원 임용계약제'가 채택되었다. KIST의 모든 연구기술직 인력은 처음 임용될 때 2년 기간의 계약을 체결하며, 그 다음부터 책임급 연구자는 영년직이 될 수 있지만 기타 연구원은 1년씩 계약을 연장해야 했다. 이러한 연구원 계약제는 KIST 인력 채용과 관련된 중요한 특징이었는데, 연구자와 KIST 운영진 각자가 능력과 적성을 검토할 수 있는 시간을 갖자는 의미를 지니고 있었다.[53] 시장이 요구하는 연구는 연구자가 희망하는 연구와는 거리가 있을 수밖에 없기 때문에 실제 2년간의 경험을 통해 연구자는 자신의 적성과 기대와의 부합 정도를 평가하여 거취를 결정할 수 있고, 연구소 운영진은 유치한 연구자의 능력을 검증하는 기회를 갖게 되는 것이었다. 동시에 KIST는 국공립기관이 아닌 민간재단법인으로서 계약연구체제를 운영원리로 삼았기 때문에 연구소 전체나 연구실 단위로 정원을 정하지 않고 연구계약 수요에 따라 탄력적으로 인력을 조절할 수 있게 하자는 취지도 담

53) 『KIST 제6회 이사회 회의록』(1966.7.1).

겨있었다. 계약제를 원칙으로 한 직원 채용 방법은 KIST 이후 설립된 대부분의 정부출연연구소들로 확산되었다. 물론 임용계약제는 연구소 전체 인력의 안정성이나 연구자들의 심리적 안정성에는 부정적인 측면이 있을 수 있었지만 현실적으로 한국적 정서에서 큰 과오가 없는 한 연구 실적 등을 토대로 연구원의 재계약을 거부하기는 쉽지 않았을 것이며, 대신 연구자가 자발적으로 연구소를 떠나는 방식으로 해결되었을 것으로 여겨진다.[54]

최형섭은 1967년 6월 20일부터 한 달간 바텔연구소를 방문하여 25명의 최종후보자들과 면접을 실시했다. 25명은 최형섭뿐 아니라 바텔연구소의 분야별 전문가들과도 만나 각자의 전문 분야의 경험과 앞으로의 연구 계획에 대해 밝혔으며, 이러한 과정을 통해 16명이 최종 선발되었다.[55] 16명 중 윤용구, 김재관, 정종락, 권태완, 오동영, 남준우, 장경택, 김훈철, 안영옥, 문탁진, 김춘수, 김만진 등 12명이 유치과학자로 KIST에 들어왔으며, 김철우는 위촉연구원으로 일하면서 나중에 중공업연구실 도쿄분실 실장대리를 맡았고, 다른 3명의 연구자는 귀국하지 않았다. 임용된 12명의 연구자들은 아직 KIST가 건설 공사 중이었기 때문에 귀국일자를 상황에 맞게 조절하여 1967년 4명, 1968년 4명, 1969년 3명씩 들어왔으며, 반도체 관련 연구를 하고 있던 김만진은 당시 국내의 여건과 자신의 경험으로는 본격적인 연구가 힘들다는 판단하에 귀국시기를 늦추어 1972년 말에 귀국했다.[56] 1차로 16명을 선발한 이후에도 추가로 지원자들과 협의를 계속해서 1969년 말 KIST가 준공식을 갖고 본격적인 출발을 할 때까지 모두 25명의 해외 유치 연구자들이 KIST의 연구원으로 결정되었다.

---

54) 바텔전문가단의 1965년 보고서는 한국의 관례와 제도상 한 번 임용하면 해고가 어려우니 수습직으로 선발하여 충분한 기간 동안 능력이 검증되면 정식직원 자격을 부여할 것을 제안했다. E. E. Slowter, J. L. Gray, W. J. Harris and D. D. Evans, "Report on the Establishment and Organization of a Korean Institute of Industrial Technology and Applied Science", p.34.

55) 「고국의 기술혁신에 이바지: 「과학기연계획」에 동의한 16명의 과학자들」, 『동아일보』, 1967.7.21.

56) 김만진, 「KIST 10년의 산물 반도체기술개발 센터」(1976), KIST 역사관 소장 자료.

초기에 유치된 25명의 연구자들은 책임연구원의 기준을 충족시켰거나 그에 근접한 연구자들을 중심으로 선발되었다. 25명의 연구자 중 17명이 책임연구원이 되었으며, 8명의 선임연구원 중에서 박사학위 취득예정자나 박사학위를 취득하고 곧바로 귀국한 경우는 2명뿐이었고 나머지는 대학원 졸업 후 여러 해의 연구소 및 산업체 경력을 쌓은 사람들이었다. KIST는 연구인력으로 해외의 한국인 과학기술자 유치를 공식적으로 표방한 첫 번째 기관이었기 때문에 그동안 형성된 풍부한 인력풀에서 연구원을 선발할 수 있었고, 그에 따라 상당한 경력을 지닌 연구자들이 KIST에 들어왔던 것이다. 25명 유치자들의 경력을 보면 산업계와 연구기관 출신이 각각 1/3을 조금 넘었으며, 대학교수는 이보다 약간 작은 숫자를 차지했다. 대학이나 연구기관 출신자 중 산업계 근무 경험을 갖춘 연구자를 포함하면 산업체 경험자가 절반 정도였다. 유치자의 분야별 구성을 보면 기계 · 금속분야가 9명, 화학 · 화공분야 6명, 식품 · 사료분야 5명, 공업경제 2명, 전기 · 전자 2명 순이었다.[57)]

25명의 학위 구성을 보면 공학박사와 이학박사가 각각 9명이었으며, 농학박사 2명, 공학석사 3명, 경영학석사 2명이 포함되었다. 산업기술을 연구하는 KIST 연구자로 이학박사 학위소지자가 9명이나 차지했다는 것이 이례적으로 보일 수 있으나, 고체물리를 전공한 정원, 유타대학에서 이태규의 지도하에 물리화학으로 박사학위를 받은 한상준과 전무식을 제외하고는 대체로 산업기술과 직간접적인 관련을 맺고 있었다.[58)] 예를 들어 물리화학으로 이학박사학위를 받은 윤용구는 미국의 제강회사에서 금속분야 연구

57) 기계, 금속 분야의 경우 같은 전공으로 분류하기도 하며, 재료 분야의 경우 세부 전공에 따라 전기 · 전자나 금속 등으로 분류되기도 하기 때문에 자료에 따라 분야별 유치자의 수가 조금씩 차이가 있다.

58) 전무식이 연구실장이 되어 개설한 액체화학연구실은 신설당시 연구실에 대한 소개에서 여러 가지 액체 상태에 대한 이론적 연구를 하는 한편 액체상태 연구과 관련된 타 연구실과의 공동연구 및 이론적 협조를 할 것이라고 밝혔는데, 이론적 연구를 주된 목적의 하나로 내세운 연구실은 액체화학연구실이 유일했다. 「6개 연구실 증설」, 『과기연 소식』 8호(1969), 3쪽.

원으로 일한 경력이 있으며, 역시 물리화학으로 이학박사학위를 받은 문탁진은 응용화학 성격이 짙은 고분자화학을 전공하여 귀국 전까지 미국의 화학회사에서 연구원으로 일했다. 그리고 식품화학, 유기화학, 가축 사료와 관련된 생물학을 전공한 연구자들이 이학박사학위를 소지하고 있었다. 유기화학으로 이학박사학위를 받은 뒤 생화학 연구를 주로 해오던 채영복은 귀국할 때 생화학과 유기화학 두 분야의 연구계획서를 제출했으나 국내에서 필요성이 큰 유기화학을 주로 해야 한다는 최형섭의 주장에 따라 연구실의 명칭을 '유기합성연구실'로 결정했다. 이는 연구자의 학문적 관심사보다 국내 산업계의 연구 수요를 더 우선적으로 고려했음을 말해준다.

25명의 유치자 중 5명이 석사학위를 지니고 있었는데, 이들은 모두 관련 분야의 산업체 출신자들이었다. 초기 해외 유치자는 대부분 연구실장(또는 연구실장대리)으로 임용되어 독자적인 연구실을 개설했는데, 20%의 비율로 높지는 않았지만 석사학위를 취득하고 산업계에서 활동하다 선발된 5명의 연구실장급 인력의 존재는 초기 연구자 선발에서 박사학위와 같은 고급 학위가 가장 중요한 기준은 아니었음을 보여준다. 1967년 6월 1차로 유치가 확정된 기계공학분야의 남준우와 장경택은 석사학위 취득 후 산업계에서 근무하던 엔지니어들이었다. 당시 KIST에 지원서를 제출해서 서류심사를 거쳐 면접까지 했던 69명의 후보자 중 기계공학 분야 전공자는 모두 7명으로 여기에는 박사학위 취득자가 2명 포함되어 있었음에도,[59] 임용이 결정된 2명은 박사학위자가 아니라 산업체 현장에서의 연구경험이 있는 엔지니어였다. 이에 대해 최형섭은 기계 분야의 지원자 중 박사학위 소지자는 대부분이 '열(heat)' 전공자였기 때문에 공장에서 일한 경험이 있는 연구자를 선발했다고 밝혔다.[60] 미국은 1957년 소위 '스푸트니크 쇼크' 이후 인공위성 연구에 많은 연구비를 투자했으며, 이에 따라 기계 · 금속 · 재료 분야에서 '열전도'(heat transfer)에 대한 연구가 붐을 이루게 되었지만,[61] 당시 한국

---

59) KIST, 『한국과학기술연구소십년사』(1977), 47쪽.

60) 『한국과학기술연구소 비사 제2권: 최형섭(2)』(1975.2.19).

61) '스푸트니크 쇼크' 이후 미국 대학의 연구활동 변화에 대해서는, Roger L. Geiger,

의 사정에서는 '열전도' 전공자들이 국내의 산업기술 연구에 기여할 수 있는 여지가 매우 작았다. 따라서 "우리나라의 기계공업 분야는 고급품이 아니라 기계를 설계해서 공장에서 두드려 만드는 일을 해야 했기 때문에 학위 취득자보다 현장경험자를 선택했다"는 것이 최형섭의 설명이었다. 물론 이러한 판단은 최형섭이 단독으로 내릴 수 있는 것은 아니었고, 기계공업 분야의 산업실태조사를 참고로 하여 바텔연구소의 기계공업 분야 전문가와의 논의를 통해 내려진 결론이었다. 또한 69명의 후보자에는 경제 · 경영 분야 박사학위자 4명이 들어있었으나 공업경제 분야 연구원으로 선발된 2명은 석사학위 후 기업에서 근무하던 사람들이었다. KIST의 공업경제 관련 연구실은 연구 과제의 경제적 타당성 조사, 시장조사, 원가계산 및 분석, 경영진단 등을 주 임무로 삼았기 때문에 기업에서 관련 실무 경험이 있는 연구자가 바람직하다는 판단이었다.

개발도상국의 경우 해외 유치 인력이 대체로 고급학위 소지자를 위주로 진행되는 경향이 있으며,[62] 연구기관으로서 고급교육을 받은 연구자를 우선적으로 고려하는 것은 자연스러운 일이라고 할 수 있다. KIST도 80%의 유치과학자가 박사학위를 지니고 있었기 때문에 그 같은 경향에서 크게 벗어나지 않는다고 볼 수 있다. 그러나 KIST가 박사학위 소지자를 제치고 현장경험이 있는 연구자를 선발했다는 사실은 산업체에서 축적한 실제적 경험을 중시했다는 점을 보여주는 사례라 할 수 있다. 유치자 중 산업체 경험자가 절반 정도였기 때문에 연구원 선발에서 산업체 경력을 특별히 우대했다고 보기는 어렵지만 산업체 경력으로 인해 불이익을 받지 않도록 한 것은 사실이었다. 당초 1966년 제정된 인사규정에서 명시된 책임연구원의 자격

"What Happened after Sputnik? Shaping University Research in the United States", *Minerva* 35(1997), pp.349~367, 교육 및 연구를 비롯한 전반적인 변화에 대한 간략한 논의는, Paul Dickson, *Sputnik: The Shock of the Century* (Walker Publishing Company, 2001), pp.223~245 참고.

62) Harret Ann Hentges, "The Repatriation and Utilization of High-Level Manpower: A Case Study of the Korea Institute of Science and Technology"(Johns Hopkins Univ. Ph.D. Diss., 1975), p.131.

기준은 박사학위 후 5년 이상의 연구경력을 가졌거나, 대학원 과정 이수 후 논문 10편 이상을 발표했거나, 대학을 졸업하고 15년 이상의 연구경력에 논문 5편 이상을 발표한 자로 규정됐다.[63] 그러나 산업계에서 실무경험을 쌓은 인력들은 연구논문을 발표하기 힘들었기 때문에 이러한 규정은 대학이나 연구소 출신자에게 유리한 기준이었다. 이에 따라 1967년 5월 해외 인력의 유치작업이 진행되면서 최형섭은 책임연구원의 자격기준 변경을 이사회에 요청했다. 이미 확정한 책임연구원의 자격기준에는 미달되지만 산업체에서 장기간 경험을 쌓은 연구자가 KIST와 한국의 산업계에는 꼭 필요하다는 최형섭의 주장에 따라 책임연구원의 자격 기준에 "상기 각 요건과 동등한 자격이 있다고 인정되는 자"가 추가되었다.[64] 결국 이러한 사실은 시장을 목표로 한 연구소라는 기치에 맞게, 현장 경험과 국내 산업계와 관련성이 단순한 수사에 머물지 않고 연구인력의 선발과정에 의미 있는 요소의 하나로 고려됐음을 보여준다.

2) 초기의 국내 인력 유치와 대학원 설립 시도

해외 연구자 유치작업과 동시에 국내에서도 연구원 유치가 추진되었다. 그러나 해외 유치작업과는 달리 국내에서는 대규모의 공개적인 유치 절차를 밟지 않고 개별적인 접촉이나 산업실태조사에 참여한 연구원을 중심으로 조용한 방식의 채용이 이루어졌다.[65] 당시 국내 대학이나 연구소에는 고급과학기술자의 수가 많지 않았는데, KIST가 이들을 대거 유치할 경우 해당 기관의 운영에 적지 않은 차질을 줄 수 있었고, 실제로 대학이나 기존 연구소들이 KIST의 연구원 선발에 대해 상당한 우려를 보였기 때문에 KIST

63) 「인사규정」, 『KIST 제6회 이사회 회의록』(1966.7.1) 첨부자료.

64) 『KIST 제15회 이사회 회의록』(1967.5.31).

65) 산업실태조사에 참여한 국내의 연구자 중 정만영(전자공업), 최상(식품공업), 김종빈(석유화학공업, 식품공업), 성기수(전자계산기), 이찬주(포장공업) 등 5명이 곧바로 연구원으로 임용되었으며, 황기엽(금속공업)은 1971년, 최영식(주물공업)은 1974년 임용되었다.

는 국내에서는 적극적인 유치 활동을 하기 어려웠다.[66] 이렇게 국내에서 선발된 선임급 이상의 연구기술직 인력은 KIST의 첫 번째 연구원으로 임용된 심문택을 시작으로 하여 1969년 말까지 30명에 이르렀다.[67] 이들 30명은 책임연구원 7명, 책임기술원 3명, 선임연구원 20명, 선임기술원 3명의 분포를 보였으며, 여기에는 1968년 2월 첫 번째 연구원 공개채용시험에서 선발된 3명의 선임연구원도 포함되었다.

국내 유치자라고는 하지만 책임연구원 7명 전원과 선임연구원 2명은 해외유학을 통해 박사학위를 취득하고 귀국해서 활동하던 상태였다. 이들 중 한 명인 성기수는 해외 취업을 추진하다 KIST에 들어온 경우였다. 그는 현역 공군 대위로서 공군사관학교에서 항공역학을 강의하면서 한국경제개발협회에서 계량경제와 관련된 용역을 수행했으며, 서울대 경영대학원과 행정대학원에서 시간강사로 일했으나 경제적 곤란으로 인해 해외 취업을 고려하고 있었다. 그는 몇몇 외국 대학에 의사를 타진한 결과 캐나다의 웨스턴 온타리오대학에서 수학과 교수자리를 제안 받고 출국을 저울질하던 차에 KIST의 책임연구원이 되었다.[68] 국내의 열악한 처우 때문에 해외에서 유학을 마치고 귀국했던 과학기술자들이 다시 한국을 떠나는 상황에서 KIST의 설립은 국내의 고급 과학기술 인력에게 좋은 기회가 될 수 있었다.

최형섭은 해외에서 귀국한 과학기술자들이 국내 산업계의 사정에 어둡기 때문에 국내에서 유치한 연구자들이 산업계와 해외 유치 과학자들을 매

---

66) 문교부 자문기관인 한미과학교육위원회는 KIST가 공식적으로 설립되기 이전에 「과학교육과 고려중인 응용과학기술연구소와의 상호의존에 관한 몇 가지 제언」(1965.12.6) 이라는 건의서를 채택하여 기존 대학의 교원을 연구소의 연구원으로 선발할 경우 대학의 피해를 최소화하기 위한 적극적인 대책 수립을 요구했다. 이 자료는 KIST 역사관에 소장되어 있다. 또한 원자력연구소는 상당수 인력이 KIST로 옮겨감으로써 실제로 상당한 타격을 받았다. 「돌아오지 않는 두뇌들」, 『한국일보』, 1967.11.19.

67) 이 인원은 각 연구실과 기술지원부서에서 연구개발활동에 참여한 인력을 나타내며, 시설과 등 연구와 직접 관계없는 부서에 속한 선임기술원은 제외한 숫자이다.

68) 성기수, 「선택의 기로, KIST전자계산실」, 『조국에 날개를: 성기수 자서전』(1999). 이 책의 전문은 성기수 개인 웹사이트(http://www.sungkisoo.pe.kr, 2008년 12월 8일 접속)에서 확인할 수 있다.

개시켜주는 역할을 담당토록 했으며, 생산 현장에서 당장 필요로 하는 현장기술지도는 해외에서 유치한 박사학위 연구자들이 꺼리는 과제들이 있었기 때문에 산업체 현장 경험자들을 선발하여 그 같은 업무를 맡겼다고 주장했다.[69] 그렇지만 국내에서 선발된 연구원들은 산업계 출신자가 크게 많은 편은 아니었다. KIST에 들어오기 이전의 경력을 보면 대학교수 및 강사 등이 7명, 원자력연구소 등 국내 연구기관 출신자 9명,[70] 기업에서 엔지니어로 활동한 경우가 8명으로서, 확인되지 않은 3명이 모두 산업계 출신이라고 해도 산업계 엔지니어의 비율은 1/3 정도에 불과했다. 또한 이들 산업체 출신 선임급 이상 연구자 중 절반이 공작실이나 공업화시험실 등 기술지원부서에 소속되어 있었기 때문에 1969년 말 당시 23개 연구실 중에는 국내 산업계 출신 연구자가 없는 곳이 다수였다. 이러한 사실로 볼 때 연구실마다 산업체 출신자를 배치한다거나 하는 특정한 원칙하에 계획적으로 기업의 엔지니어를 연구자로 유치했다고 보기는 힘들다.

산업체 출신 연구자들은 인적 연결을 통해 과제 수탁에 도움을 줄 수 있었으며, 생산현장에서 요구하는 구체적인 문제에 대한 이해와 접근이 용이하다는 장점이 있었다. 1967년 10월 선임연구원으로 임용된 윤한식의 경우가 그 같은 사례라고 할 수 있다. 1955년 대학을 졸업한 후 중소기업에서 근무한 그는 염료합성, 화장품연구 등 화학공업 분야의 여러 주제에 대한 현장 경험을 가지고 있었다. 다니던 회사가 문을 닫자 KIST를 지원한 그는 발표한 논문이나 등록한 특허가 하나도 없어 지원 서류에 포함된 연구업적서에 '자서전'을 써야했지만 그의 경험과 기술을 높이 산 한상준에 의해 임용이 결정되었다.[71] 윤한식은 고분자연구실의 선임연구원으로 임용된 이후 섬유 염료 개발, 방사(紡絲)회사의 기술 지원, 가발원사 합성 등 섬유 관련 연구에서 활발한 연구 활동을 펼쳤으며, 1975년 책임연구원이 되어 섬유

---

69) 최형섭, 『불이 꺼지지 않는 연구소』(조선일보사출판국, 1995), 61~62쪽.

70) 원자력연구소 연구관, 연구원을 거친 3명을 제외하고도 원자력연구소에서 옮겨 온 연구자가 6명이었고, 금속연료종합연구소 출신이 2명, 체신부 전파연구소 출신이 1명이었다. 공채로 선발한 원급 연구자 중에도 원자력연구소 출신이 다수 포함되었다.

71) 『한국과학기술연구원 인터뷰 자료: 윤한식』(2003.2.14).

화학연구실을 열었다. 그는 1979년 제3세대 합성섬유인 ‘아라미드’ 섬유의 합성에 성공하여 이후 연구소의 첫 번째 석좌연구위원이 되었다. 윤한식의 경우는 매우 극적인 성공사례였지만 공작실이나 공업화시험실 등의 기술지원부서에서도 산업체 출신 엔지니어 연구원의 활약이 두드러졌다고 볼 수 있다. 1969년 책임기술원으로 유치되어 공업화시험실 실장을 맡은 최희운은 대학 졸업 후 10년 이상을 산업계에서 화학공학 장치의 설계 엔지니어로 일한 경력을 지니고 있었다. 그는 KIST에서 연구결과의 실용화를 위한 파일롯 플랜트 건설과 관련된 과제를 다수 수행했으며, 그 성과를 인정받아 1980년 연구위원으로 임명되었다.[72)]

선임급 이상의 연구자들은 대개 개별적인 전형을 통해 임용이 결정되었으나 원급의 연구인력은 공개채용시험을 거쳐 선발되었다. 1968년 2월 처음으로 연구원 공채가 실시되어 700여 명의 지원자 중 50명이 선발됐다. 선발자는 대부분 연구원급 인력이었고 3명은 선임연구원으로 임용되었다.[73)] 연구원급 인력은 대학을 갓 졸업한 경우가 많았으나, 짧은 기간이나마 산업체에서 일했던 경력자들도 상당수 포함되었다. 연구원의 최종 선발에는 해당 연구실장의 판단이 가장 중요하게 작용했는데, 이 과정에서 생길 수 있는 정실인사를 막기 위해 도입한 제도가 ‘친족 임용 금지’ 규정이었다. 인사규정에 포함된 결격사유 중 3촌 이내의 친족이 KIST에 근무하고 있는 경우 직원이 될 수 없다는 친족관계 결격사유는 다른 기관에서는 찾아보기 힘든 조항이었다. 이는 정실인사를 지양하고 인물본위로 연구원을 선발하겠다는 의지의 표현으로 바텔연구소 측에서 먼저 제안한 규정이었다. 이 규정 때문에 설립 초기에 지원의사를 보였던 재미 부부과학자가 귀국을 포기했으며, 친족 관계임이 임용 이후에 밝혀져 연구소를 떠난 경우도 있었다.[74)] 다

72) 선임연구위원 및 연구위원은 1978년 새로 만들어진 제도로서 소장이 필요할 경우 책임급 연구자 중에서 임명할 수 있도록 규정되었다. 1978년 원자력연구소 소장에서 KIST로 복귀한 윤용구가 선임연구위원에 임명되었고, 1978년 응용화학연구부장 이화석, 1980년 공업화연구부장 최희운이 연구위원으로 임명되었다. 『KIST 제62회 이사회 회의록』(1978.7.21).

73) 「국내에서 50명의 연구요원 입소」, 『과기연 소식』 1권 3호(1968), 6쪽.

만 친족관계이더라도 특수한 재능을 보유하고 있을 경우 이사회의 의결을 거쳐 임용될 수 있었다. 초기에는 거의 모든 연구자가 남성이었으나 시간이 지나면서 공개경쟁시험을 통해 선발된 여성 연구자들의 수가 조금씩 증가했으며, 특히 전산 분야의 경우 키펀처나 타자수 등을 제외한 연구기술직에도 여성의 숫자가 적지 않았기 때문에 점차 내부 결혼이 많아졌다. 이 경우 친족관계 결격사유 규정을 적용해 한 사람은 KIST를 떠나야했는데, 당시 여성의 경우 취업이 쉽지 않았고 남성의 경우 KIST 경력이 어느 정도 사회적 인정을 받아 취업이 쉬웠기 때문에 대부분 남성 연구원들이 KIST를 떠나 여성 연구원이 상대적으로 더욱 늘어나게 되었다.[75)]

설립 초기에 연구원급으로 선발된 인력들은 대학원 교육을 받지 않은 경우가 훨씬 많았다.[76)] 최형섭은 장기적으로 우수한 연구원을 안정적으로 확보하기 위해서는 국내에서 수준 높은 대학원 교육이 이루어져야 한다고 보았고, 국내의 대학원이 정상적인 교육을 하지 못하고 있다는 판단하에 대학원 설립을 기획하게 되었다. KIST가 추진한 대학원 설립 문제는 1968년부터 제기되기 시작했다. 최형섭은 1967년 말 한 신문사의 좌담회에서 기초연구 없이는 응용연구가 불가능하다며 기초과학 분야의 대학원 설립이 시급함을 주장했다.[77)] 그는 "현재 응용과학 쪽인 KIST 한바퀴만이 마련된 셈이기에 기초과학대학원의 설립이 시급하다"고 하면서, 기초과학대학원은 캐나다의 NRC형태가 이상적이며, 총예산의 2/3를 정부가 부담하고 1/3을 대학이 공동부담하는 것이 바람직하다고 설명했다. 최형섭의 이 같은 주장이 나오고 얼마 지나지 않은 1968년 2월 KIST는 "이공계 대학 및 대학원 육성 방안에 관한 조사연구"라는 보고서를 발표했다. 이 보고서는 "1969년도 과학기술 진흥을 위한 계획안"이라는 보고서의 부록으로 첨부된 것으로, 한국의

---

74) 『한국과학기술연구소 비사 제15권: 안영옥』(1975.5.29) ; 『한국과학기술연구원 인터뷰 자료: 최연상』(2002.11.30).

75) 『한국과학기술연구원 인터뷰 자료: 성기수』(2002.10.23).

76) 1970년 10월 현재 160명의 연구원 및 기술원 중 130명이 학사이고 석사학위자는 30명이었다. KIST, 『한국과학기술연구소 연보-69』(1970), 132~138쪽.

77) 「과학한국의 밝은 미래」, 『서울신문』, 1967.11.22.

과학기술 연구의 활성화를 위해 새로운 개념의 이공계 대학교육의 뒷받침이 필요하다는 주장을 담고 있다. 이를 위한 여러 가지 이공계 대학교육 개혁안 중 하나로 연구소와 긴밀한 연결을 갖는 이공계 대학원 설립이 제시되었다.[78]

1969년 말 KIST는 위와 같은 연구를 바탕으로 「KIST 부설 이공계 대학원 설립안」을 작성했다.[79] 이에 따르면 고급기술자의 양성을 위한 대학원을 서울대와 같은 기존 대학이 아닌 KIST에 세우는 것이 바람직한데, 그 이유로는 외국의 우수 과학자를 유치하려면 고액의 봉급지불이 필요하지만 국립대학인 서울대에서는 불가능하며, 대학원의 선발과정이 서울대 졸업생에게 편중되어 여타의 대학에서 입학을 희망하는 우수한 인재들을 포괄적으로 수용하지 못할 우려가 있다는 점을 들었다.

그러나 이 같은 계획은 문교부와 대학의 강력한 반대를 불러왔다. 반대의 첫 번째 이유로, 모든 종류의 대학원 교육은 대학에서 담당해야 하며 산학협동의 본거지도 대학이 되어야 한다는 것이었다. 대학원은 연구와 교육을 본질로 하는 만큼 학문적 기초를 갖는 대학에 부설되어야 하며, 대학원 교육은 학부교육과 유기적인 관계하에서 진행되어야 하는 것이 합리적이라는 것이었다. 두 번째는 과학기술분야의 건전한 대학원 교육을 실시하기 위해서는 새로운 기구를 신설하는 것보다 서울대가 갖고 있는 기존 인적자원이나 시설을 이용하는 방향이 바람직할 뿐 아니라 고등교육정책의 정도에도 맞고 국가 예산의 낭비를 방지할 수 있다는 주장이었다.[80] KIST의 대학원 설립 주장에 대해 일부에서는 KIST가 연구소에서 대학원으로 성격을 전환하는 것이 아니냐는 의심을 하기도 했다. KIST가 산업계와의 계약연구를 통해 연구비와 운영경비를 충당할 것을 계획했으나 기업의 소극적인 태도로 인해 연구과제의 수탁이 어렵자 KIST의 목표를 고급기술자의 양성을

78) KIST, 「이공계대학원교육 육성방안에 관한 조사연구」, 『1969년도 과학기술 진흥을 위한 계획안』(1968), KIST 역사관 소장 자료.

79) 한국과학기술원, 『한국과학기술원 사반세기: 미래를 향한 끊임없는 도전』(1996), 13~14쪽.

80) 「KIST에 의한 대학원신설계획을 반박함」, 『대한신문』, 1969.11.17.

위한 대학원으로 수정하려고 한다는 추측성 비판이었다. 결국 이 같은 반대 여론에 부딪쳐 KIST의 대학원 설립계획은 더 이상 구체화되지 못했다. 그러나 곧이어 AID를 통해 새로운 형태의 이공계 특수대학원 설립안이 제출되었고, 1970년 4월 '한국과학원'의 설립이 결정되었다.[81] 1975년부터 배출된 한국과학원의 졸업생들은 국내의 관련 기관에서 3년간 근무할 경우 병역면제혜택이 주어졌기 때문에 상당수가 KIST 연구원으로 임용됐으며, 결과적으로 우수 연구원의 확보를 위해 대학원 설립을 추진했던 KIST의 계획과 유사한 효과를 얻게 되었다.

3) 연구자에 대한 처우

KIST가 해외 인력을 성공적으로 유치하기 위해서는 일차적으로 연구에만 전념할 수 있도록 어느 정도의 급여를 보장해주는 것이 중요했다. 물론 해외의 과학기술자들이 귀국을 결정할 때 경제적 조건이 가장 중요하거나 유일한 요인이라고 할 수는 없지만 기본적인 필요조건임에는 틀림이 없었다. 당시 급여가 낮았던 대학교수나 국공립 연구기관의 연구원들은, 앞에서 언급했던 성기수의 경우처럼 생계를 위해 대개 시간강사 등의 부업을 가졌으나 부업은 연구활동에 대한 집중도를 떨어뜨릴 수밖에 없었다. 이에 따라 최형섭과 정부관계자, 바텔 측 인사 등 KIST 설립에 참여한 모든 주체들은 KIST 연구원들이 충분한 급여 수준을 보장받아야 한다는 사실에 동의했으며, 그 대신 KIST 정관의 부칙에 연구원들은 '보수를 목적으로 한 타업에의 종사 금지'를 명시하기로 했다. 연구원들은 여건이 될 경우 대학원에서 한 강좌의 강의를 담당할 수 있었으나 지급받은 강사료는 모두 KIST에 반납하는 것을 원칙으로 했다.

처음 연구자의 급여 결정은 한국은행의 급여 수준을 기준으로 삼았다.

---

81) 한국과학원의 설립 과정에 대해서는 한국과학기술원, 『한국과학기술원 사반세기』, 11~28쪽을 참고. 1971년 2월 공식 설립된 한국과학원의 이사회에는 KIST 소장이 당연직 이사로 참여했으며, 6명의 선임직 이사 중 3명이 KIST 이사 출신이었다.

책임연구원의 급여는 한국은행 부장급의 지급액을 기준으로 하여, 경력에 따라 월 6만 원에서 9만 원 정도로 결정되었다.[82] 이는 해외에서 유치한 연구원들의 경우 대체로 미국에서 받는 급여의 1/3 내지 1/4의 수준이었다. 당시 국립대 정교수의 급여가 3만 원 안팎이었지만 박사학위를 받은 KIST 선임연구원의 초봉은 4만 5천 원 정도였으며, 이러한 높은 급여 수준은 대학이나 다른 연구기관의 반발을 불러오기도 했다.[83]

높은 급여와 함께 KIST 연구원에게 주어진 중요한 혜택 중 하나가 주택 제공이었다. 해외에서 유치된 연구원들은 가족의 항공료와 이사비용, 그리고 KIST 내에 건설되는 아파트를 임대해주겠다는 약속을 받았다. 주택 제공이라는 조건은 특히 해외에서 귀국하는 연구자들에게 매우 매력적이었으나 설립 초기부터 KIST 안팎에서 그에 대한 반대의견이 적지 않았다. 연구소 내에 주택을 지어 제공할 경우 입주자 가족 간의 인간관계에서 빚어지는 문제가 연구자들에게 부정적인 영향을 줄 수 있다는 우려와 함께, 과거 대학이나 대규모 공장 등에서 사택을 제공했지만 근무공간과 개인생활 공간이 분리되지 않는다는 이유로 환영받지 못했다는 이유가 제시되었다.[84] 그러나 해외 과학기술자 유치과정에서 이미 아파트를 제공한다고 약속을 했기 때문에 처음 계획한 30세대 이상은 더 짓지 않는다는 조건으로 아파트 건설을 예정대로 추진했다.[85]

---

82) 『KIST 제5회 이사회 회의록』(1966.6.7).

83) KIST의 급여가 지나치게 높다는 불만의 목소리가 청와대에까지 전달되었으나, 연구원들의 월급 수준을 확인한 박정희가 "나보다도 봉급이 많은 사람이 수두룩하군"이라고 하면서도 그대로 시행하라는 지시를 내렸다고 한다. 최형섭, 『불이 꺼지지 않는 연구소』, 58쪽. 1966년 당시 대통령의 월급은 78,000원이었다. 정재경 편, 『박정희 실기』(집문당, 1994), 153쪽.

84) 『KIST 제12회 이사회 회의록』(1967.2.3) ; 『한국과학기술연구소 비사 제4권: 최형섭(4)』(1975.5.28). 최형섭은 주택 문제에 대해 이태규와도 상의했는데, 과거 서울대 문리대 학장시절 사택에서 일어나는 문제로 인해 갈등이 많았다며 아파트를 절대로 짓지 말라고 조언했다고 밝혔다.

85) 최형섭은 아파트 입주 규약에 다른 사람의 집을 방문하지 않고, 이웃과의 교류는 반드시 커뮤니티센터를 이용하며, 분란이 생길 경우 관련 당사자 두 사람 모두를 내보낸다는 조건을 내걸어 가족들 간의 갈등을 예방하고자 했다. 『한국과학기술연구소

해외에서 유치한 연구요원들에게 아파트를 제공하는 것은 단순히 주택 구입에 따른 경제적 부담을 덜어주는 것 이상의 의미가 있었다. 해외의 과학기술자들이 귀국을 꺼리는 중요한 요인 중 하나가 한국어와 한국의 교육문화에 익숙하지 않은 자녀들의 교육 문제였다.[86] 당시 유치과학자들은 30대 후반에서 40대 초반이 많았기 때문에 대개 초등학교에 다니는 자녀들이 있었는데, 같은 아파트에 거주하면서 문교부의 배려로 자녀들을 KIST 근처의 특정 사립학교에 보낼 수 있게 되어 학교생활 적응 문제에 대한 부담을 함께 나누어 질 수 있었던 것이다.[87]

1970년대에 들어와서도 해외에서 연구자의 귀국이 이어지면서 아파트에 대한 수요가 커져갔기 때문에 1971년 KIST 내에 제2 아파트를 건설했다. 이후에는 KIST의 공간 제약으로 더 이상의 아파트 건설이 불가능해지자 외부에 아파트를 임차하여 제공하는 등의 방법을 활용했으나 공급이 수요를 따라가지 못했다. 연구원에게 제공되는 아파트와 별개로 독신 연구원들에게는 2인 1실의 기숙사 40실이 제공되었다. 이처럼 연구소 내에 아파트와 기숙사를 건설한 것은 연구원들이 집과 연구소를 오가는 시간을 줄이고 통행금지가 있던 당시 시간에 구애받지 않고 밤늦게까지 연구실에서 연구활동에 몰두할 수 있게 하려는 의도가 있었다.[88] 국방과학연구소, 한국과학원 등 이후 설립된 기관들도 KIST의 선례를 따라 해외에서 유치한 연구자들에게 아파트를 제공했다. 또한 KIST 내부의 테니스장은 1971년 야간조명 시설까지 갖추어서 연구원들이 언제라도 이용할 수 있게 했으나 당시로서는 전기를 이용해 훤히 조명을 밝히고 운동을 한다는 것이 주변 주민들에게 위화감을 줄 수 있다는 이유로 야간 사용은 자제되었다. 이처럼 KIST 내부의 아파트를 비롯한 고급 시설과 계약연구기관으로서 외부인의 출입에 대한

비사 제4권: 최형섭(4)』(1975.5.28) ; 『한국과학기술연구소 비사 제22권: 정원 · 최규원』(1975.6.26).

86) 김정흠, 「해외 과학자 두뇌 유치」, 『과학기술』 3-3(1970), 14~28쪽.

87) 권태완, 「KIST 20년 3개월의 회고」, 『仁溪 權泰完 박사 연구업적목록 및 고별강연록』(인제대학교 식품생명과학부, 2003), 65쪽. 권태완 박사 제공 자료.

88) Harret Ann Hentges, "The Repatriation and Utilization of High-Level Manpower", p.107.

까다로운 통제 등으로 인해 KIST는 "홍릉의 높은 문턱 안에 자신들만의 소미국을 차려놓고 있다"는 비난을 받기도 했다.

책임연구원에게 주어지는 '연구휴가'(Sabbatical leave)는 해외의 두뇌들이 귀국을 결심하게 하는 유인책의 하나이자 월등한 급여, 주택제공과 함께 KIST 연구원이 누리는 높은 처우를 상징했다. 최형섭은 설립 초기의 해외 연구원 유치 과정에서부터 책임연구원에 대해서는 3년마다 1년씩의 연구휴가를 주겠다고 공언했다. 이는 책임연구원이 연구위탁자가 요구하는 계약 연구만을 수행하다보면 선진 외국의 연구개발이나 최신 공업 경향에 접하지 못하는 문제가 생기는 것을 보완하기 위한 것이었고, 귀국 이후 선진 학계와의 단절을 우려하는 연구자들에게 위안책이 될 수 있었다.

연구휴가는 국내에서 처음으로 도입되었기 때문에 규정을 만들 때 이사회의 우려가 상당했다. 1970년에 이르러서 처음으로 규정이 제정되었는데, '해외연수'라는 명칭으로 연구업무심의회의 심의와 소장의 승인을 받아 1년 이내의 기간 동안 급여를 지급받으며 해외의 대학이나 연구소에서 연구 활동을 하는 것으로 정의되었다. 연수 기간 동안 급여는 지급하지만 연수에 필요한 경비는 본인 부담으로 하며 연수 기간의 2배를 의무적으로 근무해야 하며, 연장근무를 하지 않을 경우 연구소가 제공한 경비를 전액 환불해야 했다.[89] 이러한 규정에 대해 이사회는 3년마다 1년간의 공백이면 연구소의 정상적인 운영에 지장이 생기지 않겠느냐는 우려를 제기했으며, 미국은 대개 6년 반 정도가 지나야 안식년을 갖게 되는데 3년은 너무 짧다는 의견도 제시했다. 이에 대해 최형섭은 3년마다 무조건 나가는 것은 아니고 해당 연구실과 연구소의 전체적인 상황에 따라 합리적으로 결정할 것이며, 우리와 같은 주변부에서 과학선진국의 활발한 움직임을 따라잡기 위해서는 6년은 너무 길다고 주장했다.[90] 이에 따라 당분간 운영하면서 문제점이 나타날 경우 조정한다는 조건으로 연구휴가를 명문화했다. 그러나 실제로 이후 책임연구원들의 유급해외연수는 그렇게 많지 않아 이사회의 업무보

89) 「해외연수 요령」, 『KIST 제58회 이사회 회의록』(1977.3.18) 첨부 자료.
90) 『KIST 제37회 이사회 회의록』(1970.10.28).

고에서 확인한 바에 의하면, 1970년 고체물리연구실장 정원을 시작으로 1980년까지 6명 정도만이 다녀왔다. 연구실단위 책임제도를 채택했기 때문에 연구실장은 자신이 맡고 있는 연구실의 정상적인 운영에 차질을 주면서까지 해외연수를 강행하기는 힘들었다. 그러나 연구휴가라는 제도 자체는 계약연구업무에 매달리고 있는 책임연구원들에게 좋은 재충전의 기회가 될 수 있었다.

한편 대학원 과정을 마치지 않은 연구원들에게는 교육의 기회가 제공되었다. KIST는 1968년 서강대를 시작으로 국내의 대학 및 대학원과 자매결연하여 연구원들이 위탁교육을 받을 수 있게 했다. 서강대에 이어 같은 해 12월에는 인하공대, 1970년 2월에는 고려대, 1973년에는 한국과학원과 협약을 맺고 대학원 교육을 시켰다.[91] 위탁 교육 분야는 각각의 대학에 개설된 이학, 공학, 경상학 분야로 한정되었고 박사학위 과정이 개설되어 있는 경우 박사학위 과정도 밟을 수 있었다. 모든 강의는 대학에서 수강하며 논문에 필요한 실험 및 연구는 연구소에서 진행하는 형식이었으며, 책임연구원이 강사나 공동지도교수로 위촉되어 논문의 지도에 참여할 수 있게 했다. 자매결연 대학원에서 KIST 연구원들이 학위 취득을 위해 작성한 논문의 주제는 대부분 KIST 연구실에서 수행한 연구과제와 직접 관련된 것들이었다. 해외유학의 경우 연구소 차원에서 공식적으로 지원을 해주는 제도는 없었으나 장단기의 해외연수를 통해 연구원들이 새로운 지식을 쌓을 수 있는 기회도 마련되었다. 위탁교육과는 별개로 연구원들이 자신의 출신 대학 등의 대학원에서 학위과정을 이수하는 경우도 많았는데, 이때도 논문을 위한 실험과 연구는 KIST 연구실에서 진행한 연구과제와 밀접한 관계가 있었다.

예를 들어 식량자원연구실의 경우를 보면 1968년 2월의 공개채용시험을 통해 6명의 연구원을 선발했는데 이 중 4명이 석사학위취득자였다. 2명은 계약기간인 2년을 마치고 유학을 떠났으며, 나머지 4명의 연구원은 KIST에서 근무하면서 각자 연고가 있는 대학에서 1978년까지 모두 박사학위를 취

---

91) KIST, 『한국과학기술연구소 10주년의 회고와 전망』(1976), 27쪽.

득했다. 이들의 학위논문 주제는 모두 식량자원연구실에서 수행하던 연구과제와 직접 관련된 것들이었다. 고체물리연구실의 경우 설립 초기에 선발한 4명의 연구원 중 1명만이 석사학위 취득자였는데, 다른 3명도 1971년과 1972년에 자매결연대학과 출신대학에서 석사학위를 취득했다. 금속재료연구실의 경우 초기의 7명의 연구원 중 3명이 석사학위 취득자였는데, 다른 4명도 자매결연 대학과 출신 대학에서 모두 석사학위를 받았다. 유기합성연구실의 경우 1969년 말 연구실 설치 이후 다음해까지 3명의 학사출신 연구원을 선발했는데, 이 중 2명이 연구소에서 근무하면서 석사학위를 취득했다. 이들의 학위논문 주제도 역시 KIST 연구실에서 수행한 연구과제와 관련이 있었다.[92)]

KIST 연구원들에게 주어진 처우는 당시 국내의 대학이나 연구기관의 과학기술자들이 받았던 그것보다는 한 차원 높은 수준이었다. 이는 정부가 과학지식과 과학기술자들의 전문성에 대한 가치를 인정했다는 증거가 된다는 주장이 있다.[93)] KIST 연구원들이 받았던 높은 지원과 대우는 과학기술자가 자신의 전공 분야에서 전문적인 능력을 발휘하고 사회적으로 권위를 인정받을 수 있게 되는 계기가 되었다는 것이다. 국가를 대표하는 연구소이자 '조국 근대화'의 상징이라는 KIST의 위상은 KIST가 유치한 과학기술자에 대한 높은 처우와 중첩되면서 과학기술자에 대한 사회적 인식을 고양시켰다고 볼 수 있다.[94)] 1970년대 설립된 정부출연연구소들이 KIST의 선례를

92) 각 연구실의 연구원 명단은 KIST, 『한국과학기술연구소 연보 69』, 132~138쪽에 실려 있으며, 그들의 대학원 졸업 여부는 국회도서관(http://www.nanet.go.kr, 2004년 1월 20일 접속)과 한국교육학술정보원(http://www.riss4u.net, 2004년 1월 25일 접속)의 학위논문 검색과 한국학술진흥재단(http://www.krf.or.kr, 2004년 1월 27일 접속)의 통합연구인력 정보 검색 등을 통해 확인했다.

93) Yoon, Bang-Soon Launius, "State Power and Public R & D in Korea: A Case Study of the Korea Institute of Science and Technology"(Univ. of Hawaii Ph.D. Diss, 1992), p.180.

94) 일반화할 수 있는 사례는 아니지만 KIST의 유치과학자임을 안 택시운전사가 택시요금을 받지 않았다거나 교통 신호 위반을 단속한 교통경찰이 스티커를 발부하지 않고 그냥 가게 했다는 등 KIST의 초기 연구원들은 당시 자신들에 대한 사회적인 인식이 매우 우호적이었고 그만큼 자부심과 책임감을 느꼈다고 얘기한다.

따라 연구원에 대한 처우 기준을 결정함에 따라 급여 수준, 아파트 제공, 연구휴가 등 KIST 연구자들에게 특별히 주어졌던 혜택들이 일반적인 현상으로 자리 잡게 되었다. 비록 1970년대에 들어와 연구자들에게 대한 급여는 상대적으로 하락했지만 초기 KIST 연구인력에 대한 월등한 처우는 해외 과학기술자들의 유치를 가능하게 했고, 이후 국내의 과학기술자에 대한 대우와 인식이 전반적으로 향상되는 출발점이 되었던 것이다.

4) 초기 두뇌유치의 특징과 의의

KIST가 해외의 과학기술자를 유치하는 것은 단순히 KIST의 성공적 운영뿐 아니라 이후의 해외 연구자 귀국을 촉진시킴으로써 한국의 두뇌유출 극복의 가능성을 확인한다는 의미도 있었다. 이에 따라 최형섭과 바텔연구소의 전문가들은 해외 연구자의 선발에 많은 시간을 들여 여러 단계의 절차를 거쳐 신중하게 추진했다. 일부에서는 KIST의 전망 자체가 확실하지 않은 상황에서 국내에서 오래 머물 수 있는 연구자만을 찾지 말고 단기간이라도 일단 귀국하게 해서 연구소 생활을 경험하게 한 뒤 돌아갈 사람은 돌아가고 남을 사람은 남게 하는 편이 현실적이라는 의견을 제시하기도 했다.[95] 그러나 최형섭은 초기에 유치한 연구자들의 안정적인 정착이 이후의 연구소 운영이나 해외 과학기술자 유치에 큰 영향을 줄 수 있다는 판단으로 지원자들마다 세 차례씩의 인터뷰를 갖는 등 초기 연구자 선정에 상당한 노력을 기울였다.[96] 그 덕분에 초기에 해외에서 유치한 25명 중 22명이 첫 번째 계약기간 만료 후 재계약을 맺고 KIST에 남았으며, 1980년까지 25명 중 1명을 제외하고는 모두 국내에서 계속 활동하게 됨으로써 해외에 남아 있던 한국인 과학기술자들이 귀국에 대한 불안감을 더는 데 긍정적인 영향을 주었던 것이다. 그 결과 1970년대에 들어와서는 KIST가 특별한 유치

95) 『한국과학기술연구소 비사 제22권: 정원 · 최규원』(1975.6.26).

96) 최형섭, 『불이 꺼지지 않는 연구소』, 60쪽.

작업을 하지 않더라도 꾸준히 해외 연구자의 지원이 이어지게 되었다. 이처럼 90%에 가까운 초기 유치자의 재계약률은 1970년부터 1980년까지 해외에서 유치된 90여 명 연구자의 재계약률이 70%를 조금 넘는 것에 비하면 상당히 높은 것이다. 물론 이러한 사실은 1970년대 들어 연구자들이 옮겨갈 수 있는 기관이 늘었다는 사실과 무관하지 않지만 동시에 초기의 신중한 인선의 결과라고도 볼 수 있을 것이다.

KIST는 처음으로 해외의 과학기술자를 공식적으로 유치한 기관이었기 때문에 큰 인력풀에서 연구자를 선발할 수 있다는 장점이 있었다. 그러나 동시에 KIST의 법적 형태나 계약연구라는 운영방식 등 전례가 없던 첫 번째 연구소였기 때문에 이후의 전망에 대해 회의적인 시각이 없지 않았고, 이는 연구자 유치의 난점이었다. 이 문제를 해결하기 위해 최형섭은 해외의 연구자들에게 KIST의 장래에 대해 확신을 심어주고, 해외 인력의 귀국이 일회성으로 그치지 않고 지속될 수 있도록 해외 과학기술자들을 대상으로 한 심포지엄을 개최하기로 했다. 그는 1966년 10월 미국을 방문했을 때 포드재단에 심포지엄 개최에 필요한 재정지원을 요청했으며, 포드재단이 이 제안을 받아들여 1968년 9월 9일부터 3일간 미국 오하이오주 컬럼버스의 바텔기념연구소에서 "Development of Industrial Research in Korea"라는 제목으로 심포지엄이 열렸다.[97] KIST 주최로 열린 이 행사에는 재미 한국인 과학기술자 60명, 미국 과학 및 산업계 인사 35명, KIST 관계자 13명, 바텔연구소 관계자 27명 등 140명이 참석했는데, 여러 전공 분야의 해외 한국인 과학기술자들이 공식적인 행사를 위해 한자리에 모인 것은 드문 일이었다.

심포지엄 과정에서 벨전화연구소의 김영배가 해외의 한국인 과학기술자

---

97) KIST, *Korea Institute of Science and Technology '67* (1968), pp.26~27, KIST 역사관 소장 자료. 처음의 계획은 1967년부터 매년 한 번씩 5년간 심포지엄을 개최하기로 했으나 실제로는 1968년 1회만 열렸다. 한국정부는 이 심포지엄 석상에서 KIST 설립에 기여한 호닉에게 국민훈장 모란장을 수여했다. 호닉은 수상 연설에서 "KIST가 국제적인 협조를 보여주는 가장 좋은 예가 될 것이라 생각하며, 미국이 여러 나라에 많은 원조를 했는데 KIST가 제일 현명한 해외원조의 실례가 될 것"이라 밝혔다. Dornald F. Hornig, "Acceptance Speech and Special Address", KIST, *International Symposium on Development of Industrial Research in Korea* (1968), pp.36~37, KIST 역사관 소장 자료.

들이 모국에 기여할 수 있는 방안의 하나로 재미 한국인 과학기술자들이 조직체를 만들어서 국내 과학기술자들과 협조연구를 수행할 필요가 있다는 주장을 펼쳤다.[98] 재미과학기술자들을 묶을 수 있는 단체를 만들면 이를 통해 한국의 과학기술자들이 연구에 필요한 정보나 기자재 등을 구할 수 있고 관련된 연구자들도 소개받을 수 있는 등 여러 차원에서 유용한 역할을 할 수 있을 것이라는 의견이었다. 이에 따라 심포지엄이 진행되는 도중에 일부에서 단체를 조직하려는 움직임이 일어났으나 조직 구성을 둘러싸고 약간의 갈등이 빚어지자 최형섭은 심포지엄 기간에는 어떠한 단체도 조직하지 못하게 했다.[99] 결국 '재미한인과학기술자협회'는 1971년 6월 미국 방문 중에 과학기술처 장관 임명을 통고받은 최형섭이 동행한 과학기술처 연구조정관 김형기에게 조직구성에 협조토록 지시하여 그해 12월 11일 워싱턴에서 69명의 창립 발기 회원들이 모여 출범했다. 재미한인과학기술자협회는 모국의 산업경제 현황을 직접 파악하고 국내 과학기술자와의 상호 정보교환을 위해 1974년부터 격년으로 모국방문 종합학술대회를 개최하여 회원들이 모국을 방문할 기회를 제공했는데, 1차 대회와 1976년의 2차 대회는 KIST에서 열렸다.[100] 결국 KIST 설립은 해외의 한국인 과학기술자들이 결집할 수 있는 하나의 계기가 되었고, 이를 통해 그들 사이에 모국에 대한 관심이 지속되면서 그들의 귀국에도 긍정적인 영향을 줄 수 있었다.

KIST 초기의 연구자 유치 과정에서 나타난 특징이자 나름대로 성공적인 인력 선발을 가능케 했던 요인으로 '시장을 목표로 한 연구'를 분명히 표방했다는 사실을 들 수 있다. 이는 KIST가 '외적 두뇌유출'을 극복하면서 동시에 '내적 두뇌유출'도 줄일 수 있는 방식이었다고 해석된다. 인력의 해외 유출을 뜻하는 일반적인 두뇌유출('외적 두뇌유출')과 함께 내적 두뇌유출 역시 개발도상국의 발전에는 큰 제약요소로 작용할 수 있다.[101] 내적 두뇌유

98) Young Bae Kim, "Contribution of Scientists and Engineers Abroad to the KIST Activities", KIST, *International Symposium on Development of Industrial Research in Korea*, pp.21~25.

99) 『한국과학기술연구소 비사 제3권: 최형섭(3)』(1975.5.28).

100) 재미한인과학기술자협회 25년 역사편찬위원회 편, 『재미한인과학기술자 개인 및 단체 형성과 업적에 관한 연구』(재미한인과학기술자협회, 1998), 80 · 89 · 279~301쪽.

출이란 두 가지 의미를 지니는데, 우선 개발도상국에 거주하는 전문 인력이 자신의 전문능력과 관계없는 일에 종사하는 경우를 말한다. 또 다른 의미로는 개발도상국의 과학기술자가 과학기술과 관련된 활동을 하더라도 자국의 시민으로서보다는 선진국에 중심을 둔 과학커뮤니티의 멤버로 활동을 하는 것을 뜻한다. 즉 자국의 필요에 따른 연구과제를 선택하고 자국의 여건에 맞는 연구활동을 추진하기보다 선진국이 설정한 연구의 우선순위에 따라 연구를 진행하는 것을 말하는 것이다.[102] 외적 두뇌유출은 국경을 넘어선 사람들의 움직임이기 때문에 눈에 쉽게 띄고 계측할 수도 있으나 내적 두뇌유출은 쉽게 드러나지 않기 때문에 보통 무시되지만 외적 두뇌유출에 비해 훨씬 지속적인 영향을 줄 수 있기 때문에 더욱 중요하다.[103] 실제로 개발도상국이 해외의 연구자들을 귀국시키기 위해 설립한 연구기관이 자국의 산업발전이나 경제개발에 직접적인 기여를 하지 못하는 경우가 적지 않았는데, 이러한 현상의 주된 원인의 하나로 내적 두뇌유출이 지적되었다.[104] 즉 연구자들이 국내의 사정과는 무관하게 해외에서 자신이 수행했던 연구 활동을 고수함으로써 괴리가 발생했던 것이다. 이러한 현상에 비해 KIST는 연구의 방향을 '당시 국내 산업계'와의 관련에 집중함으로써 내적 두뇌유출의 문제를 줄일 수 있었다고 볼 수 있다. 물론 그 같은 산업기술 지향에 적합한 연구자가 선발되었고, 그들이 의도대로 산업계에 밀착한 연구활동을 성공적으로 수행했느냐는 별개의 문제이지만 최소한 연구소의 지향성을 분명히 했다는 사실은 선발된 연구인력의 안착에 중요한 요소의 하나가 되었던 것이다.

---

101) 한스 싱거, 『국제경제개발의 전략－한스 싱거 교수의 개발노선』(국제경제연구원, 1978), 114~115쪽.

102) 이러한 현상은 기술종속론에서 주장하는 '저개발국 과학기술의 주변화'라는 개념으로도 설명된다. 이에 대해서는 김견, 「1980년대 한국의 기술능력발전과정에 관한 연구－'기업내 혁신체제'의 발전을 중심으로」(서울대학교 박사학위논문, 1994), 12~13쪽 참고.

103) James P. Blackledge, *The Industrial Research Institute in a Developing Country: A Comparative Analysis* (Agency for International Development, 1975), p.130.

104) Harret Ann Hentges, "The Repatriation and Utilization of High-Level Manpower", p.131.

KIST가 연구자를 선발하는 방식, 처우, 연구원 계약제 등의 고용 방식 등 인력의 채용과 관련된 KIST의 경험은 이후 설립되는 정부출연연구소에 가장 영향력 있는 지침이 되었다. 또한 KIST 운영진은 임용되지 못한 지원자들의 서류를 국내의 다른 기관에 제공함으로써 연구자들의 귀국을 간접적으로 지원했다.[105] 결국 KIST의 경험과 지원을 바탕으로 신설 연구소들이 해외 연구자의 유치에 나섬으로써 KIST에서부터 시작된 두뇌유출의 극복 노력은 KIST에서 그치지 않고 국내 과학기술계 전반으로 확대되어갔던 것이다.

105) 『한국과학기술연구소 비사 제3권: 최형섭』(1975.5.28).

제4장 1970년대 KIST '두뇌유치'와 '두뇌유출'

1. KIST 연구인력의 변천

설립 초기 KIST의 인원은 처음 예상보다 훨씬 빠르게 증가했다. 한미 양측이 합의사항의 기초로 삼았던 바텔기념연구소의 보고서에 따르면 KIST의 예상 인원은 설립 5년째인 1971년은 270명이며 매년 30% 정도의 성장을 통해 10년째인 1976에는 1,000명에 달할 것으로 추정됐다. 그러나 〈표 5〉에서 알 수 있듯이 실제 충원된 인원은 1971년의 경우 당초 예상 인원의 2배가 넘는 623명에 달했다. 이는 해외 연구자의 유치가 걱정했던 것과는 달리 무난히 이루어졌고, 바텔이 연구소 준공까지를 단순한 설립단계로 상정했지만 준공 이전부터 연구활동이 진행되면서 연구원의 채용 속도가 빨라졌다는 점과 '동양최대의 연구소'를 만들겠다는 대통령의 의지가 반영되어 연구소의 규모가 대폭 확대됨에 따라 연구소 건물의 유지관리와 관련된 보조직의 숫자가 크게 증가한 것이 요인이 되었다.[1] 물론 바텔 측의 예상 인원이 한국의 제반 여건을 엄밀하게 고려하여 결정된 수치라기보다 바텔연구소의 경험을 바탕으로 매년 30%의 기계적인 증가율을 적용한 결과였기 때문에 차이가 나는 것은 당연했다. 바텔 보고서 자체에도 인원증가의 정확한 예측이 불가능하며 경우에 따라 많은 차이를 가져올 수 있다고 밝혔다.[2]

---

1) KIST, 「감사보고서에 대한 의견서」(1968), 24~25쪽, KIST 문서보관실 소장 이사회 관련 자료.

1969년 연구소가 준공식을 갖고 본격적인 활동을 시작한 이후로 인원의 증가세는 완화되었다. 1977년은 전년도에 비해 처음으로 인원이 감소했는데, 이는 1976년 말 설립된 KIST 부설 전자통신연구소와 구미에 신설된 한국전자기술연구소로 KIST의 전자 및 전산 분야 인력 일부가 옮겨가면서 관련 연구실들이 1977년 초 폐쇄되었기 때문이다.[3] 그러나 〈표 5〉에서 확인할 수 있듯이 KIST 인력은 1978년 다시 증가하여 1,000명을 돌파했으며 1980년까지 1,100명 전후의 인력을 갖추었다. KIST는 단위 연구소로는 국내 최대의 규모였으며, '한국과학기술의 총본산', '과학한국의 심볼'이라는 언론의 표현대로 1970년대 한국을 대표할 만한 연구기관으로 자리 잡았다.[4]

KIST는 민간기구로서 원칙적으로 정원의 제약을 받지 않고 필요한 연구자들을 자체적인 판단에 따라 선발할 수 있었는데, 이 같은 조건은 연구소가 성장 위주의 정책을 지향하는 원인이 되기도 했다. 연구소의 전체 인력규모가 1천명에 도달한 이후에도 KIST 운영진은 하나의 연구기관으로서 KIST가 효율적이고 정상적으로 운영되기 위해 어느 정도의 적정규모를 갖추어야 하는가라는 질문을 던지는 대신 지속적으로 연구소의 규모를 확대했다.[5] 1979년 수립한 장기계획에서 10년 뒤인 1989년의 연구소 인원규모를 2천 명으로 확충하겠다는 방안은 그 같은 모습을 보여준다.[6] 단순히 연구소의 자체적인 전망·계획에 불과하지만 설립 당시와는 달리 이미 전문분야별로 출연연구소가 설립된 상황에서도 연구소의 외형 확대를 지향한 것은 매년 정부로부터 상당한 규모의 재정지원을 받으면서도 운영과 사업 전반에 대한 감사를 받지 않는 민간 재단법인이라는 이중적 성격에서 기인

---

2) E. E. Slowter, J. L. Gray, W. J. Harris and D. D. Evans, "Report on the Establishment and Organization of a Korean Institute of Industrial Technology and Applied Science", pp.42~43.

3) 〈표 5〉는 KIST, 『한국과학기술연구소 10주년의 회고와 전망』(1976)과 각 연도별 '인원현황표'를 참고하여 작성했으며, 이 수치에는 KIST 부설연구소의 인원은 빠져있다.

4) 「한국과학기술 어디까지: KIST 10돌」, 『조선일보』, 1976.2.7.

5) KIST의 전체 인원은 1981년 1264명을 최고로 하여 조금씩 감소하여 1990년 중반까지 700명대를 기록했다. KIST, 『KIST 30년사』, 158쪽.

6) KIST, 「현황보고」(1979), KIST 문서보관실 소장 이사회 관련 자료.

〈표 5〉 연도별 직원 현황(1966~1980) [( )는 구성비 %]

연도	설립 초기 추정인원	실제 충원						
		총원	최고 관리직[8]	연구직	기술직	기능직	관리직	보조직
1966	75	50	2	4 (8.0)	6 (12.0)	10 (20.0)	10 (20.0)	18 (36.0)
1967	100	148	3	31 (20.9)	28 (18.9)	15 (10.1)	23 (15.5)	48 (32.4)
1968	130	331	5	92 (27.8)	43 (13.0)	52 (15.7)	30 (9.1)	109 (32.9)
1969	170	494	5	136 (27.5)	52 (10.5)	94 (19.0)	42 (8.5)	165 (33.4)
1970	210	573	5	162 (28.3)	64 (11.2)	103 (18.0)	45 (7.9)	194 (33.9)
1971	270	623	4	165 (26.5)	77 (12.4)	103 (16.5)	44 (7.1)	225 (36.1)
1972	350	661	4	170 (25.7)	97 (14.7)	146 (22.1)	47 (7.1)	191 (28.9)
1973	450	765	4	173 (22.6)	125 (16.3)	187 (24.4)	58 (7.6)	218 (28.5)
1974	580	836	4	186 (22.2)	150 (17.9)	219 (26.2)	55 (6.6)	222 (26.6)
1975	760	915	4	209 (22.8)	148 (16.2)	264 (28.9)	60 (6.6)	230 (25.1)
1976	1000	982	5	288 (29.3)	87 (8.9)	251 (25.6)	64 (6.5)	251 (25.6)
1977		961	5	300 (31.2)	68 (7.1)	277 (28.8)	65 (6.8)	244 (25.4)
1978		1046	6	344 (32.9)	57 (5.4)	311 (29.7)	67 (6.4)	261 (25.0)
1979		1101	6	384 (34.9)	50 (4.5)	316 (28.7)	68 (6.2)	277 (25.1)
1980		1097	4	393 (35.8)	48 (4.4)	331 (30.2)	61 (5.6)	260 (23.7)

했다고 볼 수 있다.[7)]

KIST 설립 초기 고급 연구자의 선발은 해외과학기술자를 중심으로 하면서 국내의 연구자를 유치하는 방식이었는데, 1970년대를 거치면서 연구소에 들어오는 고급 인력의 해외 유치 비중이 더욱 커졌다. 1969년까지 25명의 해외과학자를 유치했고, 이 중 17명이 책임연구원이었으며, 같은 기간 동안 국내에서는 7명의 책임연구원과 3명의 책임기술원을 유치했다. 이에 비해 1970년부터 1980년까지 94명의 해외과학자가 귀국했고 여기에는 22명의 책임연구원과 2명의 책임기술원이 포함되었으며 나머지는 모두 선임연구원이었다. 이 기간 동안 국내에서 유치된 책임연구원은 3명에 불과했고, 9명이 책임기술원으로 유치되었다. 이러한 결과는 연구실장을 맡는 책임연구원급 연구자는 해외과학자 유치를 중심으로 하고, 국내에서는 산업체 현장 경험을 지니고 있는 엔지니어를 책임기술원으로 유치하는 것이 고급 인력선발의 주된 방침으로 자리 잡았음을 보여준다. 1970년 이후 국내에서 유치된 선임급 연구인력에 대해서는 전체적인 자료를 확보할 수 없었으나 확인된 20여 명을 볼 때 산업체 출신의 선임기술원의 비율이 높았으며, 선임연구원의 경우도 산업체 출신 인력이 다수 포함되었다.[9)] 이처럼 해외에서 유치된 과학기술자를 위주로 하여 선임급 이상의 연구원을 선발한 것은 KIST가 설립 당시부터 내세웠던 '역두뇌유출'센터라는 기능이 1970년대를 지나면

---

7) 그러나 KIST 운영진은 2천 명 확충계획을 세운지 1년도 채 안된 1980년 8월 「출연연구기관의 운영효율화를 위한 체제의 발전적 정비」라는 자료에서 출연연구기관체제가 가지고 있는 첫 번째 문제점으로 '1개 연구소 경영단위로는 지나치게 비대하여 경영효율이 저하될 정도이면서도 활동단위별로는 적정규모(critical mass)에도 미치지 못하는 것'을 지적했는데, 당시 KIST의 규모가 가장 컸다는 사실을 생각하면 지나치게 비대하다는 비판은 KIST 자신에 대한 것이었다. 이 자료에 대해서는 3부 7장에서 설명할 것이다.

8) 최고관리직에는 소장, 부소장, 상임감사가 포함되며, 1978년 설치된 기획관리위원회의 부위원장도 부소장으로서 최고관리직에 포함되었다.

9) 1970년 이후 국내외에서 유치한 연구자에 대한 숫자에는 KIST 부설 연구기관이 유치한 인력은 포함되지 않았다. 이 통계는 KIST 이사회의 업무보고에 포함된 연구자 신규 임용 현황과 『과기연 소식』, 「KIST 동문회 회원 명부」 등의 자료를 이용해 필자가 직접 집계한 것으로, 누락된 연구자가 있을 가능성이 있다.

서 크게 변화하지 않고 유지되었음을 뜻한다. 국내의 대학원이 충분한 훈련을 쌓은 인력을 키워내지 못하고 있는 상황에서 고급 연구인력을 해외에서 충원하는 것은 불가피했다고 여겨진다.

초기의 해외 유치 연구자와 1970년대 중반 이후의 해외 유치 연구자는 몇 가지 점에서 특성을 달리한다. 우선 설립 초기의 유치인력은 책임연구원의 기준에 근접한 연구자들을 중심으로 선발되었다. 그러나 1970년대를 지나면서 이미 연구실장급 인력이 어느 정도 확보된 상태였고, 해외의 두뇌를 KIST와 같은 방식으로 유치하는 전문연구소들이 여럿 생겨나면서 상당한 경력을 지닌 연구자를 선발했던 경향은 달라질 수밖에 없었다. 1970년부터 유치된 인력들은 책임연구원보다는 선임연구원의 비중이 컸으며, 이는 1970년대 중반을 거치면서 더욱 심화되었다. 1970년부터 1975년까지 유치된 32명 중 책임연구원은 12명이었으며, 이러한 비율은 계속 낮아져 1975년부터 1980년까지 유치된 60여 명 중 책임급 인력은 책임기술원 2명과 책임연구원 10명에 불과했다. 그리고 1975년부터 1980년까지 해외에서 귀국한 선임급 인력 중 2/3 이상이 대학원을 마치고 2년 이내에 임용되어 설립 초기에 비하면 연구경력의 평균이 짧아졌다.

해외 유치 연구자들의 귀국 전 경력에서도 차이가 나타났다. 설립 초기에 해외에서 귀국한 연구자 중 산업계 출신이 36%로 가장 높은 비중을 보였으며, 대학이나 연구기관 출신자 중 산업계 근무 경험을 갖춘 연구자를 포함하면 산업계 경험자가 절반 가까이에 이르렀다. 그러나 1970년부터 1976년까지 유치된 인력은 박사 후 연구원을 비롯한 대학의 연구기관 출신자가 거의 절반을 차지했으며 산업계 출신자는 30% 정도로 다소 줄어들었다. 1977년부터 1980년까지 유치된 연구자 중 산업계 출신자는 17% 정도로 더욱 감소했다.[10]

---

10) 해외 유치자가 산업계 출신자보다 학위취득자 위주로 이루어진 것은 KIST뿐 아니라 전체적인 해외 과학기술자 유치사업의 일반적인 경향이었다고 볼 수 있다. Yoon, Bang-Soon L., "Reverse Brain Drain in South Korea: State-led Model", *Studies in Comparative International Development* 27-1(1992), pp.4~26 ; 「재미 한국과학기술자 국내유치에 관한 간담회」, 『과학과 기술』 1978년 8월호, 33~45쪽.

〈표 6〉 해외 유치 과학기술자의 학위별 상황(1966~1980.7)

	화학 화공	식품 생물	기계	금속 재료	전기 전자	산업 경제	전자 계산	기타	계
박사	38	13	13	20	11	4	5	3	107
석사	0	0	3	0	2	3	0	2	10
학사	0	0	1	0	1	0	0	0	2
계	38	13	17	20	14	7	5	5	119

〈표 6〉은 1980년까지 유치된 인력의 학위 구성을 나타낸 것인데, 전체의 90% 정도가 박사학위 소지자였으며 화학 · 화공과 식품 · 생물공학, 금속 · 재료 등은 유치자 전원이 박사학위를 지니고 있었다.[11] 초기 유치자 25명 중 5명이 석사학위를 지니고 산업체에서 일하던 사람들이었으나 1970년 이후 유치된 94명 중 석사학위 이하의 학위로 산업체 출신의 엔지니어는 7명에 불과했다. 이러한 현상의 원인은 일차적으로 1970년대를 지나면서 국내의 산업구조가 점차 고도화되어 산업체 현장에서 요구하는 과제해결에 필요한 산업계 경험보다 고급지식의 필요성이 더 커졌기 때문이라고 해석할 수 있다. 또한 설립 초기 연구원 선발에서 결정적 영향력을 행사했던 초대 소장 최형섭의 운영 철학은 산업계 지향성이 상대적으로 강했지만 1970년 이후에는 연구원 선발과정이 제도화되었기 때문에 소장이 직접적인 영향력을 미치기 힘들었던 상황도 관련이 있을 것이다.

해외 유치자들의 전공분야별 구성은 〈표 7〉에서 보듯이 화학 · 화공분야 연구자의 증가가 가장 두드러졌다. 설립 초기인 1969년까지 임용된 25명의 경우 기계 · 금속분야가 9명, 화학 · 화공분야 6명, 식품 사료분야 5명, 공업경제 2명, 전기 · 전자 2명 순이었지만, 1970년 이후 화학 · 화공분야의 해외 유치 연구자는 꾸준히 늘어나 설립에서부터 1980년 7월까지 유치된 전체 연구자 119명 중에서 화학 · 화공분야가 38명으로 가장 많았다. 그 다음으로

11) 〈표 6〉의 해외 유치 과학기술자의 학위별 상황은 KIST, 「현황과 전략」(1980, KIST 문서보관실 소장 이사회 관련 자료)에 실린 자료이다.

금속 · 재료 분야 20명, 기계분야 17명, 전기 · 전자 14명, 식품생물 13명 등의 순서를 보였다.[12)]

〈표 7〉 해외 유치 과학기술자의 전공 분야별 상황(1966~1980.7)

	1966~1969	1970~1975	1976~1980.7	계	1980.7 현재 재직인원
화학 · 화공	6	15	17	38	23
식품 · 사료 · 생물공학	5	2	6	13	11
기계	4	6	7	17	4
금속 · 재료	5	6	9	20	11
전기 · 전자	2	8	4	14	5
공업경제	2	3	2	7	5
전산	0	1	4	5	4
기타	1	0	4	5	5
계	25	41	53	119	68

화학 · 화공분야의 유치자가 많았던 것은 1973년부터 정부가 중화학공업화를 본격적으로 추진하면서 국내에서 이와 관련된 분야의 연구인력의 수요가 늘어났기 때문이지만 당시까지 이공학 분야의 해외유학자 중 화학 · 화공분야의 전공자가 가장 많은 수를 차지하고 있던 상황과도 관련이 있다. 1953년부터 1971년까지 해외유학자의 분야별 통계를 보면 자연과학 분야 2,184명 중 31.2%인 682명이 화학을 전공했으며 그 다음이 물리학으로 456명이었다. 공학 분야는 2,175명 중 21.0%인 456명이 화학공학을 전공했으며 그 다음이 기계공학으로 351명이었다.[13)] 또한 1973년도 재미과학기술자협회명부에 의하면 총 695명 회원 중 약 1/3에 해당하는 228명이 화학 및 관련학문 전공자일 정도로 화학 계열의 연구자가 많았고, 1970년대 중반까

12) 〈표 7〉의 해외 유치자의 전공별 분포는 KIST, 「현황과 전략」(1980)과 KIST, 「평가와 방향－지나온 10년과 앞으로의 10년」(1976)을 바탕으로 하여 일부 수정하여 재구성한 것이다. 두 자료 모두 KIST 문서보관실에 소장되어 있는 이사회 관련 자료이다.

13) 문교부, 『해외유학생실태조사 증보판』(1971), 18~23쪽.

지 우리나라 연구비의 분야별 사용비율에서 전체의 약 반을 화학이 점유하고 있으며 특허 출원수도 화학부분이 다른 분야보다 월등히 많았다.[14] KIST가 유치한 연구자뿐 아니라 과학기술처가 수행한 해외 인력 유치사업에서도 화공 · 석유 분야의 연구자가 가장 많은 수를 차지하고 있었다.[15] 결국 화학 · 화공 분야는 이 시기 가장 많은 해외 과학기술자 인력풀이 존재했고 국내의 수요증가와 맞물려 가장 많은 연구자가 유치되었던 것이다.

화학 · 화공 분야의 해외 유치자의 높은 비중은 KIST 화학 · 화공 분야의 연구조직의 성장과도 연결되었다. 1972년까지 화학 · 화공분야는 하나의 연구부만이 존재했지만 연구실의 증가에 따라 연구부의 분리 · 신설이 이루어져 1980년에는 화학 · 화공 분야와 직간접으로 관련된 연구부가 5개에 이르렀다(다음 절의 〈표 8〉 참고). 1976년 9월 화학 · 화공 분야의 정부출연연구소로 한국화학연구소가 설립되었지만 KIST의 화학 · 화공분야에는 별다른 영향을 미치지 않았다. 전문출연연구소의 설립과정이나 설립 후 연구요원의 확보과정에서 KIST의 해당 분야 연구요원들이 중심적인 역할을 맡는 경우가 많았는데 화학연구소의 경우는 예외적으로 KIST와 별다른 관련을 맺지 않았다.[16]

이처럼 설립 이후 1980년에 이르기까지 KIST의 고급 연구자는 해외에서 유치하는 방식이 중심을 이루었지만 한편으로 선임연구원이나 연구원으로 임용되어 KIST 내에서 경력을 쌓으면서 연구실장으로 진급하는 연구자들의

14) 성좌경, 「화학계 30년의 발자취」, 『화학과 공업의 진보』 16권 3호(1976), 133~149쪽.

15) 1968년부터 1979년까지 유치실적을 보면 기초과학 116명, 화공 · 석유 55명, 기계 · 조선 19명, 전기 · 전자 18명, 금속 10명 등의 순서를 보였다. 기초과학 분야의 경우도 1975년까지 유치자의 세부 전공을 보면 화학 전공자가 가장 많았다. 과학기술처, 『과학기술연감 1980』(1980), 43쪽.

16) 한국화학연구소의 설립과정에 대해서는, 『한국화학연구소십년사 1976~1986』(한국화학연구소, 1986), 8~44쪽을 참고. 1982년 KIST 응용화학연구부장을 지낸 채영복이 화학연구소 소장으로 옮겨간 것을 비롯하여 화학 분야의 연구자 상당수가 한국화학연구소로 옮겨갔으며, 1980년대 후반에서 1990년대 초반 화공산업이 사양산업이라는 정부의 정책적 판단에 의해 화공 분야의 연구비가 크게 줄어들면서 KIST 화학 · 화공 분야는 상당한 축소를 겪어야 했다. KIST, 『KIST 30년사』, 431쪽.

숫자도 늘어났다. 1969년 준공식 당시 연구실장급 연구자(실장대리 포함)의 해외 유치와 국내 유치의 비율은 5:2 정도였는데, 시간이 지날수록 후자의 숫자가 늘어갔다. 새로 임용된 고급 연구자 중 해외 유치자의 수가 더 많았지만 박사학위를 받고 얼마 지나지 않은 선임연구원이 주가 되었던 반면에, 국내에서 선임 및 원급 연구자로 임용된 다음 여러 해의 연구경험과 실적을 바탕으로 연구실장으로 승진한 연구자들이 늘어났던 것이다. 이에 따라 1970년대 후반에는 해외에서 유치한 연구실장과 국내에서 선발된 연구실장의 비율이 거의 비슷해졌다. 준공식 이후 10년이 지난 1979년 4월을 기준으로 볼 때 해외에서 유치된 연구실장은 30명(실장대리 2명 포함)이었고, 국내에서 선발된 연구실장은 29명(실장대리 5명 포함)으로 나타났다.[17)]

해외와 국내 출신의 연구실장의 비중이 균형을 이루는 현상은 KIST 운영진이 처음부터 의도했던 결과라고 보기는 어렵지만, 이는 결과적으로 KIST가 해외 인력의 지속적인 유치와 함께 국내에서 선발된 젊은 연구자들을 연구책임자급 연구인력으로 양성해냈음을 뜻한다. 이는 연구소에서 필요로 하는 고급 인력의 안정적인 확보라는 측면에서 상당한 의미가 있는 결과였다. 실제로 1970년대 후반이 되면 기존 고급 인력공급의 규모가 한계가 있는 상황에서 다른 출연연구소와의 우수 연구원 채용 경쟁이 심화되면서 자체적으로 연구자를 양성하는 것이 중요한 과제로 떠올랐다. KIST 운영진은 1979년 10월 수립한 장기운영계획에서 조직적이고 계획적인 연구를 위해 우수인력을 길러내는 것이 앞으로의 인력확보에서 주된 방법이 되어야 한다고 밝혔다. 이에 의하면 그동안의 인력확보는 채용경쟁이 없는 상황에서 "채취방식에 의한 인력확보"가 주가 되었으나 앞으로는 과감한 교육훈련을 통해 "재배방식에 의한 인력확보"로 전환해야 한다고 주장했다.[18)] 이는 심화된 경쟁이라는 환경에서 불가피한 선택이라는 측면도 있었지만 이 같은 인식의 바탕에는 연구실장의 국내외 출신자의 비율이 거의 비슷해진 당시

---

17) KIST, 「KIST 기구표」(1979.4.20), KIST 문서보관실 소장 이사회 관련 자료.

18) KIST, 「장기종합운영계획(1980~1990)」, 『KIST 제66회 이사회 회의록』(1979.10.19) 첨부자료.

의 상황에서 얻어진 자신감이 깔려있었다고 볼 수 있다.

2. KIST 연구조직의 변천

전체 인력의 꾸준한 성장에 맞물려 KIST 연구조직 역시 계속적인 변화를 겪어야 했다. 설립 당시 KIST가 중점 연구분야로 선정한 5개 연구분야는 재료 및 금속, 식품, 화학 및 화공, 전자, 기계공업 등으로, 1966년 7월 수립된 제2차 경제개발5개년계획에서 선정한 중점적인 연구개발 대상을 반영하고 있었다. 정부는 중점적인 연구개발이 필요한 대표적 분야로 산업기계의 설계 · 제작, 화학공정 및 화학제품생산 그리고 금속 및 비철금속재료 등을 꼽았는데,[19] 그에 따라 기계공업, 화학공업, 금속공업이 KIST의 중심 분야가 되었고, 여기에 식량 문제라는 국가적 과제와 관련이 있으며 토착성이 가장 강한 식품공업과 새롭게 떠오르고 있던 전자공업이 포함된 것이었다. 또한 5개 분야 외에 공업경제 분야도 강조되었는데, 이는 '시장을 대상으로 한 연구'를 표방한 공업연구기관으로서 경제성 분석 등 '시장'에 대한 이해가 중시되었기 때문이다. 이에 따라 1968년 1월 처음으로 설치된 14개 연구실을 보면 화학 · 화공 분야 4개, 재료 · 금속 분야 4개, 기계 분야 2개, 전자 분야 1개, 식품 분야 2개, 그리고 공업경제 분야 1개로 이루어졌다.[20] 이후 국내외에서 연구실장급 연구원이 들어옴에 따라 연구실이 신설되었고, 연구실장이 KIST를 떠나거나 부소장 등 최고관리직에 오를 경우 해당 연구실은 폐쇄되었다.

준공식이 열리고 바로 다음해인 1970년 2월 KIST의 연구실은 33개로 늘어났고, 그에 따라 연구업무의 조정과 통합을 위해 연구부장제도가 신설되어 6명의 연구부장이 임명되었다. 제1연구부장(윤용구)은 재료금속공학 분

19) 『제2차 경제개발5개년계획 1967~1971』(대한민국정부, 1966), 57~58쪽.
20) 「각 연구실 발족」, 『한국과학기술연구소 소식지』 1권 2호(1968), 5쪽.

야의 4개 연구실을 관장했고, 제2연구부장(천병두)은 기계분야를 주로 하는 6개 연구실을, 제3연구부장(정만영)은 전자분야의 5개 연구실을, 제4연구부장(최상)은 식품 · 사료 분야의 6개 연구실을, 제5연구부장(양재현)은 화학 · 화공분야의 7개 연구실을, 그리고 제6연구부장(김형만)은 경제 · 사회간접자본 분야의 4개 연구실의 연구업무를 조정 · 통제하였다.[21] 제1~제5연구부장이 관장하는 연구분야는 5개 중점 연구분야를 그대로 반영했으며, 제6연구부장은 건설기술연구실, 경제분석실, 도시계획연구실, 포장산업연구실 등 4개 연구실을 관장했는데, 이는 공업경제에 건축 · 도시계획 등이 새롭게 추가된 연구분야라 할 수 있다. 그러나 1971년 제6연구부장과 건설기술 · 도시계획연구실장을 맡았던 김형만이 KIST를 떠남에 따라 건설은 연구분야에서 빠졌고, 제6연구부는 공업경제 분야로 다시 규정되었다.

KIST 초기 조직에서 나타나는 특징 중 하나는 연구부문과 기술지원부서의 구분을 들 수 있으나 이 구분은 1972년 즈음부터 약화되기 시작했다. 1971년까지 6명의 연구부장이 관장하는 33개의 연구실은 제1연구담당부소장 소관에 놓여 있었으며, 전자계산실, 공업화시험실, 기술정보실, 분석실, 공작실, 도서실, 재료시험실 등의 기술지원부서는 제2연구담당부소장의 소관이었다. 기술지원 부서를 일반 연구실과 구분하여 조직한 것은 이들 부서가 산업계나 정부기관으로부터 위탁받는 기술용역을 독자적으로 수행하는 한편 연구소 내부의 각 연구실에 대해서도 각종 기술지원업무를 유기적으로 수행하기 위해서라는 명분에서였다. 그러나 도서실을 제외한 다른 기술지원부서는 점차 외부로부터 위탁받은 기술용역이 증대되어갔으며 그에 따라 KIST 내의 다른 연구실에 대한 기술지원기능보다는 외부로부터 수탁한 과제 수행에 주력하게 되었다.[22] 이는 계약연구기관으로서 연구수탁고를 높이는 것이 강조되었기 때문이며, 한편으로 KIST가 채택한 책임회계제도에 따라 엄격한 원가관리에 기초한 비용부과로 인해 분석실이나 공작실 등 기술지원 부서의 이용료가 비싸 KIST의 각 연구실들이 외부에 의뢰하는 경우가 적

---

21) 「연구부서 보좌직 설치 및 연구실 개폐」, 『KIST 소식지』 10호(1970), 7쪽.

22) KIST, 『KIST 25년사』(1994), 161쪽.

지 않았기 때문이다.[23] 이에 따라 기술지원부서와 연구실의 구분이 점차 희미해졌으며 1972년 3월 기술지원부서가 제1연구담당, 제2연구담당 부소장 아래에 일반 연구실과 함께 혼합 편성되면서부터 기술지원 부서들이 연구실과 흡사하게 돌아가는 현상은 더욱 가속되었다. 실제로 1973년 전자계산실이 전자계산부로 확장되는 것을 시작으로 공업화시험실은 공업화시험연구부로, 기술정보실은 기술정보개발부로 개편되는 등 1980년까지 대부분의 기술지원부서가 연구부문으로 전환되었다.

연구부장으로 대표되는 연구부문은 연구실의 개폐에 따라 계속적으로 변화 · 조정되었다. 처음 6개의 연구부문에서 출발했으나 바로 다음해 재료 · 금속 · 기계 분야의 연구실장 일부가 원자력연구소와 국방과학연구소로 옮겨감에 따라 5개 연구부문으로 축소되었다. 그러나 다음 〈표 8〉처럼 1974년 연구부문이 9개로 늘어나는 것을 시작으로 연구부는 계속해서 증가 · 조정되어 1980년에는 14개가 되었다. 연구부의 설치와 폐지는 소장이 이사회의 승인을 거치지 않고 결정할 수 있었기 때문에 필요성이 제기될 때마다 신속하게 결정될 수 있었고, 이러한 결정에는 무엇보다 해당 분야 연구실의 의견이 중요했다.[24]

KIST는 연구부의 신설 · 폐지가 무척 활발했고, 부소장이 관장하는 연구부를 재조정하거나 연구부나 부소장의 명칭을 변경하는 등의 조직개편이 매우 잦았다. KIST의 직제개편을 보도한 한 신문은 "연례행사처럼 거의 매년 개편이 이루어진다"고 지적했다.[25] 이처럼 조직개편이 잦았던 이유는 일차적으로 계약연구기관으로 연구실 구성이 자주 변화하고 그에 따라 연구

---

23) 『한국과학기술연구소 비사 제22권: 정원 · 최규원』(1975.6.26).

24) 예를 들어 1979년 3월 식품생물공학연구부가 식품사료공학연구부와 생물공학연구부로 분리될 때 해당 분야 7개의 연구실 중 4개 연구실은 찬성, 2개 연구실은 조건부 찬성, 1개 연구실은 반대 의견을 제시했다. 이에 따라 두 연구부로 분리하되 '식품생물공학연구부 공동부문협의회'를 설치하여 연구과제의 개발 및 선정, 공동연구과제의 심의, 연구기기의 구입 및 관리 등을 필요에 따라 공동으로 심의토록 했다. 「식품생물공학부 분리안」(KIST, 1979), KIST 문서보관실 소장 이사회 관련 자료.

25) 「KIST 또 직제개편」, 『중앙일보』, 1977.3.24. 이 기사는 KIST의 위상이 직제개편 자체가 뉴스거리가 될 정도였음을 보여준다.

〈표 8〉 KIST 연구부문과 부설연구소 및 센터의 변화

	1972.2	1974.6	1976.12	1979.3	1980.8
연구부문 및 센터	기계·금속연구부 전기·전자연구부 식품·사료연구부 화학·화공연구부 공업경제연구부	기계공학연구부 금속공학연구부 재료공학연구부 전기·전자연구부 식품생물공학연구부 화학·화공연구부 유기화학연구부 공업경제연구부 전자계산부 정밀기계기술센터 주물기술센터	기계공학연구부 금속공학연구부 재료공학연구부 전자공학연구부 식품생물공학연구부 화학공학연구부 자원공학연구부 유기화학연구부 공업화시험연구부 공업경제연구부 전자계산조직연구부 정밀기계기술센터 주물기술센터 기술도입상담센터 반도체기술개발센터	기계공학연구부 금속공학연구부 재료공학연구부 전자공학연구부 식품사료공학연구부 생물공학연구부 화학공학연구부 고분자연구부 공업화연구부 응용화학연구부 환경공학연구부 공업경제연구부 정밀기계기술센터 주물기술센터 기술도입상담센터 전산개발센터	기계공학연구부 금속공학연구부 재료공학연구부 전자공학연구부 식품사료공학연구부 생물공학연구부 화학공학연구부 고분자연구부 공업화연구부 응용화학연구부 환경시스템연구부 산업경제연구부 기술정보개발부 기계장치개발부 정밀기계기술센터 주물기술센터 기술도입상담센터 전산개발센터
부설연구소		선박연구소 해양개발연구소	전자통신연구소	지역개발연구소 해양개발연구소 태양에너지연구소	해양개발연구소 지역개발연구소
계	5개 연구부	9개 연구부 2개 센터 2개 부설연구소	11개 연구부 4개 센터 1개 부설연구소	12개 연구부 4개 센터 3개 부설연구소	14개 연구부 4개 센터 2개 부설연구소

부문을 조정할 필요성이 있었기 때문이다. 연구실단위책임제를 채택했기 때문에 연구실장급 연구자의 신규 임용이나 기존 연구실장의 이직에 따라 연구실의 신설과 폐지가 뒤따랐고, 특정 연구부문에 속한 연구실의 증감에 따라 연구부의 분리와 통합이 신속하게 추진되었던 것이다. 연구수탁의 정도에 따라 연구실의 개폐가 자연스럽게 이루어질 수 있도록 설립 초기부터 융통성 있고 유연한 조직구조를 추구했기 때문에 잦은 조직의 변화가 나타난 것이었고, 따라서 조직이 상황의 변화에 맞게 유연하게 달라진다는 사실 자체는 부정적인 현상이 아니었다.

또한 조직개편의 배경의 하나로 상징적인 효과가 작용하기도 했다. 실질적인 개편의 필요성이 그리 크지 않더라도 대외적으로 변화되는 모습을 보여주자는 취지로 개편이 추진되기도 했던 것이다. 연구분야를 담당하는 부소장을 제1 · 제2 · 제3연구담당부소장에서 개발 · 제1 · 제2연구담당부소장으로 개칭하거나 다시 연구 · 기술담당부소장으로 바꾸고 각각의 부소장이 관장하는 연구분야를 재조정하는 등의 조직개편이 그 같은 성격을 띠고 있었다. 실제로 1979년 10월 기존 기술담당부소장을 시스템연구담당부소장으로 개편하고 각 부소장이 관장하는 연구실을 재배치한 조직개편에 대해 소장 천병두는 이사회에서 KIST가 장차 시스템개발을 중시하겠다는 대외적 이미지 구축이 중요 목적임을 밝힌 바 있다.[26)]

이처럼 잦은 조직개편은 연구소의 안정성에 부정적으로 작용할 수 있었지만 KIST 연구활동의 기본단위인 연구실 자체에는 큰 영향을 주지 않았다. 물론 인접분야의 연구실이 설립되거나 폐지되는 경우 연구실의 세부적인 연구영역에 다소간의 변화는 있을 수 있었고,[27)] 기존 연구실의 연구원이 독립하여 새로운 연구실을 만들게 될 경우도 연구영역의 세부적인 조정이 불가피했다. 그러나 연구부가 신설 · 통합되어 특정 연구실이 속하는 연구부가 달라지거나 부소장이 관장하는 연구분야를 조정하여 특정 연구실을 관장하는 소관 부소장이 달라지더라도 그 연구실의 연구와 운영에는 큰 변화가 없었다. KIST는 연구실단위 독립채산제를 유지했기 때문에 연구부의 변화가 연구실의 활동에 미치는 영향은 그리 크지 않았던 것이다. 이는 분권적인 조직구조를 채택한 KIST의 장점이었다.

그러나 KIST의 조직 변화가 항상 자연스러운 확대 · 개편의 결과인 것은

---

26) 『KIST 제66회 이사회 회의록』(1979.10.19). 초대소장 최형섭이 1971년 8월 과학기술처 소장이 되면서 심문택이 2대 소장에 임명되었으나, 심문택은 다음해 2월 국방과학연구소 소장으로 자리를 옮겼으며 한상준이 3대 소장이 되었다. 한상준은 6년간 소장을 맡았으며, 1978년 3월 천병두가 4대 소장에 임명되었다.

27) 예를 들어, 산업기계연구실을 열었던 남준우는 다음해 유체기계연구실이 신설되자 연구업무의 중복을 피하기 위해 연구실의 명칭을 기계장치연구실로 개칭했으나 실질적인 연구활동에는 큰 차이가 없었다.

아니었다. 1973년부터 시작된 부설연구소나 센터의 설립과 독립은 KIST 내부의 요구에 의해 이루어졌다거나 해당 분야가 임계치 이상으로 성장하여 자연스럽게 분리되는 과정이 아니라 대부분 분야별로 전문출연연구소를 세우겠다는 정부의 정책적 결정에 의한 결과였다. 앞의 〈표 8〉에서 확인할 수 있듯이 7~8년 만에 10여 개의 부설연구소와 센터들이 설립된 것은 일상적인 조직 변화라고 보기는 어려웠다.[28] KIST의 첫 부설연구소는 1973년에 설립되었는데, 이는 KIST가 준공식을 갖고 본격적인 운영에 들어간 지 채 5년도 되지 않은 시점이었다. 부설기관의 설치에 대해 KIST 이사회는 불가피성을 이해하면서도 KIST 자체의 운영에 부담이 되지 않을까 하는 우려를 제기했다. 이사회 의장 임석춘은 KIST가 아직 본궤도에 올랐다고 볼 수 없는 상황에서 부설기관의 설립은 우려가 된다는 점을 밝히며 이로 인해 KIST가 재정적 부담을 겪지 않도록 정부가 충분히 배려해 줄 것을 정부 측 이사에게 요청했다.[29] 이는 부설 기관의 설치가 연구소 내부의 필요성과 계획에 의해 추진되었다기보다 정부의 정책적 판단에 따른 하향식 의사 결정이었음을 알 수 있게 해준다. 실제로 선박연구소를 제외하고는 KIST 내에서 먼저 설립을 요구하지는 않았고, 대부분 정부의 지시에 따라 부설기관의 설치가 추진되었다.

부설연구소나 센터의 설치는 정부의 요구에 의한 설립이었고 필요한 예산이 별도로 배정되었기 때문에 KIST에 큰 재정 부담을 주었다고 보기는

---

28) 〈표 8〉에 들어있는 부설연구소와 센터 외에 1977년 설립되어 1년 만에 지역개발연구소로 개편된 지역개발센터가 있었다. KIST 부설 기관들의 활동에 대해서는 KIST, 『KIST 30년사: 창조적 원천기술에의 도전』(1998), 216~229쪽 참고. 또한 1976년 초 부설 기계기술연구소 설립이 KIST 이사회에서 통과되어 추진되었으나 대덕연구단지 재조정계획과 맞물려 반년 만에 철회된 적이 있으며, 1977년부터 재료개발센터의 설립을 추진하여 대덕에 부지까지 매입했으나 한국과학원과의 통합으로 인해 무산되기도 했다. 「대덕전문 연구단지 건설계획(조정안)」(1977, KIST 이사회 서면결의 자료) ; 과학기술처, 「한국과학기술연구소 재료개발센터 설립사업」(1979), KIST 역사관 소장 자료.

29) 임석춘의 우려에 대해 정부 측 이사들은 현실적으로 새로운 연구기관의 설립은 KIST 외에는 담당할 수 있는 기관이 없으며 KIST의 경험이 신설 연구기관에 꼭 필요하다고 주장했다. 『KIST 제47회 이사회 회의록』(1973.8.3). 임석춘은 1970년 정낙은의 뒤를 이어 KIST 3대 이사장이 되었으며, 1979년까지 9년간 이사장직을 수행했다.

힘들지만, 그에 따른 인력과 조직의 분리 · 독립은 KIST의 연구활동에 상당한 영향을 줄 수밖에 없었다.[30] 부설 전자통신연구소의 설립과 독립, 반도체기술개발센터의 전자기술연구소로의 독립으로 인해 KIST의 전기 · 전자 분야가 인력, 연구수탁고 등 모든 면에서 크게 약화된 것이 대표적인 예이다. 1972년의 경우 전기 · 전자 분야는 14.2%의 연구인력 구성비에 총 계약고의 16%를 차지했으나 통신연구소와 전자기술연구소의 분리가 이루어진 1978년부터 크게 낮아져 1980년의 경우 5.3%의 연구인력으로 3.2%의 수탁고를 기록했다.[31] 이 같은 수치는 KIST 설립 시 설정한 핵심 분야 5개 중 가장 작은 규모였으며, 양적인 축소와 함께 전기 · 전자 분야에서 KIST가 추진해 오던 반도체연구, 컴퓨터연구, 전자교환기연구 등 핵심 주제들이 모두 전문 출연연구소로 옮겨져 전자 및 통신 연구의 주축을 이루게 됨에 따라 KIST의 전기 · 전자 분야의 역할은 크게 줄었다. 그리고 일부 센터는 계약연구보다 인력 훈련 등 정부가 요구하는 특수사업을 담당해야 했고, 이 경우 연구실의 업무에 변화가 생길 수밖에 없었다.[32]

결국 센터나 부설기관의 설립에 따른 조직의 개편은 계약연구기관 KIST의 자율적인 운영과는 차이가 있는 인위적인 변화였고, 정부가 1970년대 과학기술정책의 핵심이었던 정부출연연구소 설립 사업을 효과적으로 추진하기 위해 KIST에 '연구소 인큐베이터'로서의 기능을 부여한 결과였다. 이는 국공립기관이 아니면서도 정부의 영향력하에서 운영되던 KIST의 성격과 위

---

30) 부설연구소는 인사와 회계를 독립적으로 추진하며 일정한 규모를 갖춘 다음에는 독립하는 것을 원칙으로 했다. 센터의 경우 KIST의 각 연구부문과 비슷한 지위를 갖고 있었는데, 정부가 집중적인 육성을 결정한 특정 분야가 계약연구체제하에서는 충분한 성장이 힘들다고 판단될 경우 센터를 설립하여 정부가 별도의 운영 예산을 제공하는 것이 일반적인 센터의 설립 과정이었으며, 센터들도 궁극적으로는 독립을 목표로 했다. 과학기술처, 「정밀기계쎈터설치안」(1972), KIST 역사관 소장 자료 ; 천병두 외, 「주물기술센터 설립에 관한 조사연구」(KIST, 1973), KIST 역사관 소장 자료.

31) KIST, 『한국과학기술연구소 연보 72』(1973), 12쪽 ; 한국과학기술원, 『한국과학기술연구소 연보 80』(1981), 4쪽.

32) KIST, 「정밀기계기술센터 현황」(1979) ; 천병두, 「주물기술센터 사업운영」, 『제1회 주물기술 세미나』(KIST 주물기술센터, 1974).

상을 보여주는 현상이었던 것이다.

3. KIST의 '두뇌유출'

1) KIST 인력 확산의 의미

KIST는 '한국의 두뇌유출'을 해결하는 데 초석이 되었지만, 1970년대 중반을 지나면서 KIST 자체는 '두뇌유출'을 당하는 입장이 되었다. 국내외에서 유치한 인력들이 새로 설립되는 정부출연연구소로 이직하거나 산업계로 스카우트되는 경우가 늘어났기 때문이다. 타기관으로 이직하지 않더라도 KIST의 소장단이 되는 경우 연구실을 폐쇄해야했는데, 이는 해당 연구자가 자신의 전문 분야와 관련된 직접적인 연구를 할 수 없다는 측면에서 KIST의 '내적 두뇌유출'이라고 볼 수 있다.

KIST가 준공식을 갖고 본격적인 활동에 들어간 1969년 10월 당시 25명의 연구실장 중 10년 뒤인 1979년 10월까지 KIST내에서 연구실을 지키고 있는 사람은 단 4명에 불과했다(〈표 9〉 참조). 원자력연구소 소장을 거쳐 KIST 선임연구위원으로 복귀한 윤용구를 포함하더라도 1979년 당시 KIST에서 연구를 수행하고 있는 사람은 5명뿐이었다. 연구실을 떠난 21명의 진로를 보면 산업계 3명, 정부출연연구소 9명, 대학 3명, KIST 소장단 4명, 사망 2명 등이었다. 또한 다른 출연연구소로 옮긴 9명 중 8명이 부소장 이상의 최고관리직을 맡으면서 실질적인 연구활동을 계속할 수 없는 상황이었다.[33]

KIST 구성원들의 이직은 연구실장급 연구자에게만 국한된 현상은 아니었다. 수치상으로 볼 때 연구부문과 행정부문 모두 하위 직급에서의 이직률이 상대적으로 높았다. 이는 책임급, 선임급에 비해 원급 직원들에 대한

33) 〈표 9〉에 제시된 연구자들의 경력은 KIST 이사회의 업무보고와 『과기연 소식』 등을 참고해서 작성했다.

〈표 9〉 KIST 준공식(1969.10) 당시 연구실장들의 이직 및 10년 뒤의 상황

연구실장	1969년 준공식 당시 연구실	이직 및 1979년 당시 직위
양재현	분석실(67.6), 금속제련연구실(68.1)	KIST 제2연구담당 부소장(71.6), 핵연료개발공단 소장(78.3)
현경호	기술정보실(67.7), 전기기기연구실(68.11)	국방과학연구소 부소장(73.1), 원자력연구소 소장(78.3)
성기수	전자계산실(67.12)	**79년 현재 KIST 전산개발센터 담당부장**
정만영	전자장치연구실(68.1)	KIST 제2연구담당 부소장(72.1), 한국통신기술연구소 소장(78.11)
최상	수산물이용연구실(68.1)	사망(73)
권태완	식량자원연구실(68.1)	KIST 제1연구담당 부소장(77.3)
정원	고체물리연구실(68.1)	표준연구소 부소장(76.3)
김재관	금속가공제1연구실(68.1)	국방과학연구소 부소장(72.2), 표준연구소 소장(75.12)
윤용구	금속재료제1연구실(68.1), 도서실(68.1)	원자력연구소 소장(71.8), **79년 현재 KIST 선임연구위원**
천병두	금속재료제2연구실(68.1)	KIST 제3연구담당 부소장(76.2), 79년 현재 KIST 소장
오동영	농약합성연구실(68.2)	국방과학연구소 화학부장(75), 한국과학원 교수(78)
맹선재	재료시험실(68.4)	**79년 현재 KIST 재료시험실장, 철강재료연구실장 겸직**
이낙규	공작실(68.6)	이직(79.3)
김훈철	조선해양연구실(68.7)	KIST 부설 선박연구소 부장(74), 국방과학연구소 부소장(76)
남준우	산업기계연구실(68.9)	대한중기 전무(77)
장경택	금속가공제2연구실(68.10)	사망(75)
강일구	고체화학연구실(69.4)	**79년 현재 KIST 금속공학연구부장, 비철재료연구실장**
안영옥	고분자화학연구실(69.4)	삼성 이사(77)
문탁진	윤활제연구실(69.5)	고대 교수(72)
이찬주	포장산업연구실(69.7)	KIST 행정담당 부소장(78.3)
전무식	액체화학연구실(69.8)	한국과학원 교수(71.6)
김형만	도시계획연구실(69.8)	이직(71.6)
이경서	유체기계연구실(69.9)	국방과학연구소 실장(72), 국방과학연구소 부소장(77)

윤여경	경제분석실(69.9)	K-TAC 사장(74), 79년 현재 KIST 기획관리부 위원장
채영복	유기합성연구실(69.9)	**79년 현재** KIST **응용화학연구부장, 유기화학 제1연구실장**

처우가 설립 초기부터 다소 낮았고, 연구원의 경우 일정기간 근무 후 유학을 떠나는 경우가 많았기 때문이다. 직종별로 볼 때 관리직의 이직률이 다소 높았고 연구기술직의 이직률은 평균보다 조금 낮았지만 큰 차이를 보이지는 않았다. 설립 이후 1975년까지 직원들의 이직률을 보면 전체 평균이 11.9%였으며 연구직은 11.7%, 기술직 11.5%, 관리직 12.8%, 기타 12.5%로 나타났다.[34] 그러나 전문연구소들의 설립이 본격화되면서 1976년부터 이직률이 15% 이상으로 증가했다.[35]

이처럼 KIST 연구자들이 정부출연연구소, 산업계, 학계 등으로 이직하는 '두뇌유출'은 KIST 운영진이 풀어야 하는 난제로 떠올랐다. 1977년 바텔연구소에 의뢰해서 실시한 KIST에 대한 평가결과 지적된 'KIST의 당면의 약점과 문제점' 중 거의 절반 정도가 다음과 같이 연구원의 이직이나 처우 등과 관련된 항목이었다.[36]

- 거의 모든 직원이 산업계에 비하여 급여 수준이 낮은 것으로 믿고 있다.
- 많은 직원들은 불안한 상태에 있다. 이들은 산업계에 있어서나 대덕 또는 기타 지역의 신설 연구기관에서 유혹을 받고 있다. 이러한 사실은 생산성을 해칠 수 있다.
- 직원들의 자질은 과거보다 못하다. 다른 좋은 기회 때문에 KIST를 떠난 직원들과 동등한 직원을 대체를 못하고 있다.
- 자질 있는 직원채용이 어렵다. 5년 전보다 지원 지망자 수가 감소되었

34) KIST, 「한국과학기술연구소의 앞으로의 전망」(1976), KIST 문서보관실 소장 이사회 관련 자료.

35) 「정부출연 연구기관 문제점 많다－대기업에 요원 뺏겨」, 『한국일보』, 1978.2.16.

36) J. M. Batch, J. J. Blanda, 「한국과학기술연구소에 대한 평가보고서」(BMI, 1977), 12~14쪽, KIST 역사관 소장 자료.

다. 산업계의 기술 확장의 결과 자질 있는 인적자원이 제한되고 있다.
– 연구자의 이직은 연구실장의 큰 문제이다. 수년간 훈련받은 후 KIST를 이직하는 경우가 있다.

연구자의 이직은 연구실 단위의 운영에도 지장을 주고 연구소 전체의 생산성에도 부정적인 영향을 줄 수 있다는 것이 바텔 측의 분석이었고, 이 같은 지적에 대해 KIST 운영진도 공감을 표시했다.[37] 실제로 연구실장이 이직할 경우 해당 연구실은 폐쇄되었고, 연구실단위 독립채산제였기 때문에 해당 연구실의 연구원은 인접 분야의 연구실로 옮기거나 그것이 여의치 않을 경우 계약기간을 마치고 연구소를 떠나야했다.[38] 경우에 따라 자격이 되는 선임연구원이 연구실장을 승계하기도 했으나 연구실장급 인력의 이직은 해당 분야나 연구소 전체의 안정성에 적지 않은 영향을 줄 수밖에 없었다. 또한 연구실에서 실제적인 연구활동의 중추적 역할을 담당하는 선임급 인력의 이직은 그 연구실의 연구역량에 상당한 타격이 되었으며, 이직을 하지 않더라도 연구소 전체적으로 높은 이직률은 연구실의 안정적인 연구 분위기 조성에는 방해요소가 되었다.

비록 KIST '두뇌유출'은 KIST 자체로는 풀어야할 숙제가 되었지만 국가 전체적으로 볼 때 고급 과학기술 인력이 확산됨으로써 최신기술의 이전효과가 여러 영역으로 전파된다는 이점이 있었기 때문에 부정적인 것만은 아니었다. KIST 당연직 이사였던 과학기술처 차관 이창석은 KIST 인력의 확산은 국가적으로 볼 때 긍정적인 현상이라고 주장했다.

[KIST 연구원의] 이직은 국가 전체로 보면 굉장한 이익입니다. KIST가 국가의 지원을 받지만 과학기술자의 훈련 명목으로는 지원 없이 굉장한 고급기

---

37) 『KIST 제59회 이사회 회의록』(1977.7.22).

38) 연구·기술직 인력들은 계약제를 적용받았으나 기능직 직원들은 원칙적으로 고용을 보장받아야 했는데, 연구실 폐지로 인해 면직된 기능원이 연구소를 상대로 소송을 제기하여 복직판결을 받기도 했다. 「기구축소 때 감원된 KIST직원 3년간 법정투쟁 끝에 승소」, 『중앙일보』, 1982.12.25.

술자를 훈련시키고 있습니다. 과학원 이상으로 인력면에서 지원하고 있다는 얘기가 나옵니다. 연구소는 경험을 거듭함에 따라 사람이 훈련되고 기술이 축적되고 여러 정보를 갖게 되는데 축적된 정보와 기술을 가진 사람이 빠져나가는 것은 KIST는 큰 손실이나 KIST에 경험과 축적된 기술, 훈련된 사람이 있었기에 정부가 10여개의 전문연구소를 만들 수 있었습니다. 경쟁자는 늘지만 KIST가 큰 공헌을 했습니다.[39]

이창석의 주장대로 KIST의 인력 양성과 확산은 1970년대 KIST의 역할을 평가할 때 중요하게 언급되어야 할 기능이었다. KIST 연구실에서 연구과제 수행을 통해 연구개발에 관한 훈련을 받은 인력은 1970년대 새로 설립되는 전문출연연구소와 산업계 및 대학으로 확산되어 각 기관에서 중요한 역할을 담당했다. 이 때문에 1970년대 KIST에서 연구실장으로 활동했던 연구자들 중 이 시기 KIST의 가장 중요한 기여로 인력양성을 지적하는 경우가 적지 않다. 한국의 기술혁신 과정에 대해 연구한 김인수도 아래의 인용문처럼 KIST의 가장 중요한 역할로 연구자 배출을 꼽았다.

KIST의 가장 중요했던 역할은 민간기업들이 자체 기술개발에 별로 관심을 두고 있지 않던 시기에 연구인력을 양성함으로써 기업들의 기술개발 노력이 본격화될 때 그들이 효과적으로 활용될 수 있도록 했다는 것이다.[40]

KIST가 1970년대 중반을 거치면서 완성된 두뇌를 받아들이는 데 그치지 않고 국내외에서 유치하고 훈련시킨 인력들을 과학기술계에 확산시켰던 것은 '두뇌허브'(brain-hub)로서의 역할이라고 부를 수 있는데, 이처럼 새로운 기능을 추가로 맡게 된 것은 처음부터 의도했던 것도 아니고, KIST 운영진에게도 그다지 반갑지 않은 현상이었다. 그러나 해외 연구자를 유치한 최초의 정부출연연구소로서 여러 분야의 연구자들을 보유하고 있던 KIST가

---

39) 『KIST 제61회 이사회 회의록』(1978.3.17).

40) 김인수, 「과학기술 진흥과 경제발전」, 조이제, 카터 에커트 편저, 『한국 근대화, 기적의 과정』(월간조선사, 2005), 348쪽.

연구인력들을 확산시키게 된 것은 자연스러운 결과였으며, 이는 1970년대 중반의 KIST를 특징짓는 현상이었던 것이다.

2) 연구인력 이직의 내용과 배경

KIST를 떠난 연구인력은 어디로, 어떠한 이유로 옮겨간 것일까? 이직자들이 선택한 기관은 크게 정부출연연구소, 산업계, 학계 등으로 구분할 수 있다. 연구자가 KIST를 떠나는 것은 기본적으로 개인적 사정이 크게 작용한 사적인 판단이지만 KIST를 둘러싼 외부 환경의 변화와 이직 문제에 대한 KIST 내부의 대처방안을 볼 때 이직의 원인은 이직 대상이 되는 기관과 관련지어 논의할 수 있을 것이다.

무엇보다 정부출연연구소의 연이은 설립은 KIST 연구자 이동의 가장 큰 이유가 되었다. 1973년부터 정부가 대덕연구단지 건설을 추진하면서 분야별로 정부출연연구소의 설립이 이어졌으며 1976년을 전후로 10여 개가 새로 등장했는데,[41] 이 시기부터 KIST 연구인력 이직이 심각한 문제가 되기 시작했던 것이다.[42] 국공립연구기관이 지니는 경직성과 비효율을 비영리 재단법인인 KIST를 통해서 해결할 수 있다는 믿음을 갖게 된 정부는 신설 출연연구소를 모두 KIST와 동일한 형태의 재단법인체로 세우기로 했으며, 기존 국공립연구기관들도 재단법인으로 개편을 추진했다. 이에 따라 〈표 10〉에서 볼 수 있듯이 KIST 이직자 중 가장 큰 비율의 연구자가 해당 분야의 전문출연연구소로 이직하게 되었다.[43]

---

41) 대덕연구단지의 추진 과정에 대해서는 대덕전문연구단지관리본부, 『대덕연구단지 30년사 1973~2003』(2003), 54~103쪽 참고.

42) 1970년대 분야별 정부출연연구기관 설립 과정과 그것의 의미에 대해서는, 문만용, 「KIST에서 대덕연구단지까지: 박정희 시대 정부출연연구소의 탄생과 재생산」, 『역사비평』 85(2008), 262~289쪽 참고.

43) 〈표 10〉은 KIST, 「현황과 전략」(1980, KIST 문서보관실 소장 이사회 관련 자료)에서 가져왔다.

〈표 10〉 연구기술직 인력의 이직 상황(1966.2~1980.7)

	전문연	정부	산업계	학계	기타 (미확인 포함)	계
책임급	32	4	11	7	6	60
선임급	46	2	32	19	17	116
원급	155	2	117	18	238	530
계	233	8	160	44	261	706

특히 신설되는 몇몇 연구소들은 KIST의 부설기관이나 센터로 설립되었다가 독립하거나 KIST의 몇몇 연구실이 중심이 되어 새로운 연구소로 출범했기 때문에 해당 분야의 KIST 연구원들은 자연스럽게 전문 연구소로 옮겨가게 되었다.[44] 사실 대덕연구단지 건설을 추진하고, 분야별로 연구소를 설립하겠다는 정책을 수립·추진한 인물이 KIST 초대소장을 거쳐 과학기술처 장관이 된 최형섭이었으며, 그가 KIST 설립과 운영이 성공적이었다고 판단하고 있었기 때문에 KIST가 '연구소 인큐베이터'의 기능을 담당한 것은 예측할 수 있는 일이었다.

KIST 부설연구소뿐 아니라 다른 신설 정부출연연구소나 기존 국공립연구기관이 재단법인 형태로 개편되어 새롭게 출범하는 연구소들도 모두 KIST를 모델로 하여 출연금을 통한 정부의 재정적 지원, 연구기관에 대한 국유재산의 무상양여, 독립회계제도, 연구원 임용계약제, 연구심의기구 등 KIST 설립과 운영에서 이용된 제도를 대부분 받아들였기 때문에 그러한 제도에 대한 경험이 있는 KIST 경력자들이 새로운 연구소의 운영진으로 선호되었

---

44) 1980년까지 KIST에서 독립한 기관은 선박해양연구소(1978), 통신연구소(1977), 전자기술연구소(1977) 등이 있으며, 부설 태양에너지연구소는 1980년 한국종합에너지연구소로 흡수되었고, 지역개발연구소는 1981년 국토개발연구원으로 흡수되었다. 주물기술센터, 정밀기계기술센터, 기술도입상담센터 등 3개의 센터는 1982년 1월 기업기술지원센터로 통합되었다가 다음해 7월 한국기계연구소로 이관되었다. 선박연구소와 해양개발연구소는 1973년 KIST 부설연구소로 설립되었다가 1976년 5월 정부의 지시에 의해 KIST 부설 선박해양연구소로 통합되었고, 같은 해 11월 재단법인 한국선박해양연구소로 독립했다. 그러나 1978년 4월 다시 분리되어 한국선박연구소와 KIST 부설 해양개발연구소가 되었다.

다. KIST 책임연구원들이 소장을 맡았던 정부출연연구소는 KIST에서 직접 분리된 선박연구소, 통신기술연구소, 전자기술연구소 외에 국방과학연구소, 원자력연구소, 표준연구소, 핵연료개발공단 등이 있었다. 이처럼 KIST 출신자들이 신설 연구소들의 최고관리직으로 진출하게 된 데에는 최형섭의 역할이 컸음을 짐작할 수 있다. 최형섭이 7년 6개월 동안 과학기술처 장관으로 재직하는 동안 KIST 출신자 중 8명이 정부출연연구소의 소장으로 임명되었고, 부소장으로 임명된 연구자도 10여 명에 달했다. 1970년대 중반이 되면 KIST가 초기에 유치한 연구자들은 상당한 연구경력을 쌓고 있었으며, 연령도 40대 중반에서 50대 초반에 이르게 되었다. 최형섭이 KIST 소장으로 임명될 때 47세였음을 감안한다면 초기 유치자들이 전문연구소의 소장단으로 진출하는 것이 무리한 일은 아니었으며, 그들을 통해 KIST의 경험이 빠른 시간 내에 이식될 수 있다는 장점이 있었다.

그러나 고급 연구개발인력이 충분하지 못한 당시의 한국 상황에서 국내외에서 어렵게 유치한 연구자들이 최고관리직에 올라 직접적인 연구활동을 하지 않는 것은 국가적으로 볼 때 연구역량의 손실이었으며, 이 같은 현상의 단초는 KIST에서부터 찾을 수 있다. KIST 설립을 준비할 때 미국 측은 연구소의 소장은 경험 많은 행정가가 맡는 것이 좋겠다는 입장을 보였으나 한국정부는 과학자인 최형섭을 소장으로 선임했음은 앞에서 보았다. 최형섭은 연구소는 연구자를 최우선으로 해야 한다는 철학하에 KIST의 설립과 초기 운영을 이끌었으며, 연구분야의 부소장과 행정담당 부소장을 구분하여 임명했다. 당연히 연구담당 부소장은 과학자들로 임명되었고, 그들이 운영하던 연구실은 모두 문을 닫거나 새로운 연구실장을 찾아야했다. 1970년대를 지나면서 KIST의 규모가 커감에 따라 연구분야의 부소장은 한때 3명까지 늘어났으며, 1978년부터는 KIST의 행정담당 부소장도 과학기술자 출신이 맡게 되었다.[45] 새로 설립되는 정부출연연구소들도 KIST의 모델을 따라

---

45) 연구개발실 차장과 포장산업연구실장을 거친 책임연구원 이찬주가 1974년 관리직이 아닌 연구직으로는 처음으로 행정관리실장에 임명되었는데, 연구원을 관리직에 임명하는 것에 대해 다소의 논란이 있었다. 이찬주는 행정관리실장을 거쳐 1978년 행정담

연구소의 운영진을 구성하여 모든 연구소의 소장에는 과학기술자를 임명하였고, 2~3명씩의 과학기술자 출신 부소장을 포진시켰다. KIST의 경우 설립 후 2년이 지나 연구담당 부소장이 처음으로 임명되었고, 연구분야를 담당하는 부소장이 3명이 된 것은 설립 후 10년이 지난 1976년으로 이때 연구소의 총 인원은 1,000명에 근접한 상태였다. 그러나 일부 신설 연구소들은 수십 명에 불과한 인원으로 출발하면서 연구분야에 3명의 부소장을 임명하는 등 설립 초부터 최고관리직을 늘렸으며, 이에 따라 상당수의 과학기술자들이 연구실을 떠나 연구관리 및 행정으로 돌아서게 되었다. 소장과 부소장은 임기가 끝나면 연구실장으로 복귀할 수 있었으나 현실적으로 몇 년간 소장단에서 활동한 후 연구활동을 다시 시작하는 것은 쉽지 않았다. 1980년까지 KIST의 소장 또는 부소장을 역임한 후 다시 연구실장으로 복귀한 경우는 권태완이 유일했다.[46] 권태완의 회고에 따르면 부소장 임기가 끝나갈 때 연구실장으로 복귀하겠다는 의사를 밝혔으나 받아들여지지 않았고, 1980년 소위 신군부의 등장 이후 각 연구소에서 최고관리직으로 활동하던 KIST 출신들이 물러나게 되면서 연구실장으로 돌아올 수 있었다.[47]

연구역량의 손실이라는 측면과 함께 드러난 또 하나의 문제는 풍부한 경력을 지닌 해외 과학기술자들의 유치가 힘들어진다는 것이었다. 신설 연구소의 소장단들이 해외에서 연구자들을 유치하는 과정에서 그들과 비슷한 연배나 경력을 지닌 연구자들은 상대적인 위화감을 느낄 수 있었고, 그들을 유치하기 위해서는 높은 관리직을 더 많이 만들어 내거나 그와 유사한 처우를 보장해주어야 하는 문제가 따랐다.[48] 이러한 조건이 맞지 않을 경우

당 부소장에 임명되었다. 『KIST 제49회 이사회 회의록』(1974.3.22).

46) 초대소장을 역임한 최형섭이 과학기술처 장관에서 물러난 뒤 1979년 1월 KIST의 명예연구위원이 되어 명예연구실을 설치한 경우가 있다. KIST, 「명예연구위원 선임 및 명예연구실 설치(안)」(1979), KIST 문서보관실 소장 이사회 관련 자료. 명예연구실은 이사회의 승인을 통해 소요예산을 배정받아 책임회계제도에 의한 독립채산의 부담을 지지 않고 자유롭게 원하는 연구를 할 수 있었다. 최형섭 명예연구실은 1980년 8월 폐지되었다.

47) 권태완, 「KIST 20년 3개월의 회고」, 92~94쪽.

48) 전상근, 『한국의 과학기술정책』, 183~185쪽.

유치대상자들이 귀국을 포기하는 경우도 생겨났으며, 이에 대해 과학자들이 연구실보다 '감투'를 좋아한다는 비판이 제기되기도 했다.[49]

또한 KIST 출신 연구자들이 여러 연구소의 소장단으로 진출하는 것에 대해 과학기술계 일각에서 곱지 않은 시선을 보냈던 것 또한 사실이었다. KIST 출신으로 연구소의 최고관리직으로 활동한 연구자들은 최형섭의 영향력을 바탕으로 '최형섭 사단'으로 불리면서 과학기술계의 '파워엘리트' 역할을 담당했으나, KIST에 대한 최형섭의 편애, KIST 인맥의 부상은 외부에서 KIST에 대해 부정적인 인식을 가져오는 원인의 하나가 되었던 것이다.[50]

정부출연연구소 다음으로 KIST 연구자들이 많이 옮겨간 곳은 산업계였다. 1970년대 전반기만 하더라도 KIST 연구원이 산업체로 이직하는 경우는 매우 드물었다. 그러나 1970년대 중반을 지나면서 산업계의 자체적인 연구개발에 대한 관심이 크게 높아졌고, 이를 위해 그들이 가장 먼저 접촉을 한 대상은 KIST 연구원들이었다. 1977년 즈음부터 대기업들의 인력유치가 본격화되었는데, 대기업들은 월등한 처우를 내세워 이미 능력이 검증된 KIST 연구원들을 스카우트하기 시작했다. 대기업들은 통상 2~3배의 처우를 약속하면서 이직을 유도했는데,[51] 보통 KIST의 책임연구원들은 이사급, 선임연구원은 부장, 연구원은 과장급으로 이직했다.[52] KIST 연구원들의 산업계 이

---

49) 「과학자들, 연구실보다 「자리」를 좋아해: 두뇌인력 부족현상」, 『경향신문』, 1978.12.4.

50) 신동호, 「과학기술계의 양대인맥」, 과학기자 모임 지음, 『신한국 과학기술을 위한 연합 보고서』(희성출판사, 1993), 130~216쪽 ; 고종관, 「매맞는 출연 연구소」, 과학기자 모임 지음, 『신한국 과학기술을 위한 연합 보고서』, 85쪽 ; 김기정, 「실록 파워 엘리트 20: 월곡회 1」, 『국민일보』, 1996.12.20.

51) 「해외 유치과학자 대기업 전직 늘어」, 『중앙일보』, 1977.3.24 ; 「정부출연 연구기관 문제점 많다」, 『한국일보』, 1978.2.16 ; 「고급두뇌가 달린다」, 『경향신문』, 1978.5.1. 1978년 초 KIST의 급여가 인상되어 선임연구원은 보너스를 포함해서 30~45만 원, 책임연구원은 40~50만 원을 받았는데, 일부 대기업에서는 책임연구원들에게 월 100~150만 원의 급여에 아파트와 승용차까지 제공하는 등의 파격적인 조건을 내걸고 KIST 연구원들을 스카우트했다.

52) 책임급 연구원들의 경우 기업체에서 직접적인 연구개발에 참여하기보다 기업이 신설하는 연구소의 설립 책임을 맡거나 기술도입을 비롯한 기술 문제에 관한 전반적인 업무를 담당하는 경우가 많았다. 그러나 연구소와 기업의 다른 문화 차이 등으로 인해 산업계로 이직한 연구자 중 몇 년 뒤 대학이나 연구소로 복귀하는 사례도

직이 높아지자 과학기술처가 나서 신설 기업연구소들은 해외의 두뇌를 유치하라며 산업체 설득에 나섰으나 해외 인력유치에 대한 경험이 없는 산업체로서는 KIST를 비롯하여 국내에서 활동하고 있는 인력을 선호할 수밖에 없었다.[53)]

산업계가 연구자를 스카우트할 때 가장 강점으로 내세웠던 것이 월등한 처우였다. 설립 당시 KIST의 높은 급여 수준이 화제가 될 정도였지만 이후의 인상폭은 기업이나 대학 등의 그것에 미치지 못했다. 처음 급여가 결정된 뒤 1년이 지난 1967년 7월 평균 20% 정도의 급여 인상을 시작으로 KIST의 급여는 물가상승률을 감안하여 1~2년마다 인상 조정되었다. 그러나 첫 번째 급여 인상부터 KIST 이사회의 정부 측 당연직 이사와 학계 대표 자격의 이사들은 KIST의 급여 인상에 대해 이의를 제기했으며, 대통령 역시 연도 중간에 급여를 올리는 것에 대해 부정적인 의견을 보였다.[54)] KIST가 재단법인으로 설립된 주된 이유 중 하나가 공무원 처우규정에서 벗어나 충분한 대우를 보장함으로써 우수한 연구원을 유치하겠다는 것이었으나 정부로부터 매년 출연금을 받고 있는 상황에서 급여 인상은 KIST가 독립적으로 결정하기는 어려웠고 정부 측과 지속적인 협의를 가져야했다. 특히 1970년부터 KIST 주변에 국방과학연구소, 한국개발연구원, 한국과학원 등이 설립되면서 이들 기관과의 관계 때문에 KIST 급여 인상은 더욱 어려움을 겪게 되었다. 신설 기관들이 KIST의 처우를 기준으로 삼았기 때문에 KIST의 급여 인상은 다른 기관의 연쇄적인 인상으로 이어진다는 정부 측 이사들의 의견으로 인해 KIST의 급여는 더딘 인상 추세를 보였다.[55)] 이에 따라 1973년 중반을 기준으로 KIST의 급여 수준은 대기업과 비교할 때 60% 정도에 머물렀고, 특히 하위직급의 급여는 책임급에 비해 처음부터 상대적으로 낮게 책

적지 않았다.

53) 과학기술처가 추진한 해외과학기술자 유치사업으로 영구 귀국한 연구자 중 산업계가 유치한 인력은 1980년까지 한 자리 숫자에 머물렀다. 〈표 3〉 참고.

54) 『KIST 제16회 이사회 회의록』(1967.7.21).

55) 『KIST 제43회 이사회 회의록』(1972.3.24).

정되었기 때문에 원급 인력의 처우는 그리 좋은 편이 못되었다.[56] 1969년의 준공 후 5년이 채 지나기 전에 KIST는 급여 부분에서 경쟁력을 잃고 있는 상태였고, 이 때문에 KIST 연구원들이 해외에 체류하고 있는 자신의 동료에게 KIST 취업을 권유하기 어렵다는 얘기가 나올 정도였다.[57] 1970년대 중반을 거치면서 KIST와 산업계와의 격차는 더욱 벌어졌으며, 1976년 이후 KIST는 매년 10~15% 정도로 급여를 올렸으나 이는 각 연도의 소비자물가 인상률에 미치지 못했다. KIST의 높은 급여 인상은 연구계약금액 인상으로 이어져 연구과제 수탁에 어려움을 주기 때문에 인상률을 높이기가 쉽지 않다는 문제도 있었다.[58]

KIST 운영진이나 언론에서는 정부가 연구원들과 공무원들과의 일관된 대우를 내세워 KIST 연구원들의 급여 수준을 일정수준에 묶어두려는 것이 연구원들 이직의 근본 원인임을 지적하고 파격적인 대우가 필요함을 강조했다.[59] 이러한 지적은 KIST의 급여 결정이 재단법인임에도 불구하고 실질적으로 정부의 통제하에 있음을 재확인시켜주는 것으로, KIST가 재정적으로 완전 자립을 이루지 못하고 정부의 지원을 받고 있는 한 피할 수 없는 현상이었다. 그리고 KIST가 설립될 시점과 달리 10여 년이 지난 1970년대 후반은 KIST에게 특별한 처우를 보장할 수 있는 상황도 아니었다. 무엇보다 이미 10여 곳이 넘는 정부출연연구소들이 설립되었고, 이들 기관은 KIST와 동일한 지위를 지니고 있었기 때문에 KIST만 특혜를 줄 수는 없었다. 또한 연구기관 전체에 대해 높은 처우를 제공하는 것은 정부의 재정부담으로

---

56) 『KIST 제47회 이사회 회의록』(1973.8.3).

57) Harret Ann Hentges, "The Repatriation and Utilization of High-Level Manpower", p.188 ; 「과기연 다섯돌: 그 성과과 숙제」, 『중앙일보』, 1971.2.10.

58) KIST 운영진은 연구계약고에 부담을 주지 않기 위해서 자녀들에게 장학금을 지급하는 등의 부가혜택을 늘리거나 연구성과에 따라 인센티브를 부여하는 방식을 채택했다. '연간특별수당'이라는 이름으로 연구실적이 우수한 연구실이나 개인에게 보너스가 지급되었다. 『한국과학기술연구소 비사 제2권: 최형섭』(1975.2.19) ; 『KIST 제49회 이사회 회의록』(1974.3.22).

59) 「KIST, 고급두뇌 유출 심각」, 『내외경제』, 1977.3.15 ; 「현황보고」(KIST, 1980), KIST 문서보관실 소장 이사회 관련 자료.

인해 불가능해졌다. 짧은 시간에 다수의 연구소를 설립하다 보니 건설과 연구기자재 도입에만 막대한 예산이 소요되어 연구원에 대한 파격적인 대우는커녕 충분한 연구비 확보도 어려운 상황이었던 것이다.

KIST 연구인력의 유치가 높은 급여만으로 가능했던 것이 아닌 것처럼 이직 역시 경제적 처우에 의해서만 좌우되는 것은 아니었다. KIST에서 학계로 옮겨간 연구자들의 선택은 처우보다 운영 및 연구방식이 더 큰 영향을 주었다고 볼 수 있다. 물론 대학으로의 이직에 결정적인 작용을 한 요인은 개인적인 조건이나 기준에 따라 다양했을 것이며, 사회적 지위, 안정된 직무나 후진 양성 기회 등을 중요시한 선택이었다고 볼 수도 있다. 하지만 당시 대부분 대학의 연구시설이나 연구비 등의 연구여건이 KIST보다 낮은 수준이었음을 감안한다면 대학으로 이직한 연구자들은 계약연구가 아닌 자유롭고 안정적인 연구활동을 희망했다고 여겨진다.

결국 KIST 연구원들의 이직에는 정부출연연구소 설립과 산업계의 자체적인 연구개발 관심 고조라는 외부 조건과 함께 상대적으로 낮아진 처우와 계약연구체제에 대한 피로감이라는 내부의 조건이 함께 영향을 미치고 있었다. 따라서 이 같은 환경 속에서 KIST가 연구능력을 유지하기 위해서는 새로운 전환이 필요했다. 설립 당시처럼 연구원들에게 월등한 대우를 제공할 수 있는 여건이 아니었기 때문에 경제적 처우 외의 다른 유인을 제공할 필요가 있었으며, 1977년 7월의 직제개정도 그 같은 맥락에서 이루어졌다고 볼 수 있다.[60] '프로젝트 리더제'를 신설하여 박사학위를 받고 바로 임용된 연구자나 그와 동일한 경력을 인정받은 선임연구원들도 연구책임자가 될 수 있도록 하여 연구실장이 아니더라도 자신의 책임하에 연구과제를 수행할 수 있게 했으며, 연구책임자로 2년 정도의 경력을 쌓은 다음에는 연구실 개설이 가능하도록 하여 하여 연구 의욕을 고취시켰다. 이러한 직제개정에는 이직한 연구실장들의 공백을 메운다는 목적도 있었지만 동시에 선임연구원들의 사기를 진작시킨다는 의도가 들어 있었던 것이다. 이 조처에

60) 『KIST 제59회 이사회 회의록』(1977.7.22).

따라 1977년 7월 선임연구원들이 책임자가 되어 10개의 연구실이 대거 개설되었다.[61)]

국가적으로 긍정적인 현상이라고 간주되었던 KIST의 '두뇌유출'은 연구소 자체로는 위기였지만 동시에 좀 더 근본적인 전환을 모색할 수 있는 기회가 되었다. KIST는 설립 당시부터 국가를 대표하는 연구소로서 언론의 주목을 받았고, 그에 어울리는 높은 처우로 인해 KIST 연구원들은 남다른 자부심을 가질 수 있었다. 비록 연이은 정부출연연구소의 설립으로 인해 더 이상 설립 초기와 같은 독점적인 지위와 사회적 인식을 기대하기는 어려웠지만 KIST는 연구 성격이나 목표에서 신설되는 전문연구소와는 다른 차원의 것을 제시함으로써 연구원의 자긍심과 KIST의 사회적 인식을 높여줄 필요가 있었으며, 이는 3부 7장에서 논의할 1978년 KIST 성격전환을 가져온 배경의 하나로 작용했던 것이다.

61) KIST, 「BMI 평가보고서 및 이에 대한 검토」(1977), 8~9쪽, KIST 역사관 소장 자료.

2부 요약 및 소결

2부에서는 KIST 연구인력에 대해 논의하면서 설립 초기 강조되었던 '역두뇌유출센터'의 역할에 '두뇌허브'라는 새로운 기능이 추가되었음을 보였다. 미국이 KIST 설립을 제안한 배경의 하나가 두뇌유출에 대한 반대사례를 만들자는 것이었기 때문에 KIST는 연구소이자 동시에 '역두뇌유출센터'로서 해외 인력을 유치하는 데 역점을 두었는데, 이는 단순히 KIST 자체의 연구원 확보라는 의미뿐 아니라 한국 두뇌유출의 흐름을 되돌릴 수 있는 가능성을 확인하는 시금석이었다는 의미가 있었다. 사실 KIST의 해외 한국인 과학기술자 유치를 계기로 두뇌유출에 대한 사회적 관심이 처음으로 크게 일어났고, 해외의 한국인 과학기술자들이 결집할 수 있는 기반이 마련되었으며, KIST의 해외 인력 유치 성과에 고무된 정부는 해외유학을 억제했던 그간의 수동적인 정책을 포기하고 해외 인력의 귀국을 촉진시키는 적극적인 정책으로 전환하게 되었던 것이다.

이처럼 다각적인 의미를 지녔던 KIST의 인력 유치가 성과를 거둘 수 있었던 요인으로는 우선 당시 국내의 대학이나 연구소와 비교해서 월등했던 처우를 들 수 있는데, 이는 이후 다른 연구소에 확산되어 국내에서 과학기술자에 대한 대우와 인식이 전반적으로 향상될 수 있는 기틀이 되었다. 그리고 KIST가 연구실단위책임제라는 분권적인 조직구조를 채택했다는 점도 해외 인력 유치에서 긍정적인 역할을 했으며, 아울러 연구원 선발 과정에 바텔연구소의 전문가들이 참여함으로써 심사과정의 객관성을 높일 수 있었다는 점도 중요했다. 여기에 연구자 선발과정에서부터 '시장을 목표로 한 연구'를 분명히 표방했다는 사실을 빼놓을 수 없다. 이는 KIST가 계약연구기관이었기 때문에 당연히 강조될 수밖에 없었던 측면이지만, 최고의 연구소를 지향해나가면서도 당시 국내 산업계가 필요로 하는 연구를 수행한다는 점을 확실히 내세웠다는 것은 연구자의 귀국 후 성공적인 정착 가능성을 높였다는 점에서 의미가 있었다.

해외의 한국인 과학기술자들을 성공적으로 받아들였다는 점에서 주목을 받았던 KIST는 1970년대에 들어와서도 지속적으로 해외 인력을 유치했지만 전문연구소들이 연이어 설립되면서 '역두뇌유출센터'로서의 상징성은 설립 초기보다 약화되었다. 그러나 1970년대 중반을 지나면서 국내외에서 유치한 연구자들이 산업계가 요구하는 과제에 대한 실질적인 연구경험을 쌓은 뒤 전문연구소, 산업계, 학계로 확산되어 중요한 역할을 담당함으로써 KIST는 한국의 과학기술인력 수급에서 새로운 기능을 담당하게 되었다. 이 기능은 KIST가 정부로부터 '연구소 인큐베이터'라는 임무를 부여받아 몇몇 연구기관들을 부설로 설립하여 독립시키거나, 자체의 조직과 인력을 분리시켜 별개의 연구소를 세우는 과정에서부터 본격화되었다. 이후 자체적인 연구개발에 대한 관심이 커진 산업계가 핵심 연구인력 확보를 위해 KIST 연구자의 스카우트에 나서면서 일종의 '두뇌허브'로서의 역할이 크게 부각되었던 것이다. 이러한 현상은 KIST에게는 일종의 '두뇌유출'이었지만 첫 번째 정부출연연구소이자 종합연구소로서 여러 분야의 연구자를 포괄하고 있던 KIST로서는 불가피한 현상이었으며 국가적으로는 고급기술을 여러 영역으로 전파할 수 있는 긍정적인 가치를 지니고 있었다. 이러한 측면에서 볼 때 설립 이후 1970년대까지 KIST는 연구기관이자 동시에 인력 훈련기관으로서의 기능을 담당했으며, 이 시기 KIST의 사회적 기여를 논할 때 반드시 강조되어야 할 역할이었다고 평가할 수 있다.

KIST의 연구활동

제5장 설립 초기의 연구활동

1. 재원별 연구계약고 개관

KIST가 1960년대 중반의 한국 상황에서는 낯선 계약연구체제를 채택한 것은 일차적으로 미국의 제안에서 비롯되었지만 한국정부는 연구개발에 대한 인식을 제고시키고 동시에 연구과제수탁으로 재정자립을 이룩함으로써 정부의 지원에 의존하지 않는 자율적인 연구소를 만들겠다는 이중의 목적을 내세웠다. 따라서 KIST가 기록한 연구계약고는 계약연구기관으로서 KIST의 역할을 평가할 수 있는 중요한 지표가 된다. 특히 산업기술 개발을 통해 경제발전에 기여하는 목표를 지녔기 때문에 산업계와 체결한 연구계약의 정도와 추이는 KIST가 설립 당시의 목표를 얼마나 잘 수행하고 있는가를 볼 수 있는 효과적 수단이라 할 수 있다.

KIST에서 수행한 연구과제는 몇 가지 방식으로 분류할 수 있는데, 연구비의 재원에 따른 구분이 가장 일반적이라 할 수 있다. 이에 의하면 모든 연구과제는 〈표 11〉의 분류처럼 정부 위탁 과제(G), 출연금 연구(E), 산업체 위탁 과제(I), KIST 자체과제(K), 공동과제(J), 국제계약과제(F), 전산단가(C), 소액계약(S), 기술지원(T) 등으로 구분되었다. 정부 위탁 과제는 정부 부처 및 산하기관의 요구에 의해, 산업계 위탁 과제는 산업계의 요구에 의해 계약을 맺고 수행된 연구과제였으며, 출연금 연구는 정부가 구체적인 과제를 지정하지 않고 매년 KIST에 제공하는 연구비에 의해서 이루어지는 연구개발

활동이었다. 공동연구는 산업계와 연구소 또는 정부가 공동으로 연구비를 부담하여 수행되는 연구과제였으며,[1] KIST 자체과제는 연구소의 자체적인 연구비로 추진되는 것으로 연구결과가 궁극적으로는 산업기술에 기여할 수 있는 기초연구에 중점을 둔다는 의미로 '목적기초연구'라고도 불렀다. 국제계약은 해외의 기관으로부터 의뢰받은 연구과제를 지칭했으며, 전산단가는 KIST 전자계산실의 컴퓨터를 활용하는 과제였다.[2] 그리고 소액계약은 작은 규모의 과제에 대하여 해당 연구실장의 전결로 연구계약을 체결해서 수행하는 과제였으며, 기술지원은 일정한 조건과 기간을 정하여 수시로 자문이나 기술 서비스를 제공하는 것이었다. 각 연구과제에 주어지는 계정번호에는 재원에 따른 분류를 나타내는 영문 기호가 제일 앞에 붙었는데, 예를 들어 1973년 금속재료연구실에서 출연금으로 추진된 '동복강선 제조' 연구는 E01960, 다음해 일진금속과 정부출연금의 공동연구로 수행된 '동복강선 시험공장 생산 연구', '제조시설 개발', '조업지도 과제'는 J00570, J00571, J00572, 1976년 일진금속의 의뢰로 이루어진 '동피복선 연속제조장치 설계' 연구는 I05270의 계정번호를 부여받았다.[3] 이처럼 관련된 과제가 여러 재원으로 나누어 추진되는 경우가 드물지 않았다.

〈표 11〉에서 확인할 수 있듯이 연구계약고의 재원별 분류로 볼 때 산업

---

1) 공동연구에서 정부 출연금의 비중이 더 큰 경우 '공동출연금 연구'라는 이름 아래 정부계약고로 분류되었으며, 산업계의 연구비가 더 큰 경우는 산업계계약고로 분류되었다.

2) 전산단가의 경우 정부 부처에서 의뢰받은 것은 정부계약고로, 산업계에서 의뢰받은 것은 산업계계약고 나누어 분류되었다.

3) KAIST 연구개발실, 「연구결과 활용현황」(1982), KIST 역사관 소장 자료.

4) 〈표 11〉은 각 연도별 『KIST 연보』와 『과학기술연감』을 바탕으로 작성했다. 표에 기록된 수치는 십만 원 단위에서 반올림한 값이므로 합계에서 다소의 오차가 있다. KIST의 연구계약고를 크게 정부계약고와 산업계계약고로 구분할 때 정부계약고에는 정부 위탁 과제, 출연금 연구, 공동출연금 연구, 정부 측 전산단가 등을 포함시키며 나머지는 산업계계약고로 구분한다. 또는 정부계약고를 뺀 나머지에서 국제계약과 자체연구만을 따로 분리해 기타로 구분하여 전체 연구계약고를 정부계약고, 산업계계약고, 기타의 3가지로 나누기도 한다. 기타의 경우 그 비중이 2% 정도에 불과했기 때문에 『KIST 연보』에 실린 연구계약고 통계는 전자의 방식을 채택했으며, 〈표 11〉도 전자를 따라 자체연구와 국제계약을 산업계계약고에 포함시켰다.

〈표 11〉 연도별 연구계약고(단위 백만 원, 괄호 안은 %)

	1967	1968	1969	1970	1971	1972	1973	1974	1975	1976	1977	1978	1979	1980	계
정부 계약고	**8.8 (54)**	**19.9 (29)**	**95.7 (52)**	**318 (70)**	**597 (66)**	**1,086 (63)**	**1,100 (46)**	**1,422 (51)**	**1,043 (31)**	**1,540 (40)**	**2,222 (43)**	**2,226 (31)**	**4,765 (49)**	**8,125 (71)**	**245.7억 (50)**
정부위탁(G)	8.8	19.9	51	144	246	556	561	809	452	632	685	628	923	899	**66.1억**
출연금(E)	-	-	42	170	341	464	427	467	291	646	1,158	1,287	3,625	6,371	**152.9억**
공동출연(J)	-	-	-	-	1.3	48	99	116	226	198	312	226	215	851	22.9억
전산단가(C)	-	-	2.3	4.5	9	18	14	30	75	64	67	85	2	4	3.7억
산업계 계약고	**7.4 (46)**	**48.5 (71)**	**88.2 (48)**	**139 (30)**	**307 (34)**	**627 (37)**	**1,298 (54)**	**1,366 (49)**	**2,313 (69)**	**2,270 (60)**	**2,963 (57)**	**4,886 (69)**	**4,899 (51)**	**3,268 (29)**	**244.8억 (50)**
위탁연구(I)	7.4	46	70	81	182	453	973	826	1,674	1,412	1,804	2,975	3,932	1,777	**162.1억**
공동연구(J)	-	0.26	3	1.3		38	175	160	257	161	307	1,084	60	522	27.7억
소액계약(S)	-		2	11	18	27	39	46	96	159	168	252	281	386	14.9억
기술지원(T)	-	1	2	3	1.8	2.7	4	10	9.5	18	16	32	22	25	1.5억
전산단가(C)	-	-	4.7	34	64	51	47	30	147	383	474	468	478	493	26.7억
자체연구(K)	-	1.2	6	5	33	38	49	30	30	37	40	34	56	40	4.0억
국제계약(F)	-	-	-	6	7.7	18	25	261	100	97	154	42	70	26	8.1억
총계[4]	16.2	68.4	184	457	904	1,713	2,399	2,789	3,357	3,809	5,185	7,113	9,665	11,393	490.5억

계 위탁과 출연금 연구(일괄계약연구)가 양대 축을 이루었으며 그 다음으로 비중이 큰 것이 정부 위탁 과제였다. 연도별 연구계약고에 근거해 설립 이후 1980년까지 KIST 연구활동을 대략적으로 구분하면, 설립 초기라 할 수 있는 1972년 정도까지, 1970년대 중반에 해당하는 1973년에서 1977년, 그리고 1970년대 후반인 1978년 이후로 나누어 볼 수 있다. 설립 이후 1972년까지의 연구계약고는 정부부처 위탁 과제가 30.7%, 출연금 연구가 30.4%를 기록했으며, 산업계 위탁 연구는 25.1%에 머물렀다. 따라서 이 시기 KIST와 정부는 산업계로부터의 연구위탁을 확대시키는 데 많은 노력을 기울였다. 이러한 노력이 성과를 거두어 1973년부터는 산업계 위탁 과제가 크게 늘어나기 시작하여 1978년까지 전체 계약고에서 가장 큰 몫을 차지하게 되었다.[5] 따라서 이 시기의 KIST는 연구결과의 활용을 높이는 방향으로 주된 관심사를 전환하게 되었고, 한국기술진흥주식회사(K-TAC)의 설립은 그러한

노력의 결과물이었다. 그러나 1978년 장기대형국책과제 수행으로 연구의 방향을 전환함에 따라 1979년부터 산업계와의 연구계약은 다시 감소했고 출연금 연구가 대폭 증가하게 되었다. 그러므로 설립 이후 1980년까지 KIST 연구활동의 흐름을 '연구과제 수탁을 위한 노력', '연구결과의 기업화 추진', '국책과제로의 전환'의 세 단계로 요약할 수 있으며, 이 같은 시기 구분에 따라 각 단계마다 주된 비중을 차지했던 연구과제를 중심으로 KIST의 연구활동에 대해 다루어보고자 한다. 즉 5장 설립 초기는 정부 위탁 과제, 6장 1970년대 중반은 산업계 위탁 과제의 특성과 사례에 대해 살펴볼 것이며, 7장 1970년대 후반은 출연금 연구를 중심으로 논의하면서 국책과제로 전환하게 된 과정과 그 배경에 대해 설명함으로써 KIST의 성격전환을 이해하고자 한다. 아울러 1980년 말 한국과학원과의 통합 과정과 그 배경에 대해서도 간단히 논의할 것이다.

2. 산업계 과제수탁을 위한 노력

계약연구기관으로서 KIST가 안정적으로 운영되기 위해서는 산업계로부터의 연구위탁이 충분히 확보되어야 하지만 당시 국내의 사정에서는 쉽지 않은 일이었다. KIST 설립 이전부터 정부는 연구소 개편을 시도해왔고 과학기술자들도 새로운 종합연구소의 설립을 주장했지만, 산업기술의 최종 사용자인 산업계로부터는 연구소 설립을 요구하는 목소리는 듣기 힘들었다. '박정희－존슨 공동성명'에서 KIST 설립이 처음 제기되기 직전인 1965년 5월 초 상공부가 주최한 '산업기술진흥 촉진방안을 위한 공청회'에서 나온 산업기술 발전방안에도 연구기관 신설에 대한 주장은 포함되지 않았다.[6)]

---

5) 1973년부터 1978년까지의 연구계약고에서 공동연구를 포함한 산업계 위탁 연구의 비중은 47.9%에 달했으며, 같은 기간 정부 위탁 연구는 15.3%, 공동출연금 연구를 포함한 출연금 연구는 22.1%에 머물렀다.

6) 「산업기술진흥에의 길은?」, 『조선일보』, 1965.5.13.

이는 당시 산업계가 연구개발을 전담하는 연구소의 신설 필요성을 그리 크게 느끼지 않았음을 말해준다.[7] 정부의 연구기관 개편 시도와 KIST의 설립이 산업계의 요구를 수렴해서 추진된 사업이 아니라 정부의 판단에 의해 하향식으로 결정된 정책이었기 때문에 산업계가 얼마나 활발하게 연구위탁을 할 것인가라는 질문에 대해서 낙관적인 대답을 하기는 어려웠다.

연구개발에 대한 산업계의 낮은 인식은 16개 분야를 대상으로 실시한 산업실태조사에서도 확인되었다. 예를 들어 기계공업 분야에 대한 실태조사 보고서의 6가지 결론 중 첫 번째는 "산업계의 연구에 대한 인식부족으로 현재 한국에는 기계공학분야에서 산업계약연구에 대한 실질적인 수요가 없다"는 것이었다.[8] 비록 두 번째 결론이 "5년 내지 10년 사이에 수요가 증대될 것으로 예상된다"는 것이었지만 관련 기업들이 기술개발을 위한 연구위탁에 대한 필요성을 그다지 느끼고 있지 않다는 것은 사실이었다. 기계공업 분야의 기업들이 당면한 가장 큰 문제점으로 꼽은 것은 자금의 부족, 기계시설의 부족, 원자재 구매 및 수급의 부족 등으로, 새로운 제품의 개발이나 공정개선을 위한 기술개발은 우선순위가 높지 않았다. 다른 분야들의 실태조사에서도 산업계는 기술정보 제공에 대한 기대는 높았지만 기업활동에서 기술적인 문제보다도 정책이나 경영에 관한 부분들이 더 큰 문제라는 입장을 보였다. 바텔연구소와 국내의 전문가들이 현장 방문을 통해 관련 기업들의 현황을 조사하여 기술과 관련된 다수의 연구과제를 찾았으나 산업계는 그에 대한 연구의 필요성을 인식하지 못하고 있었던 것이다. 동일한 맥락에서 전자계산기 활용에 대한 실태조사 보고서는, "전자계산기가 이용될 수 있는 분야는 분명 많지만 전자계산기의 능력을 시장화하는 문제는 전자계산기를 효율적으로 사용하기 위해 그 기술능력을 발전시키는 문제보다도 더욱 어렵다"고 지적했다.[9] 즉 연구개발 자체보다도 그 필요성을

7) 김근배, 「한국과학기술연구소 설립과정에 관한 연구－미국의 원조와 그 영향을 중심으로」, 『한국과학사학회지』 12권 1호(1990), 51쪽.

8) 강철희 · 이병희 · 유병철 · Gerald A. Francis, 『조사보고서: 기계공업』(KIST, 1967), 94쪽.

9) 김덕현 · 성기수 · Michael Tikson, 『조사보고서: 전자계산기』(KIST, 1968), 14~15쪽.

인식하고 연구계약을 맺게 되기까지에 더 많은 노력이 들어갈 수 있다는 설명이었다.

따라서 설립 초기 KIST는 산업계 인사와의 접촉을 강화하면서 연구개발에 대한 관심을 환기시키고, 연구과제 수탁을 위한 적극적인 홍보활동을 해나갔다. 이처럼 KIST의 연구능력을 판매하기 위한 '연구과제개발'(project development)은 KIST의 안정적 운영을 위한 중요한 활동이었고, 이를 효과적으로 수행하기 위해 KIST는 1967년 6월 연구개발실을 설치했다. 연구개발실은 KIST의 연구능력을 적극적으로 외부에 판매하는 기능을 담당했으며, 동시에 연구과제의 관리와 연구개발과 관련된 장·단기 계획을 입안하는 임무를 수행했다. 초대 연구개발실장으로 서울시 수도국장을 지낸 최종완이 임명되었다.[10]

연구개발실은 첫 번째 사업으로 3개월간 전국의 70여 개 기관을 방문하여 KIST를 소개하고 산업계가 안고 있는 문제를 파악하고자 했다.[11] 이 과정을 통해 연구개발실은 산업체로부터 연구계약을 유도하기 위해서는 수시로 접촉할 수 있는 계기를 만드는 것이 중요하며, 계약연구의 개념이 약한 국내 실정에 맞는 기술지원 방식이 필요하다고 보았다. 이를 위해 도입된 방식이 1968년 7월부터 시작된 '일반기술지원사업'(technical extension program)으로서, 이는 지정된 특정 과제에 대한 연구가 아니라 일반적인 조건과 기한만을 정해두고 연구위탁자의 요청에 따라 수시로 기술 및 공업경제 문제에 관련된 자문이나 기술 서비스를 제공하는 것이었다. 자신들이 처한 문제자체를 파악하지 못하거나 아주 일반적이고 기본적인 문제로 어려움을 겪고 있었던 여러 중소기업들이 KIST의 연구개발실에 적립금 10만 원을 내고 등록을 한 뒤 요청을 하면 연구개발실은 KIST의 해당연구실을 주선하며, 연구원들이 문제를 검토하고 KIST의 시설을 이용해서 문제를 해결한 한 후 소요 경비는 적립금에서 공제해나가는 방식이 일반기술지원사업이었다.[12]

---

10) 최종완은 1969년 국립건설연구소 초대소장으로 옮겨갔으며, 1978년 최형섭의 뒤를 이어 3대 과학기술처 장관에 임명되었다.

11) 「연구개발실 발족」, 『과기연 소식』 1호(1967), 5쪽.

설립 초기 1년에 40~50개 기업이 참여했으며 차차 늘어서 1970년대 중반에는 120여 개 이상의 업체가 일반기술지원계약을 맺었다.

연구개발실은 산업계와 긴밀한 유대를 유지하고 기술적 문제에 대해 서로 토의할 수 있는 기회를 마련하기 위해 간담회나 세미나 자리를 마련하고 산업계 관련 인사들을 초청해서 연구 필요성을 강조하고 KIST의 연구능력에 대한 홍보활동을 벌였다.[13] 그 일환으로 1969년 5월 각 업체의 기술중역들 간의 정례적 모임인 '기술중역 친목회'가 발족되었으며, 초기에는 연구개발실장이 임시 간사를 맡았다.[14] 기술중역 친목회는 산업계의 최고기술경영자와 KIST 연구원들이 정기적으로 모임을 갖고 기술개발에 대한 의견을 교환하거나 강연을 듣는 형태로 진행되었다.

KIST에 대한 산업계의 과제 위탁을 촉진하기 위한 법적인 정비도 뒤따랐다. 정부는 1967년 말 조세감면규제법과 관세법을 개정하여 KIST의 법인세, 연구소의 재산과 도입물자에 대한 등록세, 재산세, 취득세, 관세를 면제토록 했다.[15] 아울러 KIST에 기부하거나 연구위탁을 하는 개인이나 법인에 대해 기부액이나 지급연구비에 해당하는 금액을 소득계산에서 필요경비나 손금(損金)으로 인정받을 수 있도록 했다. 이는 연구개발장려책으로 특별면세제도가 국내에서 처음으로 법제화된 것으로서 산업계의 연구투자에 자극제가 될 것으로 기대를 모았다.[16] 그러나 과학기술처는 KIST에 국한된 면세 혜택은 다른 기관과의 형평성에도 문제가 있으며, 연구개발비의 전액 손금처리는 기업의 입장에서는 당연한 것으로 혜택이라 볼 수 없다는 입장을 취했다.[17] 과학기술처는 KIST에 대한 면세 혜택을 다른 기관으로 확대

---

12) 「일반기술지원사업제도를 마련」, 『과기연 소식』 4호(1968), 5쪽.

13) 「간담회 및 세미나 개최」, 『과기연 소식』 2호(1968), 4쪽.

14) 「기술담당중역회의 준비위원회 개최」, 『과기연 소식』 7호(1969), 4쪽.

15) KIST에 대한 세제혜택에 대해 재무부는 부정적인 입장을 나타냈으며, 혜택을 못받는 다른 기관들이 반발했다. Philip M. Boffey, "Korean Science Institute: A Model for Developing Nations?", *Science* 167(1970).

16) 「본연구소에 대한 연구투자감면」, 『과기연 소식』 2호(1968), 3쪽.

17) 과학기술처, 『과학기술장기전망과 종합적기본정책 (案)』(1967).

하고, 연구준비금 적립제도를 신설하는 등 좀 더 포괄적이고 적극적인 연구개발 진흥 세제를 마련해 줄 것을 요청했다. 그 결과 KIST에 주어진 세제 혜택은 국방과학연구소, 원자력연구소 등 이후 설립된 연구기관들에게도 적용되었으며, 연구준비금 적립제도는 1972년 말 제정된 기술개발촉진법에서 '기술개발준비금'이라는 이름으로 제도화되었다.[18)]

KIST의 연구과제 수탁 문제는 설립자인 대통령도 큰 관심을 가지고 있었다. 그는 1967년 11월 1차로 유치된 KIST 연구원들을 청와대에 초청하여 격려하는 자리에서 민간기업체와 연구계약 체결이 어렵다는 연구원들의 건의에 대해 산업계에 대한 계몽을 정부가 적극적으로 지원할 것과 기업체가 KIST에 위탁하는 연구비의 일부를 정부가 보조하여 연구를 장려하는 방법을 마련하라는 지시를 과학기술처 김기형 장관에게 내렸다.[19)] 박정희는 다음해 KIST를 방문한 자리에서도 계약연구현황에 관심을 보이면서 산업계의 연구계약을 촉진할 수 있는 방안을 마련하라는 지시를 반복했다.[20)] 산업계가 KIST와 맺는 연구계약금의 일부를 정부가 지원하는 문제는 1971년부터 시작된 출연금의 공동계약연구를 통해 구체화되었다고 볼 수 있다. 공동계약연구는 상업화 가능성이 확인된 과제를 대상으로 정부가 연구비 일부를 지원하여 기업화에 관한 추가적인 연구를 계속할 수 있게 하는 방식이었다.

KIST의 연구수탁에 대한 대통령의 관심은 산업계에도 영향을 주었는데, 1968년 5월 5개 기업체가 청와대를 통해 KIST에 연구비를 기탁한 것은 그 같은 분위기를 잘 보여준다. 현대건설, 대림산업, 동아건설, 삼양식품, 서울우유협동조합 5개 기업체가 "경제발전을 뒷받침하는 과학기술개발에 대한

---

18) 「법률 제2399호 기술개발촉진법」(1972.12.28). 기술개발준비금이란 기업에서 기술개발을 위해 장차 발생할 필요비용을 소득금액 계산상에서 미리 손금으로 인정해줌으로써 기업이 안정적으로 자체 기술개발자금을 확보할 수 있게 하는 제도이다. 조형제, 「과학기술정책을 통해 본 '80년대 기술개발의 성격에 관한 일연구」, 一浪 高永復敎授 화갑기념논총간행위원회 편, 『사회변동과 사회의식: 一浪 高永復敎授 화갑기념논총 2』(전예원, 1988), 209쪽.

19) 「연구원 일행 청와대 예방」, 『과기연 소식』 2호(1968), 2쪽.

20) 「박정희 대통령 본연구소 시찰」, 『과기연 소식』 5호(1968), 2쪽.

대통령의 뜻에 적극 호응한다"는 뜻을 밝히며 청와대 경제제2비서실을 통해 KIST에 400만 원의 연구비를 공동으로 기탁했던 것이다. KIST는 이 연구비를 받아 '중력식성형에 의한 콘크리트 곡판재의 생산과 이용에 관한 연구', '고분자물질이 혼합된 콘크리트 및 모르타르 제조에 관한 연구', '유아 및 성장기 아동을 위한 영양식품 개발' 등 3가지 과제를 수행했다.[21] 기업들이 KIST가 아닌 청와대를 통해 연구비를 기탁했고 구체적인 연구과제를 지칭하지 않고 연구비만을 기탁했다는 점으로 볼 때 기업들이 연구개발 자체에만 목적이 있었다고 보기는 힘들다. 결국 이 사례는 당시 KIST의 위상과 박정희의 '독려'를 상징적으로 보여주고 있다고 여겨진다.[22] 이처럼 대통령이 나서 KIST와의 연구계약을 촉구하였으며, 국무회의 때 국무위원들에게 KIST를 어떻게 활용할 것인지 연구하라는 지시를 내릴 정도여서 AID 관계자들은 KIST의 '연구과제개발'을 대통령이 직접 한다는 얘기까지 했다고 한다.[23] 이러한 상황은 역으로 KIST가 외부로부터 연구과제를 위탁받는 것이 상당히 어려운 숙제였음을 보여준다.

산업계가 연구개발에 대한 필요성을 느끼지 못하고 있는 상황에서는 KIST가 먼저 산업계에 접근하면서 연구과제를 발굴하여 연구계약을 유도하는 것이 필요했다. 예를 들어, KIST가 산업계와 맺은 첫 번째 연구과제인 '자동차 엔진 윤활유의 성능 조사연구'도 KIST의 제안과 설득에서부터 시작되었다.[24] 당시 신진자동차는 일본의 도요타자동차와 제휴해 자동차를 조립생산하고 있었는데, 동일한 부품을 사용함에도 불구하고 국내 생산 자동

---

21) 「산업기술의 개발을 위해 5개 기업체에서 연구비를 기탁」, 『과기연 소식』 3호(1968), 2쪽.

22) 5개 기업의 연구비 기탁 외에도 정부의 독려로 인해 기업들이 마지못해 KIST에 연구를 위탁한 사례가 더 있었던 것으로 보인다. 이진주는 KIST 초기에 강제적으로 연구계약을 맺게 했으나 산업화로 연결된 사례는 없다면서 강제적인 조처보다 적절한 인센티브와 제도가 효과적이라고 밝혔다. Jinjoo Lee, "Contract Research and Its Utilization in a Developing Country: An Analysis of Factors Influencing the Transfer of Industrial Technology from Korea Institute of Science and Technology (KIST) to Its Clients"(Northwestern Univ. Ph.D. Diss., 1975), p.244.

23) 『한국과학기술연구소 비사 제2권: 최형섭(2)』(1975.2.19).

24) 최형섭, 『불이 꺼지지 않는 연구소』(조선일보사출판국, 1995), 72쪽.

차의 엔진 수명이 짧았다. 이에 신진자동차 부사장과 안면이 있던 최형섭은 윤활유부터 검토해보자는 제안을 했고, 바텔기념연구소에서 윤활유에 관한 훈련을 받고 돌아온 한상준이 연구비 2백만 원 규모의 연구계획서를 작성하여 신진자동차 측에 제출했는데, 이에 대해 신진자동차 부사장이 최형섭에게 전화를 걸어와 연구소는 정부가 모든 돈을 지원하는데 무슨 연구비를 내느냐고 항의를 했다고 한다. 이처럼 계약연구라는 개념이 익숙하지 않은 당시 산업계는 KIST가 요구하는 연구비에 대해 호의적이지 않는 경우가 많았고, 연구원에 대한 식사대접 정도를 대가로 기술적 자문이나 도움을 청하는 경우도 있었다.[25] 특히 KIST의 연구비에는 연구원들의 인건비에서부터 연구소와 연구실의 운영에 필요한 간접비용까지 포함되었기 때문에 직접연구비만을 고려했던 기업 측 관계자들은 KIST가 요구하는 연구비가 부당하다는 입장을 보였다. 그러나 윤활유 조사연구 결과에 만족한 신진자동차는 1970년에 당시로서는 큰 금액인 1천만 원의 연구비로 '자동차공업 육성방안에 관한 연구'에 대한 계약을 맺기도 했다.[26] KIST가 산업계와 체결한 두 번째 연구과제인 '울산정유공장의 제반금속부식 문제에 관한 기초연구'도 대한석유공사 사장과 KIST 행정담당 부소장 신응균이 군 동기라는 관계에 힘입어 시작되었다.[27] 이처럼 초기 산업계와의 연구과제 계약은 인적인 연결을 통해 이루어진 경우가 많았다.

산업계가 KIST에 지속적으로 연구수탁을 하기 위해서는 처음 계약을 맺은 과제가 성공적으로 수행되어 계약자가 연구과제의 효용을 직접 느낄 수 있게 하는 것이 중요했다. 최형섭은 연구소의 연구개발에서 가장 중요한 문제가 공신력이고 이를 위해서는 첫 번째 연구과제는 절대로 실패하면 안 된다는 점을 강조했다.[28] 그는 연구책임자들에게 과제를 최대한 잘 검토해

25) 『한국과학기술연구소 비사 제18권: 윤용구』(1975.10.10).

26) KIST, 『한국과학기술연구소 연보 70』(1971), 19쪽.

27) 『한국과학기술연구소 비사 제14권: 조종수』(1975.5.14).

28) Harret Ann Hentges, "The Repatriation and Utilization of High-Level Manpower: A Case Study of the Korea Institute of Science and Technology"(Johns Hopkins Univ. Ph.D. Diss., 1975), p.99.

서 선정하고 연구비를 초과하거나 바텔연구소의 전문가들을 동원해서라도 반드시 해결해주라고 요구했다. 실제로 초기의 연구개발이 성공적이었다는 평가를 받게 되면 이후 관련 분야 기업들로부터 연구과제 의뢰가 자연스럽게 증가할 수 있었다. 1970년 초 유기합성연구실장 채영복은 로열티 문제로 신경안정제의 중간재 수입이 중단된 한 제약회사와 연구실의 첫 번째 산업계 연구계약을 맺고 6개월간 연구를 진행하여 수입가격보다 매우 낮은 가격으로 생산할 수 있는 공정을 찾아냈다. 비록 이 연구개발은 이후 해외의 제약회사가 특허를 침해했다는 소송을 제기해 생산이 지연되었고, 이 문제가 해결된 뒤에는 해당 약품이 습관성의약품으로 지정되어 광고를 할 수 없어서 제조회사는 큰 수익을 올리지 못했지만 그동안 수입에만 의존하던 의약품의 중간재를 국내에서 훨씬 저렴한 가격에 생산할 수 있다는 가능성을 확인하게 되었다는 의미가 있었다.[29] 실제 이 프로젝트 수행과 함께 유기합성연구실은 의약품 합성 연구계약을 연이어 체결하게 되었다.[30]

KIST는 연구계약을 꺼리는 산업계를 설득하기 위해 상대적으로 적은 연구비로 연구계약을 체결해서 연구개발의 효과를 인식시키려는 전략을 쓰기도 했다. 1971년 7월부터 시작된 동아제약 전산화 프로젝트는 전산실이 수행한 첫 번째 기업체 전산화(EDPS화) 과제였는데, 소극적이었던 동아제약 경영진들에게 그 필요성을 설득하면서 KIST 연구원을 6개월간 파견하며 그 동안 발생하는 기계사용료도 전담한다는 파격적인 제안을 내세워 용역계약을 맺게 되었다.[31] 실제로 동아제약의 전산화가 완료되고 경영효율을 대폭 높일 수 있게 되었다는 사실이 알려진 이후 민간기업들의 전산화 과제 계약이 연이어 체결되었다. 막대한 도입비용 때문에 기업들은 직접 컴퓨터를 도입하기보다 KIST에 전산화 연구과제를 의뢰하고 KIST의 컴퓨터를 터미널로 연결하여 회계 및 생산관리 등 회사 업무에 컴퓨터를 활용하는 방

29) 『한국과학기술연구소 비사 제17권: 채영복』(1975.6.24) ; 최형섭, 『불이 꺼지지 않는 연구소』, 74쪽.

30) KIST, 「연구책임자별 계약현황」(1997), KIST 연구관리팀 소장 자료.

31) 「PD 시리즈① 전자계산실」, 『과기연 소식』 19호(1972), 12~14쪽.

식을 선호했던 것이다.[32)]

KIST 설립 초기에는 새로운 기술이나 공정의 연구개발보다 생산 현장에서 발생한 문제를 기술지도를 통해 해결해주는 사례가 적지 않았는데, 1969년 삼덕무역이라는 폴리에스테르 방사회사에 대한 기술지원이 대표적인 경우였다. 이 회사는 해외에서 도입한 기계장치에 문제가 생겨 어려움을 겪고 있었으나, 고분자연구실의 윤한식을 연구책임자로 하여 전기와 기계 분야 연구원으로 구성된 연구팀이 4개월의 기간에 1백만 원의 연구비로 문제를 해결했다.[33)] 이 금액과 기간은 해외의 기계 판매회사가 제시한 견적보다 크게 낮은 것이었고, 그 결과 위기에 빠진 회사가 다시 일어설 수 있게 되었다. 윤한식을 비롯해 삼덕무역 기술지원에 참여한 연구팀은 모두 산업체 출신 엔지니어들로서 생산현장에서 제기되는 구체적인 기술적 문제에 효과적으로 대처할 수 있었다.[34)] 이러한 성공적인 사례가 알려지면서 KIST는 자연스러운 홍보 효과를 얻을 수 있었다.[35)]

삼덕무역의 경우처럼 산업체의 현장은 크고 작은 기술지원을 필요로 했고, 이같이 기술이나 경영과 관련된 지도는 설립 초기 KIST의 연구활동에서 상당한 비중을 차지했다.[36)] 그중에는 기술도입을 지원하는 일도 포함되었는데, 해외에서 유치된 연구자들은 새로운 기술정보를 상대적으로 많이 갖고 있었기 때문에 국내 기업의 기술도입에 실질적인 도움을 줄 수 있었다. 1970년 제조야금연구실장 천병두가 연구책임자가 되어 한국특수금속공업과 맺은 '베어링 공장의 기술향상 용역'은 베어링 제조공정을 전체적으로 검토하여 문제점과 해결 방안을 연구한 과제로서, 위탁사가 계획한 외국기

---

32) 『한국과학기술연구소 비사 제13권: 성기수』(1975.5.2) ; 김봉일, 「기업 MIS의 모델: 동아제약 EDPS」, 성기수박사 회갑기념행사준비위원회 편, 『의구 성기수 박사 회갑기념집』(1993), 135~138쪽.

33) KIST, 『한국과학기술연구소 연보 70』, 34쪽 ; KIST, 『한국과학기술연구소 연보 71』, 65쪽.

34) 『한국과학기술연구원 인터뷰 자료: 윤한식』(2003.2.14).

35) 최형섭, 『불이 꺼지지 않는 연구소』, 72~73쪽.

36) 한국과학기술연구소 소사편찬위원회 편, 『한국과학기술연구소의 연구활동: 소사편찬자료 제4집』(KIST, 1976), 79~80쪽.

술의 도입 과정에 직접 참여하여 기술도입 회사의 선정, 도입가격의 산정, 도입 기술의 소화 등을 지원함으로써 기술도입의 경제적·기술적 측면에서 도움을 주었다.[37] 기술지원의 효과를 확인한 한국특수금속공업은 이후 연속해서 3건의 기술용역계약을 맺었는데, 같은 기업의 반복적 위탁은 KIST의 연구결과에 대한 신뢰를 보여준다는 측면에서 KIST 내에서도 주목을 끌었다.[38]

설립 초기의 KIST는 산업계와의 연구계약을 확대시키는 데 많은 노력을 기울였는데, KIST가 계약연구체제를 채택한 주된 목적의 하나가 연구풍토를 쇄신하겠다는 것이었으므로 연구수탁을 위한 노력 자체가 의미 있는 과정이었다. KIST가 설립되었던 당시 국내의 상황에서는 연구소에 대한 기업들의 관심이 약할 수밖에 없었기 때문에 산업계가 연구개발의 가치와 필요성을 인식할 수 있도록 다양한 방법으로 KIST의 기능을 알려나가고, 작은 규모의 과제라도 유용한 연구개발 결과를 내놓음으로써 신뢰를 확보하는 것이 필요했던 것이다. 이를 위해 연구자들도 산업계가 필요로 하는 것이 무엇인지, 어떠한 연구를 통해 산업계에 기여할 수 있을지에 대해 고민을 해야 했다.

이러한 노력에도 불구하고 설립 이후 1972년까지 전체적인 연구계약고에서 산업계 단독 위탁연구계약은 25.1%에 머물렀다. 이는 어느 정도 예측되었던 모습이었고, KIST가 산업계로부터 안정적인 연구수탁을 확보할 때까지 정부 재원 연구과제의 비중이 높은 것은 불가피한 현상이었다. 따라서 설립 초기 KIST 연구활동의 중심은 정부 위탁 연구에 놓여 있었다고 볼 수 있다.

---

37) KIST, 『한국과학기술연구소 연보 70』, 21쪽 ; KIST, 『한국과학기술연구소 연보 71』, 64쪽.
38) 「한국특수금속(주)와 또 기술용역」, 『과기연 소식』 14호(1971), 3쪽.

3. 정부 위탁 연구과제의 특성과 사례

KIST는 기업의 요구를 받아 산업기술을 개발하는 계약연구기관이었지만 동시에 정부가 필요로 하는 다양한 연구활동을 수행했다. 정부 위탁 과제는 정부 각 부처나 그 산하기관에서 정식으로 의뢰한 계약연구로 수행과정, 연구비 지급방식 모두가 일반산업계 계약과 큰 차이가 없었으며, 연구결과의 활용도에서도 큰 차이를 보이지 않았다.[39] 설립에서부터 1972년까지 정부 위탁 과제는 전체 연구계약고의 30.7%를 차지하여 가장 높은 비중을 보였으며, 과제당 연구비 규모도 가장 컸다. 따라서 설립 초기의 연구활동에서 정부 위탁 과제가 가장 핵심적인 위치를 차지하고 있었다고 볼 수 있다. 그러나 1970년대 중반을 지나면서 정부 위탁 과제의 비중은 점차 낮아졌으며, 1978년 이후로는 10% 아래로 감소했다. 이러한 현상은 1970년대 중반을 지나면서 분야별 전문연구소들이 설립됨에 따라 정부 기관의 연구위탁이 여러 출연연구소로 분산된 결과로 여겨진다. 또한 1970년대 후반에 이르러 산업계 위탁 과제나 출연금 연구 과제의 연구비 규모가 큰 폭으로 증가했음에 비해 정부위탁 과제의 연구비 증가는 상대적으로 완만해서 설립 이후 1980년까지 전체적으로 볼 때 과제당 평균 연구비의 규모가 가장 작은 결과를 보였다.[40] 정부 위탁 과제의 내용은 정책 수립을 위한 조사연구에서부터 구체적인 제품 개발이나 플랜트 설계·건설까지 여러 가지 성격을

---

39) 다만 정부 위탁 과제는 산업계 위탁 과제와 동일한 시간이 소요되더라도 연구계약금이 상대적으로 낮았는데, 이는 정부의 연구비 산정에 이용되는 인건비 기준이 KIST의 높은 급료를 반영하지 못했기 때문이다. 이에 대해 최형섭은 정부가 자립하라는 임무를 부여해놓고서 연구계약을 체결할 때는 비용을 모른 체 한다며 불만을 표출했다. 『KIST 제30회 이사회 회의록』(1970.1.16).

40) 1972년까지 정부 위탁 과제는 146건에 10.26억 원의 연구계약고를 기록하여 과제당 연구비가 700만 원이었는데, 같은 기간 출연금 연구는 172건에 10.17억 원으로 과제당 590만 원, 산업계 위탁 과제는 183건에 8.39억 원으로 과제당 460만 원의 평균 연구비 규모를 나타냈다. 그러나 설립에서부터 1980년까지 전체적인 계약고는 출연금 연구가 496건에 152.9억 원으로 과제당 3,083만 원, 산업계 위탁 과제는 886건에 162.1억 원으로 과제당 1,830만 원의 연구비 규모를 기록했으나 정부 위탁 과제가 428건에 66.1억 원으로 과제당 1,544만 원에 머물렀다.

포함했는데, 설립 초기에는 조사연구와 정부의 국책사업을 지원하는 역할이 가장 두드러졌다. 이 소절에서는 KIST가 정부로부터 의뢰받은 연구과제들을 '조사연구 및 기술지원사업', '응용 및 개발연구', '전산 관련 연구과제'로 나누어 각각의 구체적인 내용과 특성을 살펴보고자 한다.

1) 조사연구 및 기술지원 사업

설립 초기에 정부로부터 위탁받은 과제는 실험실적 연구가 필요한 과제보다 조사연구로 불리는 과제들의 비중이 높았다. KIST의 첫 번째 연구계약은 1967년 경제기획원으로부터 의뢰받은 '장기 에너지수급에 관한 조사연구'였다.[41] 이 연구를 통해 경험을 쌓은 KIST 연구진은 다음해 부산시의 의뢰를 받아 '부산직할시의 장기 에너지 종합수급에 관한 조사연구'를 수행했다.[42] 이 같은 조사연구는 해당 기관의 정책결정에 필요한 기초 자료로 활용되었다. 에너지수급 조사연구에 뒤이어 1967년 8월부터 과학기술처의 의뢰로 추진된 '과학기술진흥의 장기종합정책 수립을 위한 조사연구'도 그 같은 성격을 지닌 과제였다. 이 조사연구에는 최형섭, 한상준, 심문택을 비롯하여 KIST 연구자 25명과 외부의 전문가 23명이 위촉연구원으로 참여했다.[43] 이는 우리나라 최초의 '과학기술 장기종합계획'을 수립하기 위한 기초작업으로 위탁받은 과제로서, KIST는 산업 전 분야 중에서 기초과학과 제조업 분야를 담당했다. 과학기술처는 이 조사연구를 바탕으로 다음해에 과학기술개발 장기종합계획을 수립하여 발표했다.[44]

1969년 경제기획원의 요청으로 수행된 '기계공업육성방안' 과제도 설립 초기 정부의 정책 수립을 지원하는 대표적인 조사연구였다. 연구책임자는 바텔연구소의 해리 최가 맡았으며 KIST 관련 분야의 연구실장들과 바텔연

---

41) '장기 에너지수급에 관한 조사연구'에 대해서는 이 책의 제2장, 1의 4)를 참고.

42) KIST, 『한국과학기술연구소 연보 69』(1970), 45쪽.

43) 최형섭 외, 『과학기술진흥장기종합기본정책에 관한 조사연구 (2)』(과학기술처, 1967).

44) 과학기술처, 『과학기술개발 장기종합계획 1967~1986』(1968).

구소 연구원 등 외부의 전문가들이 연구원으로 참여했다.[45] KIST에서는 금속가공제1연구실장 김재관, 유체기계연구실장 이경서, 기계장치연구실장 남준우, 조선해양기술연구실장 김훈철, 공작실차장 김연덕 등이 참여했다. 연구팀이 제출한 육성방안에는 중기계종합공장, 특수강, 주물선공장, 대형조선소 등 기계공업 분야의 4대 핵심공장 건설을 중심으로 기계공업의 수출산업화를 위한 세부 분야별 계획이 포함되었다.[46] 이 프로젝트에 참여한 남준우는 조사연구가 문제점 진단에만 머물거나 육성 분야의 선별제시에 그치지 않고 공장건설에 필요한 구체적인 '작업계획'(action plan)까지 작성했다는 점을 큰 특징으로 꼽았다.[47] 또한 이 연구과제에 참여했던 김재관을 연구책임자로 하여 기계공업육성방안의 추진을 위한 관련 자료 정리 사업이 경제기획원의 위촉으로 추진되어, 그 결과가 1970년 『중공업발전의 기반』이라는 제목의 보고서로 제출되었다.[48] 이 보고서는 상하권을 합쳐 1,350쪽에 달하는 방대한 분량으로 이후 일본어로도 번역되었는데, 여기에는 기계공업의 세부 분야별로 상세한 현황과 육성계획이 담겨있다. 이와 같이 정부의 산업정책 수립에 필요한 기본자료를 제공하고 특정 산업의 진흥방안을 제시한 조사연구는 기계공업 분야에서 가장 활발했으며 전자공업 등 다른 분야에서도 추진되었다.[49]

KIST 설립 초기 정부에 대한 정책 지원에서 빼놓을 수 없는 것이 포항제

---

45) 해리 최 외, 『한국기계공업 육성방향 연구조사보고서』(경제기획원, 1970).

46) 4대 핵심공장 건설 계획의 일환으로 현대중공업이 울산에 대형 조선소를 건설했는데, KIST 설립 10주년을 기념하여 한국을 방문한 호닉이 산업시찰과정에서 울산의 현대조선소를 방문했을 때 KIST가 조선소를 만드는데 어떤 역할을 했느냐고 질문하자 현대그룹 회장 정주영이 통역없이 바로 "Idea from KIST"라고 답했다고 한다. 『한국과학기술연구원 인터뷰 자료: 윤여경』(2003.1.24).

47) 『한국과학기술연구소 비사 제8권: 남준우』(1975.7.9).

48) 김재관 외, 『중공업발전의 기반–한국의 기계 및 소재공업의 현황과 전망분석』(KIST, 1970).

49) 정만영 외, 『전자공업육성정책 수립을 위한 국내전자공업 및 관련분야 조사보고서』(KIST, 1968), KIST 역사관 소장 자료. 이 보고서는 전자공업뿐 아니라 관련분야인 금속 분야, 고분자화학 분야에 대한 조사까지 포함했으며, 교육연구기관 문제와 경제·사회적 정책 문제까지 다루었다.

철 설립 지원활동이다. 『KIST 30년사』를 비롯한 KIST 기관사나 포철 지원사업에 참여한 KIST 연구자들의 회고에는 포항제철의 설립과정에서 KIST 연구자의 역할이 매우 강조되어 있다. 예를 들어 『KIST 30년사』는 포철 지원사업에 대해 다음과 같이 기술하고 있다.

> 오늘날 우리나라가 세계 5위의 선진 제철국가의 일원이 되는 기적적인 대성공의 밑바탕에는 KIST 기술진에 의해 독자적으로 만들어진 「종합제철소 건설계획안」이 있었다. 이 「계획안」은 민족의 먼 장래를 내다본 선진적이고 탁월한 것이었으며, 절망적인 상황에서도 좌절하지 않고 불굴의 의지로 철강산업을 일으키려 했던 정부와 KIST 연구팀의 실천력이 오늘의 철강산업을 있게 하는 모태였다.[50]

KIST의 역할이 포철의 모태였다는 KIST의 평가와 달리 포항제철의 기관사는 KIST의 기여에 대해서는 따로 언급하지 않았으며, KIST가 수행한 일부 과제를 소개하는 정도로 극히 간략하게 다루었다. 이 같은 차이는 일차적으로 대부분의 기관사가 자신들의 성과를 강조하는 방향으로 기술되기 때문이라 할 수 있다. 그리고 세부적으로는 종합제철소 건설사업이 결실을 맺게 한 '종합제철사업계획 연구위원회'에 대한 인식의 차이에서 기인한다고 볼 수 있다.

1969년 경제기획원장관 직속으로 구성된 '종합제철사업계획 연구위원회'(일명 종합제철 건설기획 실무 전담반)은 경제기획원, 상공부, 포항제철 등에서 파견된 총 15명의 위원으로 구성되었으며, 여기에 KIST 금속가공제1연구실장 김재관, 경제분석실장 윤여경이 참여했다. 포항제철의 설립 및 운영에 대한 송성수의 연구에 의하면, 실무전담반의 작업은 공식적으로는 경제기획원이 총괄하고 있었으나 실질적으로는 KIST와 포항제철이 주도했으며, KIST가 종합제철사업의 골간이 되는 기술적 · 경제적 타당성을 검토했고 포항제철이 세부계획을 작성했다.[51] 특히 김재관은 연구보고서를 작성

---

50) KIST, 『KIST 30년사』, 192쪽.

하는 책임을 맡아 KIST와 포항제철의 작업결과를 토대로 새로운 사업계획을 종합하는 데 핵심적인 역할을 담당했다. 이와 관련하여 전담반에 참여했던 김재관과 윤여경은 포항제철사업계획이 실현되는 데는 무엇보다 기술적·경제적 타당성을 갖춘 사업계획 수립이 중요했으며, 그에 따라 KIST 연구팀의 역할이 핵심적이었다고 평가했다.[52] 이에 비해 포항제철 기관사는 제철소 건설을 위한 재원마련이 중요했고, 그에 따라 소위 '하와이 구상'으로 불리는 박태준의 대일 청구권 자금 전용이라는 착상과 이를 위한 교섭이 핵심적인 역할을 했다고 보았다.[53] 이 같은 시각의 차이가 포항제철의 설립에서 KIST의 역할에 대한 인식의 차이를 가져온 주된 요인이었다. 결국 건설 재원도 타당한 사업계획이 존재해야 가능하다는 점을 생각할 때 KIST 연구팀의 역할은 포항제철 기관사가 시사하는 것보다는 컸다고 평가할 수 있다.

또한 KIST는 포항제철의 건설이 진행되는 과정에서 포항제철과 일본 업계 사이의 가교 역할을 수행했다. 1970년 9월 KIST는 '중공업연구실 동경분실'을 일본 도쿄에 설치했는데, 이 분실은 포항제철이 KIST에 의뢰한 기술지원을 목적으로 설치되었다. 포항제철소 1기 공사는 일본의 신일본체철과 야와타제철로 구성된 기술용역팀에 크게 의존했는데, 포항제철은 신일본제철 기술자의 정년이 55세라는 점을 이용하여 일본인 퇴직기술자들을 채용하려 했으나 그들이 기술용역팀과의 관계를 고려해 포철 입사를 고사했다. 이 문제를 협의하다 나온 해결책이 일본인 퇴직자들을 KIST의 위촉연구원으로 채용하여 포철에 파견하는 방식이었다. 도쿄에 KIST 분실을 설치하고

---

51) 송성수, 「한국 철강산업의 기술능력 발전과정-1960~1990년대의 포항제철」(서울대학교 박사학위논문, 2002), 63~66쪽.

52) 윤여경과 김재관에 따르면 포항제철 착공 후 경제기획원 장관 김학렬이 KIST 운영진에게 포항제철의 성공만으로도 KIST 설립에 들어간 비용의 본전을 뽑은 셈이라고 평가했다고 한다. 이와 유사한 주장이 당시 신문에도 소개되었다. 「과기연 다섯 돌, 그 성과와 숙제」, 『중앙일보』, 1971.2.10.

53) 포항제철 25년사는 '종합제철 건설전담반'에 KIST 연구원 2명이 포함되어 있다고 쓰고 있으나 이들의 역할에 대해서는 따로 설명하지 않았다. 포항제철, 『영일만에서 광양만까지: 포항제철 이십오년사』(1993), 155~156쪽.

일본인 기술자 10명 정도를 계약제로 채용하여 기술용역팀이 제시하는 조언의 타당성을 검토하여 제철소의 건설, 장치 시험작동, 기계기구의 선정 등의 문제에 대해 포항제철의 입장에서 보좌토록 하는 것이었다. 분실의 설치 및 운영에 들어가는 모든 비용은 3년간 50~100만 달러 규모로 예상되었는데, 전액을 포철이 부담하는 조건이었다. 분실 설치 문제가 KIST 이사회에서 안건으로 제기되자 일본의 자본으로 일본인이 설계하고 일본의 기계를 가져와 일본인이 건설하고 있는데 일본인을 채용해서 얼마나 유익한 결과를 가져올 수 있겠냐고 하며 회의적인 의견이 많았다. 이에 대해 최형섭은 이 사업을 통해서 KIST가 금전적으로 큰 도움을 받거나 손실이 생기지는 않지만 중요한 엔지니어링 데이터를 확보하고 현장기술지원의 경험을 쌓을 수 있다는 점을 강하게 주장했다.[54] 결국 분실 설치가 받아들여져, KIST의 1차 해외유치자로 선발되었으나 귀국하지 않고 도쿄대학에 재직중이던 김철우가 위촉연구원이자 분실장으로 임명되었고, 1971년부터 1976년까지 신일본제철의 퇴직기술자들이 동경분실의 위촉연구원으로 채용되어 포항제철소 1~2기 사업을 기획하는 과정에서 기술적 문제에 대한 자문을 제공했다.[55] 1972년 3월 '중공업연구실 동경분실'은 '한국과학기술연구소 토오쿄오연락사무소'로 개칭되었고 포항제철 지원 업무 외에 전기, 전자, 화학, 식품 등의 분야에서 KIST 연구수행에 필요한 기술정보와 연구자료 수집이라는 임무가 추가되었다.[56]

'동경분실'을 통한 기술지원 이외에도 KIST의 관련 연구실에서 건설당시부터 포항제철과 기본계약을 체결하고 매년 기술지원을 수행했다. 포항제철은 KIST와 1975년까지 총 연구비 5.2억 원에 달하는 연구계약을 맺어 당시까지 KIST와 계약을 맺은 기업 중 가장 큰 위탁자였으며,[57] 이후에도 매

54) 『KIST 제36회 이사회 회의록』(1970.8.28).

55) 신일본제철의 퇴직기술자들을 KIST 위촉연구원으로 활용한 것에 대해서는, 송성수, 「한국 철강산업의 기술능력 발전과정」, 86~87쪽을 참고.

56) 『KIST 제43회 이사회 회의록』(1972.3.24).

57) 한상준, 「KIST 지나온 10년과 앞으로의 방향」(KIST, 1976), KIST 문서보관실 소장 이사회 관련 자료.

년 연구계약을 체결했다. 포항제철의 공정 자동화에 관한 마스터플랜 작성이나 2단계 확장에 관한 연구, 제품 수요에 대한 시장조사, '규소강판 제조기술 연구' 등 포항제철과 관련된 다양한 성격의 과제가 KIST 연구진에 의해 수행되었다.[58] 1973년부터 포항제철과의 기술지원 사업의 연구책임자를 맡았던 철강재료연구실장 박현순은 1978년 포항제철 기술연구소의 초대 소장으로 옮겨가기도 했다. 포항제철에 대한 지원사업은 산업계 위탁 과제로 분류되었지만 정부의 국책사업에 대한 지원에서부터 시작되었고, 그 내용은 도입 기술의 선정이나 소화를 돕는 기능이었다고 평가할 수 있다. 금속재료연구실장 강일구가 책임자가 되어 수행한 온산의 대단위 동제련소 및 알루미늄제련소 건설의 타당성 조사 등 비철금속 분야의 공장건설 사업에 대한 기술적 타당성 조사 및 자문도 포항제철에 대한 지원사업과 유사한 성격의 활동이었다.[59]

지금까지 기술한 것처럼 설립 초기 KIST가 정부로부터 위탁받은 연구과제는 국가산업발전 기본계획 수립에 관한 조사연구가 많은 비중을 차지했으며, 기계, 자동차, 선박, 전자, 철강 등 중공업 분야에 대한 정책은 이후 정부의 중화학공업화선언에 힘입어 한국 경제의 주력산업으로 결실을 맺었다. 이처럼 KIST는 정부의 과학기술 분야 '싱크탱크'로서 관련 정책의 수립과 집행을 뒷받침하는 역할을 담당했으며, KIST의 자체적인 기관사에서도 중공업 발전의 기반을 확립한 국가산업발전 기본계획 수립을 매우 중요한 기여로 평가했다.[60] 1970년대 중반을 거치면서 정부 부처의 정책입안 능력이 신장되고 분야별로 출연연구기관이 설립되면서 KIST의 몫은 줄어들었지만 4차 경제개발5개년계획의 수립 과정에서 KIST가 전자공업과 기계공업 분야의 육성계획을 수립하는 등 정책 지원의 기능은 계속되었다.[61] 그 같

58) KIST, 『한국과학기술연구소 연보 72』(1973), 21~22쪽 ; KIST, 『한국과학기술연구소 연보 74』(1975), 13쪽.

59) 「강일구 연구위원 정년퇴임 기념사」, 『KIST 소식』 180호(1996.3.7) ; KIST, 「연구책임자별 계약현황」(1997), KIST 연구관리팀 소장 자료.

60) KIST, 『KIST 30년사』, 178~213쪽.

61) 『한국과학기술연구원 인터뷰 자료: 유성재』(2003.1.23) ; 한국과학기술연구소, 『제4차

은 기능은 정부와의 공식적인 연구계약의 형태로만 이루어지는 것은 아니었다. KIST는 계약연구기관으로서 연구자들의 모든 활동이 계약하에서 진행되어야 했지만 정부가 요구하는 자문이나 정책 수립 지원은 특정한 대가를 받지 않고 연구자가 개인적으로 참여하는 경우도 많았다. KIST가 자체적으로 분석한 결과 대정부 무상 자문활동(정책입안 및 판단, 자료작성 등)은 평균 연구원 총 업무시간의 20% 정도가 소요되는 것으로 추정되었다.[62) 이에 대해 KIST 운영진은 정부 측에 적절한 재정적 보상을 요구했지만 현실적으로 정부의 재원으로 설립되었고 매년 상당한 규모의 출연금 연구비를 지원받고 있는 상황에서 그 같은 요구의 강도는 한계가 있을 수밖에 없었다. 이는 KIST가 형식상 민간재단법인이지만 실질적으로 '준정부기관'(semi-government organization)의 성격도 지니고 있었음을 보여준다.

2) 응용 및 개발연구

KIST가 수행한 대정부 연구과제로는 조사연구 및 기술지원사업이 더 많이 알려졌지만 각 부처가 필요로 하는 구체적인 연구개발의 결과물을 내놓는 연구과제도 많았고 연구수탁 금액의 규모도 후자가 더 컸다. 여기에는 특정 부처가 자신의 업무와 관련된 기술이나 시설의 개발을 의뢰하는 경우와 과학기술처의 일반적인 연구비 지원 사업의 일환으로 추진되는 경우가 해당되었다. 방위산업과 관련된 연구도 대표적인 정부 위탁 개발사업이었는데, KIST가 적극적으로 그 필요성을 설득시켜 연구과제를 위탁받을 수 있었다. 초기 산업계와의 연구계약이 활발하지 않은 상황에서 연구비 규모가 큰 방위산업 관련 연구과제는 KIST 연구계약고의 큰 몫을 차지했다.

한국의 방위산업은 1970년 6월 5일 서해 휴전선 부근 해군 방송선 피랍사

경제개발 오개년계획: 전자부문계획』(1976) ; 한국과학기술연구소, 『제4차 경제개발 오개년계획: 기계부문계획』(1976).

62) 『KIST 제52회 이사회 회의록』(1975.3.21) ; 『KIST 제60회 이사회 회의록』(1977.10.21) ; 「현황보고」(KIST, 1979), KIST 문서보관실 소장 이사회 관련 자료.

건을 계기로 정부에서 육성 문제를 논의하기 시작했으며, 이후 M16소총 공장 건설, 고속정 건조, 국방과학연구소(ADD) 창설, 기계공업 분야의 '4대 핵심공장 건설계획' 추진으로 방위산업이 본격적으로 전개되었다고 알려져 있다.[63] 그러나 이러한 움직임이 본격화되기 이전에 KIST 금속재료제2연구실장 천병두는 방위산업 육성의 필요성을 지속적으로 제기했었다. 천병두는 금속야금을 전공하여 방위산업과는 직접 관련이 없었으나 산업계로부터 수탁이 충분하지 않은 상황에서 국방부와 연구용역의 가능성이 크다는 판단아래 예비역 중장이었던 행정담당 부소장 신응균을 통해 군 관계자와 접촉을 가졌다. 당시 한국군은 대부분의 무기를 미국의 군사원조에 의존하고 있었기 때문에 군관계자들은 병기를 비롯한 군용장비의 국산화 필요성을 그다지 크게 느끼지 못했고, 따라서 국산화를 위한 연구개발이 필요하다는 천병두의 주장에 대해 소극적이었다. 그러나 천병두는 군수산업을 육성할 필요성이 매우 크다는 것을 강조했으며, 1968년 12월 국방부와 2건의 조사연구계약을 맺어 군수산업 육성에 대한 기본 조사를 수행했다.[64] 군수산업 육성방안 연구는 경제분석실과 공동으로 추진되었으며, 천병두는 기술적인 문제점을, 경제분석실은 군수공장 경영합리화 등 군수공장 운영과 관련된 문제점을 취급했다. 이 조사 결과에 대해서도 군관계자는 미온적인 태도를 보였으나 1969년 7월 미국 대통령 닉슨이 아시아 지역에서 전쟁이 일어날 경우 그 방위의 일차적 책임은 당사국이 져야 한다는 이른바 '닉슨 독트린'을 발표하면서 국내에서는 자주국방에 대한 인식이 커지기 시작했고, 1970년 초 가장 시급한 탄환 생산부터 추진되었다. 몇 달 뒤 해군 방송선 피랍사건이 발생하자 고속정 건조 문제가 제기되었고, KIST 선박해양기술연구실장 김훈철이 고속정 설계 및 건조 사업의 연구책임자가 되어 KIST에서 본격적인 방위산업 연구가 시작되었다.

---

63) 방위산업의 흐름에 대해서는, 야마모토 신타로, 「한국 중화학공업과 방위산업의 병진정책: 70년대를 중심으로」(연세대학교 석사학위논문, 1997) ; 송희준, 「한국의 국방기술과 경제발전의 상호관계에 대한 연구」, 『한국정책학회보』 4-2(1995), 58~80쪽 참고.

64) KIST, 『한국과학기술연구소 연보 69』, 44쪽.

고속정 설계 및 건조는 '어로지도선 설계'라는 제목으로 해군본부와의 계약을 맺고 추진되었으며, 연구팀에는 KIST의 연구원 뿐 아니라 해군, 대학, 산업계 등에서 10여 명의 전문 인력이 참여했다. 이들은 모두 KIST 구내의 숙소에서 숙박을 하며 설계작업을 진행했으며, 6개월 만에 기본설계를 완료하고 다음해 초부터 건조에 들어갔다. 시작정(試作艇) 건조는 보안유지 차원에서 해군 공창에서 이루어졌고, KIST 조선해양기술연구실 선임연구원 장석이 책임자가 되어 건조 업무를 이끌었다. 1972년 4월 시작정이 건조되었고 이에 대한 보완작업을 거쳐 1973년 3월 최종적으로 완성을 보았다. 이후 이 고속정은 조금씩 개조를 거쳐 해군의 주력고속정으로 운용되었다.[65]

1970년 8월 국방과학연구소가 설립되어 방위산업 연구가 본격화될 수 있는 계기가 마련되었다. KIST 행정담당 부소장 신응균이 국방과학연구소 초대 소장으로 옮겨갔으며, 곧이어 천병두는 국방과학연구소와의 계약을 맺고 '군수품 국산화를 위한 기본조사'에 착수했다.[66] 이 조사 결과를 바탕으로 1971년부터 KIST는 국방과학연구소나 과학기술처와 계약을 맺거나 일괄계약연구의 일환으로 방위산업과 관련된 연구과제를 수행하기 시작했다. 여기에는 '한국형 소총개발 과제'도 포함되어 있었다. 이 과제는 계약금액이 거의 2억 원에 달했는데, 이는 당시 KIST 연구계약의 규모가 대개 백만 원대에 머물렀음을 볼 때 매우 큰 규모의 연구였다. 소총개발 과제가 시작되면서 KIST와 국방과학연구소 간의 연구 주도권을 놓고 다소 갈등이 벌어졌다. 이 과정에서 초대 소장 신응균이 사임하고 KIST 소장 심문택이 국방과학연구소 소장으로 옮겨갔고, 양측이 논의 끝에 병기개발은 국방과학연구소의 소관이지만 국방과학연구소가 설립 직후여서 기초가 마련될 때까지라는 조건을 달아 KIST가 연구를 수행하게 되었다.[67] 한국형 소총은 이

---

65) 고속정 개발의 과정에 대해서는, 김훈철, 「'우리는 신바람이 나 있다'-어로지도선 이야기」, 『대한조선학회지』 36-3(1999), 8~14쪽 ; 오원철, 『한국형 경제건설 5』(기아경제연구소, 1996), 414~416쪽 참고.

66) KIST, 「연구책임자별 계약현황」(1997), KIST 연구관리팀 소장 자료.

67) 한국형 소총 개발을 비롯한 병기개발 과정에서 KIST와 ADD의 경쟁에 대해서는, 오원철, 『한국형 경제건설 4』(기아경제연구소, 1996), 61~64쪽 참고.

후 시제품이 생산되어 KIST 내에 사격실을 세워 실제 사격 시험까지 마쳤으나 같은 시기에 한미 양국 정부 간의 합의에 의해 M16이 국군의 소총으로 채택되고 국내에 공장 건설이 추진되면서 KIST 개발 소총은 양산으로 이어지지는 못했다.

방위산업과 관련된 연구과제들은 다른 과제에 비해 대체로 연구비의 규모가 큰 편이었다. 방위산업은 특성상 구체적인 연구 내역 등이 자세히 알려져 있지 않지만 KIST에서 추진한 연구는 앞에 언급한 과제들 외에 신관 국산화, 포탄 및 폭발물 국산화, 박격포 국산화 등이 있었다.[68] 이러한 연구는 KIST의 기계 및 금속분야 연구실을 중심으로 이루어졌는데, 1970년대 전반에 기계분야의 연구수탁고가 가장 높았던 데에는 이 같은 방위산업 연구과제가 큰 몫을 차지했다. 설립 이후 1979년까지 KIST의 전체 계약과제 건수 중 5%에 해당하는 109건이 방위산업과 관련된 연구였는데,[69] 방위산업 분야의 연구계약고를 따로 집계한 자료를 확인할 수 없었지만 방위산업 연구과제는 연구비의 규모가 대체로 컸기 때문에 수탁고의 비중은 그보다 더 큰 규모였을 것으로 추정된다.

방위산업 관련 연구과제처럼 정부부처 위탁과제는 특정 부처의 필요에 의해 추진된 것으로, 연구 계약을 체결하고 수행하는 과정이 일반 산업계 위탁 과제와 크게 다르지 않았다. 정부 기관이 위탁한 연구개발 과제의 또 다른 사례로 전매청이 의뢰한 홍삼 제품 생산에 관한 연구를 들 수 있다. 홍삼 생산과 관련된 첫 번째 연구개발은 1970년 '홍삼 및 홍삼정 건조 연구'에서부터 시작되었다. 농산가공연구실장 이양희의 연구책임으로 진행된 이 연구는 홍삼 및 홍삼정 건조작업을 기계화시키는 방법을 개발하는 목적을 지니고 있었으며, 이 연구를 바탕으로 다음해 공업화연구실에서 '홍삼 및 가공시설개선을 위한 proto-type 기기 개발'에 착수했다. 1972년부터 이 기기의 제작과 설치를 위한 2건의 연구계약이 체결되어, 하루 수삼 10톤 처리

---

68) 『한국과학기술연구원 인터뷰 자료: 오동영』(2002.10.22) ; 『한국과학기술연구원 인터뷰 자료: 정만영』(2003.1.21).

69) KIST, 「연구사업실적(1967~1979)」, 『KIST 제67회 이사회 회의록』(1980.3.21) 첨부자료.

규모의 세척 및 정수시설 등 부대시설과 하루 홍삼 1톤 생산규모의 홍삼건조시설, 하루 10kg 생산규모의 홍삼정 냉동건조시설이 제작되었다.[70] KIST의 연구개발에 따른 효과를 확인한 전매청은 이후 '홍삼정 제조시설 개선을 위한 기기 개발제작' 등 1978년까지 모두 22건의 연구과제를 위탁했다. 이 중 1억 원이 넘는 규모의 계약이 3건에 달했으며, 22건의 총 연구계약금이 8억 9천만 원에 이르러 정부 기관과 체결한 연구계약고로는 최고액을 기록했다.[71]

농촌진흥청이 위탁한 '그린하우스' 건설 과제도 부처의 업무와 직접 관련된 연구였다. 1972년 농촌진흥청은 1억 원이 넘는 연구비로 식물재배시험용 그린하우스의 개발을 KIST에 의뢰했고, 이에 전기기기연구실과 공작실의 연구팀은 1년 이상의 연구를 통해 '밭작물 온냉조절용 세대촉진기계시설'을 개발하여 농촌진흥청에 인계했다. 이 시설은 밀, 보리, 옥수수 등 농작물의 성장을 촉진시켜 연간 3, 4회의 교배실험을 가능하게 하여 이전까지 14년이 소요되던 주요 밭작물의 품종개량을 8년으로 단축시킬 수 있게 했다는 평가를 받았다.[72] 이후 농촌진흥청은 1980년까지 '온냉조절 냉난방계통 제작설치' 등 그린하우스와 관련된 총 3.1억 원 규모의 9건의 추가 연구과제를 위탁했으며, 연구결과는 모두 농촌진흥청에 인계되어 설치되었다.[73]

이처럼 대정부 연구과제는 해당 부처의 업무에 필요한 기술개발 과제가 많았지만 그중 과학기술처와 계약을 맺고 추진된 연구는 과학기술처의 일반적인 연구비 지원사업에 의한 것으로서, 다소 다른 성격을 지녔다. 과학기술처가 1967년부터 '조사연구개발사업'이라는 이름으로 시작한 연구비 지원 사업은 1968년까지는 과학기술정책 수립을 위한 조사사업이 중심이었으나 1969년부터는 구체적인 연구개발사업 위주로 지원이 이루어졌다. 1969

70) KIST, 『한국과학기술연구소 연보 71』(1972), 54쪽.

71) KAIST 연구개발실, 「연구결과 활용현황」(1982), KIST 역사관 소장 자료 ; KIST, 『한국과학기술연구소 연보 70』, 28~29쪽.

72) 「농작물의 세대촉진용 온냉 조절시스템 완공」, 『과기연 소식』 8-1(1974), 9쪽.

73) KAIST 연구개발실, 「연구결과 활용현황」(1982), KIST 역사관 소장 자료.

년의 경우 모두 76건에 1.33억 원의 연구비가 지원되었는데, 이 중 18건 4천만 원의 연구비가 KIST에 제공되었다.[74] KIST에서 수행된 연구과제는 '특수유기인제의 합성연구', '슬리브베어링 제조연구' 등 연구결과의 산업화를 꾀할 수 있는 주제들이 다수였으며 일부 기초연구의 성격을 띤 주제와 조사연구 과제가 포함되었다.[75] 이러한 연구 주제는 대체로 KIST 연구자들이 결정해서 신청한 것들이라는 점에서 다른 정부 위탁 과제들과는 차이가 있었다.

지금까지 살펴본 것처럼 정부 위탁 과제들은 정책 수립을 위한 조사 연구, 기초연구에서부터 특정 부처가 실제로 필요로 하는 기술적 문제의 해결이나 플랜트 건설까지 매우 다양했으며, 여기에는 민간기업에 대한 경영진단 과제도 포함되어 있었다. 1970년 대통령의 지시로 상공부와 계약을 맺고 추진된 '구로동 및 부평 공업단지의 종합진단'은 구로동과 부평 수출산업공단의 기업체와 개발공단의 운영에 대해 30명의 진단팀이 기술, 포장 및 디자인, 경영의 세 분야로 나누어 경영진단을 실시한 과제였다. 연구팀은 상공부와 추가로 계약을 맺고 대상 업체 중 2개 업체를 선정하여 집중적인 경영진단을 추진했고, 그 결과로 이루어진 대한광학과 세정실업에 대한 경영진단은 단기간에 가시적인 효과를 가져왔다.[76] 이처럼 구체적이고 효과적인 경영진단에 대해 대통령을 비롯하여 관련 인사들이 호평을 했으며, 이 사례를 적극 소개하라는 대통령의 지시를 받고 KIST 경영진단팀이 전국 각지를 돌며 경영진단과 생산관리에 대해 강연을 했다. 또한 과학기술과 관련된 사회적 논쟁이 발생했을 때 KIST는 정부의 의뢰를 받아 조사 및 시험기관의 역할을 맡기도 했다. 1971년 남대문 옆을 지나는 서울시의 지하철

---

74) 과학기술처, 『과학기술연감 1969』(1970), 88쪽.

75) 조사연구개발사업으로 추진된 연구과제의 목록과 연구내용은, 과학기술처, 『조사연구개발사업요약집 1967~1969』(1970) ; 과학기술처, 『조사연구개발사업요약집 1970~1971』(1972) ; 과학기술처, 『조사연구개발사업 성과분석보고서: 경제개발 특별회계소관 '72~74년도분 269건』(1976) 참고.

76) KIST, 『한국과학기술연구소 연보 70』, 41~43쪽 ; KIST, 『한국과학기술연구소 연보 71』(1972), 65~66쪽.

공사 문제를 두고 문화재당국과 건설당국이 갈등을 빚게 되자 서울시는 문공부의 요청을 받아 KIST에 진동조사를 의뢰하여 그 결과에 의해 문제를 해결하기로 했다. 이에 따라 KIST 유체기계연구실에서 2개월 동안 기술검토를 실시하여 적절한 방진대책을 세우면 건물의 안전성에 큰 문제가 되지 않는다는 보고서를 제출하여 공사가 처음 계획대로 진행되었다.[77] 독과점 공산품이나 방위산업 제품의 원가 산정에 대해 논란이 일어 KIST 경제분석실이 정부의 위탁을 받아 정확한 원가계산을 수행했으며,[78] 국책 사업에 대해 부정이 있다는 문제제기에 따라 KIST 연구팀이 기술 감사를 수행하기도 했다.[79] 기업으로부터 위탁받은 산업기술 연구를 일차적인 목적으로 내세운 KIST였지만 산업계로부터의 연구의뢰가 충분하지 않은 설립 초기에는 정부와의 계약을 통해 다양한 성격의 연구과제를 수행하면서 정부의 정책 수립을 지원하는 '싱크탱크'이자 정부 기관에 대한 기술지원을 담당하는 국가연구소의 기능을 수행했던 것이다.

3) 전산 관련 연구과제

KIST의 초기 대정부 연구과제에서 전자계산실이 수행한 전산화 과제들도 상당한 비중을 차지했다. 당시 KIST 전자계산실에 연구비를 제공할 수 있는 산업체가 드물었기 때문에 전산실의 초기 수탁 과제는 대부분 정부 부처 및 산하 기관과의 계약이었다. 1969년 5월 과학기술처로부터 위탁받은 '전자계산기에 의한 data bank system 연구'가 첫 번째 과제였고, 곧이어 '철도화물 수송업무 EDPS개발 pilot project 연구', '전매행정의 EDPS화를 위한 연구' 등 정부 부처 업무를 전산화하는 것이 전산실의 초기 중심 사업이

77) KIST 보고서 제출 이후에도 절차상의 문제와 보고서의 내용에 대해 한동안 논란이 지속되었다. 「남대문지하철 진동조사 「과기연」 보고에 의문점 많다」, 『중앙일보』, 1971. 9.10 ; 「오해로 빚은 3파전: 남대문 지하철 기술조사 파문 되풀이」, 『서울신문』, 1971. 9.24 ; 「남대문지하철 공사 이견속의 매듭」, 『조선일보』, 1971.10.23.

78) 윤여경, 「경치가 참 좋습니다」(미간행 회고록 자료).

79) 『한국과학기술연구원 인터뷰 자료: 이봉진』(2002.12.9).

었다.[80] 이 중 1970년부터 시작된 '예산업무의 EDPS화에 관한 연구'와 1971년부터 시작된 '전화요금 계산업무 EDPS 개발 및 운영'은 상당히 큰 규모와 파급효과를 지닌 사업이었으며, 1969년부터 시작된 대학입학예비고사 전산처리에 관한 업무는 가장 장기간 계속되었던 과제였다.

예산업무의 전산화는 정부 업무에 컴퓨터를 사용할 수 있다는 것을 가시적으로 보여줌으로써 이후 정부부문 업무 전산화와 관련된 과제를 KIST 전산실이 지속적으로 수탁할 수 있는 계기가 되었다.[81] 이 과제는 공식적으로 1970년 3월부터 시작되었는데, 과제의 내용이 경제기획원의 업무와 관련된 것임에도 불구하고 첫해는 과학기술처와의 계약으로, 다음해부터 1974년까지는 KIST 자체계약으로 추진되었다.[82] 이러한 현상은 정부부처의 위탁 연구에 항상 엄격한 계약연구체제의 원리가 적용되었던 것은 아니었음을 보여주며, KIST가 독립적인 민간 연구소이기보다 '준정부기관'의 성격을 지녔음을 재확인시켜준다. 예산업무 전산화 과정에서 1970년 6월 광화문 경제기획원 건물 안에 원격 배치 터미널(UT200)을 설치하여 300bps급 모뎀을 통해 KIST 전산실의 CDC3300 컴퓨터를 활용토록 했다. 이는 국내 최초로 전화선을 이용한 원격 터미널 설치 사례였으며, 이를 계기로 여러 기관이 KIST의 터미널을 설치하여 컴퓨터를 공유하게 되었다. 1970년 말까지 중앙관상대, 체신부, 농림부 양정국이, 다음해에는 전매청, 관세청, 덕수상고 등이 터미널을 설치했는데, 자체적인 컴퓨터 도입비용의 부담이 컸던 당시 정부기관과 기업의 상황에서 KIST의 컴퓨터를 활용하는 데이터통신 방식의 전산화가 가장 적절한 대안으로 떠올랐던 것이다.[83]

체신부 전화요금의 전산관리는 공공행정의 대량 자료처리에 컴퓨터를 활

---

80) KIST, 「연구책임자별 계약현황」(1997), KIST 연구관리팀 소장 자료.

81) 예산업무의 전산화에 대해서는, 안문석, 「정부부문 업무의 전산화: 예산업무의 EDPS화와 경제각료교육」, 성기수박사 회갑기념행사준비위원회 편, 『의구 성기수박사 회갑기념집』(1993), 100~103쪽 참고.

82) 이러한 사실은 전산실장 성기수가 수행한 연구과제 목록을 통해 알 수 있다. 첫해는 'G'과제였으며, 다음해부터는 'K'과제로 구분되어 있다.

83) 서현진, 「한알의 밀알이 되어(23)」, 『전자신문』, 1998.8.13.

용함으로써 얻을 수 있는 효과, 특히 계속 늘어만 가던 인력을 감축시킬 수 있다는 것을 처음으로 인식하는 계기가 되었다.[84] KIST 전산실은 1970년 9월에 체신부와 계약을 맺고 3개월 만에 전화요금 업무의 전산화개발에 대한 기본 방향을 담은 보고서를 냈고, 이를 바탕으로 '전화요금 관리업무의 EDPS화 시스템 개발 연구'의 본계약이 체결되었다.[85] 이에 따르면 계약금액은 7,300만 원이었으며, 1971년 12월까지 완료하기로 하여 상당히 무리한 계획이었다. 이처럼 다소 무리한 기한이나 목표를 정해놓고 과제의 완성에 매진토록 하는 것이 전산실장 성기수가 일을 추진해나가는 방식의 하나였다. 개발 일정을 촉박하게 잡는 것은 연구자들에게 인위적인 위기를 조성하는 것이었고, 위기는 적절하게 관리가 된다면 기술학습을 촉진시키는 긍정적 효과를 낳을 수 있다고 알려졌는데,[86] 성기수의 연구과제 수행방식에서 이 같은 인위적인 위기 조성 전략을 볼 수 있다.

전화요금 전산화를 위해서는 한글 모아쓰기 방식으로 매월 고지서를 보내야 하는 점과 매일 쏟아지는 대량의 발신증을 키펀치식 수작업 입력으로는 처리할 수 없다는 문제가 있었다. 첫 번째 문제는 1970년 11월 말 한글 처리 프로그램과 라인프린터가 개발됨으로써 해결할 수 있었는데, 이는 성기수가 1969년 초 바텔연구소에서 연수를 받으며 만들어낸 이론적인 설계를 토대로 CDC와 KIST 연구원들이 1년 이상 공동으로 노력한 결과물이었다.[87] 라인프린터 개발 이전까지 컴퓨터 도입기관에서 한글 보고서가 필요할 경우 영문상태로 출력한 다음 한글로 번역해서 일반 인쇄하는 작업을 해야 했기 때문에 한글인쇄가 필요한 대규모 데이터 처리업무의 전산화는 시도하기

84) 전화요금 전산화에 대해서는, 서현진, 「한알의 밀알이 되어 (30)」, 『전자신문』, 1998.8.27 참고.

85) 전기통신사 편찬위원회 편, 『한국전기통신100년사(하)』(대한민국 체신부, 1985), 876~878쪽.

86) Kim, L., "Crisis Construction and Organizational Learning: Capability Building in Catching-up at Hyundai Motor", *Organization Science* 9-4(1998), pp.506~521.

87) 「국내 인쇄계에 새로운 계기를 마련할 한글 고속자동인쇄기 연구」, 『과기연 소식』 7호(1969), 2쪽.

힘들었다. 그러나 컴퓨터에서 한글 출력이 가능하게 됨에 따라 정부 각 기관의 전산시스템 개발이 촉진되었다. 성기수는 두 번째 데이터 처리 문제를 위해서 대량정보처리가 가능한 OCR(optical character reader) 기계를 도입하기로 했다. OCR 기계 도입가격만 30만 달러로 체신부와 계약한 프로젝트 전체 비용보다도 많았고, 당시 국내에는 OCR을 경험한 오퍼레이터가 한 명도 없을뿐더러 일본에서도 종이테입에 키펀치를 이용하고 있는 상황이었기 때문에 한국에서 OCR을 들여와도 수요가 없을 것이라는 이유로 KIST 경영진은 OCR 도입에 반대했다. 그러나 성기수는 일단 도입을 하면 체신부 업무 외에 여러 분야에서 이용할 수 있을 것이라고 판단하고, 연구과제가 실패하면 자신이 책임을 지고 사표를 제출하고 연구계약금도 전액 변상하겠다는 약속하에 임대 계약을 맺었다.[88]

결국 예정된 기간 내에 시스템이 개발되었고, 1971년 10월부터 서울 동대문전화국 관내 전화가입자들에게 한글로 된 요금고지서가 발부되기 시작하여 계약조건을 만족시켰다.[89] 이 연구과제는 비용 면에서 8천만 원이 초과되었으나 체신부가 자체적인 컴퓨터 운용능력을 갖추지 못했기 때문에 KIST 전산실에 3년간 위탁운영을 하기로 하여 적자금액을 보전할 수 있었다. 이러한 전화요금 전산화의 성과가 우수하다고 판단한 체신부는 1975년 2월부터 지방으로 전산화를 확대시켰는데, 체신부의 자체적인 평가에 의하면 전산화를 통해 1977년 말까지 서울에서만 전산화 이전의 예측 인력에 비해 1,600명을 줄일 수 있었다.[90]

대학입학 예비고사의 전산처리는 KIST 전자계산실에서 시작되어 이후 전산개발센터, 시스템공학연구소 시절까지 18년이나 계속된 업무였다.[91]

---

88) 『한국과학기술연구소 비사 제13권: 성기수』(1975.5.2).

89) 그러나 전화 요금 고지서의 컴퓨터 발부 시행 초기에는 자기테이프의 에러나 먼지에 의한 착오로 인해 잘못된 고지서가 배부되어 발썽을 빚기도 했다. 「터무니없는 전화료」, 『조선일보』, 1971.12.1.

90) 전기통신사 편찬위원회 편, 『한국전기통신100년사(하)』, 878쪽.

91) 대입 예비고사의 전산처리 과제에 대해서는, 최덕규, 「교육 정책 수립에 공헌: 대량 데이터 전산처리 프로젝트」, 『의구 성기수박사 회갑기념집』, 72~75쪽 참고.

1968년 처음으로 실시된 예비고사 관련 업무는 모두 수작업으로 진행되어 업무량이 막대했다. 1969년 9월 CDC 3300 컴퓨터 시스템이 KIST에 도입되었고, 이 시스템의 첫 번째 대량 데이터 처리 작업으로 예비고사 전산처리가 선정되었다. 전산처리 첫해인 1969년은 시험지에 직접 채점을 하고 이것을 개인별 종합성적표에 모두 옮겨 적은 후 이를 다시 IBM 80 컬럼 카드에 옮긴 후 2회 검토하는 방법으로 데이터를 작성했다. 1972학년도 예비고사부터는 OCR 기계를 활용하여 채점부터 최종 결과 산출까지 완전 전산화가 이루어졌다. 대입예비고사 업무는 제한된 시간 내에 막대한 양의 데이터를 조금의 오차 없이 처리해야 하는 과제였으므로 2개월 동안 담당 연구원들이 밤을 새가면서 작업을 해야 했다. 따라서 전산실내에서 모두 기피하는 과제가 되었기 때문에 처음 선발된 연구원은 반드시 대입예비고사 업무를 거치도록 하는 것이 관례화되었다고 한다.[92] 예비고사 관리는 워낙 민감한 업무였기 때문에 이 일을 하겠다고 나서는 기관도 없었고 문교부도 다른 기관에는 맡길 수 없다고 해서 KIST 전산실은 장기간 동안 대입예비고사 관련 업무를 맡아야 했다. 1971년부터 중학교 입학 무시험 추첨 업무도 KIST 전산실에서 맡게 되었는데,[93] 신뢰성과 정확성이 생명인 입시업무를 효과적으로 처리하면서 KIST는 사회적인 공신력을 얻게 되었다.[94] 이 덕분에 1973년 과학기술처 산하 중앙전자계산소(NCC)의 AID 차관 아파트 부정 추첨사건이 일어나자 추첨업무를 비롯한 정부 공공 부문의 전산화 개발업무가 모두 KIST 전산실로 배정되었다.[95]

---

92) 최영화, 「정직성과 공평무사한 관리, 개척정신으로: 대학입학 예비고사의 전산화 연구」, 『의구 성기수박사 회갑기념집』, 151~153쪽.

93) 정기원, 「입시관리 업무 전산화의 계기: 중학교 입학 무시험 추첨」, 『의구 성기수박사 회갑기념집』, 132~134쪽.

94) 성기수는 박정희 대통령의 아들을 경기고로 배정하라는 요청을 받았으나 서울시 교육위원회에 맺은 계약서에 대통령 아들을 특정 고등학교에 배정한다는 조문이 없다며 거부했다고 한다. 결국 박지만은 중앙고로 배정받았다. 성기수, 「박지만을 K고로 배정하라」, 『조국에 날개를: 성기수 자서전』(http://www.sungkisoo.pe.kr, 2008년 3월 3일 접속).

95) 1970년 4월 발족한 중앙전자계산소는 KIST 전산실과 조직의 성격이나 업무의 내용이

이처럼 KIST 전산실이 담당한 정부 부처 업무의 전산화 과제들은 단기간에 연구개발의 효과를 가시화시켰으며, 정부가 KIST 설립의 효과를 바로 확인할 수 있게 해주었다. 정부 부처뿐 아니라 산업계도 전산화의 효율을 인식하여 업무의 전산화 관련 과제를 KIST 전산실에 위탁하는 사례가 늘어남에 따라 KIST 전산실은 지속적인 성장을 할 수 있었고, KIST 설립 이후 1980년까지 가장 높은 수탁고를 기록한 분야가 되었던 것이다.[96] 전산화 과제는 범용 프로그램이 아닌 특정 위탁자에 맞춘 시스템 개발이 많았고, 시스템의 가동 여부에 따라 연구개발의 성공 여부가 분명하게 들어나기 때문에 일단 완성된 결과물들은 거의 대부분 위탁자들이 바로 활용할 수 있었다. 다른 연구실에서 이루어진 연구결과들이 시장성이나 선진국 기업의 견제 등 여러 가지 난관 때문에 높은 활용도를 보이지 못했던 것에 비하면 전산실이 수행한 과제들은 그 성격이 달라 그다지 주목을 받지 못했지만 매우 높은 활용도를 나타냈던 것이다.[97]

유사했는데, 과학기술처장관 김기형은 KIST를 의식해서 중앙전자계산소의 모든 컴퓨터 장비를 당시의 최고수준으로 도입하고 직원들도 최고 대우를 했다. 그러나 아파트 부정추첨사건으로 중앙전자계산소는 모든 개발업무를 KIST에 이관하고 명칭도 정부전자계산소(GCC)로 변경되어 총무처 산하기관으로 편입되었다. 정부전자계산소는 정부부처의 전산실 운영관리를 주로 맡게 되어 조직과 위상이 크게 축소되었다. 서현진, 「한알의 밀알이 되어 (33)」, 『전자신문』, 1998.9.17.

96) 설립 이후 1980년까지 연구분야별 연구계약고에서 전산 분야가 131.2억 원(26.8%)으로 가장 높았으며, 다음으로 화학 · 화공 분야가 117.1억 원(23.9%)을 기록했다. 기계 분야는 54.8억 원(11.2%), 금속 · 재료 분야는 49.4억 원(10.1%), 전기 · 전자 분야는 41.3억 원(8.4%), 식품 · 생물 분야는 31.1억 원(6.3%)이었으며 기타 분야가 67.0억 원(13.3%)으로 나타났다.

97) 연구개발실에서 작성한 KIST 연구개발실, 「KIST 연구결과의 기업화 현황」(1978)이나 KAIST 연구개발실, 「연구결과 활용 현황」(1982)에는 전산실이 수행한 과제들은 한 건도 들어있지 않다. 두 자료는 KIST 역사관에 소장되어 있다.

4. '고유기술개발센터'와 '기술이전센터' 역할의 종합

1) 도입기술의 소화 · 개량 강조

개발도상국의 연구기관은 새로운 기술의 개발과 함께 도입된 해외기술의 소화 · 개량이나 해외기술의 도입을 지원하는 데 많은 노력을 기울여야 하고, KIST 역시 예외가 아니었다. 이러한 의미에서 KIST를 중심으로 한국의 기술정책을 연구한 윤방순은 KIST가 국가의 '고유기술개발센터'(center for indigenous technological development)와 '해외기술이전센터'(center for technology transfer)라는 이중의 기능을 수행해야 했다고 설명했다.[98] 그러나 설립 초기에는 KIST 연구활동에 대한 설명에서 도입 기술의 소화 · 개량이라는 문제는 그다지 강조되지 않았다. 최형섭은 1966년 10월 기공식의 기념사에서 KIST 설립의 배경으로 당시 "국내의 연구기관으로는 [기술개발과제의] 수요에 대응할 수 없는 형편이고 또 끝내 기술도입에만 의존할 수 있는 것도 아니므로 보다 강력하고 종합적인 연구기관의 출현이 요구"되었다고 밝혔다. 즉 KIST는 기술도입으로 해결할 수 없는 기술개발과제를 맡는 '고유기술개발센터'가 될 것이며, 그를 위해 산업개발과 직결되는 기술개발과 함께 "장기적으로 응용연구의 밑받침이 될 기초연구의 균형 있는 병행을 시도할 것"이라는 설명이었다.[99] 이러한 표현은 1969년 10월의 준공식 기념사나 KIST를 소개하는 홍보책자에도 일관되게 등장했다.

그러나 1970년 10월 간행된 『한국과학기술연구소 연보 69』와 이후 제작된 홍보책자에서는 KIST 설립의 배경이 다소 달라져 다음과 같이 도입기술의 소화 · 개량이 강조되었다.

> [1960년대] 한국의 공업기술 수준은 낙후상태를 면치 못하고 있었으며, 산

---

98) Yoon, Bang-Soon Launius, "State Power and Public R & D in Korea: A Case Study of the Korea Institute of Science and Technology"(Univ. of Hawaii Ph.D. Diss, 1992), p.123.

99) 「기공에 즈음한 소장 식사」, KIST, 『한국과학기술연구소 연보 69』, 124~125쪽.

> 업계에는 해결하여야할 문제들이 산적되고 있었다. 해외시장에서 한국이 선진국과 경쟁하여 이겨나가려면 선진국으로부터의 과감한 기술도입과 그 기술에 대한 국내에서의 소화는 물론, 소화된 기술을 기반으로 한 새로운 제품, 새로운 제조공정 및 새로운 재료의 개발이라는 기술혁신이 이루어져야했고, 이와 같은 기술소화와 혁신의 중추적 역할을 할 기관의 설립이 절실히 요구되고 있었다.[100]

KIST의 역할이 '기술도입으로 해결할 수 없는 기술개발과제를 맡는 것'에서 '도입된 기술의 소화와 이를 기반으로 한 기술혁신의 중추적 역할'로 다르게 설명된 것이다. 물론 두 가지 역할이 근본적으로 상이하거나 양립 불가능한 것은 아니었지만 전자가 '고유기술개발센터'라는 의미를 담고 있는데 비해 후자는 여기에 기술도입의 소화 · 개량이라는 것이 더해지면서 '해외기술에 기반을 둔 기술개발센터'라는 측면이 강조되었다고 볼 수 있다. 이처럼 해외에서 도입한 기술의 소화 · 개량을 바탕으로 한 연구활동이 KIST의 역할이라는 표현은 1970년을 지나면서 본격적으로 등장했다.

실제로 KIST가 1969년 4월 작성한 「5개년 연구 계획(1970~1974)」에는 기술도입이나 도입기술의 소화 · 개량과 관련된 언급이나 설명을 찾아볼 수 없었지만 2년 뒤인 1971년 7월 작성된 「연구개발5개년계획 1972~1976」에는 기술도입이 매우 부각되었다. 1969년의 5개년 연구계획은 "공업화 과정에 있는 우리나라 산업계에 필요로 하는 연구개발 대상 중에서 KIST가 공헌할 수 있는 것을 선택하여 연구활동의 기본방향과 규모를 설정하는 데에 목적"을 두고 만들어졌다.[101] 이 계획은 5개 중점 육성 분야와 기타분야로 구분하여 각각 구체적인 연구과제를 선정하고, 그에 맞는 연구비, 연구 인원 등을 밝혔다. 그런데 이 계획에는 기술도입 내지 도입기술을 소화 · 개량함으로써 새로운 기술이나 제품을 만들어낸다는 설명은 전혀 나오지 않았다. 이와는 달리 1971년의 「연구개발5개년계획 1972~1976」에는 모두 279건의 연구

---

100) KIST, 『한국과학기술연구소 연보 69』, 5쪽 ; 「한국과학기술연구소」(1971년 6월 제작된 소개책자), KIST 역사관 소장 자료.

101) KIST, 「5개년 연구 계획(1970~1974)」, 『KIST 제26회 이사회 회의록』(1969.4.18) 첨부자료.

개발과제가 제시되었는데, 기술도입을 위한 조사연구가 37건, 도입기술의 소화 및 개량이 176건, KIST 자체개발이 66건으로 이루어져 기술도입이 매우 강조되었다.[102] 이 계획은 연구에 소요되는 연구비로 약 90억 원(내자 69억 원과 외자 535만 달러)을 예상했는데,[103] 외자의 대부분은 기술도입비로 책정되었다. KIST가 자체적으로 개발해야 되는 기술은 기술도입이 불가능하거나 기술도입이 가능하더라도 로열티 지급액이 너무 비싸 경제성이 없거나 해외시장 진출을 금지하는 경우, 국산원자재 개발을 위한 기술 개발 등으로 한정했다. 이 계획은 3차 경제개발5개년계획의 목표를 효과적으로 달성하기 위하여 정부는 선진기술의 도입을 적극적으로 권장해야 한다는 것을 첫 번째 결론으로 제시할 정도로 기술도입을 강조했으며, 후반부에 도입이 필요한 기술의 목록을 첨부했다.

물론 계약연구체제하에서는 기본적으로 산업계의 요구에 따라 연구개발이 이루어지기 때문에 KIST의 연구계획은 국공립연구기관의 그것과 같이 강한 규제력을 지니는 것은 아니었으며, 실제로 KIST를 통해 광범위한 기술도입이 이루어지지도 않았다. 그러나 도입기술과 관련된 활동을 연구의 중심으로 표방한 것은 KIST의 역할을 국내의 여건에 맞게 조정하겠다는 의지를 나타낸 것이었다. 즉 KIST가 처음 설정했던 '고유기술개발센터'라는 연구소의 지향점에 '도입기술의 소화 · 개량'이라는 구체적인 방법론을 결합시킴으로써 연구소의 역할을 현실화한 결과라고 해석할 수 있다.

국내 산업계의 낮은 기술수준을 끌어올리기 위한 가장 빠른 길이 선진국 기업체로부터의 기술도입이라는 사실은 KIST 설립 당시에도 알려져 있었다. 1962년 작성된 「제1차 기술진흥5개년계획」에도 경제개발계획을 성공리에 달성하기 위해서는 상당한 양의 외국기술을 도입해야 한다고 밝혔다.[104] 또한 호닉 방한 이후 구성되었던 '과학기술연구소 설치준비자문위원회'가

102) KIST, 『연구개발5개년계획 1972~1976』(1971), KIST 역사관 소장 자료.

103) 1971년 환율현실화 조치에 의해 1달러 당 266원에서 393원으로 급상승했기 때문에 535만 달러는 21.0억 원으로 환산되었다.

104) 대한민국정부, 『제1차 기술진흥5개년계획(제1차 경제개발5개년계획 보완)』(1962), 33~34쪽.

작성한 '재단법인 한국과학기술연구소 정관(안)'에 제시된 연구소의 사업 여섯 가지 중 두 번째가 '해외 선진산업기술의 조사 · 연구와 홍보'였으며, 이는 해외기술의 도입과 소화 · 개량을 가리키는 것이었다고 볼 수 있다.[105] 그러나 이에 대해 바텔전문가단의 그레이(J. L. Gray)가 두 번째 항목을 삭제하고 나머지를 약간 고쳐 5가지로 제안했고, 다시 여기에 조금 수정이 가해져 KIST의 정관으로 확정되었다.[106] '해외 선진산업기술의 조사 · 연구와 홍보'라는 사업이 빠지게 된 정확한 이유는 알 수 없지만 최형섭이 '기술도입으로 해결할 수 없는 기술개발과제를 맡는 것'으로 표현했던 것과 유사한 맥락이었을 것으로 추정할 수 있다. 그렇지만 기술도입의 필요성은 KIST의 연구분야를 선정하기 위해 실시한 산업실태조사에서도 지적되었고,[107] 여러 분야의 실태조사 보고서에서 기술도입에 필요한 정보를 제공해줄 수 있는 분야별 기술정보센터의 설치가 필요하다는 제안들이 들어있었다.[108] 비록 분야별 기술정보센터 설립 문제는 재원이나 과학기술정보센터와의 역할 중복 등의 문제로 전자공업 분야 외에는 실현되지 못했고,[109] 대신 기술정

105) 「재단법인 한국과학기술연구소 정관(안)」에 제시된 사업은 다음과 같다. 1) 과학기술에 관한 시험 연구 및 조사와 그 성과의 보급, 2) 해외 선진산업기술의 조사 · 연구와 홍보, 3) 국내외 타 기술연구기관과의 기술제휴, 4) 국내외 타 기관과의 기술용역에 대한 수탁 및 위탁, 5) 기타 본연구소의 목적달성을 위하여 필요한 사업, 6) 전 각호에 부대되는 사업. 「재단법인 한국과학기술연구소 정관(안)」(1965), KIST 역사관 소장 자료.

106) KIST 정관에서 규정한 사업은 다음과 같다. 1) 과학기술 및 공업경제에 관한 시험, 연구 및 조사와 그 성과의 보급, 2) 국내외 타 연구기관, 대학(교) 및 전문단체와의 기술제휴, 3) 국내외 타 기관과의 기술용역에 대한 수탁 및 위탁, 4) 기타 본 연구소의 목적달성을 위하여 필요한 사업, 5) 전 각호에 부대되는 사업. KIST, 『한국과학기술연구소십년사』(1976), 236쪽.

107) 예를 들어, 강철희, 이병희, 유병철, Gerald A. Francis, 『조사보고서: 기계공업』, 83쪽 ; 정만영, 김해수, 심문택, Charles S. Peet, Richard J. Bengston, 『조사보고서: 전자공업』(KIST, 1967), 69쪽.

108) 강철희, 이병희, 유병철, Gerald A. Francis, 『조사보고서: 기계공업』, 86~88쪽 ; 정만영, 김해수, 심문택, Charles S. Peet, Richard J. Bengston, 『조사보고서: 전자공업』, 76쪽 ; 윤동석, 고창식, 강웅기, 황기엽, George K. Manning, Bruce W. Gonser, 『조사보고서: 금속공업』(KIST, 1967), 47쪽 ; Rahbany, K. Philip, Kimm, C. C., 『조사보고서: 교통』(KIST, 1969), 29~30쪽.

보실이 포괄적인 정보 제공 기능을 맡게 되었지만 기술도입의 중요성은 충분히 확인된 상태였다고 볼 수 있다. 그럼에도 불구하고 실태조사 보고서에서 KIST의 연구활동이 도입기술의 소화·개량을 중심으로 이루어져야 한다는 직접적인 지적은 찾아보기 힘들었다.[110)]

결국 KIST 설립당시부터 국내 산업계의 발전을 위해서는 해외 기술도입이 필요하고 KIST가 그에 필요한 정보를 제공하는 등의 지원을 할 것을 계획했지만 연구실에서 이루어지는 실제적인 연구활동은 기술도입의 수준을 넘어선 '고유기술'을 개발하는 것을 기대했다고 볼 수 있다. 즉 '해외기술이전센터'와 '고유기술개발센터'의 이중적 기능을 추구하되, 두 가지를 어느 정도 분리된 것으로 파악했던 것이다.

그렇다면 KIST가 오래지 않아 도입기술의 소화·개량을 표방하면서 역할의 현실화를 꾀하게 된 배경은 무엇일까? 무엇보다 KIST가 실제 연구활동을 시작하면서 얻어진 경험이 크게 작용했을 것으로 여겨진다. 1968년 초부터 연구실을 설치하여 위탁연구를 실제로 수행하는 과정에서 산업계가 요구하는 계약연구의 성격이 기술도입과 긴밀한 관련이 있음을 확인하게 되었고, KIST의 기능을 국내의 상황에 더욱 부합되는 것으로 규정하려했던 연구소 운영진과 연구진이 구체적인 연구과제 설정에서 기술도입을 중심에 놓았던 것으로 볼 수 있다. 앞에서 살펴본 것처럼 첫 번째 산업체 위탁과제인 신진자동차의 윤활유 문제나 삼덕무역의 폴리에스테르 방사기계 문제, 한

---

109) 1969년 설립되어 시험운영을 끝마치고 1970년부터 정상운영을 개시한 '전자제품개발정보분석센터'는 전자공업분야의 기술정보를 수집하여 축적하는 한편 이를 국내 전자공업계에 선택적으로 배포하는 기능을 담당했다. KIST, 『한국과학기술연구소 연보 70』, 44~45쪽.

110) 다만 주물공업 분야의 보고서에서 "한국과학기술연구소가 한국의 주물공업을 위하여 해야 할 처음 대부분의 일은 선진 제조기술을 한국의 조건에 맞도록 받아들이고 응용하는 것일 것이다"라는 표현이 나오지만 바로 뒤에 이어지는 구체적인 설명에 따르면 이는 선진국의 현대주조기술에 관한 기술정보를 제공하고 주조기술에 대한 세미나나 강좌를 개최하고 정기적으로 주조공장을 방문하여 지도하는 일을 지칭했기 때문에 정확히 '도입기술의 소화·개량'을 말하는 것은 아니었다. 최영식·홍종휘·이병휘·윤효중·Harry S. Sanders, 『조사보고서: 주물공업』(KIST, 1968), 56~57쪽.

국특수금속공업의 기술도입 지도 등 산업계 위탁 과제들은 도입기술의 소화 및 개량과 관련된 것들이 많았다. 포항제철에 대한 지원사업도 도입기술의 선정을 돕고 그것의 소화를 돕는 성격을 지니고 있었다. 이는 생산현장에서 우선적으로 필요로 하고 빠른 시간 내에 효과를 확인할 수 있는 것이 도입기술의 소화 · 개량임을 보여주었다.

KIST가 1969년 과학기술처의 위탁을 받아 수행한 '차관업체의 기술도입 실태조사에 관한 연구'는 좀 더 체계적인 차원에서 기술도입과 그것의 소화 · 흡수 연구의 필요성을 확인한 계기가 되었다.[111] 이 조사 연구는 차관을 통해 도입된 외국기술의 현황을 파악하고 이 기술이 국내산업기술 향상에 미친 영향을 조사분석하여 기술도입에 관한 정책을 수립하는 자료를 얻기 위한 목적으로 수행되었는데, 도입된 외국기술에 대한 총괄적인 파악과 분석을 시도한 것은 처음이었다. 이 조사를 통해 기업들의 기술도입은 기존 제품의 원가절감이나 품질향상에 주안점을 둔 것이 아니라 턴키베이스에 의한 공장도입이 주를 이루고 있음이 확인됐다. 즉 기업들은 파급효과가 큰 '연구개발에 관한 기술'(공정에 관한 연구 또는 개발), '공학적 설계에 관한 기술'(공장설계, 시설 및 기계설계), '생산설비의 제작에 관한 기술' 등을 도입하기보다 '생산설비의 설치를 통한 기술 도입'을 선호했기 때문에 공장 운전 및 보수에 필요한 기술자료 이외에는 도입기술을 활용할 수 있는 여지가 크지 않았다. 이에 대해 연구팀은 도입기술의 소화율을 높이기 위해 턴키방식에 의한 기술도입보다 단위기술을 위주로 기술도입을 실시하고 도입기술의 사전 · 사후 관리를 강화하는 한편 도입된 기술의 소화 및 개량 응용을 강화시킬 수 있는 체제를 구축할 것을 주장했다. 이는 기술도입의 효과를 높이기 위해서는 연구소가 기술정보를 제공하여 단순히 기업의 기술도입을 측면에서 지원하는 차원이 아니라 도입과정과 이후의 활용에도 적극적으로 관여할 필요가 있다는 것이었다. 결국 이 같은 주장에 맞는 KIST 내부의 후속 조치가 연구활동 자체를 보다 체계적으로 기술도입과 연결시키

---

111) 한상준 외, 『차관업체의 기술도입 실태조사에 관한 연구』(과학기술처, 1969), KIST 역사관 소장 자료.

자는 것으로 나타난 것이라 볼 수 있다.

1960년대 후반까지 우리나라의 기술도입은 그다지 활발하지 못했으며, 정부의 기술도입 정책 자체도 1960년대까지는 규제위주였다고 평가받는다.[112] 실제로 외자도입법에 의거해 정부가 기술도입계약을 인가하는 정책을 펼쳤기 때문에 기술도입 규모가 매우 작았다. 따라서 1970년 즈음부터 KIST가 기술도입과 그것의 소화 · 개량을 강조한 것은 당시 산업계가 지향해야 될 방향을 보여준다는 의미와 함께 KIST의 역할을 국내의 여건에 맞는 것으로 맞추어 나가려는 시도였다고 볼 수 있다. 즉 국내 산업계가 활용할 수 있는 기술개발을 통해 경제발전에 기여하기 위한 목적으로 설립된 KIST가 산업계와의 접촉을 늘려가면서 실제 생산 현장에서 요구되는 기술적 문제는 기술도입과 그것의 개량을 통해 단기간에 해결될 수 있음을 인식하게 되면서 연구방향에서 선진 기술의 소화 · 흡수를 부각시켰던 것이다.

설립 당시 '동양 최대의 연구소'를 표방하면서 최고의 시설과 최고의 두뇌를 갖추어 나간 연구소로서 처음부터 도입기술의 소화 · 개량을 전면에 부각시키는 것이 어울리는 모습은 아니었을 수 있다. 그렇지만 개발도상국의 공업연구기관들이 개발하는 기술이나 제품들은 선진국에서 이미 개발되어 성숙기에 접어든 것들이 많기 때문에 '고유기술개발센터'를 내걸었다 하더라도 직간접적으로 해외의 기술을 활용하는 경우가 매우 많았다.[113] KIST 역시 이 같은 범주에서 크게 벗어나지 않았고, 설립 직후 실제적인 연구경험을 통해서 그 사실을 재확인했다고 볼 수 있다. 결과적으로 '고유기술개발센터'와 '해외기술이전센터'라는 두 가지 역할은 항상 명확하게 구별될 수 있는 성질의 것이 아니었고, 도입기술의 소화 · 개량을 위주로 한 연구활동

---

112) 정일용, 「한국 기술도입의 구조적 특성에 관한 연구—종속적 축적과의 관련성 고찰을 중심으로」(서울대학교 박사학위논문, 1989), 167쪽.

113) 그 같은 맥락에서 후발국가의 연구기관들이 수행하는 연구개발사업은 '미지(未知)의 미지(未知)'가 아닌 '기지(旣知)의 미지'를 추구하는 경우가 많다고 표현된다. 서정욱, 「이사회 중심 운영 체제로 전환하는데 따르는 문제점과 개선방안」, 과학기술원 과학기술정책연구평가센터, 『이공계 정부출연(연)의 자율과 책임경영체제 강화를 위한 심포지움』(과학기술처, 1990), 55~67쪽.

이란 이 두 가지 역할을 종합하고 묶어주는 것이었다고 볼 수 있다. 그리고 이 같은 연구활동이 충분한 의미와 가치가 있다는 것은 이어서 논의할 'NASA의 기술이전 사업'을 통해서도 확인되었다.

2) NASA 기술이전 사업과 기술도입상담센터 설치

NASA의 기술이전 사업은 산업계가 아닌 KIST가 주도적으로 도입기술을 결정하고 그 활용을 추진했던 경우였다. 미국의 AID는 '아폴로계획'의 진행 과정에서 NASA가 개발한 항공우주관계의 연구개발결과를 개발도상국이 활용할 수 있게 하기로 결정하고 1970년 개발도상국가의 연구소로는 처음으로 KIST를 대상으로 그 가능성을 모색했다.[114] 이에 따라 우선 KIST는 한국 산업계가 NASA의 기술이전을 통해 해결할 수 있는 과제를 조사하여 51개를 선정했다. 다음 단계로 5명의 KIST 연구팀이 미국을 방문하여 'NASA 데이터뱅크'를 통해 관련 문헌과 자료 조사를 하여 국내에 이전할 수 있을 것으로 판단되는 16개 과제를 결정했다. 이 과정에서 연구팀은 NASA의 자료가 통신기술과 관련된 것이 많고 국내의 전자산업이 상대적으로 앞서있기 때문에 기술이전의 성공가능성이 크다는 판단하에 전자분야에 집중키로 했다. 이후 NASA의 자료를 바탕으로 KIST에서 해당 기술에 대한 실험실적 연구가 진행되었으며, 그 결과 '초소형 휴대용 송수신기'(miniature transceivers for personal radios), '고성능 휴대용 송수신기'(high-sensitivity transceivers), '무초크 전자회로'(inductorless communication circuits), '탄탈럼 축전기'(tantalum solid electrolytic capacitors) 등 4개 품목의 제품개발이 이루어졌다. 이 중 초소형 휴대용 송수신기는 가장 먼저 산업계로 이전되어 제품 생산으로 이어졌다.[115]

---

114) NASA 기술이식 프로그램의 전반적 과정에 대해서는 C.A. Stone, S.J. Uccetta, *Technology Transfer to a Developing Nation: A Report of the AID/NASA Pilot Project in Technology Transfer to the Republic of Korea* (IIT Research Institute, 1973), pp.3~15 참고.

115) Kyung Ho Hyun, "Evaluation of AID/NASA Pilot Project for Technology Transfer to a

KIST의 NASA 기술이전 사업은 기술이전의 경제적·기술적 타당성을 확인했고, 연구자와 기술자들이 기술이전에 대한 노하우를 익히고 문제점을 확인함으로써 이후의 기술이전 성공가능성을 높였다는 점에서 사업의 목적을 달성했다는 평가를 받았다.[116] 그러나 기술이전 결과의 제품화라는 측면에서는 그렇게 효율적이지 못했다. 이 사업에 연구자로 참여한 KIST 전기기기연구실장 현경호는 그 원인으로 사전에 국내에서 필요로 하는 기술에 대한 시장조사가 충분하지 않았고, 국내 기업들이 원하는 기술은 완성되어 패키지화된 기술이었으나 'NASA 데이터뱅크'가 제공하는 기술정보는 충분히 가공된 상태가 아니었다는 점을 제시했다.[117] 이와 같은 NASA 기술이전 사업은 KIST의 연구자들에게 연구결과의 기업화와 관련한 가치 있는 경험을 제공했다. 이는 연구실의 연구 결과가 최종적으로 성공적인 제품화로 이어지기 위해서는 사전에 충분한 시장조사가 이루어져야 하며, 실험실적 연구에서 성공을 거두었더라도 이후 제품생산까지는 시험공장 생산을 비롯한 많은 추가적인 개발연구가 진행되어야 한다는 사실이었다. 아울러 선진국의 앞선 기술을 도입해서 공업발전을 추구한다는 전략이 충분한 의의를 가지고 있다는 사실도 확인하게 되었다.

NASA 기술이전 사업이 마무리된 다음인 1973년 KIST는 과학기술처의 연구비를 받아 해외기술도입에 필요한 안내지침서 역할을 하는 『선진기술총람』을 펴냈다.[118] 이 책은 중화학공업분야를 대상으로 해외선진기술을 총체적으로 조사하여 정보카드화하고 이들 수집된 기술 중 국내 도입개발의 필요성이 있는 기술을 뽑은 다음 관련 분야 전문가의 평가를 거쳐 도입가치

Developing Nation−Republic of Korea", *Proceedings of the International Seminar on Dissemination of Technology* (KIST/IITRI/USAID, 1972), pp.26~27.

116) Serge Uccetta, "Evaluative Discussion of the NASA/AID/KIST Technology Transfer Project", *Proceedings of the International Seminar on Dissemination of Technology*, pp.16~22.

117) Kyung Ho Hyun, "Evaluation of AID/NASA Pilot Project for Technology Transfer to a Developing Nation−Republic of Korea", *Proceedings of the International Seminar on Dissemination of Technology*, pp.25~26.

118) 박한웅 외, 『선진기술총람』(과학기술처, 1973).

가 있는 세부적 기술을 최종적으로 선정한 결과를 담았다. 이 조사사업은 다음해에도 진행되어 국내 생산이 되고 있으나 기술개선 및 개발의 여지가 많은 주요 공업제품 300여 개와 외국 생산제품 중 국내 개발생산의 가치가 있다고 여겨진 550여 개 제품을 선정하여 도입이 필요한 기술을 제시했다.[119] 이는 해외 기술도입에 필요한 정보를 수집·제공한다는 좁은 의미의 '해외기술이전센터'라는 임무에 부합하는 조사연구 사업이었다.

KIST는 그 같은 기능을 일상적으로 추진하기 위해 1973년 기술도입상담센터(Technology Transfer Center)의 설립을 추진했지만 곧바로 결실을 맺지는 못했다. 기술도입상담센터의 설립은 한국과 서독정부 사이의 기술협력 과정에서 제기된 것으로서, 처음 계획은 한국과 서독에 각각 센터를 설치하여 한국이 필요로 하고 서독이 이전 가능한 기술개발과제를 선정하고 양쪽 전문가의 도움을 받아 한국 기업이 서독의 기술을 도입하여 제품을 생산한다는 것이었다.[120] 그러나 이 계획은 실현되지 못했으며, 1976년 2월에야 서독과는 무관하게 KIST가 독자적으로 기술도입상담센터를 설립했다. 이 센터는 기술도입에 관한 사전상담, 지도, 개선 및 업무대행을 통해 기술도입 기업들에게 편의를 제공하는 것을 주된 목적으로 삼았다.[121]

기술도입상담센터 설립 무렵까지 기업들이 해외의 기술을 도입할 때는 자체적으로 기술도입선을 선정하고 가계약서를 작성하여 경제기획원에 제출하면, 이에 대해 경제기획원은 과학기술처에 의견조회를 하고, 과학기술처는 다시 해당 전문기관에 재의견 조회를 하여 그 결과를 경제기획원에 회신하는 과정을 밟았다. 당연히 처리 시간이 오래 걸릴 뿐 아니라 조건부 인가 결과가 많이 나왔다. 이에 비해 기업이 기술도입 문제를 기술도입상담센터에 의뢰할 경우 적정기술원을 탐색하고 국내 기술여건을 감안하여 기술도입 계약조건 및 소화개량 내용 및 기자재의 국산화 방안 등을 결정하여

119) 박한웅 외, 『선진기술총람(Ⅱ)』(과학기술처, 1975).

120) KIST, 「Technology Transfer Center 설립·운영에 관한 계획서」(1973), KIST 역사관 소장 자료 ; 『KIST 제48회 이사회 회의록』(1973.10.26).

121) 「기술도입상담센터 출범」, 『과기연 소식』 10권 2호(1976), 12~13쪽.

기업체에 제시하게 되며, 기업체가 계약협의까지 의뢰하면 센터가 기술도입선과 실질적인 계약협의도 대행하고, 사전에 기술검토를 받게 되어 정부에 대한 신청절차나 처리 시간이 매우 단축되는 효과를 얻을 수 있다.[122] 그러나 기술도입상담센터가 효율적으로 운영되기 위해서는 해외유관기관과의 협력이 필수적이었는데, 미국, 캐나다, 일본 등의 관계기관과의 협의가 지연됨에 따라 기술도입상담센터는 기술도입 매개 업무에 필요한 충분한 관련 자료를 확보하지 못해 센터 발족 이후 4년간 기업들의 활용이 예상보다 부진했다.[123] 또한 정부가 1978년부터 기술도입을 단계적으로 자유화함에 따라 기술도입 타당성 검토 업무가 감소했으며, 경기침체에 의해 기술도입 건수 자체가 줄어듦에 따라 기술도입 상담활동은 그다지 활발하지 못했다.

비록 기술도입상담센터의 활동은 부진했지만 KIST가 도입기술의 소화·개량을 추진하면서 기술도입 알선 업무까지 직접 담당했다는 사실은 KIST가 해외의 기술도입을 매개하는 '해외기술이전센터'라는 역할을 적극적으로 추구했음을 보여준다. 어터백(James Utterback)은 라틴 아메리카 국가들에 대한 연구를 통해 개발도상국 연구기관의 가장 중요한 역할은 공식적·비공식적으로 민간부문의 외국기술 획득을 지원하여 성공적인 기술이전을 가능하게 하는 것이라고 주장했다.[124] 이와 동일한 맥락에서 KIST의 NASA 기술이전 세미나에 참석했던 AID 과학기술국장 슈바이처(Glenn Schweitzer)도 개발도상국의 연구기관은 '연구소'(research institutes)라기보다 '기술지원기관'(technological institutes)이 적절하다고 지적했다.[125] 이러한 분석은 개발도상국의 연구소들이 우선적으로 요구받는 활동은 기술도입을 도와주거

---

122) 박한웅, 「기술도입상담센터」, 『과학과 기술』 1976년 4월호, 33~35쪽.

123) 「기술도입상담센터 업계 이용률 낮아」, 『내외경제』, 1980.2.12 ; 「기술도입 상담활동 저조」, 『한국경제』, 1981.3.26.

124) James M. Utterback, "The Role of Applied Research Institutes in the Transfer of Technology in Latin America", *World Development* 3-9(1975), pp.665~673.

125) Glenn Schweitzer, "Recent Programs Related to Technology Transfer", *Proceedings of the International Seminar on Dissemination of Technology*, pp.126~132.

나 기술지도 등을 통해 도입기술의 활용을 높이는 것임을 확인시켜주었다.

이는 1970년대 KIST를 평가할 때 다양한 시각이 필요함을 시사한다. 즉 고유기술개발센터와 기술이전센터라는 이중적 역할을 함께 고려할 필요가 있다는 것이다. 도입기술의 소화·개량에 기초한 연구활동은 이러한 이중적 역할을 결합한 것이었다고 볼 수 있는데, 실제로 KIST 연구실의 연구활동에서 해외의 기술을 탐색하고 필요한 경우 KIST 주도로 계약을 맺어 기술을 도입하여 국내 산업계에 보급을 꾀한 사례가 여럿 존재했다.[126] 이러한 활동에 대해 막대한 정부 예산을 받아 최고의 시설을 갖춘 연구소가 해외 기술도입이나 한다는 외부의 비판적 시각이 존재한 것이 사실이었지만,[127] 이는 KIST가 당시 부여받은 역할이나 기능을 고려하지 못한 시각이라고 볼 수 있다. 해외의 기술도입을 지원하고 도입기술의 소화·개량을 연구하는 것 자체가 1970년대 전반 KIST의 중요한 임무였던 것이다.

KIST 설립 초기의 연구활동은 정부의 과학기술 분야 '싱크탱크'로서의 역할이 가장 부각되었던 시기였다고 정리할 수 있다. 그리고 산업계가 연구개발의 필요성과 가치를 빨리 인식할 수 있는 계기를 마련하는 것이 중요했기 때문에 기술지도나 도입기술의 소화·개량 등의 연구활동이 요구되었다. 결국 연구활동의 방향을 도입기술과 관련된 것 위주로 조정한 것은 그 같은 환경에 부응하려는 노력의 결과였다고 볼 수 있다.

---

126) 예를 들어 제조야금연구실장 천병두는 1971년 미국회사와 특허기술계약을 맺고 정밀주조법 Shaw법의 국내사용권리를 획득하여 이를 활용한 연구를 수행했다. 「Lost Wax법과 Shaw법에 관한 연구활동 개시」, 『과기연 소식』 14호(1971), 4쪽.

127) Harret Ann Hentges, "The Repatriation and Utilization of High-Level Manpower", p.151.

제6장 1970년대 중반의 연구활동

1. 한국기술진흥(주)을 통한 연구결과의 기업화

1) 한국기술진흥(주)의 설립 배경과 과정

1970년대 중반 KIST 연구활동의 특징은 산업계 위탁연구의 증가와 연구결과의 활용을 위한 노력으로 규정할 수 있다. 설립 초기 연구과제를 수탁하기 위한 KIST의 노력은 1972년 말 기술개발촉진법의 제정 등 산업계의 기술개발활동을 제고시키려는 정부의 정책적 지원에 힘입어 1973년부터 그 효과를 나타내기 시작했다. 전체 산업계 계약고의 비중이 그동안 30%대에 머물다 1973년 들어 54%로 증가한 것이다. 연구소가 준공식을 갖고 본격적인 연구에 들어간 지 4년 만에 산업계 계약고가 정부 계약고를 초과한 상황은 KIST가 수립한 운영계획보다도 훨씬 빠른 성장세였다. 당초 KIST가 1970년 10월 작성한 「연구개발오개년계획(1972~1976)」에 따르면 1973년의 총 연구예산에서 산업계의 비중은 25%로 계획되었으며, 그 후 매년 조금씩 증가하여 1976년은 35%에 이를 것으로 전망했었다.[1] 물론 이러한 연구계획은 일반적으로 산업계보다 정부를 의식해서 수립했으며, 이 계획을 작성한 1970년의 산업계 위탁고가 매우 낮았기 때문에 이후의 산업계 연구위탁 예상치가 상대적으로 낮게 결정되었던 것으로 보인다. 그러나 그러한 점을

[1] KIST, 「연구개발오개년계획(1972~1976)」(1970), KIST 역사관 소장 자료.

감안하더라도 산업계의 계약고가 1973년에 이미 50%를 초과하고, 1975년 69%, 1976년 60% 등 계속해서 출연금과 정부부처 위탁과제를 합한 정부재원의 연구계약고를 능가한 결과는 예상을 훨씬 뛰어넘은 것이었다.[2)]

이처럼 산업계로부터의 연구위탁이 증가함에 따라 KIST 운영진과 정부의 관심사는 연구결과의 활용을 높이는 문제로 이동했다. KIST 설립 초기에는 과제 수탁 자체가 중요한 문제였고, 연구개발에 대한 경험이 충분하지 못한 상태였기 때문에 연구결과의 기업화에 대해서는 KIST나 정부에서도 많은 신경을 쓰지 못한 것이 사실이었다. 그러나 연구계약고가 늘어나면서 산업기술을 개발하는 KIST로서 연구 결과를 실제 산업계가 얼마나 활용하느냐에 대한 관심이 자연스럽게 높아져갔다. 연구결과의 활용도를 높이는 문제에 대해서 대통령도 관심을 보였는데, 1972년 6월 국무회의에서 박정희는 KIST 연구결과 중 기업화할 수 있는 단계에 있는 것은 국무회의에 보고하고 실용할 수 있는 대책을 강구하라는 지시를 내렸다.[3)] 이에 따라 KIST는 경제분석실장 윤여경을 연구책임자로 하여 '신개발제품 기업화를 위한 조사연구'를 추진했다.[4)] 이 조사연구는 KIST가 연구개발한 제품의 기업화 촉진을 위해 당시 기업화단계에 있는 19개 품목에 대한 사례연구를 통해 문제를 파악하고 그에 대한 해결방안을 제시한 것이었다. 이 결과를 바탕으로 최형섭은 1972년 9월 국무회의에서 "한국과학기술연구소에서 연구개발된 기술 또는 신제품의 내용 및 기업화 추진 현황"이라는 제목하에 기업화가 진행 중인 사례들을 보고했으며, 각각에 대한 정책적 지원도 요청했다.[5)] 이 같은 KIST 연구결과의 기업화 문제에 대한 국무회의에서의 보고는 1974년과 1976년에도 이루어졌다.[6)]

---

2) 〈표 11〉 '연도별 연구계약고' 참고.

3) 「건축행정 쇄신」, 『조선일보』, 1972.6.3.

4) 윤여경 외, 「개발제품의 기업화 촉진을 위한 사례 연구」(KIST, 1972), KIST 역사관 소장 자료.

5) 최형섭, 「한국과학기술연구소에서 연구 개발된 기술 또는 신제품의 내용 및 기업화 추진 현황」(1972년 9월 국무회의 보고자료), 국가기록원 서울기록정보센터 소장 자료.

6) 최형섭, 「한국과학기술연구소에서 연구 개발된 기술 또는 신제품의 내용 및 기업화

KIST의 연구결과의 활용도를 높이기 위한 유력한 방안 중 하나가 연구결과를 제품화하여 생산하는 기업을 설립하는 것이었고, 이러한 논의는 KIST 설립 초기부터 제기되었다. 1969년 최형섭은 운영기금의 관리 방안의 하나로 각 연구실로부터 사업계획을 받아 별도회사를 만드는 것을 검토하겠다는 뜻을 밝혔다.[7] 실제로 다음해 5월 최형섭은 KIST와 포항제철이 합작투자하여 연관공업단지에 내화물(耐火物) 생산공장을 설립하겠다는 사업제안을 이사회에 제시했다. 최형섭은 포항제철의 가동에 따라 양질의 내화물 수요가 크게 늘어났기 때문에 KIST의 기술력을 활용하면 사업전망이 밝다고 판단했다.[8] 그러나 이 방안에 대해 USAID/K 측 이사 구드리치(R.L. Goodrich)가 KIST 운영기금은 일종의 '트러스트 펀드'로서, 기금으로 특정 기업을 설립하는 것은 양국정부가 연구소 운영자금을 지원한다는 처음의 철학에 위배된다고 하며 강경한 반대의견을 보였다. 이에 대해 최형섭을 비롯한 한국 측 이사들은 기금의 운용 방법으로 기업에 투자하는 것은 전혀 문제가 되지 않는다는 주장을 펼쳤으나 2차 회의에 걸친 논의 끝에 기업설립 방안은 철회되었다.[9] 기업 설립에 투자해서 실패할 경우를 우려한 구드리치가 운영기금은 KIST 자체의 운영에 사용되어야 한다는 입장을 고수했고, 운영기금은 전액 '대충자금'으로 조성되었기 때문에 미국 측 이사의 의견을 무시할 수가 없었기 때문에 공장설립 계획은 성사되지 못했던 것이다.

그러나 은행의 금리가 크게 하락하는 상황에서 새로운 기금 투자 방안의 모색이 시급해졌고, 그중 하나로 연구소에서 생산된 시제품 및 부산물을 판매하고 연구개발품을 산업화하는 방법이 1972년 제안되었다.[10] 이를 위해 별도의 회사를 설립하는 방안과 KIST 내부의 부서로 설치하는 방안에

추진 현황」(1974년 1월 국무회의 보고자료) ; 최형섭, 「한국과학기술연구소에서 연구개발된 기술 또는 신제품의 내용 및 기업화 추진 현황」(1976년 4월 국무회의 보고자료). 두 자료는 국가기록원 서울기록정보센터에 소장되어 있다.

7) 『KIST 제28회 이사회 회의록』(1969.8.13).

8) 「내화물 제조사업 계획」, 『KIST 제34회 이사회 회의록』(1970.5.29) 첨부자료.

9) 『KIST 제34회 이사회 2차 회의록』(1970.7.21).

10) 『KIST 제44회 이사회 회의록』(1972.7.28).

대해 과학기술처, 경제기획원, KIST 3자가 협의했는데, 논의 결과 회사를 세우지 않고 KIST 자체가 직접 담당하기로 결론을 내렸다. 이 결론에 대해 이사회에서 연구소 자체가 판매에 나선다는 것은 연구소의 본령에 어긋나니 별도의 회사를 만들어야 한다는 의견들이 나왔으나 정부의 부실기업 정리작업 등이 시행되고 있는 상황에서 새로운 기업을 만드는 것에 대해 정부측 이사들은 부정적이었다. 하지만 KIST는 비영리재단법인으로서 면세혜택을 받고 있었기 때문에 시험공장에서 생산되는 시제품 등을 KIST가 직접 판매하는 것은 제도적으로 문제가 있었고, 결국 2년 뒤 연구결과의 기업화를 목적으로 하는 방계회사 설립이라는 문제가 다시 제기되었다. 여기에 KIST의 연구결과가 활용되지 않고 사장되는 경우가 많다는 KIST 안팎의 지적도 회사 설립의 필요성을 높였다.[11] 이에 따라 1974년 9월 KIST가 자본금 2천만 원을 전액 출자한 상법상의 주식회사로 한국기술진흥주식회사(K-TAC)가 설립되었다. K-TAC은 KIST 연구결과를 기업화하는 것을 주목적으로 삼았으며, 경제분석실장 윤여경이 사장을 겸직했다. 당초 KIST 운영진은 자본금으로 2억 원을 요청했으나 KIST의 재정부담이나 사업실패를 우려한 이사회는 10%인 2천만 원만을 승인했다. 대신 이사회의 승인을 받아 양도할 수 있게 되어있는 KIST 소유의 기술을 소장이 이사회를 통하지 않고 K-TAC에 현물로 출자하여 기업화할 수 있도록 했다. KIST의 현물출자는 초기 K-TAC에 대한 출자의 중심을 이루었고 후일 K-TAC의 중요한 자산이 되었다.

K-TAC은 '리켄 콘체른'(理研コンツエルン)으로 불렸던 '리켄 산업단'(理研産業団)이나 바텔연구소의 자회사인 Battelle Development Co.과 Scientific Advances Inc.을 모델로 삼았다고 볼 수 있다.[12] K-TAC의 업무는 KIST 연구결과로 발생하는 시제품 판매, KIST 연구결과의 기업화 촉진, KIST 공업소유권의 판매 및 알선, KIST에 대한 연구수탁 등으로 정해졌다. 이 중 가장

---

11) 『KIST 제50회 이사회 회의록』(1974.8.9) ; 「활용 안되는 한국과기연」, 『신아일보』, 1972.8.2) ; 「창립 7주 맞은 KIST」, 『매일경제신문』, 1973.2.12.

12) 『KIST 제49회 이사회 회의록』(1974.3.22). '리켄 콘체른'에 대해서는, 오동훈, 「이화학연구소의 설립과 운영」, 『일본역사연구』 10집(1999), 169~200쪽을, 바텔연구소의 자회사에 대해서는, 최형섭, 『개발도상국의 공업연구』, 306-311쪽을 참고.

중요한 목적은 KIST의 연구개발 결과를 기업화시키는 것으로, 일괄계약연구나 과학기술처의 연구개발비로 수행된 연구 결과를 실제 제품생산으로 이끌어 내는 것이었다. 기업화 가능성이 있다고 판단된 연구결과를 산업계와 접촉하여 라이선스 양도를 통해 판매하는 것을 우선으로 했는데, 구매자가 경제적 위험부담을 줄이기 위해 공동 투자를 요구하는 경우가 많아 K-TAC도 동등한 투자를 하여 기술에 대한 확신을 보여주어야 했다. 만약 기술의 상업화 전망이 충분하지만 원하는 고객이 없을 경우 관심 있는 고객이 나타나기를 기대하면서 K-TAC이 직접 사업에 참여했다. 그 경우 K-TAC은 새로운 회사를 조직하고 자금을 모집하여 공장을 세우는 등의 방식으로 기업화를 추진했다. 새 회사가 안정된 기반을 갖추게 되면 민간에 경영권을 넘겼으며, 이를 통해 확보된 자금은 다른 프로젝트의 상업화에 재투자되고, 기업화로 확보한 이윤은 KIST에 배당금이나 연구자금으로 환원하기로 했다.[13] 결국 K-TAC은 연구결과의 사장을 막기 위해 KIST와 기업과의 가교역할을 담당했으며, 장기적으로 비영리기관인 KIST의 재정 자립에 기여한다는 목표도 지녔던 것이다.

2) K-TAC의 기업화 추진 사례

K-TAC이 처음으로 계획을 세운 기업화 추진사업은 프레온, 가발용 합성섬유원사, 코디어라이트질 내화갑, 분무금속분말, 어린누에용 인공사료 등이었다.[14] 보통 프레온이라는 제품명으로 불리는 불소계 화합물인 CFC(Chloro-Fluoro-Carbons) 생산은 미국 IESC(International Executive Service Corp. 국제최고경영인봉사단)의 일원으로 KIST를 방문한 박달조와의 협력을 통해 1970

---

13) 『KIST 제50회 이사회 회의록』(1974.8.9) ; K. Rim, "Commercialization of R&D Results－The Role of KAIST and K-TAC in Commercializing R&D Results for Medium and Small Scale Industry"(KAIST, 1983), KIST 역사관 소장 자료.

14) KIST, 「(가칭) 한국기술진흥주식회사(K-TAC) 설립계획」(1974), KIST 역사관 소장 자료 ; K-TAC, 「K-TAC 사업보고」, 『KIST 제54회 이사회 회의록』(1975.10.31) 첨부자료.

년부터 추진되었다.[15] 미국 콜로라도대학 교수이자 미국 불소학회 회장을 지낸 박달조는 프레온의 공동개발자로서 최신 공정에 대한 노하우를 가지고 있었다. 우리나라는 당시 연간 1,500여 톤의 프레온을 수입하여 사용하고 있었는데, 최형섭은 박달조와 협의하여 그가 지닌 프레온 생산의 노하우를 전수받아 국내에 풍부하게 매장되어 있는 형석광을 주원료로 하여 프레온의 국내생산을 추진하기로 했다. 이 과제에 대한 연구개발비의 지원 요청을 과학기술처가 받아들여 과학기술처와의 계약으로 연구가 시작되었으며, 이 연구를 위해 KIST는 박달조를 기술고문으로 위촉했다.[16]

설립 초기 KIST에서 수행된 연구과제들에는 국내에서 생산되는 재료를 사용하여 수입대체를 이루겠다는 목표로 추진된 과제들이 많았는데, 프레온 생산도 그중의 하나였다. 설립 이후 1970년 중반까지 수행된 연구과제들을 보면, 재료 · 금속, 식품, 화학 · 화공 등 전기 · 전자를 제외한 대부분의 연구분야에서 국산 재료를 활용한 연구개발과제가 다수 포함되어 있음을 확인할 수 있다.[17] 물론 국내 생산 원료를 활용하기 위한 연구는 이후에도 계속되었지만 설립 초기에는 그 같은 목적을 표방한 연구가 상대적으로 많았다. 이는 연구자들이 한국의 상황에 맞는 연구를 통해 국내 산업발전에 기여하겠다는 의식적인 노력의 결과였다고 볼 수 있다. 그러나 이러한 의도에도 불구하고 국산 원자재 활용을 표방한 연구 중 성공적인 기업화로까지 이어진 과제는 그리 많지 않았다. 이러한 면에서 프레온의 국내 생산 연구

---

15) IESC는 미국의 일급 경영자들로 구성된 단체로 개발도상국의 민간상공업체에 대한 기술 및 경영지원을 기본목적으로 하는 민간 비영리기구였다. KIST는 1969년 3월 IESC와 기술지원을 위한 협정에 서명하여 KIST가 연구한 결과를 산업계에 실제로 적용시키는 과정에서 IESC에 소속된 저명한 생산제조업계 전문가들을 유치하여 기술지원을 받기로 했는데, 박달조가 첫 번째 사례가 되었다. 「국제최고경영인봉사단과 기술지원 협정 체결」, 『과기연 소식』 6호(1969), 3쪽 ; 이봉진, 『연구실 노오트』(한국과학기술원, 1982), 75~84쪽.

16) KIST, 『업무총람 〈1966~1971〉』(1972), 102쪽, KIST 역사관 소장 자료. 박달조는 1972년 1월 KIST 이사로 선임되었고, 곧이어 한국과학원의 2대 원장으로 임명되었다.

17) KIST, 『한국과학기술연구소 연보 69』, 20~48쪽. 1969년 연보이지만 1970년 10월에 발행되었기 때문에 1970년 중반까지 수행된 연구과제들도 포함되어 있다.

의 추진은 국내 자원을 활용하여 수입대체 및 수출산업의 기반을 닦는다는 본보기로서의 의미가 있었다.

고분자연구실장 안영옥이 책임을 맡은 프레온 연구팀은 박달조로부터 제공받은 기초자료를 토대로 프레온 생산을 위한 공장설계에 착수하여 3년 만인 1972년 10월 월산 5톤 규모로 완전한 연속운전이 가능한 시범공장을 KIST 내에 세웠다. 시범공장에서 생산된 프레온에는 'Korfron 12'라는 이름이 붙었다. 연구팀은 처음에는 중간원료인 사염화탄소와 무수불화수소에서 프레온을 제조하는 방식을 설계했고, 이것이 완료되자 원료에서 최종제품 생산까지 전체 공정을 포괄하는 방향으로 확대하여 형석에서 무수불화수소를 제조하는 연구도 추진해나갔다.[18] 아울러 무수불화수소의 원료인 형석의 순도를 97%까지 올리는 일은 제련연구실장 황기엽이 연구책임을 맡아 수행했다. 당시까지 고품위 형석정광은 대부분 외국으로부터 수입했으며, 국내 매장된 형석은 대부분이 저품위였기 때문에 저품위 형석광으로부터 프레온 생산이나 알루미늄제련 등에 적합한 고품위 형석정광을 생산하기 위한 선광방법의 규명이 필요했던 것이다.[19] 이처럼 처음에는 중간물질에서 시작했지만 점차 원재료까지 연구대상이 확대되는 과정은 기술도입을 통해 공장을 건설한 우리나라 공업 발전과정에서 일반적으로 나타나는 방식이라고 할 수 있다.[20] 뒤에 논의할 '에탐부톨'의 개발연구에서도 처음에는 중간물질에서 최종제품을 생산하는 과정을 연구했지만 이후 원재료에서 중간물질을 제조하는 과정에 대한 연구도 이루어졌다.

시험생산 결과를 바탕으로 KIST는 프레온의 기업화를 위해 산업계와 접촉했으나 우수한 사업 전망에도 불구하고 거액 신규투자의 필요로 인해 선뜻 나서는 기업이 없었다. 그러나 상업화의 전망이 크다고 판단한 연구팀은 외부의 엔지니어링 회사를 선정하여 공장건설을 위한 기본 설계 및 연구작업

---

18) KIST에서 개발한 프레온 제조 과정에 대해서는, 과학기술처, 『신기술기업화 사례집－정부 · 기업 공동연구－』(1977), 26~27쪽 참고.

19) KIST, 『한국과학기술연구소 연보 72』(1973), 44쪽.

20) 『한국과학기술연구소 비사 제15권: 안영옥』(1975.5.29) ; 「연구개발사업 시리이즈 ⑤ 한국에 프리온을 심는 고분자연구실의 프리온 티임」, 『과기연 소식』 17호(1972), 10~11쪽.

을 계속했고, K-TAC은 기업화에 투자되는 비용을 줄이기 위해 무수불화수소를 사용하던 한 금속회사의 유휴시설을 개조·증설하여 기업화하는 방법을 구상해냈다. 결국 1975년 8월 K-TAC를 통해 'Korfron 12'의 공업소유권이 한국불화공업에 1억 4천만 원에 판매됨으로써 프레온 생산은 K-TAC의 첫 번째 기업화 사례로 기록되었다. 1977년 11월 울산공업단지 내 공장이 완공되어 'Korfron 12'의 생산이 시작되었으며, 한국불화공업은 개발도상국에서 유일하게 자립기술로 프레온을 생산하는 기업이 되었다.[21] 이 회사는 이후 KIST와 계약을 맺고 프레온22, 프레온 대체물질 연구 등 후속 연구를 추진했으며, 새로운 연구결과의 이전 및 엔지니어링 지원 등 KIST와 지속적인 기술협력 관계를 유지했다. 이와 같이 특정 제품이나 기술이 성공적으로 기업화되고 이후 해당 기업과 KIST 연구실이 지속적으로 관련된 후속 연구를 하는 것은 계약연구기관으로써 매우 바람직한 모델이 될 수 있었다. 또한 프레온 시험공장의 설계에서 건설 및 운용에 이르는 과정을 통해 KIST 연구자들이 공장설계와 운전기술개발 등 엔지니어링에 대한 기술과 경험을 쌓게 되었다는 점은 프레온 연구를 통해 얻은 중요한 성과였다.

가발용 합성섬유원사(Modacrylic fiber) 제조사업은 프레온 다음으로 K-TAC이 기업화를 추진한 중점 사업이었는데 최종적으로 기업화에는 실패했다. 가발 원료의 국산화 연구는 1970년 일괄계약연구의 일환으로 고분자연구실에서 수행한 '비닐계 공중합체 수지의 응용에 관한 연구'에서부터 시작되었다.[22] 이 연구는 전량을 수입에 의존하던 가발원료의 수입대체를 목적으로 비닐계 공중합수지 중에서 합성인모제조에 소요되는 공중합수지의 제조 및 방사기술의 개발을 추진한 것이었다. 연구팀은 수지합성시험을 거쳐 합성인모를 뽑아내기 위한 방사시설의 설계를 완료한 다음 공업적 생산을 위한 연구와 시험공장 건설을 추진했다. 이 연구과정에는 다우케미컬의 고분자연구실장 출신으로 IESC의 일원인 스탠턴(G.W. Stanton)이 참여했는데, 그는

---

21) 한국불화공업은 이후 현대그룹에 편입되었다가 1983년 울산화학이 되어 현재에 이르고 있다.

22) KIST, 「연구책임자별 계약현황」(1997), KIST 연구관리팀 소장 자료.

KIST 연구팀에게 4~5년간 엔지니어링에 관한 광범위한 기술 지원을 제공했다.[23] 1974년 6월 연산 30톤 규모의 시험공장이 완성되어 울산 석유화학공업단지에서 생산되는 원료를 사용하여 생산이 시작되었고, 시제품에는 'Kislon fiber'라는 이름이 붙었다. K-TAC은 시험공장의 가동과 동시에 국내 가발·섬유업계와 접촉하여 기업화를 시도하여 국내의 한 업체와 합작으로 1975년 한국합섬을 설립했다.[24] 그러나 자금 조달 등의 문제로 합작업체가 포기하여 1977년 2월 한국합섬은 청산절차를 밟았다. 이후 1977년 12월 동양나이론이 기업화 의사를 밝혀 K-TAC은 이 사업의 기존 추진분에 대한 영업권 및 공업소유권을 2억 원에 매도했다.[25] 그러나 가발산업이 점차 사양산업화되면서 해외 시장이 축소되었으며, 한편으로 다른 합섬회사와의 갈등으로 인해 동양나이론도 기업화 추진을 포기함에 따라 가발용 합섬원사 제조사업은 더 이상 진전되지 못하고 말았다. 1980년 KIST는 설립 이후의 연구사업 실적을 정리하면서 가발용 합섬원사 제조사업을 실패한 연구개발 사례 3개 중 하나로 꼽았으며, 실패요인으로 해외 시장의 수요 감소와 기업의 적극적인 사업추진 기피를 들었다.[26] KIST 연구개발의 궁극적 목적이 기업화를 통해 경제성장에 기여하는 것이었기 때문에 기술적 측면에서는 일정 정도 성과를 거두었다하더라도 기업화로 이어지지 못한 것은 실패했다는 평가를 받았던 것이다.

누에인공사료 제조기술도 K-TAC이 중점적으로 추진했던 사업이지만 기업화에 성공을 거두지는 못했다. 이 연구는 KIST의 동물사료연구실에서 1971년부터 일괄계약연구의 일환으로 시작되었는데, 다른 나라에서도 제품화된 사례가 없는 독자적 고유기술의 개발이라 할 수 있다.[27] 양잠업은 농가소득

23) 『한국과학기술연구소 비사 제15권(Ⅱ): 안영옥』(1975.6.13).

24) K-TAC, 「K-TAC 사업보고」, 『KIST 제54회 이사회 회의록』(1975.10.31) 첨부자료.

25) K-TAC, 「신기술기업화와 K-TAC의 역할」(1978), KIST 역사관 소장 자료.

26) KIST, 「연구사업실적 (1967~1979)」(1980), KIST 문서보관실 소장 이사회 관련 자료.

27) 누에 인공사료의 개발과정에 대해서는, Chun Su Kim, "Artificial Diet for Silkworm－Development and Practical Use", KIST 편, 『공업화를 위한 자체 연구개발의 역할에 관한 ASCA 세미나 주제연구 및 개최보고서』(과학기술처, 1979), 185~190쪽 참고.

증대나 외화획득 면에서 당시 제법 큰 비중을 차지하고 있었으나 누에가 단식성 곤충으로 수확시기가 제한되어 있는 뽕잎만을 사료로 이용한다는 문제가 있었기 때문에 인공사료의 연구개발 필요성은 컸다. 연구팀은 인공사료 개발을 위해 외국에서 발표된 시험연구결과에 대한 종합적 검토·분석과 예비사육을 실시하여 문제점을 분석하는 일부터 시작했다. 이후 4년여 동안 추진된 연구 결과의 기업화 가능성이 크다고 판단한 K-TAC은 동물사료연구실에 개발된 인공사료를 이용한 현지 시험사육을, 산업기계개발실에 급사기(給飼機) 등 관련 기계장치 개발연구를 의뢰했다. 1975년 양잠농가에서 실시된 대규모의 사육시험에서 만족스러운 결과를 얻었고, 사료의 제조법과 자동 급사기에 대한 2건의 특허를 취득했다. 이후 어른누에용 인공사료의 연구도 추진되기 시작했으며, 1977년 가을부터 어린누에용 인공사료의 상업적 판매가 시작되었다. K-TAC은 1979년 인공사료와 관련된 일체의 기술과 노하우를 동방유량에 판매했으나, 해당 업체가 경제성 등의 문제로 기업화를 보류하고 말았다.[28)]

최종적인 기업화까지 이어지지 못한 가발용 합섬인모 제조나 어린누에용 인공사료 생산과 달리 내화갑 생산이나 분무금속분말 제조는 K-TAC의 주도로 회사를 설립하여 기업화를 달성했다. '코디어라이트질(Cordierite) 내화갑'은 코디어라이트라는 인공합성광물이 포함된 제품으로서 당시 국내에서는 완제품을 일본에서 수입하거나 배합된 원료를 수입하여 제조하고 있었다. KIST 요업재료연구실에서 1975년 점토, 활석, 고령토 등 국내 부존자원을 원료로 코디어라이트질 내화갑의 시험생산에 성공한 뒤 K-TAC이 관련 기업들에게 내화갑의 기업화를 제의했으나 대부분의 기업들이 투자를 꺼렸다. 이에 K-TAC은 1976년 5월 한국개발금융(KDFC) 등과 합작으로 남해요업을 설립하여 직접 생산에 나섰으며, KIST 경제분석실의 연구원이 K-TAC 상무이사로 전출 후 남해요업 사장으로 취임하는 등 여러 명의 경제분석실 연구원이 남해요업의 설립 및 경영에 참여했다. 요업재료연구실에서는 내

28) K-TAC, 「신기술기업화와 K-TAC의 역할」(1978), KIST 역사관 소장 자료.

화갑의 양산체제 및 공장의 엔지니어링까지 맡았으며, 공장 건설 이후에도 내화갑의 특성 개선 및 생산원가 절감 연구와 '뮬라이트-코디어라이트질(Mullite-Cordierite) 내화갑' 제조 기술 등 추가적인 연구를 실시했고, 이 연구결과들도 남해요업으로 기술이전되었다.[29] 내화갑 제조는 기초연구에서부터 최종단계의 엔지니어링까지 KIST 연구실에서 모든 일관연구가 이루어졌다는 의미를 지녔다.

분무금속분말 사업의 경우 처음에는 K-TAC이 직영사업으로 추진하다 합자사를 설립하는 방식으로 진행되었다. K-TAC이 추진한 금속분말제조기술은 KIST 제조야금연구실의 연구결과로, 기계공업에 필수적인 소결(燒結)부품의 원료가 되는 청동분, 황동분 등 여러 종류의 비철금속분말의 야금기술이었다. 이 기술의 기업화 타당성을 확인한 K-TAC은 제조야금연구실에 '저밀도 청동분말 제조에 관한 연구', '분무금속 제조공장 건설 기술용역' 등 기업화에 필요한 추가적인 연구를 위탁했으며, 그 결과를 바탕으로 1976년 공장을 건설했다. 이 공장은 K-TAC 직영으로 가동되었으며 시험생산을 거쳐 다음해부터 정상가동되었다. 이후 이 공장에서 생산되는 여러 가지 원료 분말의 품질을 확인한 관련 업계에서 합작투자를 제의해서 1978년 5월 한국애토마이저(주)를 설립하여 금속분말 사업을 별도 독립법인으로 넘겼다.[30] 지금까지 언급한 품목 외에 K-TAC을 통해 기업화된 것으로는 농약원료인 HOP 생산, 농약 KISVAX 생산, 항결핵제 리팜피신 제조기술, 항생제 중간체인 세포탁신(Cefotaxin) 제조 등을 들 수 있다.[31]

K-TAC은 한국의 첫 번째 벤처캐피탈로 알려져 있으나[32] 단순히 자본투자 형식의 벤처캐피탈이 아니라 포괄적인 신기술 기업화사업을 담당한 기관

---

29) 한국과학기술연구원, 『우수 연구 사례 100대 과제』(1994), 86쪽 ; 『한국과학기술연구원 인터뷰 자료: 장성도』(2003.2.21).

30) KIST, 『KIST 30년사』, 538쪽 ; K-TAC, 「신기술기업화와 K-TAC의 역할」(1978), KIST 역사관 소장 자료.

31) KIST, 『KIST 30년사』, 538~539쪽.

32) 허남수, 「우리나라 벤처캐피탈의 변동추이와 발전방향」, 『한국중소기업회지』 20-2(1998), 321~350쪽 중 331쪽.

이었다. 즉 기술 자체를 가지고 기업화 타당성을 검토하여 기술의 제품화 단계에서부터 기술현물투자, 자본참여, 연구소와 기업현장간의 기술중개, 추가연구개발 의뢰, 기술경영지도 및 경영 참여 등 기업의 조련과 육성에 적극적으로 참여했던 것이다. 그러나 K-TAC은 1980년대 들어 모체인 KIST가 한국과학원과 통합되는 변화 속에서 K-TAC 사업을 위한 전문인력이나 자금 지원을 충분히 받지 못하게 되었고, 정부의 외자도입 승인을 받아 추진 중이던 외자유치가 대표자 교체 등으로 인해 무산되는 어려움을 겪게 되었다. 이에 따라 K-TAC은 국내 다른 연구기관을 중심으로 증자를 추진하여, 1982년부터 한국기계연구소, 전자통신연구소, 원자력연구소, 화학연구소 등 정부출연연구소들을 새로운 주주로 참여시켰다. 그 결과 그동안 KIST의 연구개발 결과만을 대상으로 기업화를 추진하던 K-TAC은 과학기술처 산하의 다른 정부출연연구소 연구결과의 산업화도 추진할 수 있게 되었다. 그럼에도 불구하고 1983년에 설립하고 1985년부터 중점 투자한 오양정밀화학(주) 사업에서 큰 실패를 보게 되었고,[33] KIST는 1991년 기술신용보증기금에 K-TAC의 경영권을 이양하고 말았다.[34]

결과적으로 K-TAC은 KIST 재정에 기여한다는 목적은 달성하지 못했지만 연구결과의 사장을 막고 기업화를 꾀한다는 목적에서는 일정 정도 성과를 거두었다고 볼 수 있다. 특히 기업들이 적극적인 관심을 보이지 않았지만 K-TAC을 통해 산업화에 성공한 사례들은 KIST 연구 결과의 활용에 대한 의미 있는 사실을 시사한다. 실험실의 벤치스케일에서 가능성이 확인된 연구가 산업계에서 활용되기 위해서는 시범공장 규모의 생산을 비롯한 추가적인

---

33) 오양정밀화학(주) 사업은 출연연구기관의 연구결과 중에 단독기업화 규모에 미달하여 사장되는 단일 품목들을 적절히 흡수할 수 있는 다목적 정밀화학공장을 건설·운영하려는 계획이었으나, 기술상의 문제와 다목적성의 한계 등이 나타나 농약원제 생산중심으로 변경했으나 이 계획 역시 기술·경영적 문제로 인해 부실화되고 말았다. KIST, 『KIST 30년사』, 542~543쪽.

34) K-TAC은 한국기술진흥금융(주)를 거쳐 1999년 (주)技保캐피탈(Kibo Technology Advancing Capital Co.)로 변경되었으며, 2008년 아주그룹에 인수되어 아주IB투자(주)로 상호가 변경되어 K-TAC이라는 이름은 더 이상 사용되지 않는다.

개발연구와 이를 위한 투자가 이루어져야 한다. 하지만 당시는 연구개발의 기업화 과정에 대한 금융지원 등의 제도적 뒷받침이 미흡했고 재정 능력이 높지 않은 기업들은 모험을 꺼렸기 때문에 적극적인 기업화에 나서지 않는 경우가 많아 연구결과의 활용이 낮았다.[35] 대개의 연구개발은 실험실적 연구에서부터 시험공장 연구까지의 과정이 한 번의 연구과제로 수행될 수 있는 성질의 것이 아니었기 때문에 완성된 기술의 도입보다 시간이나 비용이 많이 소요될 수 있었다. 그렇지만 직접적인 연구개발 경험이 많지 않은 산업계 위탁자로서는 긴 시간동안 여러 차례의 연구위탁을 통해 최종 상품화 연구까지 기다릴만한 여유와 재정능력이 없었기 때문에 기술개발을 의뢰하여 그 결과를 활용하는 데 소극적이었고, 완성된 기술의 도입을 선호할 수밖에 없었다.[36] 따라서 KIST 연구결과의 활용이 그다지 높지 못했던 데에는 연구자의 연구개발 능력도 문제가 되지만 산업계의 인식이나 자본력 등의 요소도 약한 고리로 작용했던 것이다.

2. 산업계 위탁 연구과제의 특성과 활용 사례

1) 연구에 대한 산업계의 평가

산업계 위탁 과제는 계약연구기관으로서 KIST의 성격을 가장 잘 드러내

---

35) 연구개발 결과의 기업화에 필요한 금융 등의 포괄적 지원을 목적으로 하는 한국기술개발(주)이 1981년 설립되었다. 이 회사의 설립과 세계은행의 역할에 대해서는, 한국기술개발주식회사, 『한국기술개발(주) 십년사』(1991)를 참고.

36) 이진주와 루벤스타인은 산업계 관계자와의 인터뷰를 벌어 기업들이 KIST의 기술보다 해외의 기술을 선호하는 세 가지 이유를 제시했다. 첫째, 해외기술은 품질이 검증되었고 생산 일정 지연 등의 위험성이 없으며, 둘째, 해외기술은 브랜드 명성으로 인해 마케팅이 쉽고, 셋째, 해외기술도입은 장기저리의 차관과 함께 들어오는 경우가 많기 때문에 기업 입장에서는 해외기술을 선호할 수밖에 없다는 것이었다. Lee, Jinjoo and Rubenstein, Albert H., "An Analysis of Factors Influencing the Utilization of Contract Research in a Developing Country, Korea", *Research Policy* 9(1980), p.193.

주는 유형이었다. KIST는 설립 초기에는 산업계의 연구개발에 대한 인식이 높지 않아 과제 수탁에 어려움을 겪었으나 정부의 정책적 지원과 KIST 자체의 다각적인 노력에 힘입어 1973년부터 과제 수탁이 크게 늘어나기 시작했다. KIST 연구계약고에서 산업계 계약고로 집계되는 연구비에는 산업계 단독 위탁 연구과제, 공동연구과제, 소액계약, 기술지원, 산업계 전산단가, 자체연구, 국제계약 등이 포함되었는데, 이 중 2/3 정도가 산업계 단독 위탁 연구과제였다. 산업계 계약고의 비중이 가장 컸던 1975년과 1978년의 경우 그 해 전체 계약고의 69%에 달했다가 1978년 장기대형국책과제 위주로 전환하면서 그 비중이 크게 감소하여 1980년은 30% 아래로 떨어졌다.

설립 이후 1980년까지 전체적인 연구수탁고에서 산업계 단독 위탁연구가 출연금 연구나 정부 위탁 연구를 제치고 가장 큰 부분을 차지했다는 것은 상당한 의미가 있는 결과였다.[37] 물론 산업계 계약고의 증가는 당시 고도성장을 기록하면서 산업계의 연구개발비가 꾸준하게 상승한 데 힘입은 결과였으며, 산업계 계약고에는 포항제철, 한국전력, 대한석유공사 등 공기업과 국방과학연구소와 같은 연구기관에서 위탁한 과제도 포함되어 있었기 때문에 산업계 수탁고의 일정 부분은 정부의 재원과 무관하지 않았다. 그럼에도 불구하고 KIST의 산업계 계약고가 1973년부터 절반을 넘는 수치를 기록한 것은 계약연구체제가 국내 상황에서 가능하겠느냐는 설립 초기의 우려와는 달리 빠른 시간 내에 계약연구라는 개념과 연구개발의 필요성이 확산되었음을 말해준다. 이는 우리나라 민간의 전체 연구개발비에서 KIST의 산업계 계약고가 차지하는 비중이 연도에 따른 편차는 있지만 설립 초기에 비해 크게 높아졌다는 사실로도 확인할 수 있다. 1970년 우리나라 전체 민간연구개발비는 30.23억 원이고 KIST 산업계 계약고는 1.39억 원으로 4.6%를 차지했으며, 1972년 처음으로 10%대에 들어섰다. 1973년은 73.57억 원의 민간연구개발비의 17.6%인 12.98억 원이 KIST 산업계 계약고로 나타났고, 1975년은 16.3%를 기록했다.[38] 이를 통해 1970년대 중반까지 KIST 산

37) 설립 이후 1980년까지 산업계 단독 위탁 연구계약고는 162.1억 원이었으며, 출연금 연구비는 152.9억 원, 정부 위탁 연구계약고는 66.1억 원을 기록했다. 〈표 11〉을 참고.

업계 계약고의 증가세가 경제규모의 증가에 따른 국내 산업계 전체의 연구개발비 증가세보다 더 높은 경향을 나타냈음을 알 수 있으며, 이는 산업계가 KIST를 통한 연구개발의 가치와 필요성을 점차 더 크게 인정한 결과라고 해석할 수 있다. 앞에서 논의한 것처럼 1970년대 중반을 지나면서 산업계가 월등한 처우를 내걸고 KIST 연구자들의 스카우트에 나선 배경에도 KIST의 연구활동과 연구자들에 대한 긍정적인 평가가 자리 잡고 있었다. 결국 KIST가 계약연구체제를 채택한 이유 중 하나가 산업계와 연구자 모두에게 연구개발에 대한 인식을 높이겠다는 것이었는데, 산업계 계약고의 증가추세는 이 같은 목적에서 일정 정도 성과를 거두었음을 시사했다.

산업계 위탁 과제는 정부 위탁 과제나 출연금 연구와 비교해서 몇 가지 차이점이 있었다. 우선 정부 위탁과제나 출연금 연구는 동일한 주제에 대해 기초연구부터 시작하여 다년간 연구가 진행되는 경우가 적지 않았지만 산업계는 기본적으로 곧바로 활용가능한 기술적 문제에 대한 관심이 컸기 때문에 산업계 위탁 과제에서 그 같은 장기 과제를 찾아보기는 힘들었다. 산업계 위탁 과제는 과제당 연구비의 규모가 정부 위탁 과제와 출연금 연구에 비해 가장 작았지만 1970년대 후반에 들어 크게 늘어나면서 정부 위탁 과제보다 큰 액수를 기록했다.[39] 또한 산업계 위탁 과제도 조사연구에서부터 기술지도, 응용 및 개발연구 등 다양한 성격을 지녔으나, 제품이나 공정 개발과 관련된 개발 연구의 비중이 상대적으로 높았다. 산업계가 의뢰한 조사연구나 기술경영지도 사업은 자치하는 비중은 높지 않았지만 연구 결과에 대한 만족도는 높은 편이었다. 산업계가 요구한 조사연구사업은 특정 분야나 특정 기술 · 제품에 대한 기술 및 시장정보를 조사하는 것으로서, 포항제철의 의뢰를 받아 수행한 '철강재 수요조사' 같은 과제가 포함되었으며, 기술 또는 경영분야에서의 문제점을 현장지도를 통해 해결하는 기술지도는

38) 그러나 1977년 민간연구개발비 자체가 전년도에 비해 1.64배 급증하면서 KIST 산업계 계약고가 차지하는 비율은 10% 이하로 떨어졌으며, 곧이어 KIST가 장기국책과제 위주로 전환함에 따라 10% 이하에서 머무르게 되었다. 민간연구개발비는 각 연도별 과학기술연감에서 확인한 수치이다.

39) 3부 5장의 각주 40번 참고.

생산 현장에서 바로 효과를 확인할 수 있는 과제라는 의미가 있었다.

KIST에서 수행한 대표적인 기술지도 사업으로는 1973년부터 시작되어 1981년까지 17차에 걸쳐 이루어진 '중소기업체에 대한 기술지원사업'을 들 수 있다. 1973년 중소기업협동조합에서 15개 업체에 대한 기술지원을 요청하여 시작된 이 사업은 기계공학연구부문에서 주관하여 다른 연구부문의 협조를 얻어 시행되었으며, KIST 연구팀들이 해당 업체를 방문하여 문제점을 파악하고 전문 분야별로 기술지도반을 구성해 기술지원 활동을 펼치는 방식으로 진행되었다.[40] 1차 사업의 종료 후 열린 간담회에서 중소기업체의 인사들은 "기존의 기술지도는 강연이나 기능공 훈련, 또는 카탈로그식이어서 만족할만한 성과를 얻지 못했으나 이번에 실시된 기술지도사업은 매우 실질적이고 적극적인 지도방식이서 기술토착화에 큰 힘이 됐다"고 긍정적으로 평가했다.[41] 이 같은 평가에 따라 중소기업협동조합은 바로 다음해 2차 사업을 요청했고, 이후 3개월 정도의 일정으로 10여 개 업체를 대상으로 한 기술지원사업이 17차까지 이루어졌다.

산업계는 단기적인 활용 과제를 위주로 위탁했기 때문에 연구 과제의 활용도가 다른 과제에 비해 크게 높을 것으로 예상할 수 있지만 실제로 그다지 높지는 않았다. 1982년 조사된 「연구결과 활용 현황」이라는 자료를 바탕으로 연구 과제의 실용화 정도를 살펴보면, KIST 설립 이후 1980년 말까지 연구계약이 체결된 정부 위탁 과제는 428건, 산업계 위탁 과제는 886건, 출연금 연구는 496건이었으며, 이 중 1982년 말까지 실용화에 성공한 연구과제는 209건으로, 정부 위탁 과제는 52건, 산업계 위탁과제는 104건, 출연금 연구는 46건으로 나타났다.[42] 실용화 비율을 계산해보면 정부 위탁 과제는

---

40) 장경택 외, 『중소기업체에 대한 기술지원사업(중점지도 및 순회지도)』(KIST, 1973).

41) 「중소기업체에 대한 기술지도사업 큰 성과」, 『과기연 소식』 8-1(1974), 6쪽.

42) KAIST 연구개발실, 「연구결과 활용 현황」(1982), KIST 역사관 소장 자료. 그런데 이 자료에는 '누에인공사료'처럼 최종적인 실용화에는 실패한 과제가 포함되어 있으며, '포켓용 전자계산기', '시분할방식에 의한 사설 전자교환조직개발'처럼 실용화되었지만 포함되지 않은 과제도 있어 신뢰도가 다소 문제가 있다. 실제로 KIST가 1979년 말까지 기업화가 완료된 과제로 213건이라 밝힌 것을 보면 이 자료에는 활용된 사례가 일부

12.1%, 산업계 위탁 과제는 11.7%, 출연금 연구는 9.3%의 비율을 보였다. 물론 이 비율은 KIST가 공식적으로 산출한 수치가 아니라 필자가 「연구결과 활용 현황」에 근거하여 계산한 결과이며, 이 자료에 누락되었거나 1982년 이후 기업화된 사례를 감안하면 실제 실용화 비율은 다소 높게 나타날 것이다. 또한 KIST가 수행한 연구과제에서 타당성 조사, 컴퓨터계산, 문제해결(troubleshooting), 정책연구 등 활용 여부를 판단할 수 없는 '보고서 연구'(paper studies)는 연구비 규모는 작지만 과제 건수가 많았기 때문에 계약고가 아닌 연구과제 건수를 기준으로 실용화 비율을 계산할 경우 낮게 나올 수밖에 없다. 전체 연구과제에서 '보고서 연구'의 비중을 정확히 확인할 수는 없었지만 이진주와 루벤스타인의 연구에 의하면 당시까지 계약이 이루어진 768건의 연구과제 중 '보고서 연구' 648건을 제외한 120건만이 하드웨어의 개발이나 최종 사용자와 바로 연결되는 기술개발 과제였다.[43] 그러나 연구계약고를 기준으로 할 때 설립 이후 1980년까지 개발연구는 전체 연구계약고의 47.7%, 응용연구는 9.3%에 달했다.[44] 따라서 연구계약고에 근거하여 실용화율을 계산한다면 연구과제의 수를 바탕으로 계산한 값보다는 상당히 높은 값이 나오게 된다. 그럼에도 불구하고 KIST 연구결과의 실

빠져있음을 알 수 있다. KIST, 「업무현황보고」(1979), KIST 문서보관실 소장 이사회 관련 자료. 그렇지만 「연구결과 활용 현황」은 연구개발실이 자체적으로 조사·집계한 결과로서 참고할만한 가치가 있으며, 이를 바탕으로 계산한 실용화 비율은 절대적인 가치보다 연구 과제의 재원에 따른 실용화 정도를 비교하는 데서는 충분한 의미를 갖는다고 여겨진다.

43) Lee, Jinjoo and Rubenstein, Albert H., "An Analysis of Factors Influencing the Utilization of Contract Research in a Developing Country, Korea", p.180. 이 논문은 120건 중 112건을 실제적인 분석대상으로 삼았으며, 이 중 57건은 실용화로 이어지지 못했고, 34건은 실용화가 완료되었으며, 21건은 실용화가 진행 중이거나 중단된 상태였다고 밝혔다. 이에 따르면 실용화율은 대체로 30~40%대를 나타낸다고 추정할 수 있다. 또한 위탁자들은 112건 중 56%인 63개 과제(56%)의 결과에 대해 우수하다는 평가를 내렸으며, 31개 과제(28%)에 실패 내지 불량이라는 평가를 내렸다.

44) 설립 이후 1980년까지 전체 연구계약고를 연구 성격별로 구분하면, 응용 및 개발연구 외에 조사연구 6.4%, 기술경영지도 2.5%, 기초연구 0.88%를 나타냈고, 전산과제를 포함하고 있는 기타가 33.2%를 기록했다. 이 수치는 『연보』에 실린 각 연도별 연구계약고를 집계한 결과이다.

용화 비율이 그리 높지 않았던 것은 사실이며, 이는 산업계가 KIST 연구개발 결과에 대해 지녔던 만족도가 그리 높지 않았을 가능성이 있음을 시사한다.

그렇다면 KIST의 연구활동에 대해 주된 위탁자였던 산업계의 평가는 어떠했을까? KIST 기관사나 관련 연구자들의 회고록 등의 문헌은 대체로 성공적인 연구결과만을 소개하고 있어 산업계의 반응이 매우 호의적이었을 것이라고 생각하게 만들지만, 사실 당시 산업계의 KIST에 대한 평가를 확인할 수 있는 자료는 매우 제한적이어서 정확한 사실을 파악하기는 쉽지 않다. 그런 면에서 1976년 초 KIST가 설립 10년을 맞이하여 그동안의 연구활동을 되돌아보는 차원에서 KIST에 과제를 위탁한 기업체 123곳을 대상으로 실시한 설문조사는 매우 의미 있는 자료라 할 수 있다. 소장 한상준은 〈표 12〉에 실린 결과에서 보통이라는 답변까지 모두 긍정적인 반응으로 해석하여 전체적으로 만족도가 90%를 넘는다고 밝혔고 일부 언론에도 그처럼 보도되었으나, 보통을 제외하면 전체적인 만족도는 60% 안팎이었다고 볼 수 있다.[45] 조사 및 기술지도는 90% 이상이 만족한다는 응답을 하여 높은 만족도를 보였지만 연구계약고에서 비중이 컸던 개발 연구의 경우 만족도가 50%에 크게 미치지 못한 것으로 나타났다. 응용 및 개발 연구의 만족도가 낮은 것은 연구개발 자체가 지닌 불확실성을 반영하고 있다고 볼 수 있지만, 이처럼 낮은 만족도는 한상준의 설명과 달리 KIST에 대한 산업계 위탁자들의 전반적인 평가가 긍정적이지만은 않았음을 보여준다.

KIST 연구결과에 대해 불만을 표출했던 위탁자들이 제시한 이유는 무엇이었을까? 위의 조사에서 부정적인 답변을 받은 26개 과제에 대한 불만 내역을 살펴보면 시장개척의 어려움이 11건(42.3%), 원자재 부족 6건(23%), 연구개발 예산 부족으로 인한 계획중단과 불충분한 연구보고서가 각각 2건, 광범위한 계획으로 인한 일부 실현불가능이 1건, 스폰서의 협력부족에 따른 계획추진 불가능이 1건, 기타 2건 등이었다. 이 결과를 보도한 한 신문

---

45) 〈표 12〉의 출처는, Sang Joon Hahn, "Korea Institute of Science and Technology Contribution to Korea's Industrial Development"(KIST, 1976), p.10, KIST 역사관 소장 자료.

〈표 12〉 KIST 연구결과에 대한 만족도 조사 결과(1976)

	기초	응용	개발	조사	기술 지도	기타	계(%)
만족(satisfactory)	0	17	16	33	19	25	110(59.8)
보통(fair)	2	21	30	3	1	2	59(32.1)
불만족(unsatisfactory)	0	5	9	0	0	1	15(8.1)
소계	2	43	55	36	20	28	184(100.0)
목표완수(fulfilled)	1	18	22	34	18	26	119(64.7)
보통(fair)	1	21	30	2	2	2	58(31.5)
미흡(unfulfilled)	0	4	3	0	0	0	7(3.8)
소계	2	43	55	36	20	28	184(100.0)

은 "우리기업들의 중요한 맹점은 선진국처럼 연구개발만 해주면 시장을 독자적으로 개척할 수 있는 능력이 부족하다는 점"이라고 분석하고, KIST가 연구과제를 선정하고 연구를 수행할 때 시장성 부분에 좀 더 많은 신경을 써야한다고 주문했다.[46] 위탁자들이 연구에 대해 지녔던 불만요인을 짐작할 수 있는 또 다른 자료로 해약되거나 중단된 연구과제를 들 수 있다. 1970년부터 1976년까지 해약·중단된 연구과제는 모두 33건이었는데, 이 중 산업계 위탁 과제가 23건으로 가장 많았다. 23건의 사유를 보면 연구진척 또는 연구결과에 대한 불만이 7건(30.4%)으로 가장 많았고, 경제성·시장성 결여가 3건(13.0%), 위탁자 연구비 지급 지체 또는 법인해체가 5건(21.7%), 위탁자 요청이 6건(26.1%), 기타 2건으로 나타났다.[47] 연구결과의 기술적·경제적 문제에 의한 중단이 10건이고 위탁자의 사정에 의해 중단된 과제가 11건이라는 사실은 연구자체에 대한 불만과 함께 좋지 않은 재정 상태 등 산업계의 문제가 주된 요인이었음을 말해준다.

산업계 해약 과제 중 가장 큰 규모의 연구는 집적회로연구실에서 추진한 '접점 스위치식 튜너의 양산화' 과제였다. 이 과제는 1972년 6천만 원의 연

46) 「한국의 기술 그 현주소와 미래상: KIST 上」, 『내외경제』, 1976.10.19.
47) 신응균, 『76년도 감사의견서』(1977), 32~33쪽, KIST 문서보관실 소장 이사회 관련 자료.

구비로 계약이 이루어졌는데, 당시의 산업계 위탁 과제로는 상당히 큰 규모였다. 위탁사는 연구개발의 진척을 확신하고 양산을 위한 공장 건설을 진행했으며,[48] 생산된 튜너는 농어촌 및 저소득층에 저렴한 가격으로 흑백 TV를 공급하겠다는 목적하에 추진되던 '새마을 TV'에 활용될 수 있을 것으로 기대를 모았다.[49] 그러나 연구개발 자체에서 만족스러운 결과를 얻지 못했고, 정부가 새마을 TV 생산 계획을 철회하면서 튜너 양산화 과제도 진전을 보지 못하고 중단되었다. 이에 따라 연구 과정에서 생산된 시제품 튜너들은 연구소의 재고물품으로 남아 있다가 결손처리 되고 말았다. 튜너 양산화 및 새마을 TV 생산계획의 실패요인으로는 연구개발의 미흡, 부품가격 상승으로 저렴화 곤란, 기업의 기술 및 자본 부족과 함께 정부의 정책 변경 등이 제기되었는데, 새마을 TV 생산 과제는 1970년 KIST의 실패한 연구개발의 대표적 사례로 꼽히게 되었다.[50] 이 같은 연구개발 실패사례는 그 수가 많지 않다고 하더라도 KIST의 연구능력에 대한 신뢰도에 큰 타격을 줄 수 있었으며, 해당 과제를 위탁한 기업의 경영에도 매우 부정적인 영향을 주었다.[51]

이가종은 대기업을 중심으로 한국의 기술이전에 대해 다룬 1977년의 논

---

48) 「TV 투너 백% 국산화」, 『현대경제신문』, 1973.8.18.

49) 「「새마을 TV」 개발계획」, 『매일경제신문』, 1973.6.1 ; 집적회로연구실, 「새마을 보급형 TV(소형)의 생산방안」(KIST, 1973), KIST 역사관 소장 자료.

50) KIST, 「연구사업실적 (1967~1979)」(1980), KIST 문서보관실 소장 이사회 관련 자료.

51) 신문기사나 인터뷰를 통해 KIST에 위탁한 연구개발이 지연되거나 실패하여 기업이 도산하거나 심각한 경영 위기에 빠진 사례가 있었음을 확인할 수 있었다. 「한국의 기술, 그 현주소와 미래상: KIST 下」, 『내외경제』, 1976.10.21. 반도체장치연구실장을 지낸 정만영은 산업계와의 계약연구 경험을 통해 위탁 기업이 해당 분야의 경험이 있고 시판되는 상품이 있으면서 다음 세대 제품을 생각하여 의뢰한 경우는 시간적 · 경제적 여유를 가지고 연구개발을 수행하여 제품화까지 추진할 수 있었지만, 개발하려는 제품만으로 사업을 하겠다거나 해당 분야의 전문지식이 없는 위탁자와는 연구계약을 맺지 말아야 한다는 교훈을 얻었다고 밝혔다. 왜냐하면 후자의 경우 개발과정이 조금이라도 늦어지면 회사 운영에 지장이 생기고 제품이 나와도 이익이 나기 어렵기 때문에 위탁사가 도산을 하게 되며, 이 경우 연구진은 열심히 연구하고도 기업을 망하게 했다는 비판을 받게 되기 때문이라는 것이었다. 『한국과학기술연구소 비사 제26권: 정만영』(1975.7.4).

문에서 KIST에 연구과제를 위탁한 산업계 인사들의 평가가 그다지 호의적이지 않았다고 밝혔다. 그는 이 같은 판단의 근거로 대기업의 연구부서 책임자의 다음과 같은 인터뷰를 제시했다.

> 그들[KIST 연구원]은 모든 것을 알지만 아무것도 만들지는 못한다...... 그들은 선진국의 실험실에서 자신들의 전문화된 노하우에는 뛰어나다. 그러나 여기(한국)에서는 그들의 전문화된 지식이 상보적 요소도 아니며 조정력을 지니지도 못한다. 우리가 연구소[KIST]와 계약을 맺는 것은 훌륭한 연구결과를 기대해서가 아니라 우리가 필요로 하는 다른 이유 때문이다. KIST는 결정적인 가치를 지니고 있는데, 그것은 정보 센터(center for information)로서의 역할이다.[52]

이는 KIST 연구원들이 자신의 전문분야에 대한 지식에서는 탁월하지만 기업이 필요로 하는 실제적인 부분에서는 매우 약하다는 평가였으며, 특정 개인의 의견이기 때문에 일반화하기는 어렵지만 응용·개발 연구에 대한 낮은 만족도를 감안할 때 개연성이 있는 언급이었다. 산업계 위탁 과제의 낮은 활용도에는 연구 결과 자체에 대한 산업계의 불만이 존재했다고 볼 수 있다. 아울러 정보를 얻기 위한 목적으로 연구계약을 맺는다는 진술 역시 낮은 활용화 비율을 설명하는 요인의 하나가 될 수 있을 것이다. 이는 기업들이 KIST와 연구계약을 체결하는 목적이 연구결과의 직접적 활용이 아닌 경우도 있었음을 시사한다. 실제로 당시 신문에는 낡은 시설이나 미흡한 연구개발투자에 대한 비판을 회유하려는 전시효과를 노리고 KIST와 연구계약을 체결하는 경우도 많다는 지적이 실렸으며,[53] 다른 기업들이 제품화하는 것을 막기 위해 먼저 연구과제를 위탁하여 그 결과를 소유만 하고 있는 사례도 있었다. 기업의 입장에서는 이윤확보가 최우선 과제였기 때문에 국내 개발 기술을 이용하는 것보다 중간재나 기술을 해외에서 도입하는 것이

52) Ka-Jong Lee, "Technology Transfer and Developmental Strategies: The Role of Large Firms in Korea"(Univ. of Hawaii Ph.D. Diss., 1977), pp.53~54.

53) 「구호에 그친 전국민의 과학화: 74년 과학계 결산」, 『중앙일보』, 1974.12.26.

경제적이라고 판단되면 개발된 기술을 묻어두는 것이 이상한 일은 아니었다. 결국 연구 결과의 낮은 활용에는 KIST 연구개발 능력에서부터 위탁 기업의 재정능력, 정부 정책, 상이한 과제 위탁 목적 등 다양한 요인이 작용했다고 볼 수 있다.

2) 산업계 위탁 과제의 활용 사례

산업계가 위탁한 과제에는 해외에서 생산되고 있는 제품의 국내 생산을 위해 연구개발을 의뢰하는 경우가 많았다. 예를 들어 1970년 상경물산은 미국에서 생산된 '굴곡형 플라스틱 빨대'(flexible straw) 샘플을 가지고 KIST를 찾아 국내 생산 가능성을 타진했다. 이에 대해 합성수지연구실장 김은영은 기술적으로 가능하다고 판단하여 3개월의 연구기간에 70만 원의 연구비로 계약을 체결했다. 연구팀은 빨대 형태로 튜브를 압출한 다음 빨대 조직에 금을 내서 접는 기술을 개발하여 미국의 제품과 동일한 시제품을 만드는 데 성공을 거두었으며, 이 기술에 대한 특허도 취득했다. 개발된 기술을 이전받은 의뢰사는 양산을 위한 기계의 설계를 KIST 공작실에 의뢰하여 20여 대를 제작·설치했다. 당시 국내의 생활수준에서는 굴곡형 빨대에 대한 수요가 거의 없었지만 생산된 제품은 전량 유럽 지역으로 수출되어 연간 110~120만 달러의 수출고를 기록했다.[54] 이처럼 당시 산업계가 필요로 하는 기술은 간단한 아이템들이 많았으며, 특히 합성수지나 고분자 분야에는 그러한 작은 과제들이 많았다.[55] 그 덕분에 화학·화공 분야는 산업계와의 연구계약이 가장 활발한 분야가 되었는데, 여기에는 정밀화학 분야의 연구 수요 증가도 한 몫을 담당했다.

1970년대까지 한국은 물질특허제도를 받아들이지 않았기 때문에 수입에 의존하던 의약품이나 농약 등 정밀화학제품의 새로운 합성 공정을 개발할

---

54) KIST, 「한국과학기술연구소 현황」(1972.8) ; KIST, 「연구사업실적 (1967~1979)」(1980). 두 자료는 KIST 문서보관실 소장 이사회 관련 자료에 포함되어 있다.

55) 『한국과학기술연구원 인터뷰 자료: 김은영』(2003.1.17).

경우 상업화할 수 있는 가능성이 커서 정밀화학 분야에서 산업계의 과제 위탁이 활발했다. 1970년대 초까지 국내에서는 의약품·농약의 자체적인 합성 연구가 매우 드물었는데,[56] KIST를 통해 국내 기술로도 합성이 가능하고 도입가격보다 훨씬 저렴하게 생산이 가능하다는 사실이 확인되면서 관련 기업들의 연구개발에 대한 관심이 높아졌다. 그에 따라 KIST의 정밀화학 분야는 높은 산업계 수탁고에 힘입어 연구실의 규모도 지속적으로 증대되었다. 예를 들어, 1969년 설치된 유기합성연구실은 첫해는 연구원과 서기 1명씩을 받아들여 연구실장 채영복을 포함하여 총 3명의 단출한 인원으로 출발했으나 1980년 말에는 책임연구원 2명, 책임기술원 1명, 선임연구원 7명, 연구원 7명, 기능원 16명 등 사무직을 제외하고도 총 33명 규모의 연구실로 성장했다.[57] 그리고 그 과정에서 2명의 선임연구원이 책임연구원으로 승진하여 일부 인원을 데리고 KIST 내에 독자적인 연구실을 설치하게 되었다.[58]

산업계 위탁 과제는 산업계가 구체적인 연구 과제를 제시하여 계약이 이루어지는 경우도 있었지만 한편으로 KIST에서 일괄계약연구나 과학기술처의 연구비 지원사업으로 이미 연구가 시작된 이후에 산업계가 스폰서로 나서는 경우도 많았다. 이 경우 산업계는 실험실 규모 연구를 통해 기업화 가능성을 확인한 다음 공업화 연구부터 참여하는 것이었다. 실제로 연구개발

56) KIST 유기합성연구실장을 지낸 채영복에 의하면 1970년대 초만 해도 국내에는 의약품, 농약, 향료, 첨가제, 화장품 등을 합성하는 연구분야를 지칭하는 용어가 없었는데, 한상준이 중국에서는 '희진화학'(稀塵化學)이라고 부른다며 이 용어를 제안했으나 채영복이 당시 정밀공업에 대한 논의가 많이 제기되고 있었기 때문에 '정밀화학'이라는 이름을 고집하여 이 용어를 사용하게 되었다고 한다.

57) 유기합성연구실은 1974년 유기화학제2연구실로 개칭했으며 1977년 유기화학제1연구실로 되었다가 1980년에 들어와 농약화학연구실로 이름이 바뀌었다. 연구실의 인원은 각 년도별 인원현황표에서 집계한 결과이다. 최형섭은 정밀화학 분야 연구실의 팽창을 설명하면서 연구실단위 독립채산제였기 때문에 "연구실장 채영복 박사는 돈방석에 앉게 되었다"고 표현했다. 최형섭, 『불이 꺼지지 않는 연구소』(조선일보사출판국, 1995), 74쪽.

58) 연구실 출신자로 김충섭(1977년 의약화학연구실)과 박상우(1978년 염료화학연구실)가 독립해서 응용화학연구부 내에 별도의 연구실을 설치했다.

결과의 기업화가 이루어진 사례에서 그 같은 경우를 쉽게 찾아볼 수 있다. 1970년대 KIST 연구개발 결과가 성공적인 기업화 사례로 꼽히는 '포켓용 전자계산기 개발'이나 '동복강선 개발' 연구가 그 같은 경우에 해당되었다. 사실 연구개발 결과의 기업화를 효율적으로 추진하기 위해서는 개발과정에서부터 해당 기업의 인력이 참여하거나 연구진이 이후 생산과정에 참여하는 것이 필요했다.

'포켓용 전자계산기 개발'은 1970년 회로설계연구실장 안병성이 일괄계약의 일환으로 '탁상용 전자계산기 모델개발'연구를 시작한 것이 출발점이 되어 3년간 관련 연구과제가 수행되었다. 2년째 연구가 진행 중이던 1971년 4월 민성전기는 '탁상계산기 생산을 위한 기술 개발' 연구를 위탁해왔고, 이후 1972년의 '탁상계산기 신기종 개발'을 비롯하여 1974년까지 4건의 연구계약으로 이어졌다. 연구팀은 탁상용 계산기에서 시작하여 포켓용 계산기까지 여러 모델을 개발했으며, 1972년부터 생산제품의 미국 수출이 이루어졌다. 미국 수출제품은 미국 회사의 상표로 판매되었는데, 미국 소비자보호잡지 *Consumer Report* 1973년 6월호에 값싸고 우수한 제품으로 선정되어 표지에 실리는 등 호평을 받아 수출량이 크게 증가했다. 이 회사는 이후 '민트론'이라는 자체 상표로 유럽과 미국에 수출을 하여 1970년대 중반까지 상당한 수출고를 기록했는데, 독자적인 기술에 자체 상표였기 때문에 기술도입이나 OEM 방식으로 수출하는 다른 업체보다 수익률이 매우 높았다.[59] 그러나 계산기의 수명주기가 짧기 때문에 계속적인 신제품 개발이 필요했으나 기업이 연구개발 투자를 충분히 못했으며 임금상승에 대비한 자동화시설을 갖추지 못해 1970년대 후반부터 국제경쟁력이 크게 약화되어 수출량이 급감했다.[60]

동복강선(銅複鋼線)은 구리의 전도성과 강철의 기계적 강도를 함께 지닌 복합소재로서, 적당한 특성을 가진 강선에 구리를 두껍게 연속적으로 전기

59) 『한국과학기술연구원 인터뷰 자료: 안병성』(2003.4.3) ; 『한국과학기술연구소 비사 제26권: 정만영』(1975.7.4).

60) KIST, 「연구사업실적(1967~1979)」(1980), KIST 문서보관실 소장 이사회 관련 자료.

도금한 후 열처리 등의 가공을 통해 피복된 강선을 만든 것이다. 1972년 KIST가 수행한 국내금속공업계에 대한 실태조사에서 연구의 필요성을 확인한 금속재료연구실장 강일구는 1973년 7월부터 일괄계약연구의 일환으로 기초연구를 실시하여 1년 만에 실험실적 연구에 성공을 거두었다. 이 결과를 바탕으로 시험생산 테스트를 실시했는데, 이 단계부터 일진금속이 스폰서로 합류하여 연구비를 분담했다. 1년 반의 시험생산을 통해 산업적 규모의 연속생산에 대한 공정을 확립했으며, 3개월의 연속생산 테스트 과정에 일진금속 측의 기술인력이 참여하여 생산기술에 대한 경험을 쌓았다. 이후 이 시험공장의 시설은 일진금속의 공장으로 이전되었고, 시험공장에서 훈련받은 인력이 중심이 되어 생산 용량을 확장하여 대단위 생산 규모를 구축했다. 동복강선 제품의 생산과 판매가 개시된 이후 일진금속은 '동복강선 연속제조장치 설계'를 공작실에 의뢰하여 개발된 기계장치를 공장에 설치했다. 이러한 과정을 통해 생산된 동복강선은 1977년부터 1979년까지 수입대체 25.2억 원, 수출 21.7억 원의 판매고를 기록했다.[61] 동복강선 연구의 성공에는 신중한 타당성 조사 후에 연구과제를 선택했고, 시험공장의 건설 및 시험운영 과정에서부터 기업 측의 인력이 참여하여 KIST 연구진과 함께 했다는 점이 중요한 요인이 되었다.[62] 실제로 포켓용 계산기 개발과정에도 기업의 인력이 참여했으며, KIST의 연구진 일부가 기업으로 옮겨 생산을 주도하는 경우도 있었다.

이처럼 연구결과의 상업화에 성공한 연구과제들은 개발과정에서부터 기업 측과 긴밀한 협력 관계를 구축했던 경우가 많았다. 기업이 활용할 연구개발에는 생산현장의 노하우가 반드시 필요하지만 계약연구기관은 그 부분에서 약점이 있을 수밖에 없었고,[63] 그러한 점에서 개발과정에서부터 기

---

61) KIST, 『한국과학기술연구소 연보 76』(1977), 29쪽 ; KIST, 「연구사업실적(1967~1979)」(1980).

62) Il Koo Kang, "Copper-Plated Steel Wire－Development and Commercial Production", KIST, 『공업화를 위한 자체 연구개발의 역할에 관한 ASCA 세미나 주제연구 및 개최보고서』(과학기술처, 1979), 165~169쪽.

63) 김견, 「1980년대 한국의 기술능력발전과정에 관한 연구－'기업내 혁신체제'의 발전을

업의 인력이 적극적으로 참여한다는 것은 이 같은 문제를 줄이고 위탁기업이 기술을 이전받았을 때도 훨씬 효율적으로 운영할 수 있다는 장점이 있었던 것이다.

개발도상국에서 자체개발한 기술은 주로 수입대체를 목적으로 개발된 경우가 많고 이 경우 대개 선진국에 이미 존재하고 있는 기술이기 때문에 원기술을 가지고 있는 다국적기업으로부터 견제를 받기 쉽다. 따라서 개발된 기술의 보호가 연구결과의 실용화에 매우 중요한 영향을 미치게 된다. 그렇지만 기업들의 연구개발 의욕을 북돋우기 위해 1972년 말 제정된 '기술개발촉진법'에는 국내에서 개발된 기술을 보호할 수 있는 규정이 전혀 들어있지 않았다. 자체개발기술의 기업화 경험자체가 많지 않았던 국내 상황에서 기술 보호까지 고려하지 못했던 결과였다. 최형섭이 1972년 말 국무회의에서 KIST 연구결과의 기업화 추진 현황에 대해 보고할 때 요청한 정책적 지원에도 개발기술의 보호에 대한 직접적인 요청이 없었다. 이 보고에서 최형섭은 기업화 촉진을 위한 대책으로, 원자재 수입특관세 및 제품에 대한 물품세 면제, 개발품을 정부 수요 기관에서 우선 구입토록 하여 국내 개발제품의 기업화 추진을 자극하여 해외시장 개척이 가능하도록 해달라는 요청 등을 제시했다.[64] 그러나 최형섭은 1974년 1월의 같은 주제의 보고에서는 연구개발결과의 활용에서 가장 중요한 문제점으로 국내 개발기술의 보호육성을 제기했다. 즉 국내에서 개발된 기술에 의해 생산 추진중에 있는 제품의 기업화에 타격을 주는 외국기술도입 또는 외국인 투자는 적극 억제하고, 수입해 오던 제품도 국내개발생산이 되면 일정 기간 수입금지조치가 필요하다는 것이었다.[65] 자체 개발 기술의 기업화 사례가 늘어날수록 기술보호의 필요성이 커졌고, 결국 정부는 1977년 '기술개발촉진법'의 개정을 통해 기술보호를 명문화하기에 이르렀다.

중심으로」(1994, 서울대학교 박사학위논문), 41쪽.

64) 최형섭, 「한국과학기술연구소에서 연구 개발된 기술 또는 신제품의 내용 및 기업화 추진 현황」(1972년 9월 국무회의 보고자료), 국가기록원 서울기록정보센터 소장 자료.

65) 최형섭, 「한국과학기술연구소에서 연구 개발된 기술 또는 신제품의 내용 및 기업화 추진 현황」(1974년 1월 국무회의 보고자료), 국가기록원 서울기록정보센터 소장 자료.

위에서 본 최형섭의 건의는 당시 논란이 되었던 '에탐부톨'의 기업화 과정에서의 경험에서 나온 것이었다. 에탐부톨은 1961년 '아메리칸 시아나마이드'(American Cyanamide)사가 개발하여 독점생산하고 있던 항결핵제로, 부작용이 적고 특히 내성이 생긴 결핵균에 강한 작용을 지녀 점차 수요가 늘어나고 있던 의약품이었다. 시아나마이드는 에탐부톨 제조공정에 대해 우리나라에 특허등록만 하고 생산은 하지 않고 있어 국내에서는 고가로 수입을 해야 했지만 뛰어난 약효 덕분에 수입량이 매년 급증하고 있었다. 그런데 시아나마이드가 에탐부톨과 함께 생산한 중간원료인 '아미노부타놀'(Aminobuthanol)은 미국의 화학회사 CSC(Commercial Solvent Co.)사에서 만드는 '1-니트로프로판'(1-Nitropropane)을 출발원료로 했는데, 시아나마이드는 CSC와 원료사용에 관한 독점계약을 맺고 있어서 당시 의약품 복제 연구가 활발하던 이탈리아도 중간원료를 시아나마이드에 의존해야 했기 때문에 미국산보다 약값이 비싼 상태였다.[66]

1970년 5월 한독약품이 KIST 유기합성연구실에 에탐부톨의 합성을 의뢰하여 시작된 이 연구는 1976년 최종 생산에 이르기까지 많은 장애를 넘어야 했다. 당초 연구팀은 CSC에서 원료를 사서 아미노부타놀을 합성할 계획을 세우고 시약용으로 CSC에서 원료를 구매하여 연구를 시작해서 미국이 등록한 특허와는 상관없이 독자적인 방법으로 에탐부톨을 합성하는 데 성공을 거두었다. 그러나 공업화연구에 착수하면서 KIST에서 에탐부톨의 합성연구가 이루어진다는 소식이 알려지자 시약용으로 소량을 판매했던 CSC는 시아나마이드와의 독점계약을 들어 공업용으로 판매를 거부하게 되었다. 이에 따라 연구팀은 공업화계획을 미루고 다시 연구를 재개하여 CSC에 의존하지 않는 공정을 개발하는 일을 시작했다. 그 결과 기초 원료 중 하나를 제외하고 모두 국내생산이 가능한 원료를 이용한 새로운 공정을 찾아냈으며, 이를 바탕으로 총 26개의 복잡한 공정을 거쳐 기초 원료부터 에탐부톨 제품까지 일관생산을 할 수 있는 시험공장이 1974년 5월 KIST 내에 건설되

66) KIST, 「항결핵제 에탐부톨 합성에 개가－처음으로 정부 연구소 기업이 삼위일체가 되어 시범공장 건설」(1974.5.15), KIST 역사관 소장 자료.

었다.[67] 공정개발은 유기합성연구실에서 맡았고, 공장설계 및 장치설치는 공업화시험실의 연구팀이 담당했다. 이 시험공장의 건설에는 정부 예산 1500만 원을 비롯하여 KIST와 한독약품의 자금 1억 원이 공동으로 투자되었는데, 이렇게 정부, 연구소, 기업 삼자의 자금이 개발 기술의 기업화에 공동으로 투자된 사례는 처음이었다.[68]

그러나 시험공장 건설이 추진되던 1973년 말 시아나마이드는 국내의 한 제약사와 제휴하여 에탐부톨공장의 합작건설을 추진하기 시작했다. 이 계획은 에탐부톨 생산의 가장 나중 단계인 'd-2-아미노부타놀'(d-2-Aminobuthanol)에서부터 시작하는 공정으로 실질적으로 최종산물인 에탐부톨과 가격차이가 별로 없어 국내 생산의 의의가 적었다. 시아나마이드는 에탐부톨의 국내 생산이 추진되자 이를 견제하기 위해 그 같은 합작을 추진하게 된 것이다. 기술도입 문제가 제기되자 KIST와 한독약품 측은 이를 저지하기 위해 관계부처를 찾아다니며 국내개발기술의 전망이 좋고, 이 사업에 정부의 예산도 들어갔다는 점을 강조하면서 기술도입의 부당성을 알려나갔다. 이들은 정부 각 부처에 진정서를 냈으며, 최형섭은 1974년 1월 국무회의에서 보고된 "한국과학기술연구소에서 개발된 기술 또는 신제품의 내용 및 기업화 추진 현황"을 통해 에탐부톨의 기업화와 관련된 대책으로, 외국회사와의 기술제휴 또는 합작투자의 금지와 국내 생산량에 따라 수입제한 내지 점차 수입금지를 내려줄 것을 요청했던 것이다. 이러한 논란 속에서 1974년 초 열린 외자도입심의위원회에 시아나마이드로부터의 기술도입 건은 심사 대상에서 빠졌고, 합작투자 문제도 과학기술처로 넘어가 기각되었다.[69]

---

67) 종래의 방법은 1-Nitropropane에서부터 출발했는데 새로운 방법은 1,2-Buthylen Oxide에서부터 시작하여 중간원료인 dl-2-Aminobuthanol을 합성했으며, 이 물질을 광학분할하여 d-2-Aminobuthanol을 얻는 과정도 Dibenzoyltartaric Acid를 이용하는 독자적인 방법이었다. 과학기술처, 『신기술기업화 사례집－정부·기업 공동연구－』, 28~29쪽.

68) 「항결핵제 에탐부톨 국내합성 성공: KIST연구팀 구내에 시범공장 세워」, 『조선일보』, 1973.6.1 ; 「항결핵제 에탐부톨합성에 개가 올린 채영복박사티임」, 『과기연 소식』 8-2 (1974), 12~13쪽.

69) 『한국과학기술연구소 비사 제17권: 채영복』(1975.6.24).

기술도입을 둘러싼 우여곡절을 거치면서 에탐부톨 생산 공장이 완공되어 1976년 5월부터 운영에 들어갔으나 기술도입의 유예기간은 1년 반에 불과하여 1977년 10월 에탐부톨은 보호의약품 대상에서 제외되었는데,[70] 이때는 이미 국내에서 시아나마이드의 특허가 만료되어 다른 제약사들이 이 기술로 에탐부톨을 생산할 수 있게 되었다. 물론 한독약품의 경우 독자적인 공정으로 특허를 취득했기 때문에 다른 제약회사와는 달리 해외 진출이 가능하다는 차이는 있었다. 또한 기술도입을 둘러싸고 논란이 벌어지고 있는 동안 시아나마이드는 국내에 제공하는 에탐부톨 값을 떨어뜨렸고, 국제가격도 1973년 kg당 125달러에서 1977년은 45달러로 하락했다.[71] 에탐부톨 가격 하락에 따라 국내의 수요가 늘어나게 되었지만 막대한 자본을 들인 제조 회사의 수익은 기대만큼 높지 못했다. 여기에는 법적인 장애도 자리 잡고 있었다. 새로운 공정으로 에탐부톨을 합성하는 과정에는 에탄올을 용매로 하여 'd·l체 광학이성질체'를 분리하는 단계가 포함되었는데, 당시 주세법상 에탄올은 주정으로만 사용되고 공업용으로 사용될 수 없었다. 양조협회의 승인을 받을 경우 공업용으로 사용이 가능했지만, 이때도 국세청 입회하에 에탄올을 취급해야 하며 고율의 주세를 물어야 했기 때문에 새로운 공정으로 만들어진 에탐부톨은 가격경쟁력이 약화될 수밖에 없었다.[72] 결국 한독약품의 에탐부톨 공장은 큰 이익을 내지 못하고 1980년 10월까지만 가동되고 문을 닫았으며, 한독약품은 에탐부톨 생산 기술을 해외에 판매하여 기술이전을 하는 것으로 만족해야 했다.

---

70) 한독약품 부사장 문성원은 『과기연 소식』에 기고한 글을 통해 국내연구개발촉진을 위해 정부당국이 개발업체의 연구성과가 기업화되도록 제도적으로 적극적으로 뒷받침할 필요가 있으며, 국내 개발기술에 대해 종래의 수입가와 대비하여 큰 차이가 없는 한 일정기간 수입금지 등의 혜택을 주어야만 국내 시장이 협소한 의약품의 원료 국산화가 촉진될 것이라고 주장했다. 이는 에탐부톨의 경우 그 같은 정책적 지원이 따르지 않았음을 보여준다. 문성원, 「의약품 연구개발에 능동적 산연협동 절실」, 『과기연 소식』 11-3(1977), 18~19쪽.

71) 「에탐부톨 보호의약품 대상서 제외」, 『매일경제신문』, 1977.10.29.

72) 연구개발정책실 편, 『연구개발성공사례분석(1)』(과학기술정책관리연구소, 1997), 150~151쪽.

에탐부톨의 연구개발 및 생산과정은 연구개발에 관한 경험이 부족했던 당시의 여러 측면을 잘 보여준다. 우선 주세법상의 제약에서 볼 수 있는 것처럼 국내개발 기술의 활용을 뒷받침할 수 있는 제도적·정책적인 지원이 미흡했다. 기술적으로는 성공을 거두었더라도 기업화단계에서 성공을 거두기 위해서는 제도적 환경이 뒷받침되어야 하나 에탐부톨의 경우는 그러지 못했다. 또한 해외에서 개발된 기술을 모방적 방법으로 국내에서 개발할 경우 원래의 기술을 갖고 있는 외국 회사는 그동안 꺼려왔던 기술도입이나 합작투자를 시도하거나 제품의 가격을 대폭 낮추는 덤핑을 통해 개발 기술의 고사를 꾀하게 되는데, 이는 에탐부톨의 개발 과정에서도 그대로 나타났다. 그렇지만 비록 국내 개발기술이 시장에서 큰 성공을 거두지 못했더라도 이러한 과정을 통해 기술도입 가격이나 도입가를 낮추는 효과가 있었다.[73]

에탐부톨의 경우 개발된 기술을 보호하기 위한 정부의 조처 역시 불충분했는데, 1년 반의 유예기간은 제조회사가 개발기술을 활용해서 안정적으로 운영할 수 있기에는 충분하지 않은 시간이었다. 이 같은 상황은 1977년 말 기술개발촉진법이 개정되어 국내 개발기술에 대한 보호조처가 명시화되면서 개선되었다. 개정된 기술개발촉진법에는 '8조 2항 국산신기술제품의 제조자에 대한 보호' 항목이 포함되어 신고된 국산신기술제품의 제조자에 대해 연구개발에서 기업화단계까지 투자된 자본의 회수와 적정이윤이 보장되도록 일정기간 유사제품의 수입규제 및 동일품목의 중복제조 규제 등 필요한 보호조치를 할 수 있게 되었다.[74]

---

73) 국내 개발 기술에 의해 기술도입 협상과정에서 유리한 위치를 점하거나 도입가를 낮출 수 있었다는 사실에 대한 실증적 논의는, 이달환, 「정부출연연구소의 역할적응과 연구개발성과분석－KIST의 연구 성과분석을 통한 실증적 연구」(KAIST 박사학위논문, 1990) ; Kim, Linsu, "The Multifaceted Evolution of Korean Technological Capabilities and its Implications for Contemporary Policy", *Oxford Development Studies* 32-3(2004), pp.341~363 참고.

74) 개정된 기술개발촉진법의 또하나 특징은 '10조 3항 산업기술연구조합의 설립'으로 동종의 사업자들이 연구개발 등을 위해 조합을 설립할 수 있도록 제도화한 것이다. 「법률 제3095호 기술개발촉진법」(일부개정 1977.12.31).

이에 따라 1977년 말 선경화학의 의뢰로 KIST가 개발한 '폴리에스테르 필름'은 4년간의 기술보호기간을 보장받음으로써 성공적인 시장 안착이 가능했다. 폴리에스테르 필름(PET 필름, Polyethylene Terephthalate Film)은 녹음, 녹화, 컴퓨터 테이프, 전선피복재, 포장용 필름 등으로 널리 사용되는 기본 소재로서 국내수요가 급증하고 있었으나 1970년대 중반까지 전량 수입에 의존하는 상황이었다. 섬유용 폴리에스테르 소재기술은 여러 개발도상국으로 이전되어 생산이 이루어지고 있었지만 PET 필름의 제조기술은 미국, 일본 등 5개 선진국만이 보유하고 있었으며, 이들은 국내 업체들의 막대한 로열티 제의에도 기술판매를 기피했다. 1976년 고분자연구실장 최남석은 선경화학으로부터 PET 필름 개발을 위탁받았는데, 당시 PET 필름 기술은 개발된 지 20여 년이 지나 주요 특허가 만료된 상태였지만 필름 제조와 관련된 노하우는 각 기업들이 엄격하게 보호하고 있었다. KIST 연구팀은 관련된 전문저널의 논문이나 특허들을 검토하여 핵심적 정보를 찾는 일부터 시작했다. 이를 통해 PET 필름 생산 기술이 PET 칩 생산과 이후 가공의 두 단계로 이루어졌음을 이해하고, 전자인 칩(film-grade PET chip) 제조에 집중해서 1977년 칩 개발에 성공했으며, 이후 시험생산된 샘플을 일본에서 테스트하여 그 품질을 인정받았다. 연구팀은 뒤를 이어 공업용중합촉매를 개발하고 최적가공시험도 성공을 거두었으며, 이를 바탕으로 의뢰사는 연산 900만 톤 규모의 공장건설에 착수했다.[75)]

그러나 1977년 말 국내 최대의 폴리에스테르 섬유 생산업체가 이미 일본의 업체와 기술이전 계약을 통해 PET 필름 생산권을 확보했다는 사실이 알려졌다. 이 계약은 턴키 형식의 기술도입으로 공장 설비까지 모두 일본 기업이 공급하는 조건이었다. 이 같은 기술이전 신청서가 정부 기관에 제출되자 선경 측은 정부에 기술도입 승인의 부당함을 주장했으며, 곧이어 언론을 통해 이 문제가 알려지면서 찬반 논쟁이 일었다.[76)] 경제관련 부처의 관

---

75) PET 필름 개발 과정과 이후의 경제적 가치에 대해서는, 설성수 외, 『소관연구기관 성과분석 및 경제사회적 기여전략 연구』(기초기술연구회, 2004), 157~197쪽 참고.

76) 「폴리에스테르 필름 국내개발하자 뒤늦게 기술도입 추진」, 『동아일보』, 1978.1.14 ;

료들이나 보수적인 기업가들은 기술도입에 우호적이었고 과학계는 대체로 국내개발기술에 대해 호의적이었다.[77] 최종 결정이 나기까지 10개월간 논쟁이 이어졌고, 결국 3개 관련부처의 대표자가 모인 '기술개발심사위원회'에서 보호할 가치가 있는 국산신기술로 인정하여 향후 4년간 타업체의 외국기술도입을 금지한다는 결론을 내렸다. 이는 1977년 말 개정된 '기술개발촉진법'에 따른 국내개발기술 보호의 첫 번째 사례였다. 기술보호 조치에 고무된 선경은 1978년 12월 '기술개발연구기금'으로 5년간 선경의 주식으로 10억 원을 출연하기로 약정했는데, 민간기업이 KIST에 연구기금을 출연한 것은 선경이 처음이었다.[78]

그러나 선경은 1979년 4,500만 톤 규모로 공장을 증설하는 등 적극적으로 사업을 추진해나갔지만 시장에 정상적으로 진입하기까지 많은 어려움을 겪어야했다. 초기에는 생산된 PET 필름의 품질이 낮아 공장 주변에는 불량 필름이 쌓여 산을 이룰 정도였고, 정밀도가 높은 고가품에 사용되는 PET 필름은 대부분 일본이나 미국에서 수입을 해야 했으며,[79] 그로 인해 막대한 부채를 안게 된 선경화학은 부도위기에까지 몰리게 되었던 것이다. 다행히 1980년 PET 필름을 기초로 국내 최초의 비디오테이프를 생산하기 시작하면서 안정을 찾아갔으며, 5년여 동안 지속적인 품질 향상과 양산 효율 증가에 노력하여 PET 필름의 품질 안정화에 성공했다. 이처럼 연구소에서 개발한 기술을 실제 생산현장에서 활용하는 데는 많은 비용과 추가적인 개발노력이 투여되어야 했다. 선경과 같은 대기업은 그 같은 부담을 감당할 수 있었으나 중소기업의 경우 쉬운 일이 아니었다. 기업들이 자체적인 연구개발보다 완성된 기술의 도입을 선호하는 것은 이 같은 어려움이 있었기 때문이다.

에탐부톨이나 PET 필름개발 사례에서 볼 수 있는 것처럼 개발도상국에

「〈경제칵테일〉 일석삼조 노린 일본기술 한국진출」, 『조선일보』, 1978.1.18.

77) Nam S. Choi, "Technological Innovation in Developing Countries: A Case Study / Development of Polyester Film", KIST 편, 『공업화를 위한 자체 연구개발의 역할에 관한 ASCA 세미나 주제연구 및 개최보고서』, 173~182쪽.

78) 『KIST 제64회 이사회 회의록』(1979.3.23).

79) 「국산 폴리에스터필름 저질로 사용기피당해」, 『매일경제』, 1980.3.31.

서 개발한 기술은 대개가 선진국에서 이미 존재하고 있는 기술로서 선진기술로부터 견제를 받기 쉬운 특징을 갖고 있기 때문에 개발기술을 국내시장에서 보호하는 것이 실용화에 매우 중요했다. 선진국의 견제는 기술도입을 원하는 타 기업에 선진기술을 제공하거나 특허권 침해에 대한 항의의 형식으로 나타난다. 국내 개발기술을 활용하려는 기업이 있다하더라도 타 기업이 유사한 기술을 도입할 경우 도입기술이 국내 개발기술에 비해 기술경쟁력이 높을 가능성이 크기 때문에 개발기술의 실용화는 큰 타격을 받게 된다. 또한 원천기술을 갖고 있는 해외 업체가 국내 개발기술에 대해 특허권 침해를 내세워 제소를 할 경우 법적 처리과정에 따른 시간이나 경제적 부담이 커지며, 만일 특허권 침해가 인정될 경우 외국기업에 특허료를 지불해야 되기 때문에 국내 개발의 이점이 크게 떨어지게 된다.[80] 따라서 연구팀은 특허권 문제를 피할 수 있는 기술적 특성을 반드시 갖추어야 하며, 정부는 개발기술의 적극적인 보호 정책을 펼 필요가 있는 것이다. 그러나 이 같은 사실이 KIST 설립 초기부터 자명한 사실로 받아들여졌던 것은 아니었다. 독자적인 연구개발의 경험이 많지 않았던 국내 상황에서는 연구결과의 기업화 과정에서 빚어지는 크고 작은 문제점을 인식할 기회가 드물었던 것이다. 그렇지만 KIST 연구결과의 기업화를 꾀하면서 선진국 업체의 직간접적인 견제를 받았으며, 이 같은 경험을 통해 연구개발 결과의 활용을 높이기 위해 필요한 제도 · 정책의 구비가 이루어졌다. 이처럼 KIST 연구개발 활동은 그것의 물질적 결과물도 의미가 있지만 연구개발에 대한 인식을 확산시키고 연구개발을 뒷받침하는 제도와 정책을 마련하게 하는 계기가 되었다는 점에서 가치를 지닌다고 볼 수 있다.

---

80) 변병문 외, 『연구과제의 기술적 특성과 연구결과 실용화와의 상관관계에 관한 연구』(한국과학기술연구원, 1991), 45~48쪽.

제7장 1970년대 후반의 연구활동

1. KIST의 성격 전환

1) 성격 전환의 과정

1978년 KIST는 산업계를 중심으로 외부에서 의뢰받은 과제를 수행하는 계약연구기관에서 국가적으로 필요한 장기대형국책 과제를 중심으로 하는 국책연구소로의 성격전환을 공식화했다. 이는 정부 재정에 의존하지 않고 연구위탁을 받아 연구소를 운영하겠다는 설립 초기의 원칙 대신 정부로부터 지급받는 출연금 연구비를 연구소 운영에 필요한 주된 재원으로 삼겠다는 것으로, 설립 이후 줄곧 표방해왔던 연구소의 임무와 성격에 상당한 변화를 가져온 결정이었다. 1978년 이 같은 전환을 공표하기 이전부터 KIST는 장기적이고 대형의 개발과제를 담당해야 한다는 주장이 제기되어왔다. 1973년 대덕연구학원도시 건설이 추진되면서 중화학공업을 뒷받침하기 위한 5개의 전문분야별 정부출연연구소를 설립하겠다는 계획이 발표되자 KIST 내에서 그동안 담당했던 산업체 현장 위주의 단기적 과제는 전문연구소로 넘겨주고 KIST는 국가적으로 요구되는 대형 과제 중심으로 연구를 수행해야 된다거나 KIST의 정체성을 다시 확립할 필요가 있다는 의견들이 나왔다. 그러나 이때부터 산업계 계약고가 급격히 늘어나면서 계약연구체제가 원활하게 작동되고 있었기 때문에 KIST 운영진이 섣불리 변화를 추구할 수 있는 상황은 아니었다.

그렇지만 전문연구소의 설립이 본격화되고 KIST의 인력과 조직의 확산·분리가 늘어가는 상황에서 새로운 변화의 필요성은 점차 커져갔다. 이에 따라 1976년 연구소 설립 10주년을 맞아 소장 한상준은 「KIST 지나온 10년과 앞으로의 방향」을 발표하여 앞으로는 국가이익이 되는 대형의 장기과제를 주로 하겠다는 뜻을 밝혔다.[1] 그는 장차 KIST가 지향해야 될 임무로 '정부로부터 용역에 의한 대규모 연구과제 수행', '국가정책에 따른 전략연구과제의 수행', '전문연구기관 지원연구수행' 등으로 제시했다. 이에 따르면 그때까지 10년간은 산업계가 요구하는 다양한 과제를 단기간에 계약연구를 통해 수행하는 것이 주된 방식이었으나 이후로는 국가적인 이익을 가져올 수 있는 대형의 장기과제에 주력할 것이며, 이를 위해 국가가 KIST에 더욱 많은 연구과제를 부여해 당시 7:3인 산업계와 정부 연구계약고의 비율을 조속한 시일 내에 최소한 5:5로 만들겠다는 계획이었다.[2]

한상준이 정부 연구계약고의 비중을 절반 수준으로 올리겠다고 표현한 것처럼 이 계획은 정부가 KIST에 제공하는 연구비의 대폭적인 증액을 뜻하기 때문에 KIST가 단독으로 결정할 수 있는 성격은 아니었으며, 이사회 내에서도 논란이 되었다. 한상준의 주장에 대해 과학기술처 차관 이창석은 유보적인 태도를 보였다. 그는 "[정부의 연구비 지원이 미흡하다는] 지적에 동의하나 정부 재원에 한계가 있고, KIST는 다 되었고 그 외 새 연구소로 투자가 집중"되고 있기 때문에 정부가 KIST에 제공하는 출연금이 당장에 늘어나는 것은 쉽지 않을 것이라는 의견을 밝혔다.[3] 바텔기념연구소의 소장으로 KIST 당연직 이사로 참여했던 포셋(Sherwood L. Fawcett)은 KIST가 장기 대형과제 중심으로 가면서 정부에 대한 의존도가 커지는 것에 대해, "[KIST 설립] 10년을 맞이해 강조하고 싶은 것은 KIST가 정부기관의 일보다

---

1) 한상준, 「KIST 지나온 10년과 앞으로의 방향」(1976), KIST 문서보관실 소장 이사회 관련 자료.

2) 『KIST 제55회 이사회 회의록』(1976.3.19).

3) 『KIST 제55회 이사회 회의록』(1976.3.19).

는 하나의 독립기관으로 나가는 것이 더 효과적이 아닐까 합니다"라며 부정적인 입장을 밝혔다. 이에 대해 KIST 이사회 이사장 임석춘은 KIST의 성격이 바텔과 달리 국가기관 같은 특수성을 지니고 있어 그동안도 국가기관으로서의 역할을 많이 했다고 설명하면서 대 정부 중심으로의 전환이 불가피함을 주장했다.[4] KIST는 설립 초부터 산업계를 지원하는 역할과 국가적 차원에서 요구되는 활동을 동시에 수행하는 '이중적 성격'을 지니고 있었으나 후자의 성격을 더욱 부각시켜야 한다는 뜻이었다. 이즈음 외부에서도 KIST가 국가의 재정적 뒷받침을 받아 좀 더 기초적이고 대형의 과제를 수행하는 것이 필요하다는 의견이 나오기 시작했다.[5]

그러나 1976년부터 본격적으로 논의되기 시작한 장기대형과제로의 전환은 다음해에 접어들어서도 뚜렷한 결실을 맺지 못하고 있었다. KIST의 성격전환을 위해서는 예산당국의 동의가 필요했지만 이에 대해 긍정적인 답변을 얻지 못한 한상준은 급격한 전환보다는 점진적으로 대형과제의 몫을 늘려가면서 정부가 지원하는 연구비를 확대시키는 방식을 선택했다.[6] 그는 이 같은 구상을 구체화하기 위해서는 장기적인 연구개발 및 운영계획이 필요하다는 판단하에 1977년 3월 제1행정담당 부소장을 개발담당부소장으로 개칭하고 산하부서인 경제분석실, 기술정보실, 기술도입상담센터, 연구개발실 등의 지원을 받아 연구소의 장기계획 수립을 담당하게 했으며, 기획관리실을 신설하여 연구소 운영계획을 수립하게 했다.[7] 하지만 이러한 점진적인 접근법을 취하기에는 전문 연구소의 설립이나 산업계의 자체적인 연구개발에 대한 관심 고조 등 외부의 환경변화가 너무 컸고, 그에 따

---

4) 『KIST 제57회 이사회 회의록』(1976.9.17).

5) 김수권, 「과기연과 산업계의 내일을 위한 제언」, 『과기연 소식』 9-3(1975), 14~15쪽 ; 「한국과학기술 어디까지: KIST 10돌」, 『조선일보』, 1976.2.7 ; 「한국의 기술, 그 현주소와 미래상: KIST 上」, 『내외경제』, 1976.10.21.

6) 한상준은 전형적인 학자타입으로 자신의 성격에 맞게 다소 소극적으로 보일 정도로 안정적이고 무리가 없는 연구소 운영을 중요시했는데, 이는 필자가 인터뷰를 했던 KIST 연구자들이 공통적으로 제시하는 평가였다. 한상준의 경력에 대해서는 자전적인 글인, 한상준, 「학문의 길, 애국의 길」, 『철학과 현실』 15권(1992), 300-313쪽을 참고.

7) 『KIST 제58회 이사회 회의록』(1977.3.18).

라 연구원의 이직이 높아지는 속에서 KIST 구성원들은 연구소의 정체성과 장래에 대해 큰 고민을 안게 되었다. 1977년 초 바텔연구소가 KIST의 의뢰를 받아 실시한 평가에서도 "KIST는 높은 명성과 함께 정부와 산업계를 위한 기술개발의 업적을 지닌 거대한 연구소이지만 장래의 진로가 불확실하고 또한 현재도 명백한 방향이 없"으며 "연구원들도 분명한 비전을 갖지 못하고 있다"는 것이 가장 큰 문제라고 밝혔다.[8] 따라서 점진적인 변화보다 새로운 임무를 명시적으로 규정하여 연구원들의 동요를 막을 조치가 있어야 했다.

1977년 11월 한상준은 한국전자기술연구소의 2대 소장으로 임명되어 다음해 2월 KIST 소장 임기가 끝날 때까지 두 곳의 소장을 겸직하게 되었다. 이는 KIST 소장으로 다른 인물을 내세우겠다는 정부 측의 뜻이 반영된 인사조처였다. 곧이어 과학기술처 장관 최형섭이 KIST에 앞으로 나아갈 청사진을 만들어서 제출하라는 지시를 내렸다. KIST가 정부로부터 지원을 많이 받을 수밖에 없는 상황에서 경제각료들에게 그 같은 지원의 당위성을 설득시킬 기회를 마련할 것이니 장기적인 계획을 준비하라는 것이었다.[9] 이에 따라 당시 후임 소장이 내정되었으나 공식적으로 임명되기 전이었고, 다른 2명의 연구담당 부소장은 이직을 앞두고 있었기 때문에 제1연구담당 부소장 권태완의 총괄책임 아래 내빈관에 각 부문의 핵심 연구원들이 소집되어 한 달 넘게 집중적인 논의를 거쳐 KIST가 장차 수행해야 될 역할과 연구과제를 만들었다.[10] 이 과정에서 일부 연구원들은 정부에 대한 재정 의존도가 높아진다면 연구소의 자율적인 운영에 지장을 받을 것이라는 반대의견을 제출하기도 했다.

그러한 노력이 진행되던 1978년 3월 한국종합특수강(주) 부사장으로 재직 중이던 천병두가 KIST 4대 소장으로 임명되었고, 그는 KIST가 국가적인

---

8) J. M. Batch, J. J. Blanda, 「한국과학기술연구소에 대한 평가보고서」(BMI, 1977), 11쪽, KIST 역사관 소장 자료.

9) 『한국과학기술연구원 인터뷰 자료: 권태완』(2002.12.17).

10) KIST 장기계획작업반, 「장기 대형 연구과제의 선정과 그 방향 및 범위」(1978), KIST 역사관 소장 자료.

필요성이 있는 대형프로젝트 중심으로 전환할 것을 분명히 했다. 천병두는 과거에는 산업계에 국한한 일을 지원하다보니 연구실장들이 중심이 되었으나 대형과제를 하기 때문에 소장단이 주도적으로 나서야 한다고 강조했다. 감사 한준석도 이에 동의하면서 KIST가 정부 출연금에 의한 연구를 중심으로 할 필요가 있음을 주장했다.

> KIST도 민간연구기관 같으면 재정자립 문제는 염려 없습니다. 그런데 경우에 따라 백과사전같이 정부에서 여러 가지 요구를 하는 경우도 있고, 민간기업은 시장개척을 위해 많은 경비가 들지만 KIST는 시장개척을 하는 것보다는 정부의 자문이라든지 국가적인 일을 하고 있습니다. 전부 감안해서 KIST는 [정부의] 중앙연구소라는 경우를 벗어날 수 없는 것이 처음부터 규정되어 있기 때문에 법인이지만 지금까지 민간기업체와 계약을 통해 연구하는 것보다 중점을 국가가 먼저 해야 할 일, 사회가 중공업화하기위해 필요한 것을 중점적으로 해야 옳지 않나 생각합니다. 그러다보니 정부 출연금이 많아져야 되겠다는 것이지 반드시 출연금 아니면 안 된다는 것이 아닙니다. 살아갈 수 있는 길은 있는데 그것이 설립목적하고 다르고 정부에서 바라는 방향과 다르기에 그것을 맞추기 위해 출연금을 더 달라는 것입니다.[11]

KIST는 비정부 기관으로서 민간기업을 대상으로 연구활동을 추진해왔지만 처음부터 정부와의 긴밀한 관계가 불가피했고, 이러한 상황을 국가적인 대형과제 수행으로 재조정하겠다는 주장이었다. 이는 계약연구기관으로서 산업기술을 개발하지만 동시에 '국가 연구소'로서 정부에서 필요로 하는 과학기술분야의 싱크탱크 기능을 수행해야 했던 KIST의 이중적 역할을 장기대형국책과제 수행으로 수렴시킨다는 의미였으며, 단순히 KIST의 재정 상태를 여유 있게 하기 위해 정부의 출연금 증액을 요구하는 것이 아니라는 설

11) 『KIST 제61회 이사회 회의록』(1978.3.17). 한준석은 KIST 설립 당시 청와대 경제비서관으로서 경제기획원이 주무부처로서 추진한 KIST 설립에 관여했으며, 1975년 KIST 행정담당 부소장에 임명되었다가 1977년 상임감사로 옮겼다.

명이었다.

천병두는 취임 후 장기대형연구사업으로의 전환을 뒷받침하기 위한 후속 조치를 취했다. 우선 장기연구개발계획과 연구활동의 심사분석, 평가, 연구개발성과의 기업화 업무 및 연구소 업무의 운영관리조정에 관해 소장의 자문에 응하기 위해 기획관리위원회를 설치했다. 기획관리위원회의 위원장은 소장이 맡고 부위원장은 부소장급으로 결정되었다. 기획관리위원회 부위원장은 K-TAC 사장인 윤여경이 임명되었는데, 그는 권태완을 중심으로 장기연구계획이 마련되는 동안 그 같은 연구과제를 효과적으로 수행하기 위한 KIST 조직 및 운영 체제 개편 작업을 추진했다. 그 결과 대형과제에 걸맞도록 그간의 연구실단위 체제에서 연구부 중심으로 조직 개편이 이루어졌으며, 장기적인 연구과제를 수행하기 위한 인력의 안정적 확보를 위해 연구원의 재임용 계약기간이 1년에서 3년 이내로 변경되었다. 또한 장기대형연구사업을 추진할 수 있는 인적 · 물적 능력을 보강하기 위해 1000만 달러 규모의 차관사업도 추진되었다.[12]

KIST의 청사진인 장기연구계획이 완성되자 권태완은 경제 · 과학심의회의에서 각국의 사례를 예로 들면서 연구개발에 대한 정부 지원의 당위성에 대해 브리핑했다. 이때 작성된 장기연구계획은 『기술자립에의 도전』이라는 제목의 보고서로 간행되었는데,[13] 이에 의하면 장기대형연구과제란 "미래의 공공 및 민간부문의 공동이익을 위하여 대규모예산이 소요되며 관련되는 전문분야와 기술의 종합도, 기술 및 산업관련상의 파급효과가 크고 원대한 목적지향성을 가지고 있어 흔히 국가적 차원의 정책과제를 대상으로 장기적 계획 및 수행이 요구되며 종합적 연구관리제도를 필요로 하는 시급한 연구개발과제"를 가리켰다.[14] 이러한 장기대형연구개발사업은 산업계가 지원

---

12) 『KIST 제62회 이사회 회의록』(1978.7.21). 차관은 ADB로 기관이 변경되고 사업규모도 1500만 달러로 증액되어 1980년부터 실시되었다. 차관사업의 경과와 집행 내용에 대해서는, 한국과학기술원, 『연구기자재 보강사업(KAIST Project)을 위한 아세아개발은행(ADB) 차관사업 집행보고서』(1987) 참고, KIST 역사관 소장 자료.

13) 이 보고서의 요점은 「KIST 장기 연구계획 및 과제: 기술자립에의 도전」, 『과학과 기술』 1978년 9월호, 12~16쪽에 소개되었다.

하기에는 규모도 크고 공공성이 높기 때문에 정부의 지속적인 지원이 필요하며, 이를 통해 KIST의 연구투자비율을 선진국형(정부 대 민간=7:3)으로 만들겠다는 것이 KIST의 희망이었다. 〈표 13〉을 통해 알 수 있듯이 KIST가 모델로 삼았던 바텔기념연구소나 또 다른 계약연구기관인 미국의 SRI (Stanford Research Institute)의 경우 대정부 계약고가 70~80%에 달했다.[15)]

〈표 13〉 해외 연구기관의 정부투자 비교(1976)

	인원	계약고 (억 달러)	연구비 출처 정부: 산업	인원 1인당 연구비(만 달러)
KIST(77년)	943	0.1	43:57	1.1
네델란드 TNO	4,850	1.8	80:20	3.7
호주 CSIRO	7,000		78:22	
미국 BMI	6,310	2.2	80:20	3.6
미국 SRI	3,000	1.1	75:25	3.5

결국 KIST의 장기대형연구과제로의 전환이란 정부가 제공하는 출연금 연구비의 대폭적인 증액을 의미했으며, 이는 계약연구를 통한 재정자립이라는 설립 당시의 목표를 공식적으로 포기했음을 뜻했다. 물론 장기대형국책과제 위주로 전환한다고 해서 계약연구가 완전히 사라지는 것은 아니었지만 산업계나 정부 부처로부터 위탁받아 추진되는 실질적인 계약연구의 비중은 크게 줄어들 수밖에 없었다. 이에 따라 1960년대 중후반의 한국 사회에서 생소했던 계약연구체제를 주된 운영원리로 채택했던 KIST의 실험은 10여 년 만에 사실상 마침표를 찍었던 것이다.

14) KIST, 『기술자립에의 도전: KIST장기연구계획－Ⅰ(1979~83)』(1978), 13쪽, KIST 역사관 소장 자료.

15) KIST, 「해외 연구기관의 정부 투자 비교(1976)」, 『KIST 제63회 이사회 회의록』(1978.10.20) 첨부자료.

2) 국책과제연구기관으로의 전환 배경

KIST가 의욕적으로 추진했던 계약연구체제를 뒤로 하고 대형장기과제 중심으로 전환을 꾀하게 된 이유는 무엇일까? 일차적으로 전문연구소의 등장이라는 외부적 요건을 들 수 있다. 처음 성격전환이라는 문제가 제기된 계기가 KIST 부설 선박연구소와 해양개발연구소의 설립이었고, 연구소 안팎에서 그동안 KIST가 담당했던, 산업계에 요구에 맞춘 단기적인 연구과제는 전문연구소에 넘겨주고 KIST는 보다 장기적인 관점의 연구개발을 맡아야 한다는 의견들이 많았다는 사실이 이를 보여준다.[16] KIST가 설립되었던 당시에는 공업기술 개발을 수행할 수 있는 연구기관 자체가 드물었기 때문에 KIST가 산업계와 긴밀한 관계를 수립하는 것이 자연스러웠지만 전자, 기계, 화학 등 분야별로 정부출연연구소들이 설립되면서 KIST의 역할을 새롭게 정립할 필요가 제기되었던 것이다. KIST 연구원들이 장래에 대한 분명한 비젼을 갖지 못하고 있다는 바텔평가단의 지적이나 KIST와 전문연구소 간의 역할 중복으로 인해 불필요한 연구과제 수탁 및 인력유치 경쟁의 발생을 우려하는 언론의 지적은 그 같은 필요성을 재확인시켜주었다.[17]

그러나 전문연구소와 역할 중복을 피하고 KIST만의 임무를 찾는 목적이라면 반드시 장기대형국책과제 중심으로 전환을 꾀할 필요는 없었다. 예를 들어 신설된 출연연구소들이 대부분 충청권 이남에 세워졌기 때문에 KIST를 경인지역 산업계의 기술개발 · 지원을 책임지는 기관으로 규정할 수도 있었다. 실제로 KIST가 한국과학원과 통합된 뒤 한국과학기술원(KAIST)의 대덕 이전이 제기되었을 때 경인지역을 책임질 연구소가 필요하다는 논리로 KAIST 연구부(구 KIST)의 홍릉 잔류가 결정되었으며,[18] 1989년 새로 출범

16) 「한국의 기술, 그 현주소와 미래상: KIST 上」, 『내외경제』, 1976.10.21 ; 문성원, 「의약품 연구개발에 능동적 산연협동 절실」, 18~19쪽.

17) 「'76 과학기술계 회고」, 『서울경제신문』, 1976.12.14 ; 「해외고급두뇌유치 시급」, 『내외경제신문』, 1977.1.25 ; 「'77 과학계 결산」, 『한국일보』, 1977.12.27.

18) 『한국과학기술연구원 인터뷰 자료: 박긍식』(2002.10.5) ; 한국과학기술원, 『한국과학기술원 사반세기: 미래를 향한 끊임없는 도전』(1996), 98쪽 ; KIST, 『KIST 30년사』, 139쪽.

하는 KIST의 정관을 작성할 때 경인지역을 대표하는 연구기관이라는 표현이 들어있었으나 논의 끝에 삭제되기도 했다.[19] 또는 각 전문연구소와 중복되지 않는 세부적인 연구분야나 대상을 협의를 통해 명확히 설정할 수도 있었다. 예를 들어 1977년 3월 KIST는 한국전자기술연구소, 한국통신기술연구소와 역할 분담에 대한 협의를 진행하여, KIST는 전자재료와 부품, 공정제어계측 등 기초 분야를 담당하며, 전자기술연구소는 반도체와 범용 컴퓨터, 통신기술연구소는 교환, 전송, 단말 등 통신기기를 각각 전담하기로 합의한 것이 그 같은 경우에 해당된다.[20]

KIST 운영진이나 최형섭은 '전문연구소와의 역할중복을 피한다'는 목적 대신 '산업구조의 고도화를 위한 미래지향적 장기과제의 추진'이라는 필요성을 내세웠다. 1980년대 한국경제가 선진공업국에 진입하기 위해서는 기술자립을 이루어야 하며, 기술자립을 위해서는 당면과제 해결에만 급급했던 상태에서 벗어나 장래를 예측한 장기과제에 대해 국가적 차원에서 적극적으로 투자하고 연구개발을 추진해야 한다는 것이었다.[21] 따라서 축적된 연구경험과 기술을 활용할 수 있으며 '종합연구' 수행능력을 보유한 KIST가 장기대형과제 수행의 중심 역할을 맡고, 전문연구소는 선진기술의 소화개량을 위한 연구개발과 산업계 기술지도에 중점을 두는 방향으로 연구소의 기능을 구분하자는 계획이었다. 그렇지만 이와 같은 성격의 연구개발이 필요하다는 점을 인정한다고 하더라도 KIST가 가장 적합한 기관이라는 답안이 바로 도출되는 것은 아니었다. 즉 산업계를 직접 지원하는 연구 경험이 풍부한 KIST가 그 기능을 더욱 강화시켜 나가면서 신설 연구기관들이 보다 심화된 전문성을 바탕으로 장기적인 연구과제를 이끌어나가는 방식이 더 효율적일 수도 있었던 것이다.

그렇다면 KIST가 성격전환을 추진해야했던 내부적인 요인은 무엇이 있

---

19) 『한국과학기술연구원 1차 설립위원회 회의록』(1989.5.29), KIST 문서보관실 소장 이사회 관련 자료.

20) 서현진, 『처음 쓰는 한국 컴퓨터사』(전자신문사, 1997), 163~164쪽.

21) KIST, 『기술자립에의 도전』, 13~17쪽 ; 최형섭, 『개발도상국의 과학기술개발전략: 한국의 발전과정을 중심으로 제2부』(한국과학기술연구원, 1981), 57~59쪽.

었을까? 무엇보다 계약연구체제의 유지에 대한 운영진과 연구자들의 부담감이 배경으로 작용했다. KIST의 계약연구체제는 산업계의 연구개발에 대한 인식을 제고하는 동시에 연구자는 산업계가 활용할 수 있는 연구를 하도록 하여 연구에 대한 책임성을 높인다는 목적을 지니고 있었으나 연구자에게는 환영받기 어려웠다. 산업체가 필요로 하는 다양한 과제들은 연구자의 주된 전공이나 관심사와 일치하지 않는 경우도 많았고, 이 같은 연구과제 수행을 통해 연구자가 전문성을 키우는 데는 한계가 있었다.[22] 동시에 "민간기업으로부터의 용역계약을 중시한 결과 큰일은 없고 잡일만 했다는 소리를" 들을 수 있었기 때문에 KIST 연구원들은 국가적인 대규모 연구과제를 선호했다.[23]

또한 연구실장의 경우 독립채산제하에서 연구실을 운영하기 위해 연구수탁에 많은 노력을 기울여야 했는데, 한상준이 이사회에서 "연구실장들이 가만히 앉아서 연구를 하고 싶다는 것이 소원이 되고 있다"고 밝혔듯이 산업체 중심의 계약연구체제는 많은 연구자들에게 압박을 주었다.[24] 연구실장이 연구실 운영의 전반적인 내용을 책임지는 연구실 단위의 독립채산제 아래서는 연구실장의 역할이 연구 자체보다도 우선 과제 수탁에 무게가 쏠릴 수밖에 없었고, 이 과정에서 연구자들이 "지나치게 상업화되어 돈벌이에만 치중하는 장사꾼이 되었다"는 비판을 듣기도 했다.[25] 기본적으로 계약연구체제는 연구 수요자 중심으로 작동되기 때문에 연구자로서는 껄끄러

---

22) 「정년퇴임 석좌연구원 윤한식 박사」, 『KIST 소식』 132호(1994). 한국과학원과 통합되어 KAIST가 된 직후인 1981년 KAIST 연구부문의 연구원 356명(전체 연구원 431명 중 82.6%)에 대해 수행된 한 조사에 의하면, 연구원들이 창의성을 발휘하는 데 가장 효과적인 요소로 선택한 것이 '연구과제를 독자적으로 선택하는 기회'(79.6%)였다. 산업체로부터 수탁한 연구는 과제선택의 자유가 작다는 점에서 연구자들이 그다지 선호하지 않을 것임을 유추할 수 있다. 이영창, 「과학자의 창의성과 연구환경간의 관계」, 『한국행정학보』 18-1(1984), 121~142쪽.

23) 「연구계약 1200건에 119억원: 설립 10주년 맞는 한국과학기술연구소」, 『중앙일보』, 1976.2.5.

24) 『KIST 제59회 이사회 회의록』(1977.7.22).

25) 「한국과학기술 어디까지: KIST 10돌」, 『조선일보』, 1976.2.7 ; 「'76 과학기술계 회고」, 『서울경제』, 1976.12.14.

운 방식이었던 것이다. 물론 연구자에게 가해지는 어느 정도의 압력은 연구자에게 도전으로 작용하여 창의적인 연구성과를 만들어내는 데 긍정적인 역할을 할 수도 있으나[26] 연구를 위한 과제 수탁 자체에서부터 압력을 받는다는 것은 상당한 부담이 아닐 수 없었다. KIST가 설립 초기 해외인력을 유치할 때부터 가장 강조했던 원칙이 연구자가 원하는 연구가 아닌 수요가 있는, 산업계가 요구하는 연구를 수행한다는 점이었고 이 같은 철학에 동의한 연구자들이 선발되었지만 실제로 계약연구체제에 기반을 두어서 연구실을 독립채산제로 운영한다는 것은 현실적으로 쉬운 일이 아니었다. 특히 산업계로부터 수탁이 상대적으로 활발하지 못한 분야의 연구실장들은 연구실 운영에 많은 어려움을 겪어야 했고, 그 같은 상황이 계속될 경우 KIST를 떠날 수밖에 없었다. 결국 연구자에게 연구과제 선정과 연구활동 자체에 더 큰 자율성을 부여하기 위해서는 새로운 변화가 필요했던 것이다.

계약연구체제가 지니는 부담과 함께 연구소 재정 안정에 기여했던 기금의 수익이 줄어들고 있는 상황도 KIST의 성격전환을 재촉한 이유가 되었다. 1972년까지 총 23억 원이 출연되어 조성된 운영기금은 높은 이자율로 인해 1970년대 초반까지는 기금 수익의 일부를 기금의 가치유지를 위한 적립금으로 넣고 나머지 수익을 부족한 연구소 운영비로 이용할 수 있었다. 1973년의 경우를 예로 들면, 연구소 운영비는 10.2억이었는데 벌어들인 연구비는 20.4억이었고, 여기서 직접연구비를 뺀 간접연구비를 운영비로 사용했을 때 8.2억 원의 운영손실이 발생했다.[27] 하지만 가치유지적립금을 제외한 기금과실이 8.2억 원에 달해 운영손실의 전액을 기금의 수익으로 충당할 수 있었다.[28] 이처럼 운영기금은 연구소 재정의 안정에 큰 역할을 했으

26) Richard W. Woodman, John E. Sawyer, Ricky W. Griffin, "Toward a Theory of Organizational Creativity", *Academy of Management Review* 18-2(1993), pp.293~321 ; 『한국과학기술연구소 비사 제16권: 안영옥』(1975.7.30).

27) 운영손실은 총운영비에서 연구활동에서 얻어진 수익을 뺀 금액을 말하며, 운영손실은 기금의 과실과 연구외 수익(잡수익)으로 충당하였다.

28) 신응균, 『1973년도 감사의견서』(1974), 2~3쪽, KIST 문서보관실 소장 이사회 관련 자료.

며, 1976년까지 기금의 가치유지를 위해 총 10억 원의 적립금이 추가되어 기금은 33억 원이 되었다. 그러나 금리 하락세가 계속되면서 은행예금을 점차 주식투자로 전환했는데, 예금과 달리 주식의 수익은 안정적이지 못했다. 또한 연구소 규모의 확대에 따라 운영비가 지속적으로 늘어나고 그에 따라 운영손실도 계속 늘어났지만 기금과실의 증가는 이에 미치지 못했다. 이에 따라 1977년부터는 운영손실을 충당하는 데도 벅차 기금의 가치유지를 위한 적립금을 추가하지 못하게 되었는데, 이는 앞으로의 연구소 운영에 상당한 불안 요소가 될 수밖에 없었다. 실제로 1978년 기금과실의 운영손실 충당률은 53.6%에 불과했고, 1979년 43%, 1980년 13.4%로 줄어들었다.[29] 1976년부터 제기되었던 장기대형국책과제로의 전환이 1978년에 들어와서 본격화된 것은 이 같은 운영기금의 운용 상황이 직접적인 계기로 작용했을 것으로 여겨진다. 결국 연구소의 정상적인 운영을 위해서는 연구계약고의 안정적이고 충분한 증대가 필수적이었고, 이의 해결책으로 정부가 제공하는 출연금 연구비의 증액이 부각되었던 것이다. 예측하기 힘들고 경기 변동에 영향을 많이 받는 산업계 계약고를 높이는 것보다는 매년 정부로부터 큰 규모의 연구비를 꾸준히 받을 수 있다는 것은 연구소 운영진의 입장에서도 가장 바라던 방향이었다. 결국 KIST를 둘러싼 외부 환경의 변화와 연구소 내부적 요인들은 더 이상 계약연구라는 방식을 연구소 운영의 중심 원리로 유지할 수 없게 만들었던 것이다.

KIST의 이러한 변화 과정은 모델로 삼았던 바텔기념연구소나 KIST로부터 영향을 받아 설립되었던 대만의 공업기술연구원(Industrial Technology Research Institute, ITRI)과도 구별되는 궤적이었다. 1925년 바텔(Gordon Battelle)의 뜻에 따라 설립된 바텔기념연구소는 비영리 연구기관(nonprofit research institute) 중 응용연구를 담당하는 선도적인 연구소이자 미국의 대표적인 계약연구기관의 하나로 명성을 얻었다.[30] 설립 초기에는 금속공학 분야 기업들의 시

29) KIST, 『KIST 30년사』, 122~123쪽. 1967년부터 1980년까지 기금과실의 운영손실 충당비율은 60.6%를 나타냈다.

30) 비영리연구기관에 대한 전반적인 논의는, Orlans, Harold, *The Nonprofit Research Institute:*

험 및 연구를 지원하다가 2차대전 중 정부의 방위산업 연구에 참여하면서 정부와의 연구계약이 크게 늘어났으며, 전후 복사기의 기업화 과정에 참여하여 막대한 수익을 올리게 되었고, 독일의 프랑크푸르트와 스위스 제네바 등 해외에 연구소를 세웠다. 1964년에는 미국 연방연구소인 Atomic Energy Commission's Hanford Laboratory의 운영권을 넘겨받아 Pacific North-western Laboratory로 개칭하여 에너지 분야의 중요한 연구기관으로 성장시켰다. 바텔연구소는 산업연구분야의 치열한 경쟁속에서도 계약연구에 기반을 둔 비영리기관이라는 연구소의 성격을 유지해왔으며, 처음 금속공학 분야에서 시작하여 여러 공업분야와 보건의료 · 환경이나 사회과학 분야까지 연구영역을 넓혀왔다.[31]

대만의 ITRI는 산업발전을 지원하기 위해 설립된 KIST로부터 강한 인상을 받은 대만 경제부(Ministry of Economics Affairs) 장관 이국정(李國鼎)의 주장에 힘입어 경제부 산하의 3개의 기존 연구소를 재조직하여 1973년 설립되었다.[32] ITRI는 대만의 산업기술 발전에 기여한다는 목적을 내세웠으며, 경제부가 자금을 지원하는 등 실질적인 책임을 지고 있었지만 KIST처럼 독립적인 민간기구의 형태를 갖추었다. 1974년 ITRI 내부에 현재 대만 전자공업분야 연구개발의 중심으로 활동하고 있는 전자공업연구소(Electronic Services Research Organisation, ESRO)가 설립된 것을 시작으로 하여 이후 10여 개가 넘은 연구소와 기술발전센터가 설립되었으나, 이 기관들은 별개 기관으로

Its Origin, Operation, Problems, and Prospects (McGraw-Hill Book Company, 1972)를 참고할 수 있으며, 이 책의 제3장 "Applied Research Institutes"에서 바텔기념연구소의 설립과정과 그 의미에 대해 간략히 설명하고 있다.

31) 바텔연구소의 변천에 대해서는, John Bessant and Howard Rush, "USA – Shifting from Technology Push to Demand Pull", Howard Rush, Michael Hobday, John Bessant, Erik Arnold, and Robin Murray, *Technology Institutes: Strategies for Best Practice* (International Thomson Business Press, 1996), pp.90~103 참고.

32) ITRI 설립에 KIST가 영향을 주었다는 지적은, Tsui-hua Yang, "Prelude to Science Planning in Taiwan: From NCSD to SCSD", Paper for the 10th ICHSEA Conference (Shanghai, 2002), pp.1~5 참고. ITRI 설립을 비롯한 대만의 과학기술정책의 전반적 흐름에 대해서는, 홍성범 · 이춘근, 『대만의 과학기술체제와 정책』(과학기술정책연구원, 1999) 참고.

독립되지 않고 ITRI의 내부 조직으로 통괄관리되고 있다.[33] 특히 ITRI는 자체 개발기술을 바탕으로 한 기업의 설립(spin-off)을 촉진하고 이 기업들의 기술개발을 지속적으로 지원하면서 산업계와 긴밀한 연계를 유지하고 있으며, 중소기업들이 컨소시엄을 구성하고 특정 신기술을 갖출 수 있도록 지원하는 데 힘을 쏟고 있다. 이 같은 'ITRI 모델'은 집적회로 개발과 컴퓨터 관련 기술개발에서 대만의 기업들이 높은 경쟁력을 유지할 수 있는 요인으로 꼽히고 있으며, ITRI는 개발도상국의 연구기관으로는 거의 유일하게 첨단산업 분야의 기업들의 육성에 성공을 거두었다는 평가를 받았다.[34]

비록 동일한 계약연구체제를 채택했지만 KIST와 바텔연구소는 출발부터 성격의 차이를 안고 있었다. 바텔연구소는 정부와는 무관한 민간 재원으로 설립되어 계약연구와 자체에서 확보한 재원으로 운영되었으며, 정부와는 연구계약을 통해 연결되었다. 이에 비해 KIST는 막대한 정부지원에 의해 설립되었고, 이후 운영에서도 정부와 긴밀한 관련을 맺을 수밖에 없었다. ITRI 역시 민간기구로서 KIST처럼 정부로부터 지원을 받았지만 '연구소 인큐베이터'가 아닌 '기업 인큐베이터' 기능을 수행하면서 산업계와 강한 연계를 유지할 수 있었다. KIST도 산업계 지원을 주된 기능으로 내세웠고 실제로 계약연구를 통해 연구개발에 대한 인식을 변화시키고 연구인력의 확산을 통해 산업계에 기여했지만 분야별 정부출연연구기관의 설립 정책으로 인해 몇 차례에 걸쳐 내부 조직과 인력의 분리를 경험해야 했으며, 신설 연구기관과도 통합적인 조정 구조를 갖추지 못한 상태에서 국책연구기관을 지향함으로써 KIST와 산업계의 거리는 멀어지고 말았던 것이다.

---

33) ITRI의 연혁과 역할에 대해서는, Michael Hobday, "Taiwan－Incubating High-Technology Industries", Howard Rush, Michael Hobday, John Bessant, Erik Arnold, and Robin Murray, *Technology Institutes: Strategies for Best Practice*, pp.119~131 참고.

34) 'ITRI 모델'에 대해서는 Gregory W. Noble, *Conspicuous Failures and Hidden Strengths of the ITRI Model: Taiwan's Technology Policy Toward Hard Disk Drives and CD-ROMs* (The Information Storage Industry Center in University of California, 2000) 참고.

2. 일괄계약연구의 특성과 사례

1) 일괄계약연구의 역할

정부가 KIST에 제공하는 출연금 연구비의 주축은 일괄계약연구비였으며, 장기대형국책과제로의 전환이란 일괄계약연구비가 연구소 운영의 주된 재원이 되었음을 의미했다. 정부출연금 연구과제는 일반연구사업(일괄계약연구), '신기술개발 연구사업' 그리고 '특수연구사업' 등으로 이루어졌다.[35] 이 중 일괄계약연구(package deal contract research)가 규모나 성격으로 볼 때 대표적인 출연금 연구라 할 수 있다.[36] 일괄계약연구로 추진되는 과제들은 정부의 경제개발계획과 과학기술진흥계획에 입각해서 연구업무심의회에서 선정되었는데, 산업계가 자발적으로 기술개발을 하기 힘든 연구분야나 연구과제가 중점적으로 선정되었다. 일괄계약연구는 연구비 전액을 출연금으로 충당하는 단독일괄위탁과 산업계가 연구비의 일정부분을 부담하는 공동위탁사업으로 이루어졌다. 정부출연금 연구사업의 또 다른 형태인 '신기술개발연구사업'(implementation for R&D results)은 1973년부터 시작된 것으로, 위탁자가 연구개발 결과를 단독투자로 기업화하기에는 개발능력과 자금이 부족하거나 위험부담이 과중한 경우 KIST가 출연금 연구개발비 전액부담으로 기업화단계까지 추진하는 사업이었다. '특수연구사업'은 정부의 정책적 고려로 지정된 특수 과제를 정해진 예산범위 내에서 수행하는 것으로서 주물기술센터, 정밀기계기술센터의 사업비 등이 해당되었다.

1969년부터 시작된 일괄계약연구는 KIST만의 독특한 연구계약방식으로서, 정부로부터 재정지원을 받지만 운영비가 아닌 연구비로 받는다는 원칙의 산물이었다. 연구비의 일부를 정부의 예산으로 제공받으면서도 정부로부터 간섭을 최소화하면서 연구자들의 연구과제 선정의 자율성을 확보하기 위

---

35) KIST, 「정부출연금 연구사업에 관하여」(KIST 역사관 소장 자료).

36) 『KIST 연보』에 실린 연구계약고 통계는 출연금 연구를 세분하지 않고 일괄계약연구로만 표기했다.

한 KIST 운영진의 아이디어에서 나왔던 것이다.[37] 일괄계약연구는 산업계로부터의 수탁이 충분치 못한 상황에서 KIST가 안정적으로 연구활동을 추진할 수 있는 원동력이 되었는데, 1969년의 경우 KIST의 전체 연구계약고의 22.8%를 차지했으며, 1971년 37%를 정점으로 1975년은 15.4%까지 떨어졌다. 그러나 1978년 KIST가 장기대형국책과제 위주로 연구의 방향을 전환한 다음인 1979년은 39.7%로 늘어났으며, 1980년은 무려 63.4%에 달했다.[38] 이 같은 결과는 1970년대 후반에 이르러 더 이상 계약연구체제가 KIST의 주된 운영원리가 아님을 재확인시켜준다.

일괄계약연구는 연구소와 연구자 모두에게 여러 가지 장점을 가지고 있었다. 설립 이후 1980년까지를 총괄한 전체계약고의 35.8%를 차지한 일괄계약연구는 연구소의 안정적 운영에 큰 기여를 했을 뿐 아니라 새로 문을 연 연구실이 연구수탁이 본궤도에 오르기 전에도 연구활동을 추진할 수 있게 하는 효과도 지녔다. 아울러 산업계로부터의 위탁이 활발하지 못한 기초분야의 연구실도 일괄계약연구를 통해 연구실 운영에 도움을 받을 수 있었다. 예를 들어 고체물리연구실장 정원이 1968년 초 연구실을 개설하여 1976년 표준연구소 부소장이 되어 KIST를 떠날 때까지 수행한 연구계약고의 59%가 일괄계약연구였으며, 여기에 공동연구에 포함된 출연금까지 포함하면 70%가 넘었다.[39] 또한 일괄계약연구는 다년간 수행되는 장기적인 과제 연구를 가능하게 했다. 산업계와 체결한 연구계약은 당장에 가시적인 성과를 얻어야 하는 산업계의 특성상 다년간의 장기계약이 힘들었지만 일괄계약연구는 그러한 부담이 상대적으로 작았기 때문에 연구자가 장기적인 계획하에 기초적인 단계에서부터 연구를 수행할 수 있었던 것이다. 그리고 일괄계약을 통해 얻어진 연구성과를 산업계로 이전할 경우 그에 대한 로열티를 받을 수 있다는 이점도 있었다. 이 같은 장점을 지니고 있었기 때

37) 일괄계약연구가 시작된 과정에 대해서는 이 책 제2장, 1의 4) 참고.

38) 이 수치는 단독일괄계약과 산업계와의 공동위탁과제 중 출연금의 비중이 큰 과제의 연구비를 합한 결과이다. 1980년의 경우 단독일괄계약이 55.9%, 공동위탁과제가 7.5%를 나타냈다. 〈표 11〉 참고.

39) KIST, 「연구책임자별 계약현황」(1997), KIST 연구관리팀 소장 자료.

문에 KIST 운영진은 매년 일괄계약연구비의 확보에 많은 노력을 기울였다. KIST 설립 당시 정부의 재정지원은 연구소가 안정된 상태에 이르기까지 한시적으로 주어지는 것으로 설명되었지만 일괄계약연구는 지속적인 정부지원을 보여주는 가장 확실한 증거였다.

그러나 정부로부터 매년 일괄계약이라는 형태로 재정지원을 받는 것은 자율적인 운영을 위해서는 바람직한 것만은 아니었다. 계약연구를 통한 재정자립이라는 목표에도 불구하고 출연금과 정부 각 부처와 계약을 통해 수행되는 연구 등 KIST에는 매년 상당한 규모의 정부 재원이 투입되었고, 이는 KIST에 대한 편중적인 예산지원이라는 비판을 불러왔다.[40] 그렇지만 국책과제 위주로 전환하기 전까지 KIST에 제공된 일괄계약연구비와 정부 위탁연구비가 정부의 전체적인 연구개발비에서 차지하는 비중은 지속적으로 줄어들고 있었다. 한해의 급격한 변동을 감안하여 2년씩 평균을 내서 비교하면, 1970년과 1971년의 경우 정부의 총 연구개발비에서 KIST에 대한 정부 위탁 연구비와 일괄계약연구비의 비중은 각각 2.6%, 3.5%를 나타냈는데, 이후 이 비율은 꾸준히 감소하여 줄어들어 1975년과 1976년은 1.6%, 2.0%를 기록했다. 감소하던 수치는 1979년부터 달라졌는데, 1979년과 1980년의 경우 정부 위탁 연구비는 0.9%에 불과했지만 일괄계약연구비는 5.4%로 크게 늘어났다.[41] 이는 국책과제수행 기관으로 전환하면서 정부의 전체적인 연구개발비의 증가세보다 일괄계약연구비가 훨씬 큰 폭으로 늘어났음을 보여준다. 이 결과에 의하면 실질적으로 KIST에 대한 편중적인 예산 지원은 1970년대 후반에 고조되었다고 해석할 수 있다.

---

40) 「균형 잃은 과학행정」, 『경향신문』, 1974.3.20 ; Harret Ann Hentges, "The Repatriation and Utilization of High-Level Manpower", pp.151~152.

41) 1970년과 1971년의 정부 연구개발비의 평균은 74.05억 원이었는데, 같은 기간 KIST에 대한 정부 위탁 연구비의 평균은 1.95억 원, 일괄계약연구비는 2.6억 원이었으며, 1975년과 1976년의 경우 정부 연구개발비는 339.6억 원이었고 정부 위탁 연구비는 5.4억 원, 일괄계약연구비는 6.8억 원이었다. 1979년과 1980년의 정부 연구개발비는 1,020억 원이었고, 정부 위탁 연구비는 9.1억 원, 일괄계약연구비는 55.3억 원을 기록했다. 정부부담 연구개발비 총액은 각 연도별 과학기술연감에서 확인했으며, KIST 계약고는 각 연도별 KIST 연보에서 확인한 수치이다.

일괄계약연구비는 운영비가 아닌 연구비의 형태였지만 현실적으로 정부가 제공하는 재원에 대한 의존도가 높아질수록 KIST와 정부와의 관계는 종속적인 형태를 보이기 쉬웠다. 더구나 설립 초기 KIST는 대통령의 최형섭에 대한 후원, 소장과 과학기술처 장관과의 긴장 관계 등에 힘입어 과학기술처에 대해 어느 정도 대등한 관계를 유지하고 있었지만 최형섭이 과학기술처 장관이 된 후 이 같은 관계는 더 이상 유지되지 못했다. 최형섭은 KIST에 대해 호의적인 관심과 지원을 아끼지 않았지만, 과학기술처 장관과 그가 선발한 연구원 출신인 KIST 소장의 관계는 위계적이 될 수밖에 없었다. 그리고 정부출연금에의 의존이 지속되는 상황에서는 '준정부기관'의 성격을 유지할 수밖에 없었고, 정치 환경의 변화나 정부의 정책 변경에 의해 KIST의 운영이나 연구활동이 큰 영향을 받을 수 있었다. 결국 정부출연연구비는 KIST 입장에서는 양날의 칼과 같은 존재였고, 재정의 안정성과 자율적 운영 사이에서 무게중심을 잡는 것이 KIST 운영진에게 부과된 숙제가 되었다. 결과적으로 1970년대 후반에 이르러 일괄계약의 비중이 크게 늘어나면서 재정의 안정성 쪽으로 기울어지면서 자율적 운영의 무게는 상대적으로 가벼워졌다고 볼 수 있다. 일괄계약연구라는 방식은 다른 계약연구기관에서는 찾아보기 어려운 KIST만의 독특한 제도였지만 이 제도가 부족한 연구계약을 보조한다는 처음의 목적과 달리 주된 재원으로 부각되면서 계약연구기관이라는 연구소 성격 자체도 변화하게 되었던 것이다.

2) 초기 일괄계약연구 사례

그렇다면 일괄계약연구로 어떠한 연구가 추진되었을까? 1969년 첫해의 일괄계약연구비는 전자산업진흥을 위한 목적으로 제공된 것이었기 때문에 수행된 과제는 전자, 금속, 화학 등의 분야에 걸쳐있었으나 세부적인 내용은 모두 전자산업과 관련된 것들이었다. '전자제품 및 부품개발을 위한 전자공업기술정보분석센터의 설립 및 운영계획', '동조용 가변용량 다이오드 제작 실용화', '인쇄회로판 제조기술 개발연구' 등 모두 12건의 연구과제가 첫 번째 일괄계약연구비에 의해 진행되었다.[42] 그러나 두 번째 해인 1970년부터는 전자산업에 국한되지 않고 전분야에 걸쳐 총 1.7억 원 규모의 일괄계약 연구가 진행되었다. 일괄계약연구는 다른 계약연구와는 달리 연구자에게 과제 선정에 대한 주도권이 상당히 주어진 셈이었지만 선정된 과제가 연구자가 희망하는 기초연구나 이론적인 것에 편중되어 있지는 않았다. 즉 산업계에서 바로 활용될 수 있는 연구가 많았으며, 1970년 기계장치연구실장 남준우가 일괄계약연구의 일환으로 수행한 '카브레타(코로나용) 제작'은 그러한 모습을 잘 보여준다. 이 연구는 새로운 기화기를 개발하는 것이 아니라 성능이 보장된 우수한 기화기를 단시일에 국산화하려는 목적으로 수행되었다. 이러한 목표를 달성하기 위해 국내 차량 중 구조 및 기술상으로 가장 복잡하다는 코로나용 기화기를 선정, 전 부품을 스케치하여 시험 제작을 시도한 것으로, 주조품의 정밀제작을 위한 금형과 치공구의 설계·제작도 국내기술과 시설을 활용했으며, 제작된 시작품들은 성능시험을 통해 견본에 비해 손색이 없음을 확인했다.[43] 이러한 연구는 일종의 '역행적 엔지니어링'(reverse engineering)의 사례라 할 수 있으며, 같은 해 일괄계약연구로 수행된 유체기계연구실장 이경서의 '자동차용 펌프 제작과 국산화에 관한 연구', 전기기기연구실장 현경호의 'push-button식 전화기 개발에 관한 연구' 등도 같은 성격을 지닌 연구로서, 일괄계약연구로 수행된 과제들도 강한 산업계 지향성을 지녔음을 보여준다.[44]

이처럼 일괄계약연구에는 산업계에서 곧바로 활용할 수 있는 주제도 많았지만 한편으로 산업계가 의뢰할 가능성이 없고 다년간 연구가 필요한 문제들도 포함되어 있었고, '석유 단세포단백질 생산'은 이 같은 성격을 잘 보여주는 과제였다. 석유 단세포단백질은 선진국에서도 당시까지 충분한 실용화가 이루어지 않은 상태였지만 식량 문제 해결에 기여할 방법의 하나로 1960년대 후반부터 주목을 받고 있던 연구주제였다.[45] 이는 '값싼' 석유탄화

---

42) KIST, 『전자공업진흥을 위한 FY-69 연구개발 조사보고회 초록집』(1970).

43) KIST, 『한국과학기술연구소 연보 71』, 19쪽.

44) KIST, 「연구책임자별 계약현황」(1997), KIST 연구관리팀 소장 자료.

수소를 이용해 단백질 함량이 많은 미생물을 대량으로 키워 생산된 단백질을 식용이나 사료용으로 활용한다는 것으로, 식량자원연구실장 권태완의 주도로 1969년부터 5년간 진행되었다.[46)]

식량자원연구실의 연구팀은 균주 확보에서부터 시작하여 n-파라핀 자화성 효모와 n-파라핀 비자화성이면서 에탄올 자화성 효모를 동시에 혼합배양함으로써 균체의 수율과 단백질의 함량을 증가시키는 방법을 찾아내고 이를 바탕으로 시험공장을 건설하게 되었다.[47)] 연구팀이 처음 제시한 연구의 목적은 식량 문제 해결을 위한 방안의 하나였으나 연구가 진행되면서 수입하던 단백질 사료를 대체하는 것으로 변화되었다. 이는 석유탄화수소를 이용한 단세포단백질에 대해 소비자들이 거부감을 나타낼 수 있었고 장기적으로는 식용단백질 자원으로 활용을 도모하더라도 우선 안전성이나 영양 등의 문제를 동물실험을 통해 확인할 필요가 있었기 때문이었다. 사실 석유 단세포단백질 생산 연구와는 별개로 1972년 과학기술처의 연구개발비에 의해 응용미생물연구실장 배무의 책임하에 수행된 '농산폐자원의 발효 기질화 및 직접 이용과 개발에 관한 연구'의 보고서는 "석유의 매장량이 한정되어있고, 독성 때문에 셀룰로오스를 기질로 사용하는 것이 유리하기 때문에 농산폐자원을 활용하여 단세포단백질 생산을 시도했다"고 밝혔다.[48)] 이는 이미 석유를 이용한 단세포단백질 생산이 경제성이나 독성에서 문제가 있음이 알려졌음을 보여준다.

식량자원연구실과 공업화시험연구실은 1972년 7월 월간 건량으로 500kg

---

45) 석유단세포단백질 생산에 대한 간략한 역사는 Robert Bud, *The Uses of Life: A History of Biotechnology* (Cambridge Univ. Pr., 1993), pp.133~139 참고.

46) '단세포단백질'(single-cell protein)이라는 용어는 '미생물'이나 '박테리아'가 주는 부정적 어감을 없애기 위해 1966년 MIT의 Scrimshaw가 만들어낸 용어로, 1967년 MIT에서 개최된 국제회의를 통해 알려지기 시작했다.

47) 민태익 · 변유량 · 권태완, 「석유탄화수소를 이용한 단세포단백질의 생산에 관한 연구: 제6보 혼합배양균주의 선정 및 배지조성의 검토」, 『한국식품과학회지』 6-4(1974), 219~230쪽.

48) 배무 외, 『농산폐자원의 발표 기질화 및 직접 이용과 개발에 관한 연구』(과학기술처, 1972).

의 단세포단백질을 생산할 수 있는 시험공장을 세웠다.[49] 여기에서 생산된 단세포단백질은 KIST에서 생산한 단백질이라는 의미로 'Kisten'이라는 이름을 붙여 동물사료연구실에 넘겨 동물실험을 실시했고, 김포의 양계검정시험장에서 독성검사 및 사료로서의 가치 등을 시험하기 위해 사육시험을 실시하여 양호한 결과를 얻었다. 시험생산을 통해 구체적인 엔지니어링 데이터도 확보한 연구팀은 시설의 규모만 키우면 공장 규모 생산이 가능하다는 판단을 얻게 되었고, 일부 기업에서 상업화에 관심을 갖고 타당성 검토를 실시하기도 했다. 그러나 5년 개발계획의 마지막 해인 1973년 중동전쟁에 따른 오일쇼크가 닥치면서 석유값이 폭등하여 1974년 국제시장의 유가는 2년 전에 비해 5배 이상 급등했고, 이에 따라 석유를 기질로 하는 단세포단백질 생산의 경제성은 현저히 떨어졌다. 그리고 같은 시기에 일본의 소비자들이 독성·안정성 문제를 제기하면서 석유 단세포단백질 사료를 이용한 제품에 대해 불매운동을 벌임에 따라 일본의 기업은 이 사업을 포기하게 되었고, 유럽 여러 나라에서도 사업 추진을 포기하게 되었다.[50] 이러한 상황에서 단세포단백질 연구의 기업화는 벽에 부딪치고 말았고 더 이상의 투자가 이루어지지 않아 실제 상업적 생산으로 연결되지 못했다.

석유단세포단백질 연구는 연구결과로 6건의 특허 등록을 하고 9편의 학술논문을 발표하는 등 기술적으로는 충분한 가능성이 확인되었다는 평가를 받았지만 상업화에는 실패했다.[51] 개발된 시제품이 기업의 제품 생산으로 이어지기 위해서는 시장 환경의 변화를 비롯한 수많은 변수들이 존재하

49) 「석유단세포단백질 시험공장 완공」, 『과기연 소식』 20호(1972), 5쪽.

50) Robert Bud, *The Uses of Life: A History of Biotechnology*, p.138.

51) 권태완·민태익·박융·변유량, 「석유탄화수소를 이용한 단세포단백질의 생산에 관한 연구: Ⅰ. 석유자화균주의 분리 및 우수균주의 선정」, 『한국식품과학회지』 2-2(1970), 56~60쪽을 비롯하여 민태익·변유량·권태완, 「석유탄화수소를 이용한 단세포 단백질의 생산에 관한 연구(제7보): 시험공장에서 혼합배양 균주의 생육조건」, 『한국식품과학회지』 6-4(1974), 231~240쪽 등 단세포단백질 생산에 관한 논문 7편과 이남형·김춘수, 「석유자화효모의 사료적 가치에 관한 연구(1)」, 『한국축산학회지』 16-2(1974), 125-133쪽 ; 김춘수·이남형, 「석유자화효모의 사료적 가치에 관한 연구(2)」, 『한국축산학회지』 17-3(1975), 275~278쪽 등 동물실험에 관한 논문 2편이 발표되었다.

기 때문에 기술적 성공이 곧바로 기업화의 성공을 보장하지는 않았던 것이다.[52] KIST 설립 초기에 단일과제로는 상당히 큰 규모이자 장기간에 걸쳐 의욕적으로 추진한 석유 단세포단백질 연구의 기업화 실패는 이 같은 연구개발의 특성을 다시 한 번 인식하게 했으며, 선진국에서도 실용화나 검증이 충분히 되지 않은 기술을 개발하는 데 따르는 위험성을 확인하는 계기가 되었다. 그러나 산업계가 요구하는 과제들은 대부분 선진국에서 성숙기를 지난 제품이나 기술로 당장에 활용할 수 있는 것이었던 데 반해 일괄계약연구는 그 같은 부담이 적었기 때문에 상대적으로 새로운 연구주제가 포함될 수 있었다. 석유단세포단백질 연구처럼 여러 해에 걸쳐 기초연구에서부터 일괄계약연구로 추진된 것으로 '가발용 합섬인모 제조', '누에인공사료 제조', '알루미늄 콤비나트 개발' 등의 과제가 있었다.

3) 일괄계약연구의 활용 사례

일괄계약연구로 이루어진 연구성과가 산업계로 이전되어 활용되는 데에는 몇 가지 방식이 존재했다. 우선 산업계가 로열티를 지불하고 완성된 연구 결과를 KIST로부터 사가는 경우가 있었다. 식량자원연구실에서 1970년부터 추진한 '필수아미노산의 국내생산에 관한 연구(L-Lysine의 생산)'가 그 같은 경우였다. 연구팀은 3년여의 노력 끝에 산업용으로 이용가능한 균주를 찾아 '발효법에 의한 라이신 제조방법'을 찾아내고 이에 대해 특허까지 취득했다. 그런데 같은 시기에 식품회사 미원이 동일한 연구를 자체적으로 추진하여 성공을 거두었고, KIST의 연구성과를 다른 기업이 활용할 것을 우려하여 로얄티를 지불하고 KIST의 특허를 사갔다.[53] 응용미생물연구실장

52) 이진주와 루벤스타인의 논문은, 연구계약단계, 연구과제 수행단계, 연구결과의 활용단계로 나누어 볼 때 뒤로 갈수록 더 많은 요인들이 영향을 미치며, 특히 '시장'은 처음 두 단계의 성패에 별다른 영향을 주지 않지만 마지막 단계에는 중요한 변수가 됨을 밝혔다. Lee, Jinjoo and Rubenstein, Albert H., "An Analysis of Factors Influencing the Utilization of Contract Research in a Developing Country, Korea", pp.190~193.

53) 기술이전을 한 미원이 KIST의 기술을 이용했는지의 여부는 알려지지 않았으나, 미원에

배무가 1972년부터 2년여 동안 일괄계약 과제 2건으로 수행한 '항결핵제 가나마이신 연구' 결과도 로얄티를 받고 산업계에 판매되었으며, 유기화학제2 연구실장 채영복이 1975년 수행한 '진통제 바랄긴 중간체 합성 연구'나 1977년 '소염제 베타메타손 합성 연구' 등도 동일한 방식으로 상업화가 이루어졌다.[54]

그리고 일괄계약연구로 시작되어 가능성이 확인된 연구에 산업계가 참여하여 추가적인 개발연구가 진행된 다음 그 결과가 산업계로 이전되는 경우가 있었다. 1969년 첫 번째 일괄계약연구의 하나로 추진된 '인쇄회로 기판제조 연구'는 이후 관심을 보인 기업이 공장화에 필요한 연구를 위탁한 다음 생산으로 이어졌다. 다음해 이루어진 농업용 디젤엔진 부품인 '커넥팅로드의 형단조제작' 연구도 이후 산업계가 관심을 보여 기업과 과학기술처의 연구비가 공동으로 투입된 실용화 연구를 거쳐 제품 생산이 되었다. 앞에서 본 '동복강선 개발'의 경우 일괄계약으로 기초연구가 추진된 다음 시험공장생산, 제조시설 개발 등의 연구는 일괄계약과 기업의 공동연구로 추진되고, 추가적인 개선 연구는 기업의 단독 위탁으로 이루어졌다. 일부 과제의 경우 처음부터 산업계와 일괄계약 연구비가 공동으로 투입된 공동계약 형태로 연구가 추진되어 해당 기업으로 이전되기도 했는데, 씨앗 살균제인 'KISVAX의 합성' 연구가 그 같은 사례였다.[55]

항결핵제 리팜피신의 출발물질인 '리파마이신 생산' 연구는 처음 산업계의 위탁으로 시작했으나 일괄계약연구로 본격적인 연구가 이루어지고 최종적인 공업화 연구는 다시 산업계의 위탁을 받아 추진된 독특한 경우였다. 1975년 유한양행은 500만 원의 연구비에 리파마이신 생산을 위한 균주 선별을 위탁해 와 응용생화학연구실장 한문희의 연구책임 아래 첫해 연구가 시작되었다. 그러나 1년간의 연구에서 기대했던 결과를 얻지 못하자 유한

서 생산된 라이신은 거의 대부분이 수출되었고 그에 힘입어 우리나라는 일본 다음으로 제2의 라이신 생산국이 되었다. 임번삼, 「아미노산발효공업의 연구개발현황」, 한국식품과학회 편, 『창립20주년 기념심포지움: 식품생물공학의 현황과 전망』(1988), 102쪽.

54) KAIST 연구개발실, 「연구결과 활용 현황」(1982), KIST 역사관 소장 자료.

55) 위의 글.

양행은 국내 기술개발이 어렵다는 판단하에 더 이상의 연구지원을 중단하고 해외의 업체와 원료공급계약을 추진했다. 이런 상황에서 이 연구의 필요성과 가능성을 확인한 연구팀은 일괄계약연구의 일환으로 연구를 계속할 수 있도록 요청했고, 이 요청이 받아들여져 1977년부터 4년간에 걸쳐 총 1.17억 원의 일괄계약연구비로 리파마이신 생산 연구가 계속되었다.[56] 그 결과 연구팀은 '리파마이신B'의 생산균체 개발에 성공했고, 이 균체의 발효액으로부터 리팜피신의 중간체인 '3-포르밀 리파마이신SV'를 개발해냈다. 당시 국내의 다른 업체들은 이 물질을 수입해 리팜피신을 제조·판매하고 있었다. 연구팀은 이후 리파마이신을 크리스털로 정제하는 기술까지 찾아냈고, 이 단계에 이르러 유한양행과 다시 접촉하여 리파마이신의 공업화를 추진하기로 합의했다. 이에 따라 1982년 K-TAC과 유한양행이 자본금 10억 원을 동등하게 출자하여 유한화학을 설립했고, 유한화학이 리파마이신의 최종 공업화 연구 과제를 KIST에 위탁하여 그 결과를 바탕으로 리파마이신을 생산하기에 이르렀다. 이 연구에서 일괄계약연구비는 기업이 포기한 연구를 재개시켜 성공적인 연구결과로 이어질 수 있게 하는 데 매우 중요한 기여를 했던 것이다.

일괄계약연구과제의 실용화 정도는 산업계나 정부 위탁과제에 비해 다소 낮은 편이었다. 1980년 말까지 계약이 체결되어 연구가 시작된 과제 중 1982년 말까지 생산으로 이어진 209건을 재원에 따라 구분해보면, 정부 위탁 과제는 12.1%, 산업계 위탁는 11.7%의 비율을 나타낸 것과는 달리 일괄계약연구의 경우 총 496건 중 46건이 실용화로 이어져 9.3%의 비율을 기록했다.[57] 이는 일괄계약연구의 경우 KIST 연구자의 과제선택권이 컸기 때문에 당장의 활용가능성보다는 연구자의 선호가 상대적으로 많이 반영되었던

---

56) 리팜피신 연구과정에 대해서는, 설성수 외, 『소관연구기관 성과분석 및 경제사회적 기여전략 연구』, 238~245쪽 참고. 이 보고서는 1977년부터 이루어진 리팜피신 연구가 KIST 자체 연구비에 의한 것이라고 밝혔으나 일괄계약연구로 추진되었다.

57) 설립 이후 1980년까지 계약을 맺은 연구과제의 수는 각 연도별 KIST 연보를 참고했으며, 실용화된 과제의 수는 KAIST 연구개발실, 「연구결과 활용 현황」(1982, KIST 역사관 소장 자료)에서 집계했다.

결과라고 볼 수 있다. 그리고 1978년 KIST가 장기대형국책과제 위주로 성격 전환을 꾀하면서 일괄계약연구의 비중이 크게 늘어났는데, 이 과제들은 단기적인 활용보다는 장기적인 차원에서 요구되는 연구과제였기 때문에 실용화까지는 많은 시간이 필요해서 1982년까지의 연구결과 활용 통계에는 빠졌다는 사실도 지적해야 한다.

일괄계약연구는 장기적인 관점에서 기초·응용연구에서부터 시작하는 경우가 적지 않았고, 이러한 성격의 과제들이 기업화가 될 경우 상대적으로 높이 평가받을 수 있는 가능성이 있었다. 1998년 산업계, 학계, 연구소의 전문가 22명이 건국 후 1998년까지 우리나라 과학기술 역사에서 가장 중요한 사건이나 연구개발 50선을 선정했는데, 1966년부터 1980년까지 선정된 13가지 중 KIST와 관련된 것으로 6개 항목이 포함되었다.[58] 우선 1966년 'KIST 설립'이 꼽혔고, 1973년 '라이신 생산', 1974년 '소형 전자계산기 개발', 1975년 '동복강선 개발', 1979년 'PET 필름 개발', 1980년 '리파마이신 개발' 등 5개의 연구개발 사례가 선정되었는데, 이 중 PET 필름 개발을 제외한 4개의 과제에는 일괄계약연구비가 포함되었다. 또한 1979년 KIST가 자체적으로 설립에서부터 1979년까지 추진된 연구과제 중 대표적인 연구실적 5개를 선정했는데, 'PET 필름 제조기술개발', '인광석으로부터 우라늄 추출공정개발', '누에인공사료 제조기술개발', '내화갑 제조기술개발', '농약 KISVAX 제조기술' 등이 제시되었고,[59] 역시 이 중 'PET 필름 제조'를 제외한 4개의 과제에 일괄계약연구비가 포함되었다. 4개 중 'KISVAX 제조'를 제외한 3건은 일괄계약연구에서부터 시작되었고, 'KISVAX 제조기술'은 일괄계약연구비와 산업계 연구비가 공동 투여되어 시작되었다. 대상이 되는 사례 자체의 수가 작아 엄밀한 분석이 되기는 어렵지만 당장 활용을 기대하며 산업계가 위탁하는 연구과제보다 연구자가 주도적으로 과제를 선정하여 장기계획하에 추

---

58) 「대한민국 50년: 10) 과학기술 50선」, 『조선일보』, 1998.8.5. 1966년부터 1980년까지 시기의 성과로 선정된 것들 중 KIST와 직접 관련되지 않은 것으로, 한국과학원 설립, 다수확 통일벼 품종 개발, 대덕 연구단지 건설 시작, 포니 자동차 판매, 컬러TV 생산 시작, 최초의 원전 고리1호기 완공 등이 포함되었다.

59) KIST, 「업무현황보고」(1979), KIST 문서보관실 소장 이사회 관련 자료.

진되는 일괄계약연구가 상대적으로 낮은 실용화율에도 불구하고 훨씬 파급력이 큰 연구로 이어질 가능성을 안고 있었다고 해석할 수 있다. 따라서 연구자나 운영진 모두 산업계 위탁과제보다 여러 측면에서 유리한 일괄계약연구에 대한 선호도가 높았을 것으로 여겨진다.

3. '종합연구기관'의 의미 변화

1) '국책'과 '공공성'의 강조

국책과제 위주로 성격전환을 꾀한 이후 연구과제의 측면에서는 어떠한 변화가 생겼을까? 새롭게 '국책과제'라는 이름이 붙었더라도 연구주제를 선정한 주체가 KIST 연구원들이었기 때문에 그동안 그들이 수행해왔던 일괄계약연구의 연장선상에 있는 경우가 많았다. 다만 그 같은 과제의 상대적 비중이 커짐에 따라 연구소의 전체적인 연구활동의 중심축이 이동했다고 볼 수 있다. 연구과제의 내용을 보면 동일한 일괄계약연구비를 받아 수행되는 연구라 하더라도 설립 초기의 연구과제와 1970년대 후반의 연구과제는 차이가 있었다. 설립 초기의 일괄계약연구과제에는 당장 산업계에서 활용할 수 있는 단기적인 연구과제들이 많이 포함되었는데, '장기대형국책과제'에는 단기적인 과제가 빠진 대신 공공적 성격의 과제들이 크게 늘어났다. 또한 과제당 연구비의 규모가 커졌을 뿐 아니라 대부분 다년간 추진되는 연구과제들로 채워졌다.[60] 장기대형국책과제를 공식적으로 표방하기

60) KIST 연보의 연구계약고 통계에 의하면 1978년의 일괄계약연구는 48개 연구과제에 총 12.87억 원으로 과제당 연구비가 2690만 원이었으나 1979년은 35건에 36.25억 원으로 과제당 연구비가 1.04억 원으로 늘었고, 1980년은 25건에 63.71억 원으로 과제당 연구비는 2.55억 원으로 급증했다. 그러나 1979년부터 과제당 연구비가 급증한 것은 '장기대형국책과제'의 경우 여러 개의 소과제를 묶은 중과제의 수로 연구과제 수를 나타냈기 때문으로, 1980년의 경우 중과제는 25건이나 실제 연구가 진행되는 소과제는 모두 103건으로 소과제를 기준으로 과제당 연구비를 계산하면 6,185만 원이 된다. 물론 이

이전부터 추진되었던 '태양에너지 이용 연구', '우라늄 추출공정 개발', '석탄에너지 활용 및 변환기술 개발' 등 에너지원 확보와 관련된 연구나 '일산화탄소 전환시스템 개발' 등 연탄가스 재해방지 관련 연구, '알루미늄 콤비나아트 개발' 등 자원 개발에 관한 연구, '저렴한 서민주택 연구' 등이 새롭게 '국책과제'라는 이름을 부여받고 계속 사업으로 추진되었던 것이다.[61] 이 같은 과제들은 특정 기업이 활용하는 연구가 아닌 사회의 공공적 목적에 부응하는 성격을 지니고 있었다. 이와 함께 환경 분야가 주요 연구분야의 하나로 등장하게 된 것도 새로운 모습이었다. 『한국과학기술연구소 연보 1979~80』의 연구활동 소개에서는 기존 중점 분야들에 이어 '환경'이 새로운 연구분야로 소개되어 있다.[62] 이는 1979년 3월 화학공학연구부의 환경공학 연구실이 환경공학연구부로 확대 개편된 결과였으며, 환경연구 분야의 부상은 '국책과제수행'이라는 변화의 흐름과 함께 하고 있다고 볼 수 있다.

KIST가 1978년 『기술자립에의 도전』을 통해 장기대형연구과제로 선정하여 발표한 연구 과제는 크게 5개로 구분되었다. 이는 1) 소재국산화 및 공정개발에 관한 연구, 2) 기술 및 두뇌집약적 특화산업 기술개발에 관한 연구, 3) 에너지 및 자원 위기극복을 위한 종합기술개발에 관한 연구, 4) 환경보전 및 보건관리를 위한 종합적 기술개발에 관한 연구, 5) 지역사회개발을 위한 종합적 연구 등이었으며, 그 아래 세부 과제 30개가 제시되었다. KIST는 이 같은 장기대형연구를 정부가 국가적인 필요에 의해 추진해야 한다는 점을 강조하기 위해 '국책'적 장기대형연구사업이라는 표현을 사용했다. 본래 『기술자립에의 도전』을 펴낼 때는 5개의 대형과제 중 마지막의 '지역사회개발을 위한 종합연구'만을 '국책적 과제해결'이라는 기준으로 선정했다고 밝히면서 '국책 과제'라는 표현을 제한적으로 사용했었다.[63] 지역사회개

규모도 이전의 일괄계약연구에 비하면 크게 늘어난 수치이다. 1980년의 소과제 목록과 각각의 연구비 규모는, KAIST, 『한국과학기술연구소 연보 80』(1981), 6~12쪽 참고.

61) KIST, 「연구책임자별 계약현황」(1997), KIST 연구관리팀 소장 자료 ; 「KIST 장기 연구계획 및 과제: 기술자립에의 도전」, 『과학과 기술』 1978년 9월호, 12~16쪽.

62) KIST, 『한국과학기술연구소 연보 79~80』(1980), 20~21쪽.

63) KIST, 『기술자립에의 도전』, 14쪽.

발을 위한 종합연구에는 도시하부 구조에 관한 연구, 광섬유를 이용한 정보시스템에 관한 연구, 저렴조립주택 및 건축자재 관련기술에 관한 연구, 신교통수단 및 시스템 개발에 관한 연구, 지역개발에 관한 연구 등 5개의 세부과제가 제시되었는데, 이 과제들은 특정 산업 분야와 관련되기보다 주택, 통신, 교통 등 사회간접자본 구축에 필요한 연구였기 때문에 '국책과제'라고 지칭한 것이었다. 그러나 얼마 지나지 않아 '국책적 과제'(national project)라는 표현은 모든 장기대형 연구과제에 확대되어 사용되었다. 선정된 장기대형과제를 1978년 10월 이사회에서 보고하면서 「국책적 장기대형 연구사업계획 79~83」이라고 표현했으며, 10월 23일 KIST 강당에서 정부부처 관계자를 비롯하여 경제단체, 국영기업체 기술이사 이상의 400여 명을 초청하여 국책적 장기대형과제 연구계획에 관한 설명회를 개최할 때도 모든 과제에 '국책적'이라는 수식어를 붙였다.[64] 이는 KIST가 선정한 장기대형과제들에 대해 국가 정책 차원에서의 지원이 꼭 필요하며 다른 전문연구기관들이 할 수 없고 KIST가 할 수 있다는 사실을 강조하기 위한 수사였다고 볼 수 있다.[65]

'국책적 성격'을 표방하면서 선정한 연구과제의 분류 · 제시 방식은 이전까지 KIST가 수립한 장기 연구계획에서 연구과제를 제시하는 방식과도 차이가 났다. KIST가 1969년 처음으로 작성한 장기연구계획인 「5개년 연구계획(1970~1974)」부터 시작해서 이후 작성된 5개년계획 연구계획들은 대부분 중점연구분야에 따라 연구과제들을 제시하고 있다.[66] 1970년 수립된 「연구개발오개년계획(1972~1976)」도 재료공업, 기계공업, 전자공업, 식품공업, 화학공업, 기타로 구분해서 세부 연구과제를 제시했다.[67] 1976년 수립된 장기계획인 「국산화촉진 연구개발계획(1977~1981)」의 경우 분야별 분류 대신 9개

---

64) 「79년부터 장기대형과제 중점 수행」, 『과기연 소식』 12-4(1978).

65) 1978년 최형섭의 뒤를 이어 3대 과학기술처 장관에 임명된 최종완은 KIST가 'national'이라는 표현을 임의로 사용하는 것에 대해 비판적이었다고 한다. 『한국과학기술연구원 인터뷰 자료: 윤여경』(2003.1.24).

66) KIST, 「5개년 연구계획(1970~1974)」, 『KIST 제26회 이사회 회의록』(1969.4.18) 첨부자료.

67) KIST, 『연구개발오개년계획(1972~1976)』(1970), 11~43쪽, KIST 역사관 소장 자료.

의 대과제를 내세웠으나 실제로는 분야별 대표과제를 제시한 것이었다. 예를 들면, '시분할 전자교환기 및 전송기기개발계획'은 전자공업 분야의 과제였으며, '기계공업기술개발'은 기계공업 분야, '기간화학 공업기술의 확립'은 화학공업 분야, '쌀의 간접증산과 설탕, 사료 및 발표제품의 국산화에 관한 종합적 연구'는 식품공업 분야의 연구주제였다.[68] 즉 중점분야를 내걸고 연구과제를 분류하지 않았지만 실질적으로는 분야별로 연구개발계획을 수립한 것이었다.

그러나 1978년 장기대형국책사업을 표방하면서부터는 연구분야별로 연구과제를 제시하지 않고 연구의 특성을 뽑아 5개의 대과제 아래 여러 분야의 과제를 함께 묶어놓았다. 예를 들어 첫 번째 대과제인 '소재국산화 및 공정개발에 관한 연구'에는 기계, 재료, 화학, 식품 분야의 과제가 모두 포함되었고, 두 번째 대과제인 '기술 및 두뇌집약적 특화산업 기술개발에 관한 연구'는 기계, 화학, 생물공학, 재료, 전자계산 분야의 연구과제로 구성되었다. 물론 대과제 아래의 중과제나 세부과제는 대체로 분야별로 나누어졌고, 그중 상당수는 이전에 추진되던 것들이 계속사업으로 수행되는 것이었다. 이는 수행하는 연구과제가 근본적으로 달라진 것은 아니었지만 여러 분야를 하나로 묶는 대과제를 표방함으로써 장기대형국책과제에 맞는 이미지를 구축하려 했던 시도로 볼 수 있다. KIST가 다른 전문출연연구소와 달리 여러 분야를 포괄하는 종합연구소였기 때문에 그에 맞게 '종합적인 연구과제'를 제시했던 것이다. 국책적 장기과제의 선정 기준에는 '복합기술'이 중요한 기준의 하나로 명시되었지만[69] 실질적으로 여러 분야의 접근법이 종합된 복합연구는 그리 많지 않았다. 결국 새로운 연구과제 분류법은 다른 출연연구소와 구별되는 KIST만의 정체성을 강조하기 위한 도구였다고 볼 수 있다.

1980년에 이루어진 일괄계약 연구과제도 5개의 대과제로 구별되었지만 전년도의 구성과 약간의 차이를 보였다.[70] 첫 번째 대과제는 '공공성을 띤

68) KIST, 「국산화촉진 연구개발계획(1977~1981)」(1976), KIST 역사관 소장 자료.

69) KIST, 『기술자립에의 도전』, 14쪽.

국내고유문제 해결과제'로, 연탄가스 재해방지 관련기술연구를 비롯하여 화학, 식품, 기계, 환경, 전자계산, 재료 등 여러 분야에 걸친 12개 중과제가 포함되었다. 두 번째 '경제적으로 자체개발이 유리하고 단기간내 실용화 가능과제'는 전산기초 및 응용소프트웨어 개발에 관한 연구, 전략 정밀화학제품의 국산화연구 등 5개 중과제로 구성되었다. 세 번째 '기술축적을 위한 과제'는 전략산업을 위한 특정소재 및 고급 기능재료 개발연구 등 3개 중과제로 이루어졌으며, 네 번째는 '중소기업 공통애로기술 개발 · 보급 및 지도'였다. 그리고 다섯 번째 대과제에는 기타라는 제목 아래 행정업무의 EDPS화 관련연구 등 3개 중과제가 들어있었다. 세부과제의 상당수가 계속 사업으로 추진된 것들로 전년도에 비해 크게 변화했다고 보기 어려웠지만 세부과제들을 묶는 분류 방식이 다소 달라졌다. 첫 번째 대과제인 '공공성을 띤 국내고유문제 해결과제'는 전년도의 셋째, 넷째, 다섯째 대과제로 분류되었던 것들을 '공공성'이라는 이름으로 하나로 묶어 가장 먼저 제시한 것이었다. 즉 '공공성을 띤 문제해결'을 대표적인 연구과제로 내세움으로써 국책연구가 당장 산업계가 활용할 수 있는 것보다는 사회 전반에 기여할 수 있는 '공익성'을 지니고 있음을 부각시키려고 했던 것이다. 이는 KIST를 산업기술을 지원하는 계약연구기관에서 공공적 성격이 강하고 종합적인 국책과제를 수행하는 연구소로 새롭게 규정하여 다른 정부출연연구소와 차별화를 시도한 결과였다고 이해할 수 있다.

KIST를 지칭하는 여러 가지 수식어 중 하나인 '종합연구기관'이라는 표현은 설립 초기부터 사용되었지만, 이것이 나타내는 의미는 시간의 흐름에 따라 조금씩 달라졌다. 1966년 설립을 전후로 사용되는 종합연구기관 표현은 여러 연구분야를 담당한다는 의미가 컸다.[71] 한두 개의 전문 분야로 한정하지 않고 기계, 금속 · 재료, 전기 · 전자, 화학 · 화공, 식품, 공업경제 등

70) 한국과학기술원, 『한국과학기술연구소 연보 80』(1981), 6~12쪽.

71) 박익수, 「현존기관육성이 더 중요－과학기술종합연구소 설치운동에 대하여」, 『동아일보』, 1965.6.15. 이 글에서 박익수는 여러 분야를 포괄하는 종합연구소가 효율적이지 못할 수 있다고 지적했다.

산업기술과 관련된 여러 분야를 KIST가 연구 대상으로 삼고 있다는 뜻이었다. 1970년대 들어 여러 분야를 포괄한다는 의미가 여전히 남아있었지만 KIST의 연구활동이 본격화되면서 종합연구기관이라는 표현에는 실험실에서부터 시험공장까지 포괄적인 연구를 담당한다는 의미가 추가되었다.[72] 즉 KIST 내에서 목적기초연구에서 응용·개발연구를 거쳐 양산을 위한 시험생산까지 일관연구가 이루어진다는 뜻으로, 연구 결과의 기업화에 관심이 모아졌던 당시의 분위기를 반영하고 있다고 볼 수 있다. 그리고 1978년 장기대형국책과제 중심으로 전환을 꾀한 전후로는 종합연구기관이란 여러 분야가 복합된 대형연구를 수행하는 기관이라는 의미가 부각된 것이다.[73] 이는 특정 분야의 전문연구기관과는 구별되는 KIST만의 정체성을 만들기 위한 의도가 담겨있는 표현이었다.

그러나 KIST가 지향한 장기대형국책과제의 수행은 막대한 정부의 연구비 지원이 뒤따라야했기 때문에 KIST의 계획대로만 이루어지지는 않았다. KIST는 장기대형과제의 수행에 필요한 1979년도 연구비를 과학기술처와의 논의를 거쳐 97.7억 원으로 조정하여 정부에 요청했다. 그러나 장기대형과제를 위해 최종 확정된 예산은 34억 원에 불과했다.[74] 물론 이 금액도 전년도에 비해 2배 이상 늘어난 액수였지만 KIST의 계획에는 크게 못 미쳤다. 정부는 KIST에 대한 출연금 지급액을 늘리면서 국민들이 KIST에 대한 장기적인 대규모 투자의 필요성을 납득할 수 있도록 그동안의 KIST 연구성과에 대한 평가작업을 시행할 것을 요구했다.[75] 이에 대해 KIST는 1967년부터 1979년까지 정부가 출연한 연구비로 이루어진 연구성과를 소개하는 자료를 작성해서 공개했다.[76] KIST가 작성한 연구성과 소개 자료는 외부에 공개되었고, KIST의 의도대로 KIST가 연구자 유치와 연구에서 큰 성과를 보였다고

---

72) 최형섭, 『개발도상국의 공업연구』, 312~315쪽.

73) 『KIST 제64회 이사회 회의록』(1979.3.23).

74) 『KIST 제62회 이사회 회의록』(1978.7.21) ; 『KIST 제63회 이사회 회의록』(1978.10.20).

75) 『KIST 제66회 이사회 회의록』(1979.10.19).

76) KIST, 「업무현황보고」(1979), KIST 문서보관실 소장 자료. 이 자료는 국회 브리핑용으로 작성되었다.

언론에 보도되었다.

> 한국과학기술연구소(KIST)에는 박사학위 소유자만도 무려 89명이 정착, 지난 67년 설립 이후 지금까지 매년 150건 이상 총 1,849건의 연구성과를 올렸다. 이 중 기업화하여 산업발전에 기여하고 있는 것이 213개 과제에 102개 품목, 기업화를 추진 중인 것이 118개 품목에 이른다. 그동안 연구결과 특허로 등록된 것이 발명 91건, 실용신안 26건, 의장 3건 등 120건이며 특허출원 중에 있는 것 또한 230건에 달한다.[77)]

이 기사는 KIST의 연구가 실험실적 연구에 머무르지 않고 기업화로 이어지고 있다고 밝히며, 생산되고 있거나 기업화가 추진되고 있는 여러 과제들에 대해 상당히 구체적으로 설명했다. 이러한 홍보의 효과가 있었던지 1980년도 일괄계약연구비는 전년도의 2배가 넘는 72억으로 결정되었다.

그런데 앞에 인용한 KIST의 성과에 대한 기사가 나가고 3개월 정도가 지난 뒤 동일한 자료에 대해 한 경제지는 신랄한 혹평을 가했다.

> 한국과학기술연구소는 지난해[1979년] 말까지 정부로부터 105억 원의 연구비를 지원받아 연구개발 활동을 해왔으나 연구개발 내용 중 60%는 뚜렷한 결과가 요청되지 않고 연구책임을 쉽게 벗어날 수 있는 기초연구와 조사분석업무 기술개량에 치우쳐 있어 국가연구비지급에 커다란 문제점을 던져주고 있다. 이 연구소가 지난 67년부터 지난해까지 13년 동안 연구를 끝낸 1,849건의 연구건수 가운데 58.8%에 해당되는 1,087건이 컴퓨터계산, 중소기업기술지도, 소액계산연구, 경영지도, 정책보고서 작성 등으로 연구원들이 연구결과에 특별한 책임을 지지 않아도 되는 편의적인 것이거나 연구결과를 보고서 형식으로 대신할 수 있는 내용들이다. KIST가 그동안 실시한 새로운 기술개발과 선진기술의 국산화부문은 전체연구 건수 가운데 36.7%인 678건에 지나지 않으며 혁신적인 기술개발로 평가받고 있는 것은 내화갑, 농약원제, 누에 인공사료, 프레온, 폴리에스터필름, 동복강선, 축전지,

---

77) 「KIST, 10년간 100건 기업화」, 『주간매경』, 1979.12.6.

폴리에틸렌 합성지, 듀멧선, 난연성 PCB 등 손으로 꼽을 수 있는 숫자에 불과하다. (……) KIST가 신기술개발이라고 주장하고 있는 678건의 연구결과 중에도 새로운 기술은 절반정도에 불과하며 나머지 결과 가운데 선진국에서 라이프사이클이 지난 낙후기술이 많이 포함돼있다.[78]

이 기사는 KIST가 정부로부터 105억 원의 연구비를 받는 동안 산업계와 212억 원에 달하는 연구계약을 맺었다는 사실이나 완료된 1,849건의 60% 정도가 산업계 수탁과제임을 밝히지 않아 KIST가 정부 연구비만을 받아 방만하게 운영되었다는 인상을 주고 있다. KIST가 정부로부터 받은 막대한 연구비를 지급받고도 큰 성과를 내지 못했음을 주장한 기자는 "지나치게 연구소의 자율에 맡겨왔기 때문에 이 같은 결과가 초래됐다. 앞으로는 자체평가와 정부의 과제조정을 통해 철저하게 연구결과를 평가하고 국가적으로 필요한 기술개발에 주력토록 할 방침"이라는 과학기술처 고위 당국자의 말을 덧붙였다. 동일한 통계에 대해 두 기사의 평가가 매우 상반된 모습을 보인 것은 일차적으로 담당 기자의 관점의 차이에서 기인했다고 볼 수 있다. 그러나 여기에는 KIST 후원인 역할을 자임했던 박정희가 사망하고 새로운 정치세력이 등장하면서 KIST에 대한 인식이 변화되었다는 점이 크게 작용한 것으로 보인다. KIST를 비롯하여 모든 정부출연연구기관의 설립자로 등재된 박정희가 사라지고 소위 신군부가 등장하면서 출연연구소에 대한 재평가가 이루어지고 있었으며, 앞으로 관리를 강화하겠다는 과학기술처 관리의 발언에서 그러한 사정을 엿볼 수 있다. 위의 KIST에 대한 비판적인 기사는 바로 변화된 정치환경에서 나왔으며, 이는 몇 달 뒤 공식적으로 표출된 KIST에 대한 '외풍'을 예고하고 있었다.

78) 「국가연구비 지원 엄격관리 긴요」, 『내외경제』, 1980.3.19.

2) KIST와 한국과학원의 통합

1970년대 연이어 설립된 과학기술 분야 정부출연연구소는 1980년 1개 부설기관을 포함하여 총 19개 기관에 달했다.[79] 산업기술을 연구하는 다수의 전문연구기관을 정부가 세워 민간의 연구개발을 견인한다는 방식은 1970년대 한국 과학기술정책의 핵심으로서, 과학기술발전에서 국가의 역할이 큰 후발산업국가 중에서도 매우 독특한 면모를 띠고 있었다. 그렇지만 1976년을 전후로 연구기관이 한꺼번에 설립되는 상황은 몇 가지 문제를 안고 있었다. 무엇보다도 단기간에 연구소의 설립이 이어지다보니 연구소의 운영에 필요한 충분한 재원 확보가 어려웠는데, 1978년 말부터 시작된 제2차 오일쇼크와 뒤이은 경기침체로 인해 기업들이 연구개발에 대한 투자를 꺼림에 따라 신설 연구기관뿐만 아니라 KIST와 같은 기존 연구기관들도 상당한 재정적 어려움을 겪어야했다.[80] 연구소의 연구분야나 과제에 적합한 운영방식에 대한 충분한 논의가 없이 KIST의 운영방식을 그대로 받아들였다는 것도 문제였으며, 연구소를 관장하는 주무 부처가 분산되어 연구소 설립이나 이후의 운영에서 전체적인 종합조정이 원활하지 못해 연구소의 기능 중복에 대한 논란이나 연구원과 연구과제 확보를 위한 경쟁이 심화되었던 것

---

79) 19개 기관을 소관 주무부처별로 보면, 과학기술처 7개(KIST, KIST 부설 해양개발연구소, 한국과학원, 한국과학기술정보센터, 한국과학재단, 한국원자력연구소, 한국핵연료개발공단), 상공부 4개(한국기계금속시험연구소, 한국선박연구소, 한국전자기술연구소, 한국화학연구소), 동력자원부 3개(한국종합에너지연구소, 자원개발연구소, 한국전기기기시험연구소), 전매청 2개(고려인삼연구소, 한국연초연구소), 국방부(국방과학연구소), 체신부(한국통신기술연구소), 공업진흥청(한국표준연구소)이 각각 1개 기관이었다.

80) 「연구소마다 운영난 극심」, 『매일경제』, 1979.7.31. 2차 오일쇼크의 여파로 1979년 경제성장률은 전년도의 11.6%에서 6.4%로 떨어졌으며, 도매물가 상승률은 12.2%에서 23.8%로 증가했다. 1980년에는 경제개발계획 수립 이후 처음으로 마이너스 성장률을 기록했으며 도매물가상승률 44.3%, 경상수지 적자 53.2억 달러를 나타내는 등 극심한 경기침체상황을 나타냈다. 1970년대 후반 한국경제의 상황에 대해서는 이재희, 「1970년대 후반기의 경제정책과 산업구조의 변화－중화학공업화를 중심으로」, 한국정신문화연구원 편, 『1970년대 후반기의 정치사회변동』(백산서당, 1999), 93~153쪽 참고.

이다.

이러한 상황에서 모든 정부출연연구소의 설립자로 등재된 박정희가 1979년 10월 26일 살해되자 연구소에 대한 구조조정의 가능성이 높아졌는데, 앞에 인용한 KIST의 연구활동에 대한 비판적 기사는 이러한 분위기속에서 나온 것이었다. 특히 12·12 쿠데타를 통해 정치권력을 잡은 소위 신군부는 1980년 5월 17일 비상계엄령을 확대시키고 5월 31일 '국가보위비상대책위원회'(국보위)를 결성하여 입법, 사업, 행정의 3권을 자신들에게 집중시켜 강압적인 통치를 펼치면서 사회 전반에 대한 '개편'을 추진했는데,[81] 이 과정에서 운영난을 겪고 있던 정부출연연구소도 '개편'의 대상이 되었다. 이에 따라 상공부가 산하의 출연연구소에 대해 업무감사를 실시하겠다는 뜻을 밝혀 연구소의 불만과 우려를 야기했으며, 정부출연연구소 조직이나 관리방향을 개편해야 한다는 주장이 본격적으로 제기되기 시작했다.[82]

여러 연구소들이 운영난을 겪고 있는 상황에서 정부출연연구소 체제에 대한 비판적인 의견들이 나오기 시작하자 출연연구소의 '원조'인 KIST의 운영진은 변화가 불가피하다는 것을 인식하고 자체적으로 기존 연구소 체제의 문제점을 개선하기 위한 방안 검토에 착수했다. 이러한 사실은 1980년 8월 KIST가 작성한 「출연연구기관의 운영효율화를 위한 체제의 발전적 정비」라는 자료를 통해 확인할 수 있다.[83] 이 자료는 정부출연연구소가 지닌 운영상의 문제점을 10가지로 정리하고 이를 해결하기 위해 '종합적인 의사결정체 정립', '유사기능별 연구소군 연방화' 등 몇 가지 개선책을 제시했다. 연구소 연방화 방안은 유사성을 가진 연구소 그룹끼리 계열화하여 계열별

81) 이 시기의 정치적 상황에 대해서는, 김광운, 「전두환 정권의 성격과 통제메커니즘」, 한국역사연구회 현대사연구반, 『한국현대사4』(풀빛, 1991), 23~60쪽 ; 이완범, 「박정희 정부의 교체와 미국, 1979~1980」, 한국학중앙연구원 편, 『1980년대 한국사회 연구』(백산서당, 2005), 13~112쪽 참고.

82) 「연구소 외부감사설에 크게 반발」, 『주간매경』, 1980.5.15 ; 「과학기술조직 개편시급」, 『경향신문』, 1980.6.10.

83) KIST, 「출연연구기관의 운영효율화를 위한 체제의 발전적 정비」(1980), KIST 문서보관실 소장 이사회 관련 자료.

로 경영적 차원에서의 긴밀한 연결체제를 구축하고 계열별 효율적 관리방식을 강구하자는 제안으로, 경제분야를 포함한 24개의 정부출연연구소를 〈표 14〉처럼 기능별로 5개의 계열로 묶어 유기적인 협력체제를 갖추자는 것이었다.

이러한 연구소 연방화 방안은 독일의 '프라운호퍼연구소'를 모델로 했는데,[84] KIST 부설연구소와 통신 · 선박 · 화학 · 전자기술연구소 등 산업기술 분야의 연구소는 KIST를 중심으로 하는 연방체제로 묶여 종합연구소 체제를 갖추는 것으로 설명되었다. KIST와 통합의 대상이 되는 연구기관 중 화학연구소를 제외한 나머지 연구소들은 KIST 부설 연구기관이거나 KIST에서 독립한 연구소들로, 연원을 따지면 KIST가 '母연구소'가 되는 셈이었다. 그러나 아직 부설 상태인 2개를 제외한 4개의 연구소들은 모두 법적으로 독립적인 재단법인으로 설립되어 운영 중인 상태로, 특별한 유인책이 없이 KIST 연방으로의 통합을 쉽게 받아들일 수 없었기 때문에 연구소 연방화 방안이 실제로 추진되기 위해서는 풀어야 할 과제가 만만치 않았다.

그러나 KIST가 내부적으로 연방화 방안을 구상하고 있는 동안 국보위에서는 정부출연연구소 통폐합 작업을 추진하고 있었으며, 여기에는 KIST와 한국과학원을 통합시킨다는 내용이 포함되었다.[85] 이에 따라 1980년 8월 KIST 소장 천병두는 임기가 끝나지 않았음에도 정부 측의 일방적 요구에 의해 소장을 그만두어야 했고,[86] 한국과학원 교수였던 이정오가 KIST 소장, 한국과학원 원장, 그리고 과학재단 이사장 겸임으로 임명되었다. 이정오는 취임 직후 한 신문과의 인터뷰에서 KIST와 한국과학원을 통합하여 능률을

---

84) 독일의 프라운호퍼연구회는 산하에 50개가 넘은 연구소를 거느리고 있는 비영리법인으로서, 1999년 한국정부가 출연연구기관을 연구회체제로 개편한 것은 프라운호퍼연구회와 막스플랑크연구회를 벤치마킹한 것이다. 정선양, 『독일 공공연구기관의 연구회 체제 분석연구』(과학기술정책연구원, 2003) 참고.

85) 1980년 출연연구기관의 통폐합에 대해서는, 과학기술처, 『과학기술처 출연연구기관 백서』(1997), 16~21쪽 참고.

86) 『한국과학기술연구원 인터뷰 자료: 권태완』(2002.12.17) ; 『한국과학기술연구원 인터뷰 자료: 박원희』(2002.11.22).

〈표 14〉 KIST의 연구기관 연방화 방안(1980.8)

계열별 그룹	연구소 관리의 주요 포인트	연구기관
제1군 - 산업기술 개발·보급 분야 - 정부 각 부처에 관련된 싱크탱크(think tank)	연구 수요에 기동성 있게 대처하여 나갈 수 있는 자율적 운영체제 속에서 계약연구 형태를 통한 참여와 책임을 중요시하고 연구조직의 적정 규모 실현	한국과학기술연구소 KIST 부설 해양개발연구소 KIST 부설 지역개발연구소 한국통신기술연구소 한국선박연구소 한국화학연구소 한국전자기술연구소
제2군 국가적 중점 개발 분야	국가가 중점적으로 선정한 분야에 대하여 연구과제의 계획, 수행, 평가, 관리 등 효율적 업무관리가 경영의 주안점이 됨	한국원자력연구소 한국핵연료개발공단 한국종합에너지연구소 자원개발연구소
제3군 서비스 분야	- 인력과 시설의 최대 활용 - 완벽한 서비스 태세 확립	과학기술정보센터 한국기술검정공단 한국기계금속시험연구소 한국전기기기시험연구소 한국표준연구소
제4군 대정부 보조 분야	정부 정책 중 특정 분야에 대한 합리적인 입안 등 정책자료의 생산 및 관리	한국개발연구원 국제경제연구소 농촌경제연구소
제5군 기타	경영효율성 공동경영방식을 구사하기 곤란한 분야로서 개별 특성에 맞는 관리	한국과학원 기능대학 과학재단 한국연초연구소 고려인삼연구소

극대화할 계획이며, 통합 기관의 운영은 막스플랑크연구소를 모델로 할 것이고 KIST의 명칭은 대외 이미지를 고려하여 변경여부를 신중히 결정하겠다고 밝혔다.[87] 그러나 이정오는 KIST 소장으로 공식 취임한지 12일 만에 과학기술처 장관으로 임명되었고, 11월 한국과학원 교수 이주천이 KIST 소장과 한국과학원 원장으로 임명될 때까지 양 기관의 최고책임자는 공석인 상태로 실무진들에 의해 통합준비가 진행되었다. 장관과 각 기관장 인선 등

87) 「〈응접실〉 3개 과학기관장 겸직한 이정오 박사」, 『조선일보』, 1980.8.28.

의 정책과정이 제대로 준비되지 못한 상태에서 통합이라는 큰 변화가 추진됨에 따라 이 기간 동안 KIST의 운영은 상당히 불안정한 상태가 될 수밖에 없었다.[88] 결국 1981년 1월 5일 연구기관인 KIST와 교육기관인 한국과학원은 한국과학기술원(KAIST, Korea Advanced Institute of Science and Technology)으로 통합되어 정식 발족했다. 결과적으로 KIST에 뿌리를 두고 있는 정부출연연구소 설립 정책은 통합이라는 부메랑이 되어 KIST에 돌아왔던 것이다.

그렇다면 육성법에 의해 연구소의 존립과 자율적 운영이 보장되고 있던 KIST가 원하지 않는 통합을 해야 했던 이유는 무엇일까? 우선 실질적인 군사정부였던 국보위가 '공포정치'를 이용한 정 · 재계 개편을 통해 새로운 지배구조를 수립하는 과정에서 정부출연연구소의 운영 효율성을 높인다는 명목으로 충분한 검토가 없이 연구소들을 인위적으로 통폐합하는 정책을 추진했다는 사실과 KIST가 겪고 있던 재정난이 그 원인이라 할 수 있다.[89] 여기에는 KIST가 장기대형국책과제로의 전환을 표방하면서 정부재원에 대한 의존도가 크게 높아졌다는 점이 중요한 배경이 되었다. 1980년의 경우 일괄계약연구비는 전체 계약고의 63.4%를 차지했으며 여기에 정부 위탁연구비 7.9%를 포함하면 정부 재원의 연구계약고는 70%를 훌쩍 넘기게 되었다. 이처럼 정부 재원에 대한 의존도가 높아졌다는 것은 계약연구로 재정자립을 이루어 자율적인 운영을 꾀하겠다는 설립 초기의 지향과는 현저히 다른 상황으로, 정부의 정책이 크게 변하거나 정치환경이 달라질 경우 KIST의 장래 역시 큰 변화를 겪을 수 있었음을 의미했다. 결국 재정의 2/3 이상을 정부에 의존하고 있는 상황에서 자율성의 한계는 분명했으며, 특히 KIST

---

88) 예를 들어 7월과 10월 열려야 될 정기이사회가 무산되었고, 그 사이 후임 이사를 선정하기 위한 2번의 임시이사회가 열렸으나 그전까지의 이사회와는 달리 상세한 안건에 대한 논의 없이 형식적 절차만 밟고 단시간에 끝났다. 『KIST 제68회 이사회 회의록』(1980.8.22) ; 『KIST 제69회 이사회 회의록』(1980.11.8). 또한 1980년 한 해 동안 선임급 이상 연구자의 26명이 이직했지만 박사 학위를 소지한 연구원의 신규임용은 단 2명에 불과했다. 한국과학기술원, 『한국과학기술연구소 연보 80』(1981), 46쪽.

89) KIST의 경우 설립 이후 한 번도 결산상 적자를 기록한 적이 없었으나 1980년의 경우 무려 35억 원의 적자를 기록했다. 한국과학기술원, 『한국과학기술연구소 연보 80』, 47~48쪽.

의 설립자이자 강력한 후견인 역할을 했던 박정희가 사망한 다음 그 한계는 바로 모습을 드러냈던 것이다.

KIST가 국책과제 수행이라는 명분으로 정부로부터 막대한 재정을 지원받았지만 그 형식은 일괄계약연구비라는 연구비 형식이었고, 이는 사용내역이 세분화되어 있지 않은 포괄적 지원이기 때문에 정부의 지원 속에서도 연구소가 자체적으로 융통성 있게 예산운용을 할 수 있는 여지가 있었다. 그러나 1980년의 연구기관 통폐합 이후 정부가 KIST를 비롯한 출연연구소에 제공하는 출연금은 연구비가 아니라 인건비를 포함한 기본운영비를 연구원 당 경비 기준으로 산출하여 지급하고 연구비 및 시설 관련 비용은 사업별로 심의 조정하는 형식으로 바뀜에 따라 자율적 운영의 폭은 더욱 협소해졌다.[90] 과학기술처는 이 같은 출연금 지급 방식의 변화가 기존 출연연구비보다 합리적이고 효율적이라고 주장했지만 연구소의 운영에서는 제약이 불가피했다.[91] 같은 정부 지원이라 하더라도 운영비로 받게 되면 인원과 사업에 대해 정부 통제가 가해질 수밖에 없었고, 이사회의 기능이나 출연연 운영의 자율성이 구조적으로 축소될 수밖에 없었던 것이다. KIST에서 외부 위탁연구가 활발한 분야의 경우 정부의 출연금 지원과 관계없이 연구실 규모가 성장해왔으나 운영비를 지원받고 그에 따라 인위적으로 간접비 비율을 낮출 경우 필요한 인원이 있더라도 채용이 힘들어진다는 문제가 있었다. 실제로 운영비로 지급하면서 정부는 인원의 동결을 강력히 요구했고 계속적인 성장세를 보이던 KIST 전산개발센터의 경우 임시직 형태로 인원을 늘릴 수밖에 없었다. 이는 KIST를 비롯한 정부출연연구소를 독립적인 민간재단법인으로 택했던 취지는 사라지고 통폐합 이후 연구소가 실제적으로 국공립연구소와 같은 방식으로 운용되었음을 뜻했다.

정부출연연구기관의 운영 효율을 높이기 위한 목적으로 추진된 연구기

90) 정부의 출연금 지급 방식의 변화와 그에 따른 정부출연연구소 원가회계제도의 변화에 대해서는, 김계수 · 이민형, 『R&D 원가회계시스템연구－정부출연연구기관을 중심으로』(과학기술정책관리연구소, 1998)를 참고.

91) 과학기술처 진흥국, 「연구소 운영의 효율화 방안(시안)」(1980), KIST 문서보관실 소장 이사회 관련 자료.

관 통폐합에서 연구기관과 교육기관으로 각각 상이한 성격을 지녔던 KIST와 한국과학원이 통합된 가장 큰 이유는 교육과 연구의 연계를 통해 두 기관의 능력을 상호보완함으로써 기관운영의 능률을 높이겠다는 것이었다.[92] 즉 통합을 통해 KIST는 한국과학원의 학생들을 필요한 연구인력으로 활용할 수 있고, 과학원은 실제적인 연구활동에 기반을 둔 효과적인 교육을 실시함으로써 두 기관이 시너지 효과를 거둘 수 있다는 판단이었다. '종합연구기관' KIST는 한국과학원과의 통합으로 '교육'이라는 기능까지 포함한 더 '종합'적인 기관이 되어야했던 것이다.

그러나 공식적인 통합의 명분에도 불구하고 KIST와 한국과학원의 결합은 당시에도 그리 자연스럽지 않았기 때문에 정치적인 요소의 작용이 컸었다고 얘기된다. 예를 들어 『한국과학기술원 사반세기』는 "사회적으로 가장 인지도가 높은 KIST와 과학원이라는 두 기관을 통합함으로써 출연연구기관의 통합을 보다 극명하게 보여주는 효과를 얻을 수 있었을 것이"라고 하면서 두 기관의 통합은 무엇보다 정치적인 필요성에 의한 결과라고 주장했다.[93] 연구소 통합이라는 정책 자체가 연구소 내부의 의견수렴이나 동의에 근거한 것이 아니었기 때문에 통합정책 자체가 환영받기 어려운 상황에서 가장 오래된 두 기관을 첫 번째 통합대상에 올려놓음으로써 구조조정의 상징성과 효력을 높이기 위한 목적이 담겨있었다는 것이다. 그와 함께 『한국과학기술원 사반세기』는 "두 기관의 통합으로 설립된 한국과학기술원의 설립자를 전두환 대통령이 맡음으로써 통치자가 과학기술에 관심을 기울인다는 정치적 제스처의 효과도 아울러 거둘 수 있었을 것이"라는 설명도 덧붙였다. 실제로 전두환은 박정희가 그러했던 것처럼 정부출연연구소 통폐합 과정에서 새로 탄생한 기관들의 설립자로 이름을 올렸다.

또한 상당수 KIST 출신 인사들은 신군부와 연결된 육사출신의 과학기술

---

92) 현원복 외, 『1980년대 과학기술정책의 분석 및 전망에 관한 연구』, 137쪽 ; KIST, 「KIST-KAIS 통합운영방안」(1980), KIST 문서보관실 소장 이사회 관련 자료.

93) 한국과학기술원 사반세기 편찬위원회 편, 『한국과학기술원 사반세기』(한국과학기술원, 1996), 81쪽.

자들이 KIST에 대해 가졌던 부정적 태도가 통합에 큰 요인이 되었다고 여긴다.[94] 이는 1972년 KIST 소장 심문택이 국방과학연구소 소장으로 옮겨간 이후 군 출신 연구원들의 영향력을 줄이고 KIST에서 끌어온 인력들을 부소장을 비롯한 중요 직위에 임명한 이후 빚어진 KIST 인맥과 국방과학연구소 인맥의 갈등이 표출된 결과라는 지적이었다.[95] 아울러 1970년대 KIST가 누렸던 혜택으로 인해 과학기술계 일반이 KIST에 대해 지녔던 비우호적인 태도도 KIST 통합의 정치적 배경으로 언급되었다.[96] KIST 출신 과학기술처 장관이 KIST와 KIST 출신 연구자들에게 특혜를 주어 다른 기관과 연구자들이 상대적 박탈감을 갖게 되었고, 이것이 통합의 빌미를 제공했다는 것이다. "MOST(과학기술처) 장관이 아니라 KIST 장관"이라는 비판이 나올 정도로 최형섭은 KIST를 후원했으나,[97] 최형섭의 영향력의 원천이 되었던 박정희가 사라지자 KIST가 역풍을 맞게 된 것이었다. 연구와 교육을 연계시킨다는 명분을 내세웠지만 통합 이후 한국과학기술원의 인사와 운영이 철저하게 한국과학원 출신 위주로 진행되었다는 사실도 이 같은 해석을 뒷받침한다. 이에 대해 한국과학원 출신 인사들은 재정난으로 인해 독자생존이 힘들었던 KIST를 한국과학원이 실질적으로 흡수 통합했기 때문이라고 설명한다.[98] 이에 대해 KIST 측 인사들은 자본에 많이 투자되어 현금 흐름에 문제가 있었지 재무재표는 큰 문제가 없었다며 KIST의 재정난이 통합의 요인이 되었다는 주장을 강력히 부인했다.[99]

결국 KIST와 한국과학원의 통합에 정치적인 요인이 작용했다는 점은 부

---

94) 『한국과학기술연구원 인터뷰 자료: 박원희』(2002.11.22) ; 『한국과학기술연구원 인터뷰 자료: 김은영』(2003.1.17).

95) 신동호, 「과학기술계의 양대인맥」, 과학기자 모임 지음, 『신한국 과학기술을 위한 연합 보고서』(희성출판사, 1993), 162~163쪽.

96) 고종관, 「매맞는 출연 연구소」, 과학기자 모임 지음, 『신한국 과학기술을 위한 연합 보고서』(희성출판사, 1993), 85쪽.

97) 「균형 잃은 과학행정」, 『경향신문』, 1974.3.20.

98) 인터뷰: 전 한국과학원 원장(2007.1.23).

99) 『한국과학기술연구원 인터뷰 자료: 전 KIST 행정부장』(2008.4.21), 이 인터뷰는 KIST의 내부 프로젝트 수행 과정에서 실시된 것이다.

정하기 힘들 것이다. 그 결과 두 기관의 통합은 완전한 화학적 통합으로 이어지지는 못하고 1989년 KIST가 분리 · 독립하여 1980년 이전상태로 되돌아가고 말았다. 통합 자체가 내부 구성원들의 논의나 이해가 없는 상태에서 일방적으로 추진되었고, 나름대로 쌓아온 두 조직체의 상이한 조직문화로 인해 인위적인 통합은 성과를 거두지 못했던 것이다.[100] 통합 전후의 불안정한 분위기, 통합 이후 한국과학기술원 학사부와의 갈등, 재분리를 위한 노력 등을 고려할 때 KIST와 한국과학원의 통합은 KIST로서는 불행한 일이었다.

---

100) 김인수, 『거시조직이론』(무역경영사, 1999), 579~580쪽.

3부 요약 및 소결

3부에서는 KIST의 연구활동에 대해 논의하면서 계약연구기관 KIST가 국책연구기관으로 변화하는 과정을 보였다. KIST의 가장 큰 목적이 산업기술개발에 기여하는 것이었기 때문에 KIST 연구계약의 주된 고객은 산업계가 되어야 했지만 1960년대 후반까지 국내 산업계는 연구개발의 필요성에 대한 인식이 높지 않았다. 따라서 설립 초기 KIST는 연구개발의 가치를 알리고 연구위탁을 얻어내는 데 많은 노력을 기울여야했지만 산업계와의 연구계약은 낮은 편이었다. 대신 설립 초기는 정부 부처 위탁 과제의 비중이 상대적으로 높았고, 이 시기의 연구활동은 정부의 정책 수립 · 집행을 지원하거나 각 부처로부터 요구받은 기술개발 활동이 중심을 이루었다. 국내 최고의 시설과 국내외에서 유치한 우수한 연구진을 갖추었기 때문에 자연스럽게 정부의 과학기술 분야 '싱크탱크'의 역할을 담당했던 것이다.

연구과제를 수탁하기 위한 KIST의 노력은 산업계의 기술개발활동을 촉진시키려는 정부의 정책적 지원에 힘입어 1973년부터 효과를 나타내기 시작해서 산업계계약고가 전체계약고의 50%를 넘게 되었다. 이는 한국의 상황에서 계약연구체제가 가능하겠냐는 회의적 반응에도 불구하고 계약연구라는 개념과 연구개발의 필요성이 확산되었음을 말해주었다. 물론 KIST의 산업계 계약고 증가는 일차적으로 당시의 비약적인 경제성장을 배경으로 해서 이루어진 결과로 전적으로 KIST의 역할에 의한 것이라 보기는 어렵다. 그렇지만 당시 우리나라 민간의 전체 연구개발비에서 KIST의 산업계 계약고가 차지하는 비중이 설립 초기에 비해 점차로 높아졌다는 사실은 산업계가 KIST를 통한 연구개발의 가치와 필요성을 점차 더 크게 인정했음을 시사한다.

산업계의 연구위탁이 활발해지자 KIST 운영진과 정부는 연구결과의 활용을 높이는 데 관심을 두게 되었고, 1974년 KIST 연구결과의 기업화를 목적으로 설립된 K-TAC은 그 결과물이었다. K-TAC은 KIST가 소유하고 있는 기술을 현물로 출자받아 산업계에 판매하는 것을 일차적 목적으로 삼았으나 산업계가 관심을 보이지 않을 경우 직접 회사를 설립하여 기업화를 추진했으며, 산업계와 공동 투자를 통해 회사를 세우기도 했다. 산업계가 관심을 보이지 않았지만 K-TAC이 기업화까지 이끌어낸 사례들은 연구 결과의 낮은 활용을 단순히 KIST 연구개발 능력 미비로만 설명할 수 없음을 말해준다. 실험실에서 가능성이 확인된 연구가 산업계에서 활용되기 위해서는 추가적인 개발연구와 지속적인 투자가 이루어져야 하기 때문에 산업계의 인식이나 자본력, 이를 지원하는 금융이나 제도적 장치 등이 뒷받침되어야 했던 것이다. 아울러 KIST 연구결과의 기업화 과정에서 얻게 된 경험은 기술개발촉진법의 개정을 이끌어내는 데 중요한 계기가 되었는데, 이는 KIST 연구개발 활동은 그것의 물질적 결과물도 의미가 있지만 연구개발에 대한 인식을 확산시키고 연구개발과 그것의 활용을 뒷받침하는 제도와 정책을 마련하게 하는 단초가 되었다는 점에서도 가치를 지녔음을 보여주었다.

KIST는 1978년 국가적으로 필요한 장기대형국책 과제를 중심으로 하는 국책연구소로의 성격전환을 공식화했는데, 이는 정부로부터 지급받는 일괄계약연구비를 연구소 운영에 필요한 주된 재원으로 삼겠다는 것으로 계약연구를 통한 재정자립이라는 설립 당시의 목표를 실질적으로 포기했음을 뜻했다. KIST가 이 같은 전환을 꾀하게 된 것은 전문연구소의 등장, 산업구조의 고도화에 따라 미래지향적 장기과제의 추진이 필요하게 되었다는 외부적 조건과 계약연구체제의 유지에 대한 운영진과 연구자들의 부담감, 운영기금의 수익 감소, 연구자들의 이직 증가 등 연구소 내부적 요인들이 함께 작용한 결과였다. 그러나 국책과제 수행으로 인해 정부의 재정에 대한 의존도가 급격히 증가했는데, 이는 정부의 정책이나 정치환경의 변화에 의해 연구소의 운영이 큰 영향을 받을 수 있음을 의미했다. 1980년의 경우처럼 일괄계약연구와 정부 위탁 과제까지 포함하면 정부 재원의 연구비가 70%가 넘는 상황에서 KIST의 자율성은 근본적으로 한계가 있을 수밖에 없었고, 이는 KIST의 강력한 후견인 역할을 했던 박정희가 사망한 다음 바로 한국과학원과의 원하지 않는 통합으로 구체화되었던 것이다.

그렇다면 설립 이후 1970년대를 거치면서 추진되었던 KIST의 연구활동을 어떻게 평가할 수 있을까? 이 질문은 KIST가 적절한 연구자를 선발했는가라는 질문과도 연결되는 것으로 이 시기 KIST를 이해하는 데 중요한 가치를 지니고 있다. KIST 기관사나 관련자들의 회고 등이 대체로 성공적인 연구활동만을 소개하고 있는 것과는 달리 다소 부정적인 평가를 내리고 있는 학자들도 존재한다. 예를 들어 이가종은 대기업을 중심으로 한국의 기술이전에 대해 다룬 1977년의 논문에서 대기업의 연구부서 책임자의 입을 빌어 KIST에 대한 산업계의 평가가 그다지 호의적이지 않았음을 밝혔다.[1] 그 책임자는 KIST 연구원들이 실제적인 문제에 대한 지식 · 기술이 약하다는 평가와 함께 KIST와 같이 연구를 판매하는 계약연구기관은 '특정 세부 분야의 전문가'(specialist)보다 '여러 분야에 걸친 넓은 지식을 지닌 연구자'(generalist)가 적합하다는 지적도 덧붙였다. 이후에도 해외에서 학위를 취득한 KIST 연구원들은 이론적인 지식이 아닌 현장에서 요구되는 기술과 지식에서 취약했고, 이로 인해 산업계와 KIST의 연계가 강하지 못했다는 지적은 몇 차례 지적되었다.

세계은행(World Bank)이 1982년 펴낸 보고서는 KIST를 비롯한 1970년대의 정부출연연구기관은 산업계와의 연계가 약했으며, 이는 산업계가 출연연구소와 맺은 계약 규모에서 잘 나타난다고 밝혔다. 이 보고서는 구체적으로 1978년의 경우 산업계의 전체 연구개발비는 558억 원이었는데, 이 중 4%인 23억 원만이 출연연구소들과 계약한 것이라고 지적했다.[2] 보고서에

1) Ka-Jong Lee, "Technology Transfer and Developmental Strategies: The Role of Large Firms in Korea"(Univ. of Hawaii Ph.D. Diss., 1977), pp.53~54.

2) World Bank, *Korea: Technology Development Project: Staff Appraisal Report* (World

의하면 이러한 경향은 KIST를 비롯한 정부출연연구소가 주로 학계에서 연구원들을 선발하다보니 이론적인 경향이 강해 산업계의 요구에 효과적으로 대처하지 못했기 때문이라는 것이다. 즉 출연연구소 연구자들은 생산기술에 관한 노하우와 시제품 제조에 약점이 있어 상세한 청사진과 제조업의 노하우를 제공하는 해외의 기술공급자들과 경쟁이 안됐고, 그에 따라 산업계로부터의 연구위탁도 활발하지 않았고 KIST 연구결과의 활용도 높지 않았다는 평가였다.

그러나 과학기술처가 펴낸 『과학기술연감』에 의하면 1978년의 민간부문의 연구개발비 총액은 779.7억 원이었으며, 같은 해 KIST의 산업계 계약고는 48.86억 원이었기 때문에 KIST 한 기관이 산업계의 연구개발비의 6.3%를 위탁받은 셈이어서 세계은행 보고서의 지적은 실제 사실과 다소 차이가 있었다. 또한 KIST 설립 초기와 1970년대 중반, 그리고 1978년 국책과제로 전환한 이후의 산업계와의 연구계약의 정도가 상당히 달랐기 때문에 일률적으로 산업계와 KIST와의 연계가 약했다고 평가하기는 어렵다. 특히 1973년부터 산업계의 과제위탁이 크게 늘어나 산업계와의 연구계약고가 절반을 넘겼는데, 이 같은 결과는 해외의 계약연구기관에서도 드문 경우였다. 따라서 1970년대 KIST를 평가할 때 단순히 전체적으로 산업계와 연계가 약했다는 주장보다는 KIST 설립 이후 어떻게 달라져갔고, 그 요인은 무엇인가를 분석하는 것이 중요하다고 생각된다.

KIST 연구원들을 주로 학계에서 선발했기 때문에 실제적인 부분에 약했고, 특히 시제품 제조나 엔지니어링, 생산기술에 관한 노하우에서 약점을 보였다는 주장은 세계은행의 보고서 이후 KIST에 대한 연구를 수행한 윤방순과 한국의 기술혁신 과정을 연구한 김인수 등의 연구자에 의해서 반복적으로 제시되었다.[3] 이는 계약연구를 통해 산업계가 요구하는 기술을 개발

Bank, 1982), pp.13~15. 이 보고서는 정부출연연구소에 대한 평가 자체가 목적이 아니었으며, K-TAC과 유사하게 개발기술의 기업화를 지원하는 회사로 1981년 설립된 한국기술개발(주)에 대한 타당성 조사가 주목적이었다.

3) Yoon, Bang-Soon Launius, "State Power and Public R & D in Korea: A Case Study of the Korea Institute of Science and Technology", p.278 ; Linsu Kim, *Imitation to Innovation:*

한다는 KIST가 그에 부합하는 인력을 선발하지 못했다는 함의도 지니고 있다. 그렇지만 이러한 주장은 KIST에 대한 여러 연구들이 KIST의 설립과 운영이 성공적이었던 요인의 하나로 우수하고 능력 있는 연구원의 선발을 제시하는 것과는 어울리지 않는다.[4)]

KIST가 해외에서 유치한 연구자들은 산업체 경험자가 그렇게 많지 않았으며, 설립 초기에 비해 1970년대 중반을 지나면서 산업체 출신자들은 점차 줄어들었고 대부분 박사학위를 취득한 연구자들이 주를 이루었던 것은 사실이다. 그러나 국내에서 유치된 책임 · 선임기술원들은 대부분 산업체 출신의 엔지니어들이었고, 국내에서 선발된 선임연구원 중에도 산업체 경험자들이 상당수 포함되어 있었다. 특히 공업화시험실이나 공작실 등의 기술지원부서에는 산업계 경험자의 비중이 높았다. 실험실에서 이루어진 벤치 스케일의 연구결과를 기업의 생산현장에서 활용하기 위해서는 시험공장연구 등의 개발연구 과정을 거쳐야하는데, 여기에는 해당 연구실과 공업화시험실 등 기술지원부서의 연구진이 공동으로 참여하는 경우가 많았다. 따라서 단순히 연구실장의 경력만으로 시제품 제조나 엔지니어링 능력 등을 평가하는 것은 KIST에서 연구개발활동이 실제로 이루어지는 모습을 살펴보지 않은 단면적 분석이라고 생각된다. 그리고 K-TAC(한국기술진흥주식회사)이 산업계가 기업화에 관심을 보이지 않은 연구개발 성과들에 대해 KIST에 추가적인 개발연구를 의뢰하고 그 결과를 바탕으로 양산 시스템을 갖춘 공장건설까지 성공적으로 이루어낸 사례들은 KIST 연구결과 활용부진의 주된 원인을 KIST의 엔지니어링 능력에서 찾는 주장의 설득력을 떨어뜨리고 있다.

그러나 KIST 연구자들은 제품 생산에 필요한 상세한 청사진과 제조업의 노하우를 제공하는 해외의 기술공급자들과 경쟁이 안됐다는 주장을 전적으로 부정할 수는 없다. KIST 연구팀이 해외의 기업보다 더 나은 기술과 노

The Dynamics of Korea's Technological Learning (Harvard Business School Pr., 1997), 임윤철 · 이호선 역, 『모방에서 혁신으로』(시그마인사이트컴, 2000), 256~260쪽.

4) Harret Ann Hentges, "The Repatriation and Utilization of High-Level Manpower", pp.134~135 ; Jinjoo Lee, "Contract Research and Its Utilization in a Developing Country", p.50 ; 최형섭, 『불이 꺼지지 않는 연구소』, 94~95쪽.

하우를 제공했던 경우도 있었지만 이미 선진국에서 성숙기에 도달한 제품을 국내에서 개발한다고 했을 때 생산 경험과 구체적인 노하우를 지니고 있는 해외의 업체보다 완성도가 높은 기술을 공급하는 것은 쉽지 않았다. 국내의 기업들이 희망한 기술은 그대로 가져다 생산에 활용할 수 있는 '패키지화된 기술'이었기 때문에 상세한 청사진과 제조기술의 노하우 면에서 KIST는 힘겨운 경쟁을 할 수밖에 없었다. 그럼에도 불구하고 기업의 입장에서 해외의 기술공급자가 과도한 로열티를 요구하거나 기술도입으로 생산한 제품의 해외 수출에 제약을 받거나 원재료 공급이 원활하지 않는 등 생산에서 판매에 이르는 전체 과정에서 문제가 있을 경우 국내 개발을 선택해야 했다. 즉 기업이 기술도입을 통해 생산을 하느냐 아니면 국내에서 개발을 의뢰하고 그 결과를 활용할 것이냐의 판단은 단순히 기술적 문제뿐 아니라 생산과정 전반에 관련된 기술 및 경영적 요소들을 종합적으로 따져서 결정되는 것이었다.[5] 따라서 KIST 연구결과의 활용이 높지 않았다는 사실의 요인을 찾을 때는 연구개발자의 기술력 외에도 다양한 관점에서 살펴볼 필요가 있다.

그렇다면 KIST 연구자들이 엔지니어링이나 생산기술 등에서 해외의 기술공급자들과 경쟁하기 어려웠던 것이 산업계가 아닌 학계 출신이었다는 주장은 어떻게 보아야 할까? 이와 관련해서 계약연구기관의 연구원은 '제너럴리스트'(generalist)가 적합하지만 KIST는 '스페셜리스트'(specialist) 위주로 선발했기 때문에 실제적인 문제해결력이 높지 못하다는 앞의 지적을 상기할 필요가 있다. 제3장, 2의 2)에서 논의한 것처럼 고분자연구실의 선임연구원으로 임용되어 이후 섬유화학연구실장이 된 윤한식의 경우 다양한 생산현장의 경험을 지니고 있어 대표적인 '제너럴리스트'라 할 수 있겠지만 산업계 출신이라고 해서 기업이 요구하는 다양한 기술적 문제들을 항상 능숙하게 처리할 수 있는 것은 아니었다. 미국의 제관(製罐)회사에서 기계 설계업무를 10여 년간 담당한 엔지니어 출신으로 KIST에 유치된 남준우는 광

---

5) 강진구, 「기술개발과 기술도입」, 『과기연 소식』 12-3(1978), 18~19쪽.

산기계, 전기기계, 식품기계 등 여러 산업 분야에서 요구되는 기계의 설계 제작은 모두 하겠다는 취지로 '산업기계연구실'을 열었다. 그러나 그는 현실적으로 자신이 미국에서 주로 담당한 캔 제조기계 이외의 기계 설계에는 어려움이 많았고 산업계의 다양한 요구에 부응하기 위해서는 상당한 시행착오와 연구경험의 축적이 필요했다고 밝혔다. 또한 미국의 대형 화학회사 연구소에서 수년간 연구경험을 쌓고 유치과학자로 귀국하여 고분연구실장이 된 안영옥은 엔지니어링에는 확실한 자신감이 있었지만 프레온이나 가발원사 등의 연구개발과정에서 최종적인 공장 설계까지 완수하는 데는 그동안 경험하지 못했던 기술이 많이 필요했고, 이를 위해 IESC(국제최고경영인봉사단)의 전문가나 외부 엔지니어링 회사의 도움을 받아야 했다고 술회했다. 그는 연구를 진행하면서 KIST 연구팀은 공정개발(process development)이나 '베이직 엔지니어링'에 중점을 두고 수행했으며, 전문화된 '디테일 엔지니어링'이나 공장건설 등의 일은 외부의 엔지니어링 회사들에게 맡기는 방식이 자리를 잡았다고 밝혔다.[6] 그리고 자신을 '평범한 엔지니어'(homespun engineer)라 표현한 공업화연구실장 최희운은 10년 이상의 산업계 경력을 지니고 있었는데, KIST에서는 매우 다양한 성격의 연구과제 수행을 요구받았고 때로는 자신의 전문 분야가 아닌 것도 담당해야 했기 때문에 '폭넓은 전문가'(generalized specialist)가 되어야 했다고 설명했다.[7] 그는 당시 KIST는 선망의 대상이면서 너무 많은 기대를 받았기 때문에 작은 실수라도 하면 비판을 피할 수 없었다는 언급도 덧붙였다. 이 같은 사실은 산업계 경험을 지닌 엔지니어라 하더라도 계약연구기관에서 해결해야 할 다양한 기술적 요구에 부응하기가 쉽지 않았음을 보여준다. 이는 학계 출신이라는 연구자의 경력보다도 연구개발의 기반이 발전하지 않은 후발국의 계약연구기관이 안고 있는 본질적인 어려움이라고 할 수 있다.

20세기 초반 미국에는 기업연구소의 성장·발전과 더불어 독립적인 계약연구기관들도 상당히 발전했으나 이들 계약연구기관들은 결코 기업연구소

---

6) 안영옥, 「KIST 화학공학 연구활동의 방향」(1976, KIST 역사관 소장 자료).

7) 최희운, 「KIST Staff, the Repatriated and the Indigenous」(1976, KIST 역사관 소장 자료).

의 대체물이 되지 못했고, 오히려 기업내 연구활동을 보완하는 역할을 담당했던 것으로 알려져 있다.[8] 실험실에서 이루어지는 기초연구에서부터 최종적인 제품생산에 이르는 과정은 선형적이지 않고 각 단계에서 얻어지는 고유한 경험과 정보가 지속적으로 교류됨으로써 성공적 기술혁신이 이루어질 수 있다. 그런데 외부의 계약연구기관들은 이러한 다양한 경험과 정보가 충분하지 못하고, 특히 연구를 의뢰한 기업의 생산과정에서 얻어진 정보와 경험이 결여되어 있기 때문에 계약연구기관들이 기업연구소를 완전히 대체하지 못했던 것이다.[9] 계약연구기관의 연구가 기업의 자체적인 연구와 결합되지 않으면 근본적인 기술혁신을 가져올 수 없으며,[10] 기업의 자체적인 연구와 외부에 위탁한 연구가 결합되는 경우에 가장 좋은 성과를 거둘 수 있다는 연구를 통해서도 계약연구기관의 제약을 확인할 수 있다.[11]

KIST의 경우도 마찬가지였지만 국내의 기업들은 KIST가 기업의 자체적인 개발연구까지를 포괄하는, 즉 기업연구소를 대체하는 역할을 기대했다고 볼 수 있다. 실험실의 연구결과를 기업에서 제품화하기 위해서는 대개의 경우 실험실 연구보다 더 많은 시간, 자본, 개발능력이 필요했고, 이 과정은 생산현장과 긴밀한 관계하에서 이루어져야 하기 때문에 기업이 주도적으로 이끌어야 했다. 연구실에서 이루어진 시제품 제조 기술을 바탕으로 기업에서 몇 년간의 품질 안정화 노력을 통해서 성공적인 제품 개발을 이끌어 낸 PET 필름의 개발과 생산과정은 그 같은 모습을 잘 보여주었다. 이와는 달

---

8) David C. Mowery, "The Relationship Between Intrafirm and Contractual Forms of Industrial Research in American Manufacturing, 1900~1940", *Explorations in Economic History* 20(1983), pp.351~374.

9) 김견, 「1980년대 한국의 기술능력발전과정에 관한 연구－'기업내 혁신체제'의 발전을 중심으로」(서울대학교 박사학위논문, 1994), 41쪽.

10) Pilar Beneito, "Fecundity of In-House and Contracted R&D in Terms of Radical vs. Incremental Innovation", web edition(http://www.ucd.ie/economic/staff/achevalier/web/aew/pilar2.pdf, 2005년 4월 11일 접속), pp.1~25.

11) Alan D. MacPherson, "A Comparison of Within-Firm and External Sources of Product Innovation", *Growth and Change* 28(1997), pp.289~308.

리 대기업을 제외한 대개의 한국 기업은 그런 능력을 갖추지 못한 경우가 많아 외부 연구기관에 전체 과정을 의지해야 했다. 그러나 계약연구기관이 실험실적 기초연구에서부터 양산을 위한 공업화연구, 공장설계까지 모두 맡아 성공적으로 수행하는 데는 한계가 있을 수밖에 없었고, 이것이 KIST가 맞닥뜨린 한국적 상황이었다고 할 수 있다.[12) 기업들의 연구개발 능력이 어느 정도 갖추어진 선진국의 계약연구기관의 경우 기업화에 직결되는 개발연구는 기업에 부과할 수 있었기 때문에 계약연구기관은 학문적 연구와 기업의 생산연구를 연결하는 역할을 수행한다고 설명되지만,[13) 국내의 기업들은 그 같은 여건을 갖추지 못했기 때문에 KIST에 대한 의존도가 커질 수밖에 없었고, 이는 KIST 연구팀에 과중한 부담이 될 수 있었던 것이다.

그렇다면 KIST가 채택한 계약연구체제는 한국의 상황과는 어울리지 않는 잘못된 선택이었을까? 기업들의 자체적인 연구개발능력이 높지 않은 한국에서 계약연구기관은 능력 이상의 연구과제를 맡을 수밖에 없었기 때문에 적합하지 않았다고 볼 수 있다. 사실 KIST 설립 당시 한국에서 계약연구체제는 생소한 것이었고, 이 제도를 채택하게 된 것은 미국 측의 제안에 의한 것이었다. 한국정부는 이 제안을 수용하면서 한국의 연구개발 풍토를 바꾸고 연구수탁을 통한 재정자립으로 자율적인 운영을 달성하겠다는 두 가지 목적을 내세웠다. 결과적으로 재정자립을 이루지는 못했지만 산업계로부터 예상보다 빠른 연구수탁고 증가를 기록함으로써 산업계의 연구개발에 대한 인식의 전환을 이끌어내는 데는 어느 정도 성과를 거두었다고 볼 수 있다. 물론 그 같은 연구개발 풍토의 전환은 1960년대 후반부터 본격화된 산업발전과 경제수준의 상승에 힘입은 결과로서 전적으로 KIST의 역할이라고 보기는 어렵다. 그렇지만 KIST의 산업계 계약고 증가세가 경제규모의 증가에 따른 국내 산업계 전체의 연구개발비 증가세보다 더 높은 경향을 나타냈다는 것은 산업계가 KIST를 통한 연구개발의 가치와 필요성을 점

---

12) 『한국과학기술연구소 비사 제18권: 윤용구』(1975.10.10).

13) Andrew Webster, "Bridging Institutions: The Role of Contract Research Organisations in Technology Transfer", *Science and Public Policy* 21(1994), pp.89~97.

차 더 크게 인정하게 되었음을 의미했다. 또한 1970년대 중반을 거치면서 기업들이 KIST 연구원들에게 월등한 처우를 제공하면서 스카우트에 나섰던 배경에는 계약연구를 통해 연구개발의 필요성과 KIST 연구자들의 가치를 확인했던 산업계의 경험이 자리 잡고 있었다. KIST라는 연구소를 운영하는 데는 당시 국내 상황에서 계약연구체제가 최선의 방식이 아니었을 수 있지만 짧은 기간에 기업들이 연구개발의 필요성을 인식하게하고 연구자들은 실제로 활용할 수 있는 연구를 하게 만드는 데는 계약연구체제가 효과적인 방식이었던 것이다. 결국 KIST가 채택한 계약연구체제는 부분적인 성공을 거두었다고 평가할 수 있으며, 이같이 한시적인 효용가치를 지니고 있었기 때문에 1970년대 후반에 이르러 국책연구로의 전환이 모색되었던 것으로 이해할 수 있다.

맺음말

KIST는 1966년 설립당시부터 '동양최대의 연구소'를 표방하며 최고의 시설과 인력을 갖추었으며, 이후 지속적인 성장을 통해 '한국과학기술의 총본산', '과학한국의 심볼'이라는 별칭에 어울리게 연구인력이나 연구비에서 국내 최대의 규모를 나타내게 되었다. 이처럼 1970년대 한국의 과학기술계를 대표하는 연구기관으로 인정받았던 KIST는 한국의 현대적인 과학기술체제 형성의 출발점이자 촉매 역할을 담당했다. KIST 설립을 계기로 한국정부는 과학기술행정 체계를 구축하고 관련 제도를 구비하는 등 과학기술 진흥에 대해 본격적인 관심을 기울이게 되었으며, 경제개발에 사활적 이해가 달려 있던 박정희 정권은 산업기술개발을 통해 경제발전에 기여하는 것을 목표로 내세웠던 KIST를 '조국 근대화의 상징'으로 자리매김 시켰던 것이다. KIST의 연구분야 자체가 정부의 경제개발계획의 중점 분야를 반영했으며, 이처럼 경제발전에 복무하는 과학기술 연구는 KIST에서 새롭게 등장하여 이후 한국의 과학기술을 특징짓는 키워드가 되었다. 또한 KIST 설립에서부터 시작된 해외 한국인 과학기술자의 귀국은 한국의 '두뇌유출'의 흐름을 되돌리는 초석이 되었다는 점에서도 KIST는 한국의 과학기술계에 중요한 의미를 지니고 있다. 또한 KIST에서 시작된 정부출연연구소라는 제도는 이후 과학기술 분야는 물론이고 인문 · 사회 분야의 연구기관에까지 확산되어 한국의 독특한 공공 연구시스템으로 자리 잡았다. 이러한 의미에서 KIST는 한국의 현대적인 연구체제 형성의 주춧돌이 되었다고 평가할 수 있다.

연구를 통해 산업발전에 직접 도움을 주기 위해 KIST가 택한 운영방식은 당시까지 한국에서 낯설었던 계약연구체제였다. 이는 산업계의 요구에 따라 연구를 수행하고 그 결과를 바로 산업계가 활용할 수 있게 함으로써 연구소 설립의 효과를 단기간에 가시화시키겠다는 미국 대통령 과학고문 호닉의 제안에 의해 비롯되었다. 호닉의 의견을 무시할 수 없었던 한국정부는 연구개발 풍토를 변화시킬 수 있는 계기가 될 수 있으리라는 명분을 내세우며 계약연구체제에 동의했다. 즉 계약연구를 수행함으로써 연구자들은 활용될 수 있는 연구를 하고, 산업계는 연구개발의 필요성을 느낄 수 있게 하겠다는 것이었다. 아울러 계약연구가 활발해져 연구소가 재정자립을 이룰 경우 정부는 KIST에 대한 재정 지원의 부담을 덜 수 있고, 연구소는 정부의 통제에서 벗어나 완전히 자율적인 운영을 할 수 있으리라는 기대도 계약연구체제 수용의 배경이 되었다.

이처럼 계약연구체제에 기초한 독립채산제 운영은 'KIST 모델'의 핵심이었으며, 연구자가 원하는 연구가 아닌, 산업계가 원하는 연구를 수행한다는 것은 설립 당시부터 강조되었던 'KIST 정신'이었다. 1960년대 후반의 산업계는 연구개발에 대한 인식이 극히 낮은 상태였기 때문에 KIST의 연구활동을 통해 연구개발의 필요성과 그 효과를 산업계가 확인할 수 있게 하는 것 자체도 KIST의 중요한 임무가 되었다. 산업계가 연구소에 요구했던 과제들은 기술도입에 필요한 기술정보의 제공에서부터 공장생산을 위한 양산화연구까지 매우 다양했다. 일반적으로 개발도상국의 연구소는 '고유기술개발센터'뿐 아니라 '해외기술이전센터'의 역할이 중요했다고 설명되는데, KIST 역시 이러한 범주에서 벗어나지 않았다. 기술도입을 지원하고 도입기술 및 장비의 활용에서 발생하는 문제점을 해결하는 것이 설립 초기 산업계의 주된 요구의 하나였으며, KIST는 '도입기술의 소화 · 개량'을 연구목표로 표방하면서 이 같은 요구에 부응하고자 했다.

1970년대 중반을 지나면서 점차로 수입대체나 수출을 위해 해외에서 상용화된 기술이나 제품을 국내의 자원을 활용하거나 국내 환경에 맞게 자체적으로 개발하는 연구의 비중이 높아졌다. 이러한 모방연구의 주된 방법론은 '역행적 엔지니어링'(reverse engineering)이라 할 수 있는데, KIST의 연구활동은 수입 제품의 분해를 통한 단순한 역행적 엔지니어링에서부터 기존 특허에 영향 받지 않는 새로운 특허 공정을 개발하는 고도의 역행적 엔지니어링까지 다양한 수준과 범위를 보여주었다. 최고의 시설과 인력을 갖춘 연구소가 모방연구를 수행하는 것에 대해 당시 국내 학계의 시선은 그리 호의적이지 않았지만 이 같은 연구활동은 산업발전에 기여한다는 연구소 설립 목적에 부합하는 것이었다. 1970년대 중반 산업계와의 연구계약고가 전체의 70%에 달하고, 연구실에서 이루어진 연구결과를 바탕으로 생산설비를 개발하고 공장의 엔지니어링까지 맡아 기업화를 이끌어낸 사례들은

KIST와 산업계의 연계가 약했다는 평가만으로는 설명되지 않는다. 개발도상국가들이 기술혁신과정을 선형적 모델로만 여겨 연구소 설립에 주력했다는 분석과 달리 KIST는 설립 목적과 이후 운영에서 산업계와의 관련성을 분명하게 강조함으로써 연구소와 생산 현장의 간극을 좁히려 했었고, 이러한 시도는 계약연구체제라는 운영 방식 때문에 더욱 강조되었던 것이다.

KIST는 개발도상국의 다른 연구기관처럼 '고유기술개발센터'와 '해외기술이전센터'의 이중적 역할을 담당했지만 여기에 중요하게 지적되어야 할 또 하나의 역할이 존재했다. 그것은 정부의 과학기술 분야의 '싱크탱크'로서의 기능이었다. KIST는 형식적으로는 정부조직과 별개인 비영리 재단법인이었지만 실제로는 '준정부기관'으로서 과학기술 분야의 정책 수립을 지원하고 정부부처가 요구하는 각종 과학기술과 관련된 소프트웨어와 하드웨어를 개발·공급하는 역할을 담당했던 것이다. 이러한 역할은 해당 부처와 계약을 맺고 추진되기도 했지만 상당부분은 공식적인 절차를 밟지 않고 이루어졌는데, 이처럼 정부의 과학기술분야 '브레인'으로서의 역할은 특히 설립 초기 KIST의 가장 중요한 역할이었다. 시간이 지나면서 그 비중은 점차 축소되었지만 이러한 임무는 일반적인 계약연구기관과는 다른 KIST의 독특한 기능이었다. 기술혁신이라는 관점에서 KIST를 분석한 기존 연구는 산업계에 대한 KIST의 기여만을 위주로 하여 평가하는 경향이 있지만 당시의 환경에서 KIST가 정부의 기대에 부응했던 역할의 의미도 균형 있게 다루어져야 할 것이다.

준정부기관으로서 KIST의 역할은 1970년대 정부가 전문 분야별로 출연연구소를 설립하는 정책을 추진하면서 새로운 형태로 변화했는데, 그것은 '연구소 인큐베이터'라는 기능이었다. KIST 초대소장 최형섭이 과학기술처 장관이 되면서 1973년부터 대덕연구단지 건설 정책을 역점 사업으로 추진했는데, 이는 정부출연연구소를 한 곳에 집중 설립하여 한국 연구개발의 중심지로 만들겠다는 구상이었다. 이 과정에서 KIST는 신설 연구소들의 모델이 되었으며, 동시에 몇몇 연구소들을 부설연구소로 설립하여 일정 단계까지 성장시킨 다음 개별적인 재단법인으로 독립시키는 기능을 부여받았던 것이다. 대통령 박정희는 1973년 초 중화학공업화 선언을 통해 산업구조 고도화를 표방했는데, 때마침 과학기술처에 의해 제기된 대덕연구단지 건설 계획은 중화학공업화를 뒷받침하는 분야별 전문연구소의 설립이라는 구상으로 이어지면서 탄력을 얻게 되었다.

정부 재원으로 비영리 재단법인 연구소를 설립하고 산업기술을 연구하여 민간에 제공한다는 정부출연연구소는 KIST에서 처음으로 등장한 한국의 독특한 제도였는데, 1970년대 여러 정부출연연구소로 확산되면서 한국 과학기술정책의 대표적인 특성으로 자리 잡게 되었다. 이 시기 정부출연연구소는 국가 연구개발 활동의 중심지였으며, 대덕연구단지는 이후 '한국 과학기술의 메카'로 불리게 되었다. 그러나 산업기술 개발을 목적으로 하는 연구소 설립에만 막대한 재원이 투입되면서 과학기술 전반이 아닌 경제개발에 관련되는 기술 분야 위주의 불균형적 과학기술정책이 심화되는 결과를 빚었다. 사실 이 같은 경향은 KIST 설립 당시 '동양최대의 연구소'를 표방하면서 연구소의 규모가 예상보다 확대되면서부터 시작되었으며, 결과적으로 KIST는 이후 기술 위주의 한국 과학기술정책 형성에 단초를 제공했던 것이다.

1970년대 정부출연연구소 설립 정책은 연구개발의 하부구조 구축이라는 시대적 의미를 지니고 있었지만 그 과정은 몇 가지 문제를 안고 있었다. 이러한 정책 수립의 기저에는 KIST 설립 · 운영이 성공적이었다는 판단이 깔려있었는데, 신설 연구소의 연구분야나 성격에 가장 적합한 운영원리에 대한 충분한 고민이 없이 KIST의 운영원리를 신설 연구소에 그대로 이식했다. 연구소 설립 등 외형적 확대 위주로 정책이 추진되면서 기존 연구소와 신설 연구소의 역할 분담이나 관계 설정 등의 종합조정이 제대로 이루어지지 않은 상태에서 각 부처가 경쟁적으로 연구소 건설을 추진했다는 것도 문제가 있었다. 즉 KIST를 모델로 삼았지만 신설 연구소는 KIST와 직접적인 연계가 없이 완전히 독립적인 기관으로 세워졌으며, 이는 연구인력이나 연구과제 수탁 등에서 중복이나 불필요한 경쟁을 가져올 수 있었다. 산업구조 고도화를 위해 정부가 중화학공업에 대한 집중적인 지원을 펼친 결과 1970년대 후반에 이르러 대기업 간의 치열한 경쟁이 일어났고, 이에 대해 정부가 사전에 통제를 하지 못하면서 중복 · 과잉 투자 현상이 일어나 결국 일련의 중화학공업 투자조정조치가 실시되었던 것처럼 정부출연연구소의 설립도 사전에 충분한 조정작업이 이루어지지 못했고 결국 1980년의 대대적인 통폐합이라는 구조조정을 겪게 된 것이었다. KIST가 1980년 독일의 프라운호퍼연구소를 모델로 하여 '연구기관 연방화 방안'을 마련했던 것도 유사분야 연구소 사이에 사업 조정을 하겠다는 취지에서였지만 통폐합 조치로 묻히고 말았다.

한편으로 정부출연연구소 설립 정책은 KIST 자체에도 커다란 영향을 주었다. 일차적으로 신설 연구소로 KIST 조직과 인력이 독립되어 나감에 따라 KIST 연구분야에 변화가 불가피하게 되었는데, 1970년대 후반 전기 · 전자 분야의 약세는 이 같은 현상을 잘 보여주었다. 아울러 부설연구소나 센터의 설립과 분리 · 독립, 그에 따른 연구원들의 이동은 연구소의 안정적인 연구 분위기 조성에도 부정적인 영향을 주었다. 가장 큰 문제는 신설 연구소와의 분명한 역할 정립의 부재였으며, 여기에 계약연구체제에 대한 연구자들의 부담감이 결합되어 KIST는 장기대형국책과제를 수행하는 연구소로의 성격전환을 꾀하게 되었다. 1978년 정부가 KIST의 성격전환 요구를 수용하여 일괄계약연구비를 대폭 늘리기로 결정함에 따라 계약연구기관 KIST는 국책연구기관이라는 새로운 모습을 갖추게 되었던 것이다.

일괄계약연구는 KIST가 충분한 연구수탁을 확보하지 못할 것에 대비하기 위해 KIST 구성원들이 요구하여 생겨난 독특한 제도였다. 정부의 재정지원이 운영비가 아닌 연구비로 제공되며, 구체적인 연구과제를 지정하지 않고 일괄적으로 연구비를 지급하여 세부적인 운용은 연구소가 자체적으로 결정한다는 방식은 KIST가 모델로 삼았던 바텔기념연구소나 개발도상국의 공업연구기관에서는 찾아보기 힘들었다. 그러나 계약연구체제를 보완하기 위한 목적으로 도입된 일괄계약연구가 주된 연구비 재원으로 부각됨에 따라 KIST는 계약연구를 통한 재정자립이라는 설립 초기의 목적을 공식적으로 포기하게 되었고, 산업계가 요구하는 연구를 한다는 'KIST 정신'도 상당 부분 퇴색이 불가피해졌다.

계약연구기관 KIST는 설립에서부터 한국과학원과의 통합에 이르기까지 그리 길지 않은 기간 동안 다양한 임무를 부여받았다. 이는 KIST가 독립적인 재단법인이었지만 실질적으로 준정부기관의 성격을 동시에 지니고 있었다는 사실과 후발산업국가로서 정부가 산업기술 발전을 이끌어야 하는 한국적 상황이 맞물려서 나타난 결과라고 할 수 있다. KIST가 첫 번째 정부출연연구소로서 설립 당시에는 그 기능을 대체할만한 연구기관이 마땅치 않았고, 종합연구소를 표방하면서 여러 분야의 연구인력을 확보했기 때문에 KIST에게 그처럼 다양한 임무가 주어진 것은 불가피한 현상이었던 것이다. 정부가 기대하는 역할과 산업계가 요구하는 역할에 부응하는 중층적 임무가 서로 모순되거나 양립불가능한 것은 아니었지만 KIST 연구원들로 하여금 KIST의 청사진에 대해 지속적으로 고민을 하게 만들었다. 결국 1970년대 후반에 이르러 전문연구기관들의 잇단 설립 속에서 KIST는 새로운 역할을 찾아야 했고 그것이 국책연구 수행이라는 것으로 귀착되었던 것이다.

결과적으로 KIST의 계약연구체제는 한시적인 역할을 담당했던 제도가 되었다. 물론 국책과제로의 전환 이후에도 산업계와의 계약연구가 계속되었지만 KIST 설립 초기처럼 연구소의 핵심운영원리로서의 가치는 점차 사라졌다. 1960년대 후반 연구개발풍토를 개선하고 재정자립을 꾀한다는 이중의 목적하에 받아들여진 계약연구체제는 전자의 목적에서만 일정 정도 성과를 거두는 것으로 막을 내려야 했다. 기업들의 자체적인 연구개발 능력이 제한적이었던 당시 상황에서 산업계가 KIST에 요구했던 연구과제의 스펙트럼이 매우 넓었기 때문에 그 요구를 충족시키는 것은 KIST 연구팀에게는 상당한 부담으로 작용했다. KIST에 대한 기존 연구에서 학계 출신 연구원들이 실제적인 지식·기술이 부족해서 산업계와의 연계가 약했다고 설명되었으나 그보다는 한국의 여건에서 계약연구체제 자체가 가지고 있었던 문제였다고 여겨진다. 일부 대기업을 제외한 대부분의 기업들은 KIST가 모든 연구개발을 대신해줄 것을 기대했지만 생산현장 밖에 있는 계약연구기관이 기업연구소를 대체하는 것은 한계가 있었고, 이로 인해 KIST 연구자들은 계약연구에 어려움을 느꼈으며 산업계는 KIST 연구에 불만을 갖게 되었던 것이다.

그렇지만 산업계 요구에 따른 연구개발을 신설 연구소에 위임하고 그동안 다양한 계약연구의 경험을 쌓아왔던 KIST가 국책과제라는 이름아래 여전히 여러 분야의 연구영역을 유지하면서 정부 재정에 의존하는 방향으로 전환한 결정이 바람직한 것이었느냐에 대해서는 의문이 남는다. 1980년의 경우처럼 정부 재원의 연구비 비중이 70%를 넘는 상황에서 연구소가 주장하는 자율성은 한계가 있을 수밖에 없었고, 이는 정치 환경의 변화에 연구소의 미래가 크게 흔들릴 수 있음을 뜻했다. 또한 KIST의 국책연구기관으로의 전환이 다른 출연연구소와의 논의나 조정 작업 없이 KIST와 과학기술처의 교감을 통해 추진되었다는 점도 문제의 소지가 있었다. 과제수탁에서부터 위탁자의 다양한 요구에 응하는 것까지 계약연구체제의 유지에는 많은 힘이 들었기 때문에 계약연구보다 정부가 지급하는 일괄계약연구를 선호하는 것은 다른 연구기관도 마찬가지였으며, 대형의 국책연구를 KIST라는 한 기관이 전담한다는 것도 무리가 있었다.

결과적으로 1980년 신군부가 등장하여 정부출연연구소에 대한 개편작업을 추진하게 되어 KIST는 한국과학원과 통합되는 처지에 놓였는데, 여기에는 그동안 KIST가 받았던 혜택에 대한 반작용도 영향을 미쳤다. 그리고 1982년 국가가 주도하는 대형연구개발사업이 추진되면서 모든 정부출연연구소는 정부에서 지원하는 대형국책과제를 수행하는 기관으로 역할 전환을 꾀하게 되었는데,[1] 이는 KIST가 내걸었던 장기국책과제를 모든 출연연구소로 확대시킨 것이었다. 그 결과 KIST, 정확히는 'KAIST 연구부문'의 특화된 임무로서 국책연구가 지니는 가치는 많이 줄어들게 되었고, 'KAIST 연구부문'은 다시 한 번 정체성에 대한 고민을 해야 했다. 물론 연구자 개인은 전과 다름없이 주어진 국책과제 연구에 참여할 수 있었지만 'KAIST 연구부문'이라는 기관의 임무가 무엇인지는 모호해질 수밖에 없었다. KIST는 다른 전문연구소와 달리 특화된 전문 분야를 내세우지 않은 '종합연구소'에서 출

---

1) 과학기술부, 『특정연구개발사업 20년사』(2003), 126~127쪽.

발하여 신설 연구소와의 역할 구분을 위해 '국책과제'를 주된 기능으로 표방했지만 1980년대에 들어서는 이를 자신만의 고유한 역할로 부각시키기가 쉽지 않았던 것이다. 이 같은 문제는 1989년 한국과학기술원에서 분리되어 한국과학기술연구원(KIST)으로 재출발한 다음에도 남아있었으며, 그 결과 1991년 정부출연연구소에 대한 합동 평가에서 KIST의 전문기술 분야별 연구기능을 각 전문 연구기관으로 이관하고 KIST는 연구기획 · 관리 전담기구로 역할을 재정립해야 한다는 결론이 도출되었다.[2] 비록 이에 대해 KIST가 강력한 반대 입장을 나타내고 자체적인 기능재정립을 기획하여 연구기능을 재료, 환경 · 복지, 이화학 · 기초공학의 세부분으로 삼는 조직개편 방향을 제시함으로써 연구기능 이관이라는 당초의 결론은 수정되었지만 그동안 KIST의 특화된 역할 정립 노력이 성공적이지 못했음을 알 수 있다.[3]

KIST는 설립부터 분명한 산업계 지향성을 내세우며 계약연구를 수행하여 산업계가 연구개발에 대한 인식을 제고하는 데 기여했으며, 정부가 연구개발을 뒷받침하는 제도를 마련하게 하여 산업기술 연구가 국내에 자리잡게 하는 데 큰 역할을 했다. 또한 KIST가 국내외에서 유치한 연구인력들이 연구 경험을 쌓고 다른 연구기관과 산업계로 확산되어 가면서 KIST는 연구인력 공급이라는 측면에서도 좋은 점수를 받았다. 그러나 이 같은 KIST의 성과를 높이 평가한 정부가 양적 팽창 위주의 출연연구소 설립을 추진하게 되었고, 그 과정에서 KIST는 국책연구기관으로 전환을 꾀하면서 그동안 장점이었던 산업계 지향성이 크게 흔들리게 되었다. 설립 초기부터 정부는 KIST가 국가를 대표하는 연구기관이 되도록 뒷받침했고 국책과제로의 전환에서도 막대한 재정지원을 약속하며 든든한 후원자가 되었지만 이처럼 정부와의 긴밀한 관계는 정권이 바뀌면서 오히려 역풍을 부르는 요인이

---

2) 정부출연연구기관 합동평가단, 「과학기술계 정부출연연구기관의 기능재정립 및 운영효율화 방안(안)－정부출연연구기관 합동평가 결과보고」(1991), KIST 문서보관실 소장 이사회 관련 자료.

3) 「KIST 「연구기능 폐지」 논란」, 『동아일보』, 1991.8.5 ; KIST, 「21세기를 향한 KIST 기능재정립(합동평가 결과를 반영한 기능재정립 및 조직개편 방향)」(1991), KIST 문서보관실 이사회 관련 자료.

되었고, 그 결과 KIST는 한국과학기술계를 대표하는 연구소의 위상을 잃고 그 이름마저 잃어버리고 말았던 것이다.

이 책은 설립 배경에서부터 1980년 한국과학원과의 통합에 이르기까지 계약연구기관 KIST가 국책연구기관으로 전환되어가는 과정을 연구활동과 연구인력 등 연구소 내부 구성요소를 중심으로 분석했기 때문에 몇 가지 중요한 사항에 대한 논의가 충분히 이루어지지 못했으며, 이는 추후 연구과제로 남게 되었다. 우선 1960년대와 1970년대 사회 · 정치 · 경제적 변화와 KIST 변화의 관계가 깊숙이 추구되지 못했다는 점을 들 수 있다. 연구소 내적인 동력이나 흐름과 함께 외부적 환경의 변화도 균형 있게 서술되어야 했지만 중화학공업화 정책, 10 · 26 이후 신군부의 등장이라는 정치세력의 변화 등 몇몇 계기적 사건들과의 관련만이 다루어졌다. 아울러 박정희 정권 시대의 전반적인 과학기술정책과의 관련을 폭넓게 추구할 필요가 있으며, 특히 대덕연구단지의 건설을 비롯하여 각각의 정부출연연구소 설립 과정에 대한 분석도 충분히 이루어져야 하지만 현재까지 이에 대한 연구는 충분하게 이루어지지 못한 상태이다.

또한 계약연구기관 KIST의 변천 과정에 대한 이해를 높이기 위해서는 모델이 되었던 바텔기념연구소, 미국의 또 다른 계약연구기관인 SRI(Stanford Research Institute) 등과의 비교연구나 대만의 ITRI를 비롯하여 KIST로부터 영향을 받은 개발도상국의 공업연구기관과의 비교연구가 본격적으로 추진될 필요가 있다. 이를 통해 특정한 연구기관의 모델이 사회 · 경제적 환경이 다른 지역으로 이전되었을 때 어떠한 변화를 가져오는 지에 대한 흥미로운 분석도 이루어질 수 있을 것이다. 아울러 이 책은 1980년대 이후의 KIST에 대해서는 다루지 않았지만 KIST라는 연구기관의 역사적 의미를 충분하게 파악하기 위해서는 그 이후 시기까지를 연구대상에 포함시켜야 할 것이다. 특히 1980년대 이후 정부출연연구소의 역할이나 성과를 둘러싸고 반복적으로 제기되었던 논쟁의 배경과 그 추이를 이해하고 현재 출연연구소의 운영에 대한 시사점을 제공받기 위해서는 1980년 통폐합 이후의 정부출연연구소 전반에 대한 조사연구가 이루어져야 할 것으로 생각한다.

참고문헌

1. 인터뷰 · 회고록 · 전기

인터뷰: 권태완(전 KIST 식량자원연구실장, 2003.2.25 / 2004.12.18).
전화인터뷰: 김만진(전 KIST 반도체장치연구실장, 2004.12.20).
인터뷰: 김훈철(전 KIST조선해양연구실장, 2003.7.14).
인터뷰: 남준우(전 KIST 기계장치연구실장, 2004.7.26).
인터뷰: 성기수(전 KIST 전자계산실장, 2004.4.8).
인터뷰: 안영옥(전 KIST 고분자연구실장, 2003.3.18).
인터뷰: 윤여경(전 KIST 경제분석실장, 2003.4.2 / 2003.4.9).
인터뷰: 이달환(전 KIST 연구개발실 차장, 2003.6.20 / 2003.8.19).
인터뷰: 이민하(전 KIST 행정관리부장, 2004.11.30).
인터뷰: 이봉진(전 KIST 자동제어연구실장, 2004.12.21).
인터뷰: 전상근(전 경제기획원 기술관리국장, 2003.6.16 / 2003.6.9).
인터뷰: 정만영(전 KIST 전자장치연구실장, 2003.8.8 / 2003.9.1).
인터뷰: 채영복(전 KIST 유기합성연구실장, 2004.5.13).
전화인터뷰: 최희운(전 KIST 공업화시험실장, 2004.12.28).
인터뷰: 한문희(전 KIST 응용생화학연구실장, 2003.1.21).
인터뷰: 전 한국과학원 원장(2007.1.23).

『한국과학기술연구원 인터뷰 자료: 권태완』(2002.12.17).
『한국과학기술연구원 인터뷰 자료: 김은영』(2003.1.17).

『한국과학기술연구원 인터뷰 자료: 김재관』(2003.1.20).
『한국과학기술연구원 인터뷰 자료: 박긍식』(2002.10.5).
『한국과학기술연구원 인터뷰 자료: 박원희』(2002.11.22).
『한국과학기술연구원 인터뷰 자료: 성기수』(2002.10.23).
『한국과학기술연구원 인터뷰 자료: 안병성』(2003.4.3).
『한국과학기술연구원 인터뷰 자료: 오동영』(2002.10.22).
『한국과학기술연구원 인터뷰 자료: 유성재』(2003.1.23).
『한국과학기술연구원 인터뷰 자료: 윤여경』(2003.1.24).
『한국과학기술연구원 인터뷰 자료: 윤한식』(2003.2.14).
『한국과학기술연구원 인터뷰 자료: 이민하』(2003.3.3).
『한국과학기술연구원 인터뷰 자료: 이봉진』(2002.12.9).
『한국과학기술연구원 인터뷰 자료: 장성도』(2003.2.21).
『한국과학기술연구원 인터뷰 자료: 정만영』(2003.1.21).
『한국과학기술연구원 인터뷰 자료: 최연상』(2002.11.30).
『한국과학기술연구원 인터뷰 자료: 한상준』(2002.10.5).
『한국과학기술연구원 인터뷰 자료: 전 KIST 행정부장』(2008.4.21).

『한국과학기술연구소 비사 제2권: 최형섭(2)』(1975.2.19).
『한국과학기술연구소 비사 제3권: 최형섭(3)』(1975.5.28).
『한국과학기술연구소 비사 제4권: 최형섭(4)』(1975.5.28).
『한국과학기술연구소 비사 제5권: D.D. 에반스』(1975.11.5).
『한국과학기술연구소 비사 제7권: 김병희』(1975.3.17).
『한국과학기술연구소 비사 제8권: 남준우』(1975.7.9).
『한국과학기술연구소 비사 제9권: 신동식』(1975.7.2).
『한국과학기술연구소 비사 제10권: 양재현』(1975.5.7).
『한국과학기술연구소 비사 제12권: 신응균』(1975.4.30).
『한국과학기술연구소 비사 제13권: 성기수』(1975.5.2).
『한국과학기술연구소 비사 제14권: 조종수』(1975.5.14).
『한국과학기술연구소 비사 제15권: 안영옥』(1975.5.29).
『한국과학기술연구소 비사 제15권(II): 안영옥』(1975.6.13).
『한국과학기술연구소 비사 제16권: 안영옥』(1975.7.30).

『한국과학기술연구소 비사 제17권: 채영복』(1975.6.24).
『한국과학기술연구소 비사 제18권: 윤용구』(1975.10.10).
『한국과학기술연구소 비사 제20권: 최영화』(1975.9.23).
『한국과학기술연구소 비사 제21권: 권태완』(1975.5.6).
『한국과학기술연구소 비사 제22권: 정원 · 최규원』(1975.6.26).
『한국과학기술연구소 비사 제25권: 김훈철』(1975.7.8).
『한국과학기술연구소 비사 제26권: 정만영』(1975.7.4).
『한국과학기술연구소 비사 제27권: 전상근』(1975.2.6).
『한국과학기술연구소 비사 제28권: 이창석』(1975.2.28).
『한국과학기술연구소 비사 제29권: 이민하 · 안병주』(1975.3.5).

Donald F. Hornig Oral History(Lyndon Baines Johnson Library Oral History Collection Interview Ⅰ, 1968.12.4), http://www.lbjlib.utexas.edu/johnson/archives.hom/oralhistory.hom/Hornig-D/hornig1.PDF, 2005년 12월 2일 접속.

「정년퇴임 석좌연구원 윤한식 박사」, 『KIST 소식』 132호, 1994.
권태완, 『仁溪 權泰完 박사 연구업적목록 및 고별강연록』, 인제대학교 식품생명과학부, 2003.
김영식 외, 『여명기의 한국과학기술연구기관의 설립과 연구활동 조사』, 한국과학기술연구원, 2003.
김완희, 『두 개의 해를 품에 안고: 한국전자산업의 대부 김완희 박사 자전에세이』, 동아일보사, 1999.
김정렴, 『한국경제정책 30년사: 김정렴 회고록』, 중앙일보사, 1995.
김훈철 박사 정년기념집 편찬위원회 편, 『南溟 金燻喆 박사 정년기념집』, 1998.
박익수, 「윤세원과의 대담」, 『한국원자력창업비사』, 과학문화사, 1999.
서현진, 「의구(義矩) 성기수(成琦秀) 박사 회고록: 한알의 밀알이 되어(1)~(46)」, 『전자신문』, 1998.1.22~1998.12.24.
성기수, 『조국에 날개를: 성기수 자서전』, 1999(http://www.sungkisoo.pe.kr).
성기수박사 회갑기념행사준비위원회 편, 『義矩 성기수박사 회갑기념집』, 1993.
안영옥, 「한국과학기술연구소의 회고」, 한국미래학회 편, 『미래를 되돌아본다』, 나남, 1988.

오원철, 『한국형 경제건설 1~5』, 기아경제연구소, 1996.
______, 『한국형 경제건설 6: 에너지정책과 중동진출』, 기아경제연구소, 1997.
______, 『한국형 경제건설 7: 내가 전쟁을 하자는 것도 아니지 않느냐』, 한국형경제정책연구소, 1999.
윤여경, 「KIST 설립 25주년을 맞이하면서」, 『과기연 소식』 70호, 1991.
이동원, 『대통령을 그리며』, 고려원, 1992.
이봉진, 『연구실 노오트』, 한국과학기술원, 1982.
전상근, 『한국의 과학기술정책: 한 정책입안자의 증언』, 정우사, 1982.
최규남, 「원로과학기술자의 증언 (3): KIST는 전체 학원과의 유기적 연관 맺어야—최규남 박사편 完」, 『과학과 기술』 1979년 7월호.
최형섭, 『기술창출의 원천을 찾아서』, 매일경제신문사, 1999.
______, 『불이 꺼지지 않는 연구소』, 조선일보사출판국, 1995.
한상준, 「학문의 길, 애국의 길」, 『철학과 현실』 15권, 1992.
환력기념집발간회 편, 『과학기술과 더불어: 최형섭 박사 환력기념회상록』, 1981.

2. KIST 관련 자료

1) KIST 문서보관실 소장 자료

『1966년도 감사보고서』(1967)~『1979년도 감사의견서』(1980).
과학기술처 연구개발조정실, 「정부출연연구기관의 이사회 중심 경영체제 강화방안(초안)」, 1990.
과학기술처, 「연구개발체제 정비와 운영개선 방안」, 1980.
______, 「연구기관 통합에 따른 세부지침」, 1980.
과학기술처 진흥국, 「연구소 운영의 효율화 방안(시안)」, 1980.
이창석, 「한국과학기술연구소의 현황과 문제점」, 1969.3.28.
정부출연연구기관 합동평가단, 「과학기술계 정부출연연구기관의 기능재정립 및 운영효율화 방안(안)—정부출연연구기관 합동평가 결과보고」, 1991.
최연상, 「감사보고서(현황과 문제점)에 대한 소관사항 의견 제출」, KIST 총무과, 1969.
한국과학기술연구원, 「21세기를 향한 KIST 기능 재정립(합동평가 결과를 반영한 기능재정립 및 조직개편 방향)」, 1991.
한국과학기술연구원 설립위원회 회의록(1989.5.29).
『한국과학기술원 이사회 회의록』: 1회(1981.2.27)~26회(1884.12.2).
한상준, 「KIST 지나온 10년과 앞으로의 방향」, KIST, 1976.
KIST, 「5개년 연구 계획(1970~1974)」, 1969.
____, 「67년도 정부지정 공인회계사의 세입세출 결산서 감사의 건」, 1968.
____, 「감사보고서에 대한 의견서」, 1968.
____, 「대덕전문 연구단지 건설계획(조정안)」(KIST 이사회 서면결의 자료), 1977.
____, 「업무현황보고」, 1979.
____, 「연구사업실적(1967~1979)」, 1980.
____, 「장기종합운영계획(1980~1990)」, 1979.
____, 「출연연구기관의 운영효율화를 위한 체제의 발전적 정비」, 1980.
____, 「평가와 방향-지나온 10년과 앞으로의 10년」, 1976.
____, 「한국과학기술연구소 육성법의 문제점」, 1966.
____, 「한국과학기술연구소 현황」, 1972.
____, 「한국과학기술연구소의 앞으로의 전망」, 1976.
____, 「현황과 전략」, 1980.
____, 「현황보고」, 1979.
____, 「현황보고」, 1980.
____, 「KIST-KAIS 통합운영방안」, 1980.
KIST 운영관리실, 「업무현황보고」, 1980.
KIST 이사회 회의록 및 첨부자료: 1회(1966.2.3)~69회(1980.11.8).

2) KIST 역사관 소장 자료

「과학기술연구소 설치준비자문위원회 회의록」, 1965.11.12.
경제·과학심희회의 사무국, 「Hornig 박사 일행 방한 경과 보고서」, 1965.
과학기술처, 「정밀기계센터설치안」, 1972.
김만진, 「KIST 10년의 산물 반도체기술개발 센터」, 1976.
대통령비서실, 「회의각서 제65-34호: Hornig 박사의 내한」, 1965.7.15.
신응균, 『바텔 및 東芝研究所의 연구관리』, KIST, 1973.

안영옥, 「KIST 화학공학 연구활동의 방향」, 1976.

윤여경 외, 「개발제품의 기업화 촉진을 위한 사례 연구」, KIST, 1972.

천병두 외, 「주물기술센터 설립에 관한 조사연구」, KIST, 1973.

최상 외, 『한국해양개발연구소 설립 및 운영계획에 관한 연구』, KIST, 1973.

최희운, 「KIST Staff, the Repatriated and the Indigenous」, 1976.

『한국과학기술연구소 연보 69』(1970)~『한국과학기술연구소 연보 80』(1980).

한국과학기술원, 『연구기자재 보강사업(KAIST Project)을 위한 아세아개발은행 (ADB) 차관사업 집행보고서』, 1987.

한국과학기술원 연구개발실, 「연구결과 활용 현황」, 1982.

Batch, J.M. and J.J. Blanda, 「한국과학기술연구소에 대한 평가보고서」, BMI, 1977.

Battelle Institute Team, "Status Report: Korea Institute of Science and Technology December 15, 1966 to April 1, 1967", 1967.4.15.

Battelle Memorial Institute Team, "Status Report: Korean Institute of Science and Technology 1966.9.1~12.15", 1967.1.10.

Battelle Memorial Institute, "Report on Battelle's Assistance to the Korea Institute of Science and Technology", Columbus, Ohio: Battelle Memorial Institute, 1971.

Economic Planning Board, "Scientific and Technical Research Organizations and Their Activities in Korea", 1965.

Fried, J.B., D.A. Still, and E.J. Zinkiewicz, "Analysis of General and Specific Findings of the KIST Survey Questionnaire for Technical Support", 1968.12.16.

Ginsburg, David, "A Korean Institute for Industrial Technology and Applied Science", 1965.6.19.

Hornig, Donald F., "Report to the President: Regarding the Feasibility of Establishing in Korea with U.S. Cooperation an Institute for Industrial Technology and Applied Science", 1965.

K. Rim, "Commercialization of R&D Results—The Role of KAIST and K-TAC in Commercializing R&D Results for Medium and Small Scale Industry", KAIST, 1983.

Slowter, E.E., J.L. Gray, W.J. Harris and D.D. Evans, "Report on the Establishment and Organization of a Korean Institute of Industrial Technology and

Applied Science", Battelle Memorial Institute, 1965.
KIST, 「(가칭) 한국기술진흥주식회사(K-TAC) 설립계획」, 1974.
____, 「국산화촉진 연구개발계획(1977~1981)」, 1976.
____, 「반도체부품개발」, 1976.
____, 「연구개발오개년계획(1972~1976)」, 1970.
____, 「이공계대학원교육 육성방안에 관한 조사연구」, 『1969년도 과학기술 진흥을 위한 계획안』, 1968.
____, 「전자통신연구소 설립에 관한 사업계획서」, 1973.
____, 「정밀기계기술센터 현황」, 1979.
____, 「Technology Transfer Center 설립 · 운영에 관한 계획서」, 1973.
____, 『선박연구소 설립안』, 1972.
____, 『선박연구소 설립에 관한 사업계획서』, 1973.
____, 『업무총람 〈1966~1971〉』, 1972.
____, 『연구개발5개년계획 1972~1976』, 1971.
____, 『연구개발오개년계획(1972~1976)』, 1970.
____, 『한국과학기술연구소 10주년의 회고와 전망』, 1976.
____, 『BMI 평가보고서 및 이에 대한 검토』, 1977.
____, *Korea Institute of Science and Technology '67*, 1968.
KIST 연구개발실, 「KIST 연구결과의 기업화 현황」, 1978.
KIST 장기계획작업반, 「장기 대형 연구과제의 선정과 그 방향 및 범위」, 1978.
KIST 조선해양기술연구실, 『조선해양기술 연구센터 설립안』(1969).
K-TAC, 「신기술기업화와 K-TAC의 역할」, 1978.

3) 보고서 및 기타 관련 자료

『과기연 소식』 1호(1967)~15권 4호(1981).
『과기원 소식』 16권 1호(1982)~16권 3호(1982).
「KIST 장기 연구계획 및 과제: 기술자립에의 도전」, 『과학과 기술』 1978년 9월호.
강철희 · 이병희 · 유병철 · Gerald A. Francis, 『조사보고서: 기계공업』, KIST, 1967.
권태완 · 민태익 · 박융 · 변유량, 「석유탄화수소를 이용한 단세포단백질의 생산에 관한 연구: I. 석유자화균주의 분리 및 우수균주의 선정」, 『한국식품과학회지』 2-2,

1970.

김덕현 · 성기수 · Michael Tikson, 『조사보고서: 전자계산기』, KIST, 1968.

김덕현 · 이해성 · G.W. Sewell · H.N. Layne · J.W Choi, 『조사보고서: 건축재료공업』, KIST, 1968.

김재관 외, 『중공업발전의 기반—한국의 기계 및 소재공업의 현황과 전망분석』, KIST, 1970.

김춘수 · 이남형, 「석유자화효모의 사료적 가치에 관한 연구(2)」, 『한국축산학회지』 17-3, 1975.

민태익 · 변유량 · 권태완, 「석유탄화수소를 이용한 단세포 단백질의 생산에 관한 연구(제7보): 시험공장에서 혼합배양 균주의 생육조건」, 『한국식품과학회지』 6-4, 1974.

______, 「석유탄화수소를 이용한 단세포단백질의 생산에 관한 연구: 제6보 혼합배양균주의 선정 및 배지조성의 검토」, 『한국식품과학회지』 6-4, 1974.

박한웅, 「기술도입상담센터」, 『과학과 기술』 1976년 4월호.

박한웅 외, 『선진기술총람(II)』, 과학기술처, 1975.

______, 『선진기술총람』, 과학기술처, 1973.

배무 외, 『농산폐자원의 발표 기질화 및 직접 이용과 개발에 관한 연구』, 과학기술처, 1972.

성좌경 · 정기현 · 노익삼, Robert I. Leininger, 『조사보고서: 고분자공업』, KIST, 1967.

심정섭 · 김광모 · 김종빈 · Arthur P. Lien, 『조사보고서: 석유화학공업』, KIST, 1967.

양재현 · 김동선 · 이태녕 · W.H. Henry, 『Recommendation for Analytical Chemistry Facilities』, BMI, 1967.

윤동석 · 고창식 · 강웅기 · 황기엽 · George K. Manning · Bruce W. Gonser, 『조사보고서: 금속공업』, KIST, 1967.

윤온구 · 하진필 · 이찬주 · Jon R. Blyth, 『조사보고서: 포장공업』, KIST, 1968.

이남형 · 김춘수, 「석유자화효모의 사료적 가치에 관한 연구(1)」, 『한국축산학회지』 16-2, 1974.

이민하 · 길병민 · Gustavus S. Simpson Jr. · John W. Murdock, 『조사보고서: 과학기술정보』, KIST, 1968.

이승원 · 박민호 · 김경기 · 김원 · Edmond J. Barrett, 『조사보고서: 전기기기공업』, KIST, 1968.

이종근 · 임응극 · 지응업 · 박용완 · John W. Lennon, 『조사보고서: 요업공업』, KIST, 1967.

장경택 외, 『중소기업체에 대한 기술지원사업(중점지도 및 순회지도)』, KIST, 1973.

정만영 외, 『전자공업육성정책 수립을 위한 국내전자공업 및 관련분야 조사보고서』, KIST, 1968.

정만영 · 김해수 · 심문택 · Charles S. Peet, Richard J. Bengston, 『조사보고서: 전자공업』, KIST, 1967.

조종수 · Walter K. Boyd, 『조사보고서: 腐蝕 및 防蝕』, KIST, 1969.

조형균 · Ronald W. Toelle, 『조사보고서: 팔프 · 제지공업』, KIST, 1968.

천병두, 「80년대 과학기술개발전략」, 『제13회 과학의 날 기념세미나―제1분과』, 1980.

최상 · 김동훈 · 김종빈 · Odin Wilhelmy Jr., Reuven Dobry · Robert A. Kluter, 『조사보고서: 식품공업』, KIST, 1967.

최영식 · 홍종휘 · 이병휘 · 윤효중 · Harry S. Sanders, 『조사보고서: 주물공업』, KIST, 1968.

최형섭, 「한국과학기술연구소에서 연구 개발된 기술 또는 신제품의 내용 및 기업화 추진 현황」(1972년 9월, 1974년 1월, 1976년 4월 국무회의 보고자료).

최형섭 외, 『과학기술진흥장기종합기본정책에 관한 조사연구 (2)』, 과학기술처, 1967.

한국과학기술연구원, 「연구책임자별 계약현황」, 1997.

______, 『우수 연구 사례 100대 과제』, 1994.

______, 『KIST 25년사』, 1994.

______, 『KIST 30년사: 창조적 원천기술에의 도전』, 1998.

______, 『KIST 40년사: 1966~2006』, 2006.

한상준 외, 『장기 에너지수급에 관한 조사연구(1966~1981)』, 과학기술처, 1968.

______, 『차관업체의 기술도입 실태조사에 관한 연구』, 과학기술처, 1969.

해리 최 외, 『한국기계공업 육성방향 연구조사보고서』, 경제기획원, 1970.

Rahbany, K. Philip · Kimm, C. C., 『조사보고서: 교통』, KIST, 1969.

KIST 부설 지역개발연구소, 『2000년대의 국토구상』, 1979.

KIST 소사편찬위원회 편, 『한국과학기술연구소의 건설: 소사편찬자료 제2집』, KIST, 1974.

______, 『한국과학기술연구소의 대외활동: 소사편찬자료 제3집』, KIST, 1975.

______, 『한국과학기술연구소의 설립: 소사편찬자료 제1집』, KIST, 1971.

______, 『한국과학기술연구소의 연구활동: 소사편찬자료 제4집』, KIST, 1976.
KIST, 『기술자립에의 도전: KIST장기연구계획－I (1979~83)』, 1978.
____, 『전자공업진흥을 위한 FY-69 연구개발 조사보고회 초록집』, 1970.
____, 『한국과학기술연구소십년사』, 1977.
KIST 편, 『공업화를 위한 자체 연구개발의 역할에 관한 ASCA 세미나 주제연구 및 개최보고서』, 과학기술처, 1979.
브라운 주한 미대사가 국무성에 보낸 전문: "Professional Scientific and Technological Personnel in Korea: Some Comments Relevant to the Brain Drain"(1966.8.3).
브라운 주한 미대사가 국무장관에게 보낸 전문: "Proposed Scientific and Technical Research Institute"(1965.6.5).
주한 미대사관의 부대사 뉴먼이 국무성에 보낸 전문: "Korean Institute of Science and Technology"(1966.6.10).
주한 미대사관의 부대사 뉴먼이 국무성에 보낸 전문, "Korean Institute of Science and Technology"(1966.6.10).
호닉이 주한 미대사에게 보낸 전문: "Proposed Science/Technical Research Institute" (1965.6.9).
IIT Research Institute, Technology Transfer to a Developing Nation: A Report of the AID/NASA Pilot Project in Technology Transfer to the Republic of Korea, 1973.
KIST, International Symposium on Development of Industrial Research in Korea, 1968.
KIST/IITRI/USAID, Proceedings of the International Seminar on Dissemination of Technology, 1972.
Kwon, Tai-Wan and Hong-Sik Cheigh, Case History, Wonseong County Nutrition Program in Korea, KAIST and Meals for Millions/Freedom from Hunger Foundation, 1985.
Kwon, Tai-Wan and Toma, Yonsif. S, Integrated Research Programme on Technologies for Rural Development: A German-Korean Cooperation Project, Deutsche Gesellschaft fur Technische Zusammenarbeit GmbH, 1984.

3. 연구논문 및 단행본

1) 국문 논문

Victor D. Cha, 「1965년 한일수교협정체결에 대한 현실주의적 고찰」, 『한국과 국제정치』 25권, 경남대 극동문제연구소, 1997.

고대승, 「원자력기구 출현과정과 그 배경」, 김영식 · 김근배 엮음, 『근현대 한국사회의 과학』, 창작과비평사, 1998.

김견, 「1980년대 한국의 기술능력발전과정에 관한 연구-'기업내 혁신체제'의 발전을 중심으로」, 서울대학교 박사학위논문, 1994.

김광중, 「서울시민의 가계지출의 변화(1960년대~2000년)」, 『서울연구포커스』 15호, 2004.

김근배, 「20세기 한국 과학기술의 발전과정」, 『한국과학사학회 창립 40주년 기념 학술대회 발표논문집: 한국의 과학사 연구 40년과 한국 근대과학 100년』, 한국과학사학회, 2000.

______, 「서구과학의 도입과 현대 한국과학의 형성」(미발표 원고).

______, 「월북 과학기술자와 흥남공업대학의 설립」, 『아세아연구』 98호, 1997.

______, 「한국과학기술연구소(KIST) 설립과정에 관한 연구-미국의 원조와 그 영향을 중심으로」, 『한국과학사학회지』 12권 1호, 1990.

김대환, 「박정희의 중화학공업화 정책」, 동아일보사 편, 『현대사를 어떻게 볼 것인가 4』, 1990.

김연희, 「고종 시대 근대 통신망 구축 사업: 전신사업을 중심으로」(서울대학교 박사학위논문, 2006.

김인수, 「과학기술진흥과 경제발전」, 조이제, 카터 에커트 편저, 『한국 근대화, 기적의 과정』, 월간조선사, 2005.

김준기, 「비영리단체(NPOs)의 생성과 일반적 행태: 주인-대리인이론 관점에서」, 『행정논총』 36-1, 1998.

김태호, 「'통일벼'와 1970년대 쌀 증산체제의 형성」, 서울대학교 박사학위논문.

김훈철, 「'우리는 신바람이 나 있다'-어로지도선 이야기」, 『대한조선학회지』 36-3, 2009.

______, 「조선공업: 어디로 가야 하나?」(2002, 미발표 원고).

문만용, 「1960년대 '과학기술 붐': 한국의 현대적 과학기술체제의 형성」, 『한국과학사학회지』 29-1, 2007.

______, 「1980년 정부출연연구기관의 재편성: KIST의 KAIST로의 통합을 중심으로」, 『한국과학사학회지』 31-2, 2009.

______, 「KIST에서 대덕연구단지까지: 박정희 시대 정부출연연구소의 탄생과 재생산」, 『역사비평』 85, 2008.

박성래, 「한국과학사의 시대구분」, 『한국학연구』 1, 1994.

박승덕, 「출연연구기관의 역할: 과거, 현재, 미래」, 『기술혁신연구』 6-1, 1998.

박영구, 「정책시그널로 본 70년대 중화학공업조정의 미시적 연구」, 『무역경영논집』, 1994.

박태균, 「1956~1964년 한국 경제개발계획의 성립과정—경제개발론의 확산과 미국의 대한정책 변화를 중심으로—」, 서울대학교 박사학위논문, 2000.

______, 「1960년대 초 미국의 후진국 정책 변화: 후진국 사회변화의 필요성」, 『미국사연구』 20집, 2004.

______, 「근현대 인물연구의 주관성과 객관성」, 『역사와 현실』 14호, 1994.

______, 「로스토우 제3세계 근대화론과 한국」, 『역사비평』 2004년 봄호.

송성수, 「한국 과학기술정책의 특성에 관한 시론적 고찰」, 『과학기술학연구』 2-1, 2002.

______, 「한국 철강산업의 기술능력 발전과정—1960~1990년대의 포항제철」, 서울대학교 박사학위논문, 2002.

송하중 · 양기근 · 강창민, 「고급과학기술인력의 두뇌유출 순환모형에 관한 연구」, 『한국정책학회보』 13-2호, 2004.

송희준, 「한국의 국방기술과 경제발전의 상호관계에 대한 연구」, 『한국정책학회보』 4-2, 1995.

신광철, 「지식 자원 유출 현상과 과제」, 현대경제연구원, 2002.

신용옥, 「국방비 분석으로 본 대충자금 및 미국 대한원조의 성격(1954~1960)」, 『한국사학보』 3-4, 1998.

야마모토 신타로, 「한국 중화학공업과 방위산업의 병진정책: 70년대를 중심으로」, 연세대학교 석사학위논문, 1997.

염재호, 「최형섭 론: 과학기술의 전도사」, 이종범 편, 『전환시대의 행정가』, 나남출판, 1994.

오동훈, 「이화학연구소의 설립과 운영」, 『일본역사연구』 10집, 1999.
유 훈, 「한국의 정책형성유형에 관한 고찰」, 『행정논총』 23-1, 1985.
이달환, 「정부출연연구소의 역할적응과 연구개발성과분석－KIST의 연구 성과분석을 통한 실증적 연구」, KAIST 박사학위논문, 1990.
이상철, 「정부투자기관 이사회의 구조적 특징과 목표지향적 구조로의 발전방안」, 『한국행정학보』 35-2, 2001.
이영창, 「과학자의 창의성과 연구환경간의 관계」, 『한국행정학보』 18-1, 1984.
______, 「해외과학기술두뇌의 유인과 공헌에 관한 연구」, 『한양대 사회과학논총』 제7집, 1988.
이재희, 「1970년대 후반기의 경제정책과 산업구조의 변화－중화학공업화를 중심으로」, 한국정신문화연구원 편, 『1970년대 후반기의 정치사회변동』, 백산서당, 1999.
이정희, 「한국의 과학기술정책 결정과정상의 특성에 관한 연구－대덕연구단지 설립 및 KAIST 이전계획을 중심으로」, 고려대학교 박사학위논문, 1988.
이종원, 「한일회담의 국제정치적 배경」, 민족문제연구소, 『한일협정을 다시 본다』, 아세아문화사, 1995.
정광호 · 권기헌, 「비영리조직의 자율성과 자원의존성에 관한 실증연구: 문화예술단체를 중심으로」, 『한국정책학회보』 12-1, 2003.
정구현, 「비영리조직의 지배구조: 이사회를 중심으로」, 『한국비영리연구』 2-1, 2003.
정용욱, 「5 · 16쿠데타 이후 지식인의 분화와 재편」, 노영기 · 도진순 · 정용욱 · 정일준 · 정창현 · 홍석률, 『1960년대 한국의 근대화와 지식인』, 선인, 2004.
정인경, 「한국 근현대 과학기술문화의 식민지성－국립과학관사(國立科學館史)를 중심으로－」, 고려대학교 박사학위논문, 2004.
정일용, 「한국 기술도입의 구조적 특성에 관한 연구－종속적 축적과의 관련성 고찰을 중심으로」, 서울대학교 박사학위논문, 1989.
조형제, 「과학기술정책을 통해 본 '80년대 기술개발의 성격에 관한 일연구」, 一浪 高永復教授 화갑기념논총간행위원회 편, 『사회변동과 사회의식: 一浪 高永復教授 화갑기념논총 2』, 전예원, 1988.
최동주, 「한국의 베트남 전쟁 참전 동기에 관한 재고찰」, 『한국정치학회보』 30집 2호, 1996.
최병선, 「준공공부문 조직 연구의 방향모색」, 『행정논총』 31-1, 1993.

최영락, 「과학과 정부」, 이인식 외, 『현대과학의 쟁점』, 김영사, 2001.
최용호, 「1970년대 전반기의 경제정책과 산업구조의 변화」, 한국정신문화연구원 편, 『1970년대 전반기의 정치사회변동』, 백산서당, 1999.
최형섭, 「N.R.C.를 중심으로 하는 Canada의 과학기술의 진흥」, 『화학과 공업의 진보』 제4권 3호, 1964.
하용훈 · 이희태, 「지방공기업의 자율성 실태와 정책과제」, 『한국행정논집』 12-4, 2000.
허남수, 「우리나라 벤처캐피탈의 변동추이와 발전방향」, 『한국중소기업회지』 20-2, 1998.
홍석률, 「1960년대 한미관계와 박정희 군사정권」, 『역사와 현실』 56, 2005.
홍성욱, 「20세기 과학연구의 지형도: 미국의 대학과 기업을 중심으로」, 『한국과학사학회지』 24-2, 2002.

2) 국문 단행본 및 보고서

강준만, 『한국 현대사 산책 1980년대편 1권』, 인물과사상사, 2003.
강호제, 『북한 과학기술 형성사 I 』, 선인, 2007.
과학기자 모임 지음, 『신한국 과학기술을 위한 연합 보고서』, 희성출판사, 1993.
국사편찬위원회 편집부 엮음, 『근현대 과학 기술과 삶의 변화』, 두산동아, 2005.
국회도서관 입법조사국 편, 『전후 미국의 대한정책－사이밍턴위원회 청문록』 입법참고자료 제140호, 1971.
김계수 외, 『정부출연연구기관의 관리회계시스템－출연금 공급구조와 R&D 예산회계시스템 중심으로』, 과학기술정책연구소, 1991.
김계수 · 이민형, 『정부출연연구기관의 연구과제중심 운영체제(PBS) 개선방안연구』, 과학기술정책연구원, 2005.
______, 『R&D 원가회계시스템연구－정부출연연구기관을 중심으로』, 과학기술정책관리연구소, 1998.
김근배, 『한국 근대 과학기술인력의 출현』, 문학과지성사, 2005.
김동일 외, 『우리나라 과학기술발달사에 관한 연구－전기분야』, 한국과학기술원 과학기술정책연구평가센터, 1987.
김영우 외, 『이공계 정부출연(연)의 자율과 책임경영제체 강화방안에 관한 연구』,

과학기술처, 1991.
김영우 · 최영락 · 이달환 · 이영희 · 하헌표 · 오동훈, 『한국 과학기술정책 50년의 발자취』, 과학기술정책관리연구소, 1997.
김인걸 외 편저, 『한국현대사 강의』, 돌베개, 1998.
김인수, 『거시조직이론』, 무역경영사, 1999.
김인수 · 이진주, 『기술혁신의 과정과 정책』, 한국개발연구원, 1982.
김정흠 외, 『과학기술계 출연연구기관의 연구개발 방향정립에 관한 연구』, 과학기술정책연구원, 2000.
문만용 · 김영식, 『한국 근대과학 형성과정 자료』, 서울대학교출판부, 2004.
박성래 외, 『〈과학기술인 명예의 전당〉 헌정대상자에 관한 인물 및 자료 조사연구』, 한국과학문화재단, 2003.
______, 『우리 과학 100년』, 현암사, 2001.
박성래, 『한국과학기술자의 형성연구2: 미국유학편』, 한국과학재단, 1998.
______, 『한국사에도 과학이 있는가』, 교보문고, 1998.
박우희 외, 『기술경제학개론』, 서울대학교출판부, 2001.
박우희 · 배용호, 『한국의 기술발전』, 경문사, 1996.
배종태 외, 『정부출연연구소 연구개발성과의 영향요인에 관한 연구』, 한국과학기술원, 1989.
변병문 외, 『연구과제의 기술적 특성과 연구결과 실용화와의 상관관계에 관한 연구』, 한국과학기술연구원, 1991.
서중석, 『비극의 현대지도자: 그들은 민족주의자인가 반민족주의자인가』, 성균관대학교출판부, 2002.
서현진, 『끝없는 혁명: 한국 전자산업 40년의 발자취』, 이비컴, 2001.
______, 『처음 쓰는 한국 컴퓨터사』, 전자신문사, 1997.
설성수 외, 『소관연구기관 성과분석 및 경제사회적 기여전략 연구』, 기초기술연구회, 2004.
송위진 · 이은경 · 송성수 · 김병윤, 『한국 과학기술자사회의 특성 분석: 탈 추격체제로의 전환을 중심으로』, 과학기술정책연구원, 2003.
송하중, 『고급과학기술인력 해외유출 현황 조사 · 분석 및 대응방안 연구』, 과학기술부, 2001.
신구범 외, 『조직관리론』, 형성출판사, 2003.

신동원, 『한국근대보건의료사』, 한울, 1997.
연구개발정책실 편, 『연구개발성공사례분석(1)』, 과학기술정책관리연구소, 1997.
유성재 외, 『출연연구기관의 기능 및 역할정립에 관한 연구』, 한국과학기술원 과학기술정책연구평가센터, 1988.
이공래 · 송위진 외, 『한국의 국가혁신체제: 경제위기 극복을 위한 기술혁신정책의 방향』, 과학기술정책관리연구소, 1998.
이근 외, 『한국산업의 기술능력과 경쟁력』, 경문사, 1997.
이기열, 『소리없는 혁명: 80년대 전기통신 비사』, 전자신문사, 1995.
이도성, 『실록 박정희와 한일회담』, 한송, 1995.
이병천 엮음, 『개발독재와 박정희시대』, 창비, 2003.
이흥환 편저, 『미국 비밀 문서로 본 한국 현대사 35장면』, 삼인, 2002.
정선양, 『독일 공공연구기관의 연구회 체제 분석연구』, 과학기술정책연구원, 2003.
정진석, 『총성 없는 전선: 격동의 한미일 현대 외교 비사』, 한국문원, 1999.
조현대 · 황용수 · 이세준 · 이병헌 · 황정태 · 김종영, 『정부출연연구기관의 지속가능성 분석 및 제고방안』, 과학기술정책연구원, 2008.
조황희 · 이은경 · 이춘근 · 김선우, 『한국의 과학기술인력 정책』, 과학기술정책연구원, 2002.
최형섭, 『개발도상국의 공업연구』, 일조각, 1976.
______, 『개발도상국의 과학기술개발전략: 한국의 발전과정을 중심으로 제1부』, 한국과학기술연구소, 1980.
______, 『개발도상국의 과학기술개발전략: 한국의 발전과정을 중심으로 제2부』, 한국과학기술연구원, 1981.
______, 『개발도상국의 과학기술개발전략: 한국의 발전과정을 중심으로 제3부』, 한국과학기술연구원, 1981.
한국식품과학회 편, 『창립20주년 기념심포지움 식품생물공학의 현황과 전망』, 한국식품과학회, 1988.
한국역사연구회 현대사연구반, 『한국현대사4』, 풀빛, 1991.
한국정신문화연구원 편, 『1960년대 한국의 공업화와 경제구조』, 백산서당, 1999.
______, 『1970년대 전반기의 정치사회변동』, 백산서당, 1999.
______, 『1970년대 후반기의 정치사회변동』, 백산서당, 1999.
한국학중앙연구원 편, 『1980년대 한국사회 연구』, 백산서당, 2005.

한스 싱거, 『국제경제개발의 전략−한스 싱거 교수의 개발노선』, 국제경제연구원, 1978.

현원복, 『우리과학, 그 백년을 빛낸 사람들 I ~ IV』, 과학사랑, 2009.

현원복 외, 『1980년대 과학기술정책의 분석 및 전망에 관한 연구』, 한국과학재단, 1986.

홍성범 · 이춘근, 『대만의 과학기술체제와 정책』, 과학기술정책연구원, 1999.

3) 영문 논문

Anderson, David A., "Technology Transfer via "Reverse Brain Drain": The Korean Case", United States International Univ. Doc. Diss., 1993.

Beneito, Pilar, "Fecundity of In-House and Contracted R&D in Terms of Radical vs. Incremental Innovation", web edition(http://www.ucd.ie/economic/staff/achevalier/web/aew/pilar2.pdf, 2005년 4월 11일 접속).

Boffey, Philip M., "Korean Science Institute: A Model for Developing Nations?", *Science* 167, 1970.

Campbell, Joel Ross, "Creating Technology Capacity: The Changing Role of the Korean State since the Third Republic", Miami Univ. Ph.D. Diss., 1994.

Commander, Simon, Mari Kangasniemi and L. Alan Winters, "The Brain-Drain: Curse of Boon?", *IZA Discussion Paper* No. 809, 2003.

Dedijer, Stevan, "Underdeveloped Science in Underdeveloped Countries", *Minerva* 2-1, 1963(이창건 역, 「후진국에서의 과학의 후진성」, 『신동아』 1965년 11월호).

Geiger, Roger L., "What Happened after Sputnik? Shaping University Research in the United States", *Minerva* 35, 1997.

Hentges, Harret Ann, "The Repatriation and Utilization of High-Level Manpower: A Case Study of the Korea Institute of Science and Technology", Johns Hopkins Univ. Ph.D. Diss., 1975.

Hsu, Po-Hsuan, Joseph Z. Shyu, Hsiao-Cheng Yu, Chao-Chen Yuo and Ta-Hsien Lo, "Exploring the Interaction between Incubators and Industrial Clusters: The Case of the ITRI Incubator in Taiwan", *R&D Management* 33-1, 2003.

Huang, Wei-Chiao, "An empirical analysis of foreign student brain drain to the United States", *Economics of Education Reviews* 7-2, 1988.

Kim Dong-Won and Stuart W. Leslie, "Winning Markets or Winning Nobel Prizes? KAIST and the Challenges of Late Industrialization", *OSIRIS* 13, 1998.

Kim, L., "Crisis Construction and Organizational Learning: Capability Building in Catching-up at Hyundai Motor", *Organization Science* 9-4, 1998.

Kim, Linsu, "The Multifaceted Evolution of Korean Technological Capabilities and its Implications for Contemporary Policy", *Oxford Development Studies* 32-3, 2004.

Kim, Yung Sik, "Problems and Possibilities in the Study of the History of Korean Science", *Osiris* 13, 1998.

Lee, Dal Hwan, Bae, Zong-Tae and Lee, Jinjoo, "Performance and Adaptive Roles of the Government-Supported Research Institute in South Korea", *World Development* 19-10, 1991.

Lee, Jinjoo, "Contract Research and Its Utilization in a Developing Country: An Analysis of Factors Influencing the Transfer of Industrial Technology from Korea Institute of Science and Technology (KIST) to Its Clients", Northwestern Univ. Ph.D. Diss., 1975.

Lee, Jinjoo and Rubenstein, Albert H., "An Analysis of Factors Influencing the Utilization of Contract Research in a Developing Country, Korea", *Research Policy* 9, 1980.

Lee, Ka-Jong, "Technology Transfer and Developmental Strategies: The Role of Large Firms in Korea", Univ. of Hawaii Ph.D. Diss., 1977.

MacPherson, Alan D., "A Comparison of Within-Firm and External Sources of Product Innovation", *Growth and Change* 28, 1997.

Mowery, David C., "The Relationship Between Intrafirm and Contractual Forms of Industrial Research in American Manufacturing, 1900~1940", *Explorations in Economic History* 20, 1983.

Shrum, W. and Y. Shenhav, "Science and Technology in Less Developed Countries", S. Jasanoff, et al.,(eds.), *Handbook of Science and Technology Studies*, Sage Publications, 1995.

Song, Ha-Joong, "Who Stays? Who Returns? The Choices of Korean Scientists and Engineers", Harvard Univ. Ph.D. thesis, 1991.

Song, Hahzoong, "Reversal of Korean Brain Drain: 1960s~1980s", Paper for International Scientific Migrations Today, Institut de Recherche Pour le Developpement: Paris, 2000.

Star, Susan Leigh and James R. Grisemer, "Institutional Ecology, 'Translations' and Boundary Objects: Amateurs and Professionals in Berkeley's Museum of Vertebrate Zoology, 1907~39", *Social Studies of Science* 19, 1989.

Utterback, James M., "The Role of Applied Research Institutes in the Transfer of Technology in Latin America", *World Development* 3-9, 1975.

Webster, Andrew, "Bridging Institutions: The Role of Contract Research Organisations in Technology Transfer", *Science and Public Policy* 21, 1994.

Woodman, Richard W., Sawyer, John E. and Griffin, Ricky W., "Toward a Theory of Organizational Creativity", *Academy of Management Review* 18-2, 1993.

Yang, Tsui-hua, "Prelude to Science Planning in Taiwan: From NCSD to SCSD", Paper for the 10th ICHSEA Conference, Shanghai, 2002.

Yoon, Bang-Soon L., "Reverse Brain Drain in South Korea: State-led Model", *Studies in Comparative International Development* 27-1, 1992.

Yoon, Bang-Soon Launius, "State Power and Public R & D in Korea: A Case Study of the Korea Institute of Science and Technology", Univ. of Hawaii Ph.D. Diss, 1992.

Westphal, Larry E., Linsu Kim and Carl J. Dahlman, "Reflections of The Republic of Korea's Acquisition of Technological Capability", Nathan Rosenberg and Claudio Frischtak(eds.), *International Technology Transfer: Concepts, Measures, and Comparisons*, Praeger, 1985.

4) 영문 단행본

Amsden, Alice H., A*sia's Next Giant: South Korea and Late Industrialization*, Oxford Univ. Pr., 1989(이근달 역, 『아시아의 다음 거인: 한국의 후발공업화』, 시사영어사, 1989).

Blackledge, James P., *The Industrial Research Institute in a Developing Country: A Comparative Analysis*, Agency for International Development, 1975.

Branscomb, Lewis M. and Choi, Young-Hwan (eds.), *Korea at the Turning Point: Innovation-Based Strategies for Development*, Praeger, 1996.

Bud, Robert, *The Uses of Life: A History of Biotechnology*, Cambridge Univ. Pr., 1993.

Guston, David H., *Between Politics and Science: Assuring the Integrity and Productivity of Research*, Cambridge Univ. Pr., 2000.

Kim, Linsu, *Imitation to Innovation: The Dynamics of Korea's Technological Learning*, Harvard Business School Pr., 1997(임윤철 · 이호선 역, 『모방에서 혁신으로』, 시그마인사이트, 1997).

Krueger, Anne O., *The Developmental Role of the Foreign Sector and Aid*, Council on East Asian Studies Harvard Univ., 1982.

Lambright, Henry, *Presidential Management of Science and Technology: The Johnson Presidency*, Univ. of Texas Pr., 1985.

MacDonald, Donald Stone, *U.S.-Korean Relations from Liberation to Self-Reliance: The Twenty-Year Record*, Westview Press Inc., 1992(한국역사연구회 1950년대반 옮김, 『한미관계 20년사(1945~1965)』, 한울, 2001).

Niland, John R., *The Asian Engineering Brain Drain: A Study of International Relocation into the United States from India, China, Korea, Thailand and Japan*, Heath Lexington Books, 1970.

Noble, Gregory W., *Conspicuous Failures and Hidden Strengths of the ITRI Model: Taiwan's Technology Policy Toward Hard Disk Drives and CD-ROMs*, The Information Storage Industry Center in University of California, 2000.

OECD, *Reviews of National Science and Technology Policy: Republic of Korea*, OECD, 1996.

Orlans, Harold, *The Nonprofit Research Institute: Its Origin, Operation, Problems, and Prospects*, McGraw-Hill Book Company, 1972.

Paul Dickson, *Sputnik: The Shock of the Century*, Walker Publishing Company, 2001.

Rush, Howard, Michael Hobday, John Bessant, Erik Arnold, and Robin Murray,

Technology Institutes: Strategies for Best Practice, International Thomson Business Press, 1996.

World Bank, *Korea: Technology Development Project: Staff Appraisal Report*, Washington: World Bank, 1982.

4. 기관사 및 기타 문헌

각 연도별 『과학기술연감』, 과학기술처.

경제기획원, 『과학기술백서』, 1962.

공보부, 『박정희 대통령 방미록』, 1965.

과학기술30년사 편찬위원회 편, 『과학기술 30년사』, 과학기술처, 1997.

과학기술40년사 편찬위원회 편, 『과학기술 40년사』, 과학기술부, 2008.

과학기술부, 『특정연구개발사업 20년사』, 2003.

과학기술처, 『과학기술개발 장기종합계획 1967~1986』, 1968.

______, 『과학기술장기전망과 종합적기본정책 (案)』, 1967.

______, 『과학기술처 출연연구기관백서』, 1997.

______, 『과학기술행정 20년사』, 1987.

______, 『신기술기업화 사례집－정부 · 기업 공동연구－』, 1977.

______, 『연구학원도시건설계획(안) 제2연구단지』, 1973.

______, 『해양조사연구 장기종합계획 1971~1980』, 1969.

교육50년사편찬위원회 편, 『교육50년사』, 교육부, 1998.

국가보위비상대책위원회, 『국보위 백서』, 1980.

김 진, 『청와대비서실1』, 중앙일보사, 1992.

김형만 외, 『대덕연구학원도시 조사연구 및 기본계획에 관한 연구』, 과학기술처, 1973.

盧在賢, 『青瓦臺비서실 2』, 중앙일보사, 1993.

대덕전문연구단지관리본부, 『대덕연구단지 30년사 1973~2003』, 2003.

대한민국정부, 『제1차 기술진흥5개년계획(제1차 경제개발5개년계획 보완)』, 1962.

______, 『제2차 경제개발5개년계획 1967~1971』, 1966.

______, 『제2차 과학기술진흥5개년계획』, 1966.

______, 『제4차 경제개발5개년계획 1977~1981』, 1976.
문교부, 『해외유학생실태조사 중간보고서 증보판』, 1968.
______, 『해외유학생실태조사 증보판』, 1971.
미하원 국제관계위원회 국제기구소위원회 편, 한미관계연구회 역, 『프레이저 보고서』, 실천문학사, 1986.
상공부, 『장기자동차공업진흥계획—한국형소형승용차의 양산화(1)』, 1974.
생명공학연구소 편, 『생명공학연구소 10년사』, 생명공학연구소, 1995.
이경재, 『코리아게이트』, 동아일보사, 1988.
이덕선 외, 『연구 · 교육단지 건설을 위한 마스터 푸랜』, 과학기술처, 1971.
재미한인과학기술자협회 25년 역사편찬위원회 편, 『재미한인과학기술자 개인 및 단체 형성과 업적에 관한 연구』, 재미한인과학기술자협회, 1998.
전기통신사 편찬위원회 편, 『한국전기통신 100년사(하)』, 체신부, 1985.
전상근 외, 『미국학술원초청 미국과학계 시찰보고서』, 1963.
정영진, 『청년 박정희 3』, 리브로, 1998.
정재경 편, 『박정희 실기』, 집문당, 1994.
포항제철, 『영일만에서 광양만까지: 포항제철 이십오년사』, 1993.
한국과학기술단체총연합회, 『한국 과학기술30년사』, 1980.
______, 『한국과학기술인명사전』, 1983.
한국과학기술원, 『한국과학기술원 20년사』, 1992.
한국과학기술원 사반세기 편찬위원회 편, 『한국과학기술원 사반세기』, 한국과학기술원, 1996.
한국기술개발주식회사, 『한국기술개발(주) 십년사』, 1991.
한국에너지기술연구소, 『한국에너지기술연구소 20년사』, 1997.
한국전자산업진흥회 편, 『전자산업40년사』, 1999.
한국전자통신연구소, 『한국전자통신연구소 17년사』, 1995.
한국전자통신연구원, 『한국전자통신연구원 25년사: 1976~2001』, 2001.
한국해양연구소20년사 발간준비위원회 편, 『한국해양연구소 이십년사』, 한국해양연구소, 1993.
한국화학연구소, 『한국화학연구소십년사 1976~1986』, 1986.
한기범 편, 『행정수도』, 하늘출판사, 2003.
「고체물리학은 산업에 연결될 수 있는가?」, 『과학과 기술』 5권 4호, 1972.

「연구소 소개: 한국기계금속시험연구소」, 『과학과 기술』 1978년 6월호.
「한국과학기술연구소 법안에 반기」, 『工硏레뷰』 45, 1963.
「한국과학기술연구소(소위 민영화)법안 드디어 폐기되다」, 『工硏레뷰』 46, 1963.
「한국정밀기기센터」, 『과학과 기술』 1971년 1월호.
김선길, 「기초과학 연구센터 설립구상」 『과학기술』 3-3, 1970.
성좌경, 「화학계 30년의 발자취」, 『화학과 공업의 진보』 16권 3호, 1976.
임철규, 「유솜: 주한미국경제협조처」, 『신동아』 1965년 5월호.
정만영, 「한국통신기술연구소 1년의 업적」, 『체신』 247호, 1979.

찾아보기

저자 | 문만용

■ 서울대학교 생물교육과 졸업
■ 서울대학교 과학사 및 과학철학 협동과정 석사, 박사
■ 현재 KAIST 한국과학문명사연구소 연구교수

■ 논저

문만용 · 김영식, 『한국 근대과학 형성과정 자료』(서울대출판부, 2004).

문만용, 「박정희시대의 과학기술정책」, 정성화 · 강규형 엮음, 『박정희시대와 한국현대사: 연구자와 체험자의 대화』(선인, 2007).

문만용, 「1960년대 '과학기술 붐': 한국의 현대적 과학기술체제의 형성」, 『한국과학사학회지』 29-1(2007).

문만용, 「KIST에서 대덕연구단지까지: 박정희시대 정부출연연구소의 탄생과 재생산」, 『역사비평』 85(2008).

문만용, 「国籍をもつ科学?: 「朝鮮的生物学者」石宙明のチョウ分類学」, 『生物學史研究』 82(2009).

문만용, 「이중의 녹색혁명: 박정희 시대 식량증산과 산림녹화」, 『전북사학』 36(2010) 등.